21世纪高等学校计算机规划教材

Visual Basic 程序设计

沙胜贤 冀松 主编
刘磊 副主编

21st Century University Planned Textbooks of Computer Science

人民邮电出版社
北京

图书在版编目（CIP）数据

Visual Basic程序设计 / 沙胜贤，冀松主编. -- 北京：人民邮电出版社，2013.2
21世纪高等学校计算机规划教材
ISBN 978-7-115-30261-8

Ⅰ. ①V… Ⅱ. ①沙… ②冀… Ⅲ. ①BASIC语言－程序设计－高等学校－教材 Ⅳ. ①TP312

中国版本图书馆CIP数据核字(2013)第014996号

内 容 提 要

本书以 Visual Basic 6.0 为背景，以面向对象的可视化编程为主线，介绍了 Visual Basic（简称 VB）的基本知识和编程方法。全书共分 11 章，主要内容有：VB 语言概述，VB 应用程序设计过程，VB 语言基本知识，程序控制结构与过程，常用控件，高级控件，菜单设计，文件，数据库应用程序设计，多媒体应用程序设计，网络应用程序。

本书概念清晰，层次分明，通过大量的实例循序渐进地介绍了 VB 的编程技术及应用，每章都配有习题，便于自学。

本书可作为高等学校计算机公共课程的教材，也可供广大计算机应用开发人员学习参考。

21 世纪高等学校计算机规划教材

Visual Basic 程序设计

◆ 主　　编　沙胜贤　冀　松
◆ 副 主 编　刘　磊
　责任编辑　武恩玉
◆ 人民邮电出版社出版发行　　北京市崇文区夕照寺街 14 号
　邮编　100061　　电子邮件　315@ptpress.com.cn
　网址　http://www.ptpress.com.cn
　北京铭成印刷有限公司印刷
◆ 开本：787×1092　　1/16
　印张：19.5　　2013 年 2 月第 1 版
　字数：509 千字　　2013 年 2 月北京第 1 次印刷

ISBN 978-7-115-30261-8

定价：39.80 元

读者服务热线：(010)67170985　印装质量热线：(010)67129223
反盗版热线：(010)67171154

前 言

随着计算机技术的迅速发展和日益普及，高等学校普遍开设了计算机的公共课程，其中主要的内容就是计算机程序设计。

在众多的计算机高级程序设计语言中，Visual Basic 以其功能强大、易于学习掌握等特点，受到人们的普遍重视，许多学校已将其作为学习程序设计的首选语言。

本书在体系结构和内容上都力求体现加强基础、注重应用的思想，努力做到概念清晰，举例典型，由浅入深，层次分明；通过大量实例介绍应用程序的开发技术，每章都配有习题。为了便于教学，本书还配有《Visual Basic 习题解答与上机指导》，并制作了电子教案，读者可到人民邮电出版社教学服务与资源网（www.ptpedu.com.cn）上下载使用。

本书共 11 章。第 1 章概述，主要介绍了 VB 的特点和 VB 的集成开发环境；第 2 章 Visual Basic 应用程序设计过程，主要介绍了面向对象程序设计的基本概念、窗体和基本控件；第 3 章 Visual Basic 语言基本知识，主要介绍了 VB 的命名和语法规则、数据类型、常量与变量、运算符与表达式以及常用函数；第 4 章程序设计控制结构与过程，主要介绍了 3 种程序控制结构、数组和过程；第 5 章 Visual Basic 常用控件，主要介绍了单选按钮之类的 VB 常用控件；第 6 章 Visual Basic 高级控件，主要介绍了通用对话框之类的 VB 高级控件；第 7 章菜单设计，主要介绍了菜单编辑器等各类菜单的设计方法；第 8 章文件，主要介绍了常用各类文件中的语句和操作；第 9 章数据库应用程序设计，通过一个具体实例讲解 VB 和数据库的连接；第 10 章多媒体应用程序设计，主要介绍了多媒体控件、动画控件以及如何用 API 函数开发多媒体应用程序；第 11 章网络应用程序，主要介绍了网络基础和 WinSock 控件。

本书编写大纲由沙胜贤、冀松、刘磊设计，沙胜贤、冀松、刘磊负责全书统稿。第 1 章由沙胜贤编写，第 2 章、第 3 章和第 7 章由刘磊编写，第 4 章、第 6 章由鲁晓帆、高晓佳和刘鑫编写，第 5 章、第 8 章和第 11 章由于玲玲和张华编写，第 9 章和第 10 章由冀松和刘清雪编写。

由于编者水平有限，书中难免存在错误和缺点，殷切希望读者提出宝贵意见。

编　者

2012 年 12 月

目 录

第 1 章 概述

Visual Basic 简称 VB，是微软公司推出的可视化程序开发语言。Visual Basic 功能强大，易于学习，是开发 Windows 应用程序最快捷的方法。了解 Visual Basic 的发展过程和功能特点，熟悉其集成开发环境，对以后的学习是十分有益的。

1.1 Visual Basic 的发展过程及特点

1.1.1 Visual Basic 的发展历程

Visual Basic 是 BASIC 语言的语法和可视化开发环境相结合的产物。BASIC（Beginners All-Purpose Symbolic Instruction Code）语言诞生于 1964 年，它是一种在计算机技术发展历史上应用得最为广泛的语言。BASIC 语言最初由美国达特茅斯大学的 Thomas E.Kurtz 和 John G. Kemeny 在 Fortran II 和 ALGOL 60 的基础上设计的，当时只有 17 条语句、12 个函数和 3 个命令，现在一般称它为基本 BASIC。

Visual Basic 在原有 BASIC 语言的基础上进一步发展，综合运用了 BASIC 语言和新的可视化设计工具，使用 Visual Basic 不需编写大量代码去描述界面元素的外观和位置，而只需把预先建立的对象拖到屏幕上的某个位置即可，极大地提高了开发效率，减小了编程复杂度。Visual Basic 既有 Windows 所特有的优良性能和图形工作环境，又有编程的简易性，现包含了数百条语句、函数及关键词，其中很多和 Windows 图形用户界面有关。专业人员可以用 Visual Basic 实现其他任何 Windows 编程语言的功能，而初学者只要掌握几个关键词，就可以建立实用的应用程序。

1.1.2 Visual Basic 的版本

1991 年，微软公司推出了 Visual Basic 1.0 版本，虽然存在一些缺陷，但仍受到了广大程序员的青睐。伴随着 Windows 操作平台的不断成熟，Visual Basic 版本也不断升级，经历了如下几个版本。

（1）Visual Basic 1.0：采用事件驱动 Quick Basic 的语法和可视化的界面。

（2）Visual Basic 2.0：于 1992 年推出，加入了对象型变量，一般类型的变量可以引用专有类型的实例，甚至通过后期绑定访问专有类型的属性和方法，还增加了 OLE 和简单的数据访问功能。

（3）Visual Basic 3.0：于 1993 年推出，支持 ODBC、OLE 等高级特性，还增加了相当多的专业级控件，可以开发出相当水平的 Windows 应用程序。

（4）Visual Basic 4.0：于 1995 年推出，不但支持 Windows 95 系统下 32 位应用程序开发，而且为 Visual Basic 引入了类等面向对象的概念。Visual Basic 4.0 包含了 16 位和 32 位两个版本。

（5）Visual Basic 5.0：于 1997 年推出，加入了本地代码编译器，可以让应用程序的效率大大提升。

（6）Visual Basic 6.0：于 1998 年作为 Visual Studio 6.0 的成员推出，已经是成熟、稳定的完全面向对象的编程语言。

Visual Basic 6.0 为满足不同层次的用户需要，提供了 3 种不同的版本：学习版（Learning）、专业版（Professional）、企业版（Enterprise）。

学习版是 VB 的基础版本，可以开发 Windows 和 Windows NT 的应用程序。该版本包括所有的内部控件以及网格、表格和数据绑定等控件。

专业版是为专业编程人员提供了一整套功能完备的开发工具。该版本包括学习版的全部功能以及 ActiveX 控件、Internet 控件开发工具、动态 HTML 页面设计等高级特性，适用于专业开发人员。

企业版是 Visual Basic 6.0 的最高版本，是专门为用户创建功能强大的分布式应用程序、高性能的客户/服务器应用程序以及 Internet/Intranet 上的应用程序而设计的，该版本不仅包括专业版的全部功能，而且还具有自动管理器、部件管理器、数据库管理工具、Microsoft Visual Source Safe 面向工程版的控制系统等。

这 3 个版本是在相同的基础上建立起来的，以满足不同层次用户的需要。对大多数用户来说，专业版就可以满足要求。本书使用的是 Visual Basic 6.0 中文企业版。

1.1.3 Visual Basic 语言的主要特点

Visual Basic 是一种新型的现代程序设计语言，具有很多与传统程序设计语言不同的特点，其主要的特点如下。

（1）可视化的设计平台。Visual Basic 提供了功能强大的可视化设计工具，因此，程序设计者不必为设计界面编写大量的程序代码，而只需用系统提供的工具在屏幕上画出各种对象并设置对象的属性，就能快速地设计出用户界面，减小了程序设计的复杂度，缩短了程序设计的开发时间。

（2）面向对象的程序设计。Visual Basic 采用面向对象的程序设计方法，把程序和数据封装起来作为一个对象，并赋予每个对象相应的属性。在设计对象时，只需用工具画在界面上，由 Visual Basic 自动生成程序的代码并封装起来，设计的对象在界面中以图形方式显示。

（3）事件驱动的编程机制。Visual Basic 通过事件驱动的方式执行对象的操作，这和面向过程的程序设计有很大不同。面向过程的程序设计是从程序的第一行代码开始执行程序，由程序本身控制程序的执行顺序。在 Visual Basic 中，程序的运行由事件触发，一个对象可以有多个事件，每个事件都要通过执行一段程序来响应。编制 Visual Basic 程序时，只需为每个事件编写程序代码，由于程序代码是针对某一对象的某一种事件，功能相对简单，所以程序代码相对较少。

（4）结构化的程序设计语言。Visual Basic 是由 BASIC 语言发展而来的，所以具有一般高级程序设计语言所具有的语句结构；使用子程序和函数，程序的流程也是由顺序、分支和循环 3 种结构组成。

（5）支持多种数据库系统的访问。利用数据控件或 ODBC（Open DataBase Connection），允许对包括 Microsoft SQL Server 和其他企业数据库在内的大部分数据库格式建立数据库和前端应用程序，以及可调整的服务器端部件。利用数据控件可访问 Microsoft Access、dBase、Microsoft FoxPro、Paradox 等数据库，也可以访问 Microsoft Excel、Lotus1-2-3 等多种电子表格。

（6）支持动态数据交换功能（DDE）、动态链接库（DLL）、对象的链接与嵌入（OLE）以及 ActiveX 技术。

动态数据交换技术可使 Visual Basic 应用程序与其他 Windows 应用程序之间建立动态的数据通信。动态链接库中存放了所有 Windows 应用程序可以共享的代码和资源，Visual Basic 利用这项技术可以方便地调用任何语言产生的 DLL，也可以调用 Windows 应用程序接口（API）函数。对象链接与嵌入技术允许将其他各种基于 Windows 的应用软件作为一个对象链接或嵌入 Visual Basic 应用程序中，并对其进行操作。ActiveX 技术则是 OLE 技术的进一步发展，可以使用其他程序提供的功能。

（7）完备的 Help 联机帮助功能。通过与 Visual Basic 6.0 的安装程序捆绑在一起的 MSDN（Microsoft Developer Network）联机帮助文档，用户可以随时方便地得到各种帮助信息，以解决用户在开发过程中遇到的各种各样的问题。

1.2 Visual Basic 6.0 的安装与启动

1.2.1 Visual Basic 6.0 的安装

Visual Basic 6.0 系统程序是在发布时经过压缩存储在光盘上的，使用前必须先将这些系统文件解压复制到硬盘上，这一过程通常称为安装，其具体的解压和复制工作由系统提供的相应安装程序 Setup.exe 完成。安装步骤如下。

（1）在 CD-ROM 驱动器中插入 Visual Basic 6.0 系统安装文件的光盘。安装程序在安装盘的根目录下，运行安装程序 Setup.exe，即可进入“安装程序向导”。如果你的计算机能够在系统中运行 AutoPlay，则在插入安装盘时，安装程序将被自动加载。选取“安装 Visual Basic 6.0”，同样进入“安装程序向导”，如图 1-1 所示。

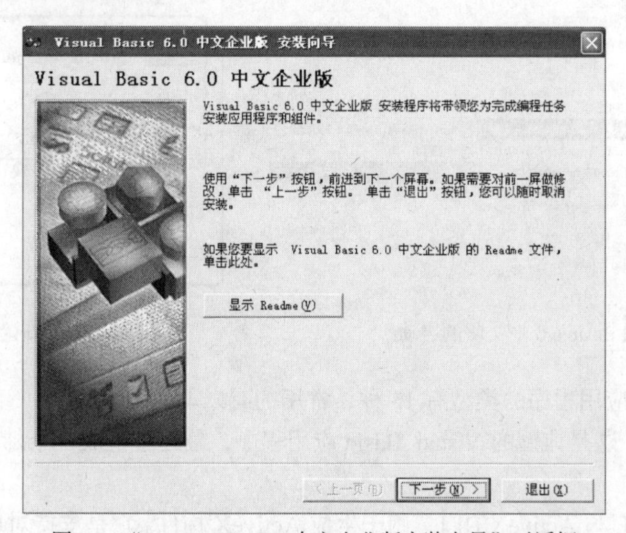

图 1-1 “Visual Basic 6.0 中文企业版安装向导”对话框

（2）进入安装程序向导后，用户要阅读一份“最终用户许可协议”，此时要单击“同意”按钮，才能进行下一步的安装。

（3）接着系统会要求用户输入姓名、公司名称和 CD-KEY，输入回答完毕，系统会要求选择安装 Visual Basic 6.0 的驱动器和文件夹，用户也可直接单击“确定”按钮，按默认文件夹安装。

（4）在进行以上步骤后，安装程序向导将显示安装类型选择窗体，用户可以有 3 种安装方式选择：典型安装、自定义安装和最小安装。

自定义安装是一种较好的安装方式，用户可根据需要选择安装的组件。典型安装包含了 Visual Basic 的一些常用组件。最小安装仅安装使用 Visual Basic 的一些必需组件，占用的磁盘空间最小。一般情况下，可选择典型安装，单击典型安装的按钮后，即开始 Visual Basic 6.0 应用程序的安装，安装完成后，会在 Windows 的“开始”菜单中添加“Microsoft Visual Basic 6.0 中文版”程序组。

1.2.2 Visual Basic 6.0 的启动与退出

1. Visual Basic 6.0 启动

安装好 Visual Basic 6.0 后，有很多种方法启动，可以在“开始”菜单中启动 Visual Basic 6.0 或用快捷方式启动 Visual Basic 6.0。最常用的方法是使用“开始”菜单的“程序”命令，选择“Microsoft Visual Basic 6.0 中文版”级联菜单中“Microsoft Visual Basic 6.0 中文版”命令，即可启动 Visual Basic 6.0，如图 1-2 所示。

启动 Visual Basic 6.0 后，将显示“新建工程”对话框，如图 1-3 所示。该对话框中有 3 个选项卡：“新建”用于创建一个新的工程；“现存”用于选择打开一个现有的工程；“最新”用于列出和打开一个最近建立或使用过的工程。双击“新建”选项卡，其中列出了 Visual Basic 6.0 能够建立的应用程序类型，初学者只要选择默认的“标准 EXE”即可。单击“打开”按钮，就可以创建标准 EXE 工程，进入 Visual Basic 6.0 应用程序集成开发环境。

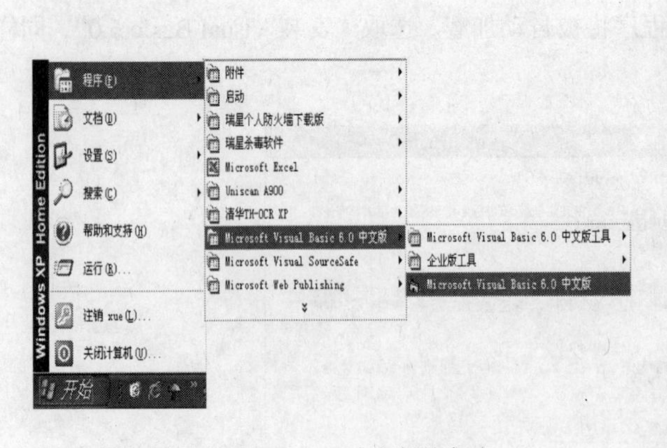

图 1-2 Visual Basic 6.0 中文版的启动

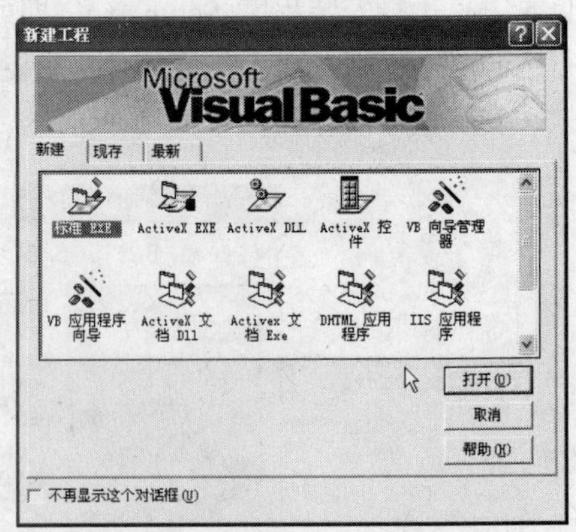

图 1-3 “新建工程”对话框

Visual Basic 6.0 应用程序的类型有 13 种，常用的有以下几种。

（1）标准 EXE：这是典型的 Visual Basic 应用程序，最终可生成一个标准的可执行文件（扩展名为 EXE）。

（2）ActiveX EXE 与 ActiveX DLL：用于生成 ActiveX 构件。它是支持对象链接与嵌入（OLE）技术的自动化服务器程序。这两种类型的应用程序在编程时完全相同，区别在于最终一个编译成为可执行文件（EXE），另一个则编译成为动态链接库（DLL）。

（3）ActiveX 控件：用于创建用户的 ActiveX 控件。

（4）ActiveX 文档 EXE 与 ActiveX 文档 DLL：ActiveX 文档指的是可以在 Web 浏览器环境中运行的 Visual Basic 应用程序。与前面相似，二者的区别在于前者最终编译生成可执行文件，后者生成动态链接库。

（5）Visual Basic 应用程序向导：利用该向导，用户可以很快建立起应用程序框架，以减轻编程工作量。

（6）Visual Basic 企业版控件：Visual Basic 企业版提供的类型，用于开发 Visual Basic 控件。

（7）外接程序：用来创建用户自己的外接程序，以扩展 Visual Basic 集成开发环境的功能。

2. Visual Basic 6.0 退出

退出 Visual Basic 6.0 有以下几种方法。

（1）在"文件"菜单中，单击"退出"命令。

（2）直接按 Alt+Q。

（3）单击标题栏上的关闭按钮。

（4）双击标题栏左侧的控制菜单。

1.3 Visual Basic 6.0 的集成开发环境

Visual Basic 6.0 拥有一个集成式的开发环境，所有的图形界面设计和代码的编写、调试、运行、编译均在该集成环境中完成。Visual Basic 6.0 的集成开发环境由标题栏、菜单栏、工具栏及一些专用的窗口组成，如图 1-4 所示。

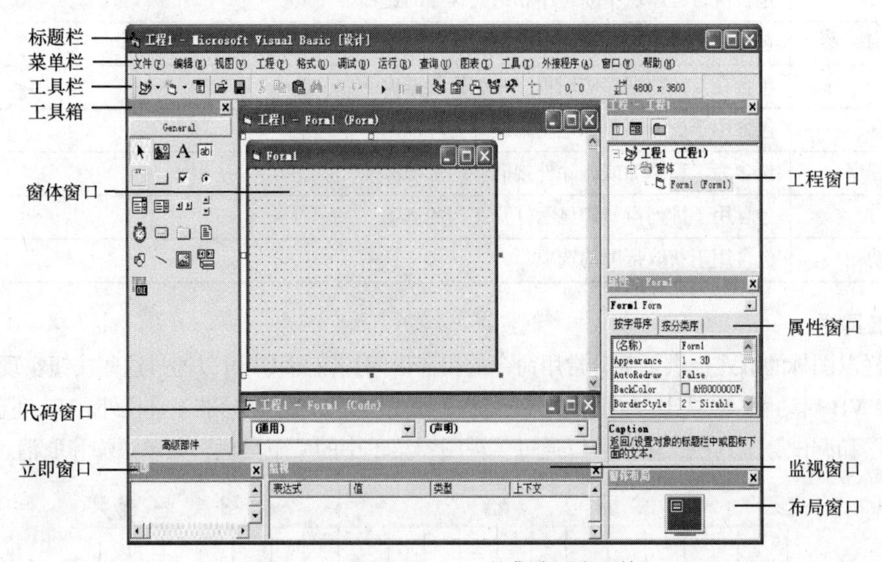

图 1-4 Visual Basic 6.0 的集成开发环境

1.3.1 主窗口

Visual Basic 6.0 的主窗口也称设计窗口。主窗口位于集成环境的顶部，由标题栏、菜单栏和工具栏组成。

1. 标题栏

启动 Visual Basic 6.0 后，标题栏中显示的信息是“工程 1- Microsoft Visual Basic [设计]”，方括号中“设计”表明当前的工作状态是处于“设计模式”。随着工作状态的不同，方括号中的信息也随之改变。

Visual Basic 6.0 有 3 种工作模式：设计模式、运行模式和中断模式。

（1）设计模式：可进行界面设计和代码编写。

（2）运行模式：运行程序，此时不可以编辑代码，也不可以编辑界面。

（3）中断模式：程序运行暂时中断，可编辑代码，但不可编辑设计界面。

2. 菜单栏

标题栏下面就是菜单栏。菜单栏中的命令提供了开发、调试和保存应用程序所需要的工具。Visual Basic 6.0 菜单栏共包括 13 个下拉菜单：文件、编辑、视图、工程、格式、调试、运行、查询、图表、工具、外接程序、窗口和帮助。各菜单的功能如表 1-1 所示。

表 1-1　　菜单功能表

菜　单	功　能
文件	包含用于创建、打开、保存、打印和生成可执行文件的命令选项
编辑	包含剪切、复制、粘贴、查找、删除等编辑命令选项
视图	包含用于显示集成开发环境的窗口和工具栏等选项
工程	包含给工程添加各种特性的选项
格式	包含用于对齐、统一尺寸等格式化控件的选项
调试	包含用于程序的差错和调试的选项
运行	包含执行程序、中断程序和结束程序的选项
查询	包含用于操作从数据库中取出数据的选项
图表	包含在设计数据库应用程序时编辑数据库的命令选项
工具	包含用于设计菜单和定制集成开发环境的命令选项
外接程序	包含为工程添加或删除外接插件的选项
窗口	包含用于排列窗口和显示打开文档的选项
帮助	包含用于获取帮助的选项

3. 工具栏

工具栏以图标的形式提供了部分常用命令的快速访问按钮。用户可以通过这些按钮实现菜单中的对应功能，VB 启动后，默认出现的是标准工具栏，如图 1-5 所示。除标准工具栏外，VB 还包括编辑、窗体编辑器和调试等工具栏，用户可以通过“视图”菜单中的“工具栏”菜单添加和取消。

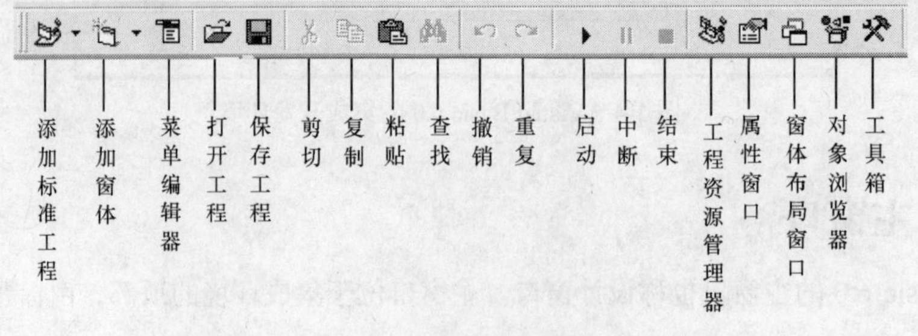

图 1-5　VB 标准工具栏

1.3.2 窗体设计器窗口

窗体设计器窗口简称窗体（Form），是应用程序最终面向用户的窗口。如图 1-6 所示，在窗体中可以设计菜单，可以添加按钮、文本框、列表框、图片框等控件，并通过窗体或窗体中的这些控件将各种图形、图像、数据等显示出来。每个窗体必须有一个唯一的窗体名，建立窗体时默认名为 Form1、Form2 等。由图 1-6 可以看出，在应用程序窗体的工作区内，整齐地布满了一些小点，这些小点是供设计时对齐控件用的。

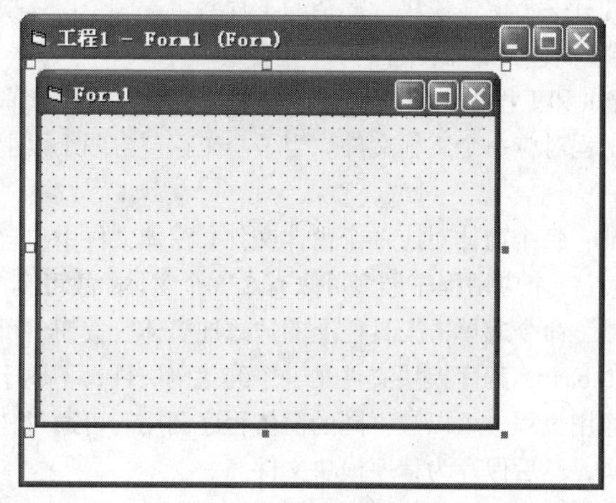

图 1-6 窗体设计器窗口

在窗体的周围有 8 个呈矩形的窗体大小调整框。将鼠标指针移动到调整框上，当鼠标指针变成水平双向箭头或垂直双向箭头或斜向双向箭头时，按住鼠标左键不放，拖动鼠标可调整窗体的大小。

1.3.3 工程资源管理器窗口

在 Visual Basic 中，把开发一个应用程序视为一项工程，用创建工程的方法来创建一个应用程序，利用工程资源管理器窗口来管理一个工程。工程资源管理器窗口层次化管理方式显示各类文件，如图 1-7 所示。

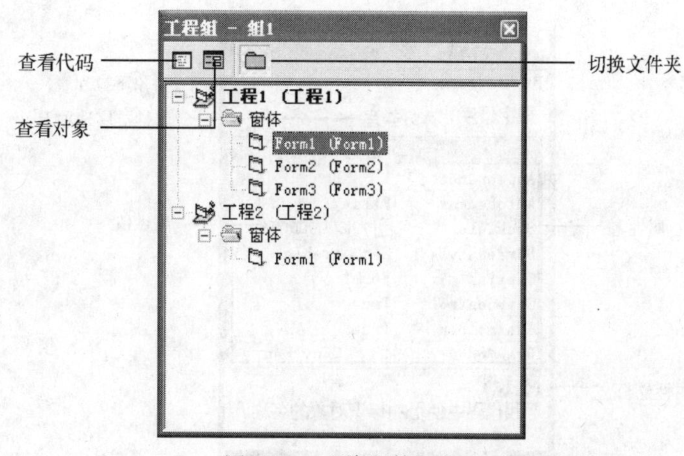

图 1-7 工程资源管理窗口

在工程资源管理器窗口上方有以下 3 个按钮。

（1）“查看代码（View Code）”：切换到代码窗口，显示和编辑代码。

（2）“查看对象（View Object）”：切换到选定的对象窗口。

（3）“切换文件夹（Toggle Folders）”：工程中的文件在“按类型分”或“不分层次显示”之间切换。

工程文件有 6 种类型：工程文件（.vbp）、工程组文件（.vbg）、窗体文件（.frm）、程序模块文件（.bas）、类模块文件（.cls）和资源文件（.res）。

简单的工程可以只含有一个窗体模块，复杂的工程会包含多个窗体模块和多个程序模块，图 1-7 中的工程资源管理器里面包含 2 个工程、4 个窗体。

（1）工程文件（.vbp）和工程组文件（.vbg）：工程是建立、保存和管理应用程序中各类相关信息的管理系统，一个工程对应一个工程文件。当一个工程包含两个以上工程时，这些工程构成了一个工程组。

（2）窗体文件（.frm）：每个窗体对应一个窗体文件。窗体文件中包含窗体及其空间的属性设置、程序代码和其他信息。一个应用程序最多可以有 255 个窗体，故可有多个窗体文件。使用“工程”菜单中的“添加窗体”命令或单击工具栏上的“添加窗体”按钮，可增加一个窗体。

（3）程序模块文件（.bas）：程序模块文件是一个纯代码文件，不属于任何窗体，主要用来声明全局变量和定义一些通用过程，可以被不同的窗体程序调用。可通过“工程”菜单中的“添加模块”命令添加程序模块，然后保存为程序模块文件。

（4）类模块文件（.cls）：Visual Basic 用户提供了大量预定义的类，也允许用户创建自己的类。可通过“工程”菜单中的“添加类模块”命令添加类模块，然后保存为类模块文件。类模块与窗体模块类似，只是没有可见的用户界面。

（5）资源文件（.res）：资源文件是纯文本文件，包含着无数重新编辑代码便可以改变的位图、字符串和其他数据。一个工程最多包含一个资源文件。

1.3.4 属性窗口

在 VB 中，窗体和控件被称为对象。每个对象都可以用一组属性来刻画其特征，如大小、标题或颜色等。而属性窗口就是用来设置窗体或控件属性的。用户可以通过修改对象的属性来设计满意的外观。属性窗口列出了选定的窗体或控件的属性名称及设置值。属性窗口结构如图 1-8 所示。

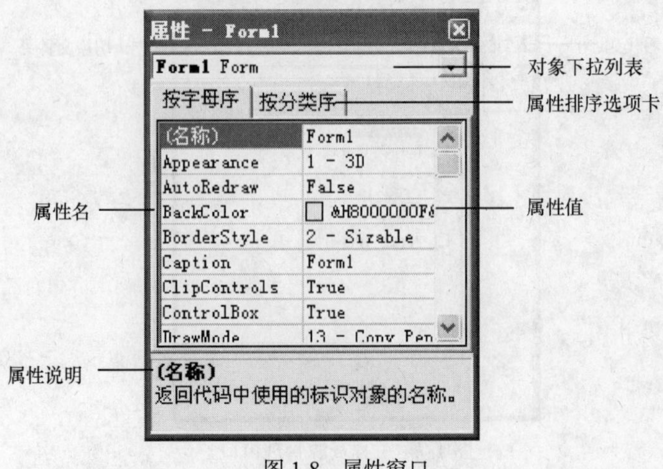

图 1-8 属性窗口

属性窗口由以下几部分组成。

（1）对象下拉列表：单击其右端的箭头，列出当前窗体所含对象的名称和类型。

（2）属性排序选项卡：确定属性的显示方式，即按字母序或按分类序显示属性。

（3）属性列表框：列出当前对象的所有属性。列表框中左边为属性名，右边为属性值。

（4）属性说明：显示所选属性的简短说明。可通过单击鼠标右键，在弹出的快捷菜单中选择“描述”命令来显示或隐藏“属性说明”。

1.3.5　工具箱窗口

Visual Basic 6.0 工具箱用于存放和显示建立 Visual Basic 应用程序所需的各种控件。标准工具箱如图 1-9 所示，其中包含 20 个 VB 标准控件和一个指针图标。另外 Visual Basic 6.0 允许用户将其他的 ActiveX 控件添加到工具箱中。

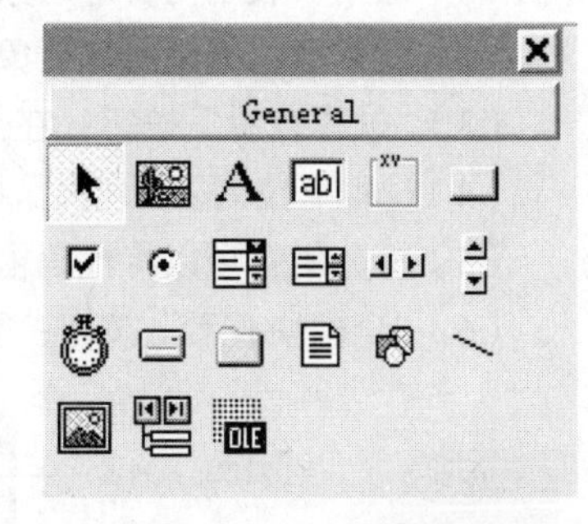

图 1-9　工具箱窗口

1．添加 ActiveX 控件

选择“工程”菜单下的“部件”菜单项，或在工具箱上单击鼠标右键，在弹出的快捷菜单中选择“部件”对话框，如图 1-10 所示。在“控件”选项卡中选定所需控件，单击“确定”按钮，即可将所选的 ActiveX 控件添加到工具箱中。

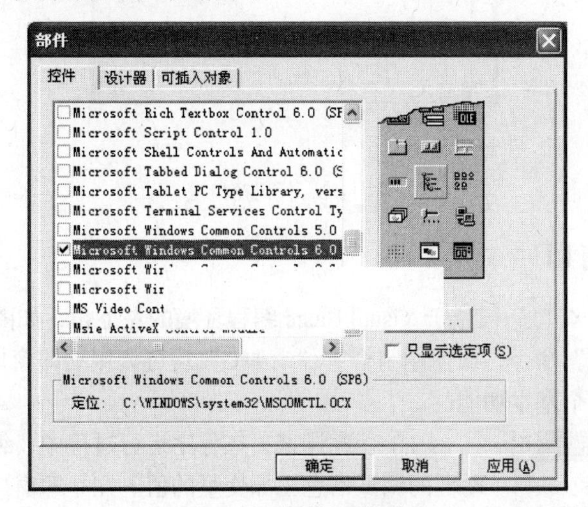

图 1-10　“部件”对话框

2．添加选项卡

在工具箱上单击鼠标右键，在弹出的快捷菜单中选择“添加选项卡”，打开“新选项卡名称”对话框，如图 1-11 所示。输入要建立的选项卡名称“高级控件”，单击“确定”按钮，此时在工具箱底部便出现所建立的选项卡图标，用鼠标左键将所需的控件拖到选项卡上即可。

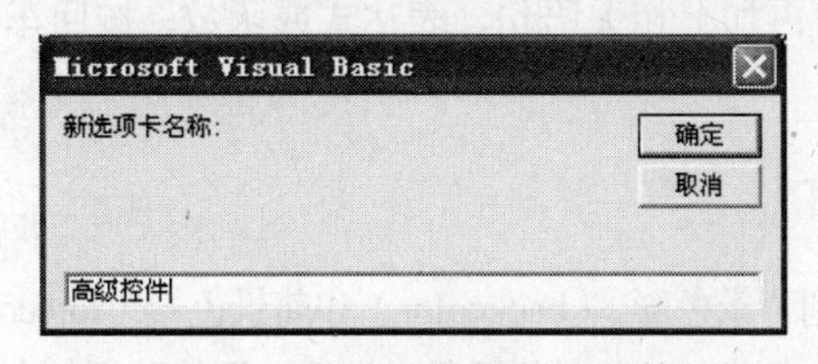

图 1-11　“新选项卡名称”对话框

1.3.6 代码窗口

代码（Code）窗口又称“代码编辑器”，是用来编写和修改程序代码的。在设计模式中，通过双击窗体或窗体上的任何对象或单击“工程资源管理器”窗口中的“查看代码”按钮都可以打开代码窗口，如图 1-12 所示。

代码窗口主要包含以下几个部分。

（1）对象下拉列表：列出了当前窗体及其所包含的所有对象名。窗体的对象名总是 Form。列表中的“通用”表示与特定对象无关的通用代码。

（2）代码区：编辑所选对象的代码。

（3）“过程查看”按钮：在代码窗口中只显示当前过程代码。

（4）过程下拉列表：列出了所选对象的所有事件过程名。其中，“声明”表示声明模块级变量。

（5）拆分栏：可以将代码窗口分成两个窗口。

（6）“全模块查看”按钮：在代码窗口中显示当前模块中所有过程的代码。

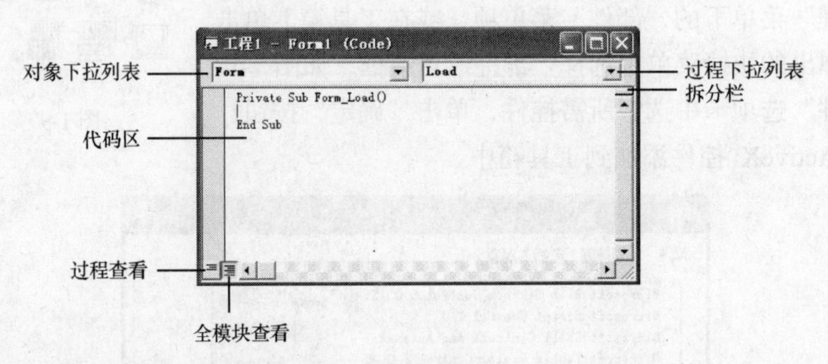

图 1-12　代码窗口

1.3.7 立即窗口

立即（Immediate）窗口一般位于 Visual Basic 编程环境的左下角，如图 1-13 所示。执行“视图”菜单的“立即窗口”命令，或使用组合键“Ctrl+G”均可调用立即窗口。立即窗口是非常有用的工具，它有以下两个基本功能。

图 1-13　立即窗口

（1）程序调试：在程序运行过程中，编程人员可以将一些辅助性的调试信息（如变量的值）在立即窗口中输出，以跟踪程序的执行过程；也可以在中断状态下，直接查看相关变量的值。

（2）验证语句、表达式或函数：一般情况下，计算机程序必须在代码编辑完成后开始运行，但有时编程人员需要事先了解一些语句或函数的功能，或者事先验证一下表达式的结果，而不想花大量时间将这些内容放在一个程序中加以运行。利用立即窗口就可以解决这个问题，在立即窗口中输入“Print”或“？”，再加上相关语句、表达式或函数，按回车键，立即窗口中的代码就会立即执行并输出结果。

1.3.8 调色板窗口

在 VB 程序中经常会用到背景色彩。（backcolor）和前景色彩（forecolor），可以通过“视图”菜单中的“调色板”命令打开调色板窗口，在调色板窗口直接选用某种颜色来进行设置，如图 1-14 所示。

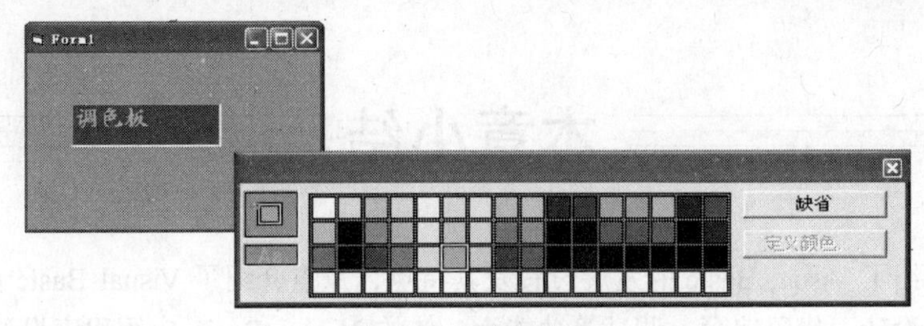

图 1-14 调色板窗口

1.3.9 窗体布局窗口

“窗体布局（Form Layout）”窗口用于设计应用程序运行时各个窗体在屏幕上的位置。由代表屏幕的图像和代表窗体的图标组成，用户只要用鼠标拖曳“窗体布局”窗口中计算机屏幕上的任一个 Form 窗体的位置，就决定了该窗体在程序运行时显示的初始位置。图 1-15 显示由 3 个窗体组成的应用程序界面中每个窗体的相对位置。

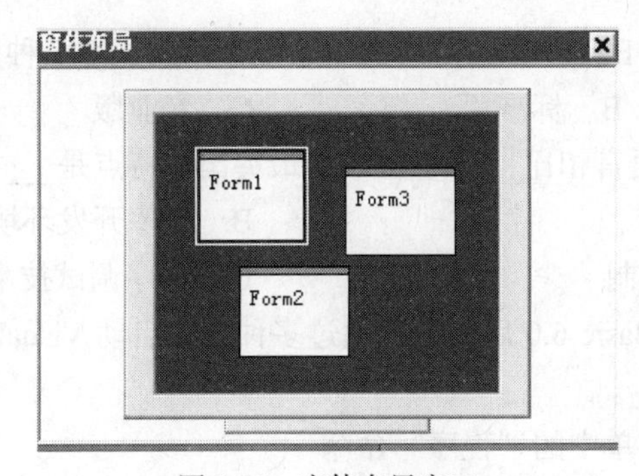

图 1-15 窗体布局窗口

1.3.10 对象浏览器窗口

对象浏览器窗口又称“对象浏览器”，如图 1-16 所示，它是 Visual Basic 6.0 的一个辅助编程工具，通过它去检查对象输出的属性和方法以及各种必要的参数。测试人员可以利用这些信息创建对这些对象的验证性和功能性的测试，特别是对面向对象测试，非常有用而且非常有效。

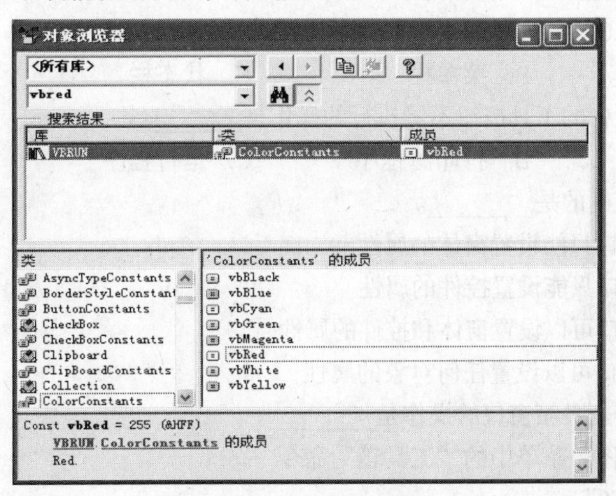

图 1-16 对象浏览器窗口

本章小结

本章简要介绍了 Visual Basic 的发展过程及其特点，重点介绍了 Visual Basic 6.0 集成开发环境，它是集界面设计、代码编写、调试等功能为一体的 Visual Basic 应用程序设计与开发的编程环境。通过本章的学习，学生能够了解 Visual Basic 的发展历史及特点，并能够熟练使用 Visual Basic 6.0 集成开发环境。

习　题

一、选择题

1. 从功能上讲，Visual Basic 6.0 有 3 种版本，下列不属于这 3 种版本的是________。

A. 学习版　　B. 标准版　　C. 专业版　　D. 企业版

2. 与传统的程序设计语言相比，Visual Basic 最突出的特点是________。

A. 结构化程序设计　　B. 程序开发环境

C. 事件驱动编程机制　　D. 程序调试技术

3. 在正确安装 Visual Basic 6.0 后，可以通过多种方式启动 Visual Basic。以下方式中不能启动 Visual Basic 的是________。

A. 通过“开始”菜单中的“程序”命令

B. 通过“我的电脑”找到 vb6.exe，双击该文件名

C. 通过开始菜单中的“运行”命令

D. 进入 DOS 方式，执行 vb6.exe 文件

4. 为了用键盘打开菜单和执行菜单命令，第 1 步应按的键是________。

A. 功能键 F10 或 Alt　　B. Shift+功能键 F4

C. Ctrl 或功能键 F8　　D. Ctrl+Alt

5. Visual Basic 6.0 集成环境的主窗口中不包括________。

A. 标题栏　　B. 菜单栏　　C. 状态栏　　D. 工具栏

6. 用标准工具栏中的工具按钮不能执行的操作是________。

A. 添加工程　　B. 打印源程序　　C. 运行程序　　D. 打开工程

7. 以下叙述中正确的是________。

A. 用属性窗口只能设置窗体的属性

B. 用属性窗口只能设置控件的属性

C. 用属性窗口可以设置窗体和控件的属性

D. 用属性窗口可以设置任何对象的属性

8. 下列不能打开工具箱窗口的操作是________。

A. 执行“视图”菜单中的“工具箱”命令

B. 按“Alt+F8”

C. 单击工具栏上的“工具箱”按钮

D. 按“Alt+V”键，然后按“Alt+X”键

9. 在 Visual Basic“工程资源管理器”窗口中，不可能出现的文件类型是________。

A. 标准模块文件（.bas） B. 窗体文件（.frm）

C. 可执行文件(.exe) D. 资源文件（.res）

10. Visual Basic 集成开发环境由若干窗口组成，其中不能隐藏（关闭）的窗口是________。

A. 主窗口 B. 属性窗口 C. 立即窗口 D. 窗体窗口

11. 以下不能在“工程资源管理器”窗口中列出的文件类型是________。

A. .bas B. .vbp C. .frm D. .ocx

12. 以下不属于 Visual Basic 系统的文件类型是________。

A. .frm B. .bat C. .vbg D. .vbp

13. 在 Visual Basic 6.0 集成环境中，可以________。

A. 编辑、调试、运行程序，但不能生成可执行程序

B. 编辑、生成可执行程序、运行程序，但不能调试程序

C. 编辑、调试、生成可执行程序，但不能运行程序

D. 编辑、调试、运行程序，并能生成可执行程序

二、填空题

1. 退出 Visual Basic 的快捷键是______。

2. 可以通过多种方式启动 Visual Basic，其中的两种方式是______和______。

3. 可以通过______菜单中的______命令退出 Visual Basic。

4. Visual Basic 6.0 的菜单栏共有______个主菜单项。

5. 快捷键 Ctrl+O 的功能相当于执行______菜单中的______命令；或者相当于单击工具栏上的______按钮。

6. 如果打开了不需要的菜单或对话框，可以用______键关闭。

7. 工程文件的扩展名是______，窗体文件的扩展名是______。

8. Visual Basic 中的菜单栏有两种形式，分别为______形式和______形式。

第2章 VB应用程序设计过程

上一章中介绍了 Visual Basic 的特点及集成环境，对 Visual Basic 开发工具有了初步了解。本章将介绍面向对象程序设计的概念，几个常用的内部控件的属性、事件和方法；通过一个简单的例子说明 Visual Basic 应用程序设计的一般过程；介绍在 Visual Basic 6.0 中进行程序调试和错误处理方法。通过本章的学习，读者能够对 Visual Basic 程序设计的概念、方法和过程有一个较全面的了解。

2.1 面向对象程序设计的基本概念

面向对象程序设计（Object Oriented Programming，OOP）方法是一种新的程序设计方法，它既吸收了传统程序设计的精华，又改进了其不足之处。面向对象的程序设计方法能充分利用视窗操作系统提供的程序设计环境，按照事件驱动编程机制进行程序开发，大大提高了程序设计的效率，缩短了应用程序开发时间，增加了程序的可靠性、可维护性和可重用性，从而成为目前使用最广泛的程序设计方法。

面向对象的程序设计不同于传统的程序设计方法，它采用事件驱动机制，程序的执行顺序不再按预先设计好的路径进行，而是响应不同的事件执行不同的程序代码段。事件可由用户触发，也可以由系统或应用程序本身触发。响应的事件顺序不同，执行的程序代码段的顺序也不同，即事件发生的顺序决定了程序代码段的执行顺序，它的执行流程由用户决定。

2.1.1 对象与类

对象是系统中的基本运行实体，是代码和数据的集合。在现实生活中，一个实体就是一个对象，如一个人、一部电话、一台计算机等都是对象。一台计算机又可以拆分为主板、CPU、内存、外设等部件，每个部件又都分别是一个对象，因此计算机对象可以说是由多个“子”对象组成，它可以称为是一个对象容器。

在 Visual Basic 中，对象可以由系统设置好，直接供用户使用，也可以由程序员自己设计。Visual Basic 设计好的对象有：窗体、各种控件（如命令按钮、标签、文本框、图片框等）、屏幕、打印机、剪贴板等。

和对象有关的一个重要概念是类。现实世界中许多对象具有相似的性质，执行相同的操作，称为一类对象。类是同种对象的集合与抽象。相同类的所有对象性质相同，每个具体对象称为其类的一个实例，即对象是类的实例化，一个对象就是类的一个实例。

类和对象的关系与模型和成品的关系相似，类是模型，对象是按模型生产出的成品。例如我们把“汽车”看成一个类，一辆具体的汽车就是这个类的实例，也就是属于这个类的一个对象。尽管每辆汽车在外型（由属性描述）上不相同，但它们都同属于“汽车”类。工具箱的各种控件并不是对象，而是代表了各个不同的类。通过类的实例化，可以得到真正的对象。当在窗体上画一个控件时，就将类转换为对象，即创建了一个控件对象。例如，图 2-1 工具箱中的命令按钮，代表 CommandButton 类，窗体上显示的两个 CommandButton 类的对象，它们有各自的属性、字体、大小等。

对象的命名原则。

每一个对象都有自己的名字。在每个窗体、控件对象建立时，VB 系统给出了一个默认名。用户可通过属性窗口设置（名称）来给对象命名。

（1）必须由字母或汉字开头，随后可以是字母、汉字、数字、下画线（最好不用）组成。

（2）长度<=255 个字符。

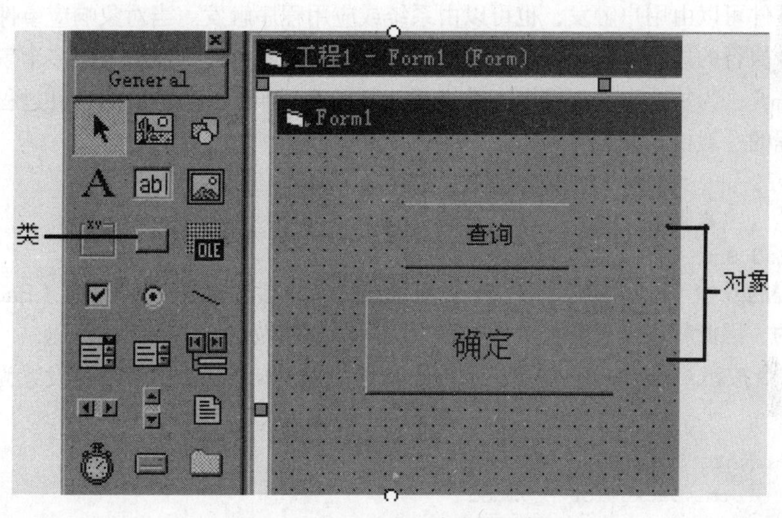

图 2-1 Visual Basic 中类和对象

2.1.2 对象的三要素

Visual Basic 中的对象由三要素描述，分别是：描述对象的特性，即属性；对象执行的某种行为，即方法；作用在对象上的动作，即事件。

1. 属性

描述对象特征的数据称为属性，每一个对象都有自己的属性。如一部电话具有颜色、形状等属性，所有的电话都具有这些属性，但不同的电话这些属性值可能不同。

在 Visual Basic 中，每个对象都有自己的属性，如命令按钮有名称、标题、大小、位置、颜色等属性，文本框有名称、文本内容、字体等属性。修改了一个对象的属性，就会改变对象的特征。对象属性的设置可以通过以下两种方法来实现。

（1）在设计阶段，选中某对象，利用属性窗口直接设置对象的属性。

（2）在程序代码中通过赋值语句实现，其格式为

对象名·属性名=属性值

例如，给一个对象名为“Command1”命令按钮的“Caption”属性赋值为“欢迎使用 Visual Basic”，在程序代码中实现的语句是：

```
Command1.Caption="欢迎使用 Visual Basic"
```

利用“属性”窗口设置对象属性有 3 种方法。

（1）在“工程设计”窗口，依次选择【视图】→【属性窗口】菜单选项，打开“属性”窗口。

（2）在“工程设计”窗口，选中设置属性的“对象”，单击鼠标右键，打开快捷菜单，选择【属性窗口】菜单选项，打开“属性”窗口。

（3）在“工程设计”窗口，选中设置属性的“对象”，单击工具栏中的按钮，打开“属性”窗口。

2. 事件与事件过程

事件是指对象响应的动作。在 Visual Basic 中，系统为每个对象预先定义好了一系列的事件。如鼠标单击（Click）、双击（DblClick）、装入（Load）、改变（Change）、失去焦点（LostFocus）和获得焦点（GotFocus）等事件。

对象的事件可以由用户触发，也可以由系统或应用程序触发。当对象响应事件后就会执行一段程序代码，执行的这段代码称为事件过程。尽管一个对象可以响应一个或多个事件，但是程序设计者并不需要去为每个事件都编写事件过程，只需编写那些必须响应的事件过程。

事件过程的一般格式如下：

```
Private Sub 对象名_事件过程名（参数列表）
    （事件过程代码）
End Sub
```

事件过程的开始（Private Sub 对象名_事件过程名（参数列表））和结束（End Sub）是由系统自动生成的，因此程序员只需在事件过程中编写对事件做出响应的程序代码。

例如，命令按钮 Command1 的单击 Click 事件，将窗体 Form1 的背景色设置为红色的事件过程为

```
Private Sub Command1_Click()
  Form1.BackColor = vbRed
End Sub
```

3. 方法

方法是指对象要执行的动作。方法是面向对象程序设计语言为编程者提供的用来完成特定操作的过程和函数。在 Visual Basic 中将一些通用的过程和函数编写并封装起来，作为方法供用户直接调用，这给用户的编程带来了极大的方便。如“打印方法（Print）”是要输出特定信息，“清除方法（Cls）”能够清除对象上的文字和图形。对象的方法和事件过程有许多相似之处，它们都是要执行一段程序代码，完成某种特定的功能。不同的是，事件过程中的程序代码需要程序员自己去编制，可以查看和修改，而系统提供的允许某个对象使用的方法执行的程序代码是由 Visual Basic 系统预先设计好的，是一个特殊过程，设计者不能去查看和修改其中的程序代码。使用方法要通过程序代码来实现，调用的一般格式为

对象名·方法名【参数】

例如，清除窗体 Form1 上的文字和图形调用方法的语句为

```
Form1.Cls
```

例如，在窗体上打印文字：

```
Form1.print " 成绩管理系统" 或 print " 成绩管理系统"
```

如省略对象，表示在当对象，一般指窗体。

思考：对象的方法与事件过程的区别。

2.2 窗　体

在 Visual Basic 中，窗体（Form）是设计图形用户界面的基本平台，即窗口。所有的控件都是绘在窗体上的。程序运行时，每个窗体对应于程序的一个窗口。窗体是 Visual Basic 中的对象，具有自己的属性、方法和事件。

2.2.1 窗体创建

当用户建立一个新的工程时，Visual Basic 都会自动给出一个默认名为 Form1 的窗体。大多数应用程序往往需要用到多个窗体。创建一个新窗体的步骤如下。

（1）从“工程”菜单中选择“添加窗体”菜单项，或者用鼠标指向工程资源管理器中的工程，单击右键，从弹出的快捷菜单中选择“添加”菜单中的“添加窗体”菜单项，或者用鼠标单击常用工具栏中“添加窗体”按钮。

（2）系统显示如图 2-2 所示的“添加窗体”对话框，在此对话框中有两个选项卡：“新建”和“现存”选项卡。“新建”选项卡用于创建一个新的窗体。例如，从列出的各种新的窗体类型中选择“窗体”选项，按“打开”按钮，即可添加一个新的空白窗体到当前工程中。“现存”选项卡用于选定一个已存在的窗体添加到当前工程中。

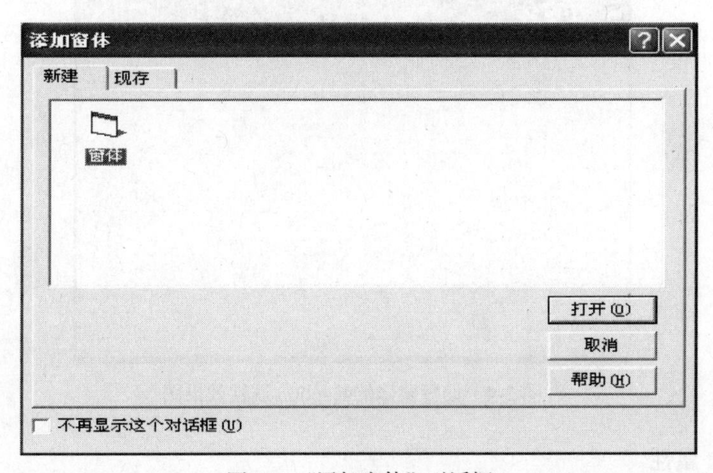

图 2-2 “添加窗体”对话框

2.2.2 属性

窗体的属性决定着窗体的外观和行为。同 Windows 环境下的应用程序一样，Visual Basic 中的窗体在默认下具有控制菜单、关闭按钮以及边框等，如图 2-3 所示。

窗体的许多属性既可以通过属性窗口设置，也可以在程序中设置，而有的属性只能在设计状态设置，例如 MaxButton、BorderStyle 等会影响窗体外观的属性。有些属性只能在运行期间设置，例如 CurrentX、CurrentY 等属性。下面介绍有关窗体的一些常用属性。

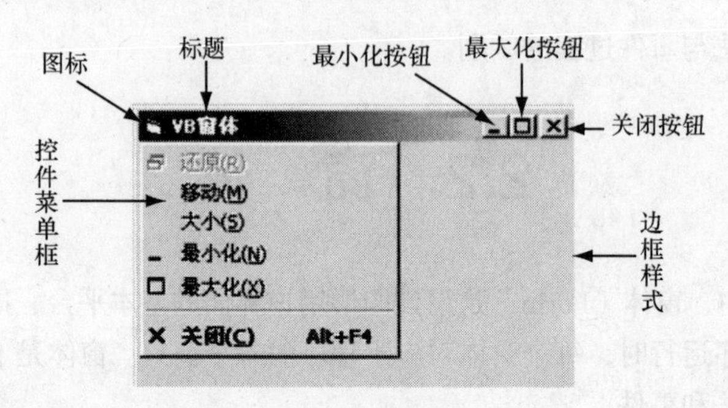

图 2-3　窗体外观

1. Name 属性

Visual Basic 中任何对象都有 Name 属性（属性窗口中为名称属性），在程序代码中就是通过该属性来引用、操作具体对象的。

首次在工程中添加窗体时，默认名称为 Form1。添加第 2 个窗体，其名称默认为 Form2。以此类推。

2. Caption 属性

该属性用于设置或返回标题栏中所显示的文本信息。也是当窗体被最小化后出现在窗体图标下的文本。如图 2-4 所示，Caption 属性值是“VB 窗体”。

图 2-4　设置窗体的 Caption 属性效果图

3. Enabled 属性

该属性决定窗体是否响应用户所产生的事件。其取值为 True 或 False，默认值为 True。

True：允许用户进行操作，并对操作作出响应（缺省值）。

False：呈暗淡色，禁止用户进行操作。

如果使窗体或其他“容器”对象无效，则在其中的所有控件也将无效。

4. Visible 属性

该属性为逻辑型值，决定窗体是否可见，其默认值为 True。

True：运行时控件可见（缺省值）。

False：运行时控件隐藏，用户看不到，但控件本身是存在的。

5. Font 属性组

在设计状态，可利用属性窗口中 Font 属性右侧的“···”打开字体对话框，进行字体、字形、大小、效果等设置，如图 2-5 所示。

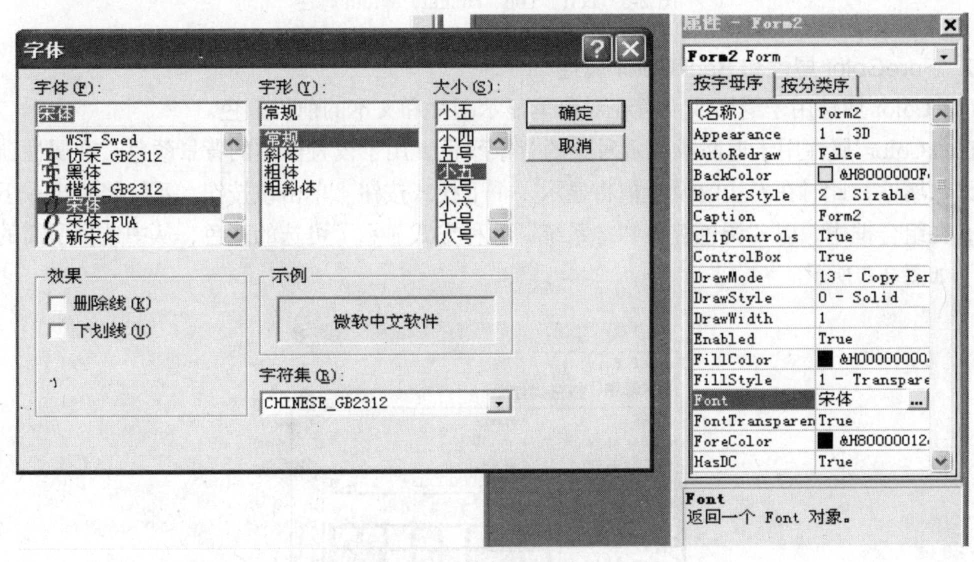

图 2-5　font 属性值

在运行状态，可通过以下属性在程序代码中设置对象有关字体的相应属性。

FontName 属性是字符型，决定对象上正文的字体（默认为宋体）。

FontSize 属性是整型，决定对象上正文的字体大小。

FontBold 属性是逻辑型，决定对象上正文是否是粗体。

FontItalic 属性是逻辑型，决定对象上正文是否是斜体。

FontStrikeThru 属性是逻辑型，决定对象上正文是否加删除线。

FontUnderLine 属性是逻辑型，决定对象上正文是否加下画线。

例如，在运行时将窗体字体设置为宋体，字号为 30，斜体，可以用以下语句实现：

```
Form1.FontName="宋体"
Form1.FontSize=30
Form1.FontItalic=True
```

说明　对于图片框控件、窗体和打印机对象，设置 FontBold、FontItalic、FontStrikeThru、FontUnderLine 属性不会影响在控件或对象上已经绘出的图片和文本。

6. Left、Top、Height、Width 属性

Left、Top 属性决定窗体运行时相对于屏幕左上角的坐标值，Height、Width 属性用于设置或返回窗体的高度和宽度，如图 2-6 所示。默认单位是缇（twip）：1 缇=1/20 点=1/1440 英寸=1/567 厘米。

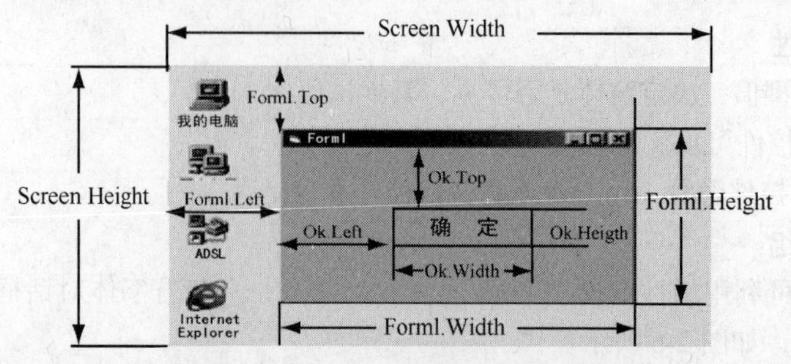

图 2-6　Left、Top、Height、Width 属性

7. ForeColor 属性和 BackColor 属性

ForeColor 属性用于返回或设置在对象里显示图片和文本的前景颜色。

BackColor 属性用于返回或设置对象的背景颜色，用于设置窗体的背景颜色。在属性窗口中单击该项属性，此时在右边的设置框将显示一个下拉式按钮。单击该按钮，系统将弹出一下拉组合框，在组合框中，以“调色板”和“系统”两种方式显示了可选的颜色，从中选择所需的颜色即可，如图 2-7 所示。

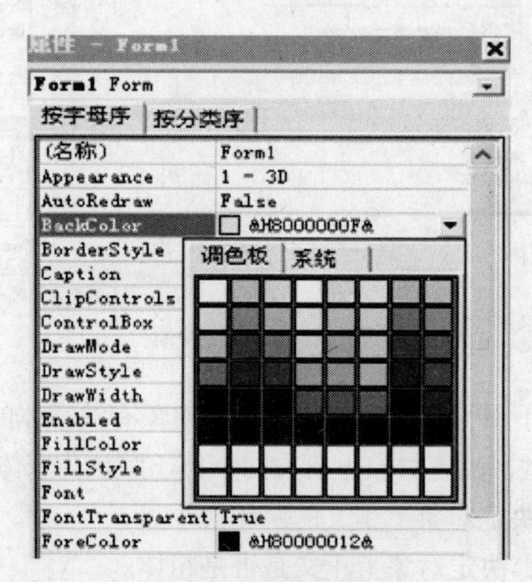

图 2-7　BackColor 属性

另外，Visual Basic 还提供了 3 种在程序中设置颜色的方法，说明如下。

（1）利用 RGB 函数表达颜色：RGB 是 Red、Green、Blue 的缩写，RGB 函数通过三原色的混合而得到一种新的颜色。RGB 颜色的语法格式为

```
return=RGB(red,green,blue)
```

其中，red、green、blue 分别表示 3 种原色的混合值，其取值为 0～255 之间的整数，值越大，表示在混合后的颜色中该种颜色越亮。

例如，RGB（0,0,0）为白色，RGB（255,255,255）为黑色，RGB（255,255,0）为黄色。

例如，将窗体 Form1 的背景色设置为红色的语句为

```
Form1.BackColor=RGB(255,0, 0)
```

（2）利用 QBColor 函数表达颜色：这是 Visual Basic 保留的一个 QBASIC 函数，语法格式为

```
BColor(colorvalue)
```

其中参数 colorvalue 为 0～15 之间的整数，代表 16 种基本颜色，如表 2-1 所示。

表 2-1　　QBColor 函数的 colorvalue 参数说明

颜　色	数　值	颜　色	数　值
黑色	0	灰色	8
蓝色	1	淡蓝色	9
绿色	2	淡绿色	10
青色	3	淡青色	11
红色	4	淡红色	12
紫色	5	淡紫红色	13
黄色	6	淡黄色	14
白色	7	亮白色	15

例如，将窗体 Form1 的背景色设置为红色的语句为

```
BackColor=QBColor(4)
```

（3）直接使用颜色值或颜色常量。

Visual Basic 允许直接使用三原色来表达颜色，语法格式为

```
&HBBGGRR
```

其中，&H 表示十六进制数，BB 代表蓝色分量的十六进制值（00～FF），GG 代表绿色分量的十六进制值（00～FF），RR 代表红色分量的十六进制值（00～FF）。将这 3 个原色按以上格式构成一个十六进制数，即可代表相应的颜色。例如：

```
&HFFFFFF    代表白色
&H000000    代表黑色
&HFFFF00    代表黄色
```

为了便于记忆，Visual Basic 内部预定义了一组颜色常量来表示颜色。例如，红色为 vbRed，黑色为 vbBlack，蓝色为 vbBlue。利用“对象浏览器”可查看所有 Visual Basic 定义的颜色常量。

例如，将窗体 Form1 的背景色设置为红色：

```
Form1.BackColor=vbRed
```

8. ControlBox、MaxButton、MinButton 属性

该组属性用于控制窗体是否有控制菜单及最大化、最小化按钮。其取值为 True 或 False，默认值全部为 True。

当 ControlBox 属性为 False 时，则无控件菜单，即使 MaxButton、MinButton 的属性设置为 True，窗体也无最大化按钮和最小化按钮。

9. Icon 属性

该属性用于设置窗体左上角的示意图标。在属性窗口中单击选中该属性项，然后单击右边设置框中的带省略号的按钮，此时将弹出加载图标的对话窗口，在该对话框中选择要加载的图标文件（*.ico 或*.cur）。也可在运行时，用 LoadPicture 函数装入，其语句格式为

```
Form1.Icon=LoadPicture（图标路径文件名）
```

此属性必须在 ControlBox 属性设置为 Ture 时才有效。

10. Picture 属性

该属性用于设置窗体中要显示的图片。加载图片的操作同加载图标的操作相同。

11. WindowState 属性

该属性用于返回或设置窗体运行时的状态，其取值有 0、1、2 三种，分别代表窗体运行正常化、最小化和最大化，其默认值为 0。

12. BorderStyle 属性

通过改变 BorderStyle 属性，可以改变边框风格，调整窗体大小。

0-None：无边框。

1-Fixed Single：单线边框，不可以改变窗口大小。

2-Sizable：双线边框，可以改变窗口大小。

3-Fixed Double：双线框架，不可以改变窗口大小。

4-Fixed Tool Window:窗体外观与工具条相似。有关闭按钮 ，不可以改变窗口大小。

5-Sizable Tool Window：窗体外观与工具条相似。有关闭按钮 ，可以改变窗口大小。

13. StateUpPosition 属性

该属性用于设置窗体启动时所出现的位置，其取值与对应功能如表 2-2 所示。

表 2-2 StateUpPosition 属性取值与对应功能

属性设置值	相 应 功 能
0	没有指定初始设置值，由窗体的 Left、Top 决定
1	用户窗体所有者中央
2	屏幕中央
3	屏幕左上角

14. AutoRedraw 属性

该属性决定窗体被隐藏或被另一窗口覆盖之后重新显示，是否重新还原该窗体被隐藏或覆盖以前的画面。即是否重画如 Circle、Line、Pset 和 Print 等方法的输出。

当为 True 时，重新还原该窗体以前的画面。

当为 False 时，则不重画 AutoRedraw 属性。

在窗体 Load 事件中，如果要使用 Print 方法在窗体上打印输出，就必须先将窗体的 AutoRedraw 属性设置为 True，否则窗体启动后将没有输出结果。

2.2.3 事件

窗体事件是窗体识别的动作。与窗体有关的事件较多，Visual Basic 6.0 中有 30 多个，但是有些事件并不常用，读者只需掌握一些常用的事件即可。下面介绍几个常用窗体事件。

1. Click 事件

程序运行时用鼠标单击窗体内的某个位置，Visual Basic 将触发窗体的 Click 事件。事件过程格式为

```
Private Sub Form_Click()
    :
```

```
        End Sub
```

2. DblClick 事件

程序运行时用鼠标双击窗体内的某个位置，Visual Basic 将触发窗体的 DblClick 事件。事件过程格式为

```
        Private Sub Form_DblClick()
            :
        End Sub
```

3. Load 事件

当窗体装入内存时引发该事件，它由系统操作触发或通过 Load 语句触发。该事件过程常用于在窗体装入内存时，进行一些初始化处理。事件过程格式为

```
        Private Sub Form_Load()
            :
        End Sub
```

4. Unload 事件

当窗体从内存中卸载时引发该事件，利用 Unload 事件可在关闭窗体或结束应用程序时做一些必要的善后处理工作。事件过程格式为

```
        Private Sub Form_Unload(Cancel As Integer)
            :
        End Sub
```

其中 Cancel 可设置为 0 或非 0 值。当设置为 0（默认值）时，表示允许关闭窗体；当设置为非 0 值时，表示取消当前关闭窗体的操作。

5. Resize 事件

当窗体首次显示在屏幕上或者窗体大小被改变时触发 Resize 事件。事件过程格式为

```
        Private Sub Form_Resize()
            :
        End Sub
```

【例题 2-1】 列代码将使窗体 Form1 始终显示在屏幕中央。

```
Private Sub Form_Resize()
  Form1.Move (Screen.Width-Form1.Width)/2,(Screen.Height-Form1.Height)/2
End Sub
```

2.2.4 方法

窗体的几个常用的方法有打印输出 Print、清除 Cls、移动 Move、显示 Show、隐藏 Hide 等。

1. Print 方法

该方法常用于在窗体或图片框上打印输出文本信息或表达式的值，其格式为

【对象名.】Print【{Spc(n)|Tab(n)}】【表达式列表】【;|,】

作用：在对象上输出信息。

Spc(n)函数：插入 n 个空格，允许重复使用。

Tab(n)函数：左端开始右移动 n 列，允许重复使用。

（1）对象名可以是窗体、图片框或打印机对象（Printer）。对象名省略时，默认在当前窗体上输出。

（2）表达式表是数值型表达式或字符型表达式的一个列表。运行时按照原样输出表

达式表。若是省略表达式表，则打印一空行。

(3)表达式表中有多个表达式时，各表达式之间用逗号或分号隔开。若用逗号分隔，则数据项按标准格式输出，每 14 列为一输出区，将一行分为若干输出区，逗号后面的表达式在下一输出区显示输出。若各表达式之间用分号分隔，则以紧凑格式输出，对于数值型数据，输出时前面有一个符号位，后面有一个空格，而字符串输出时，前后都没有空格。

(4)一般情况下，执行完 Print 语句后系统会自动换行，但若语句尾带有逗号或分号，则 Print 语句执行完后，系统不会换行，下一个 Print 语句的输出仍将在该行继续输出。

【例题 2-2】 查 print 的打印格式。

```
Print 1, -1, 2, "abc", "def"
Print 1; -1; 2; "abc"; "def"
Print "22+33=";
Print 22 + 33
```

其输出结果如图 2-8 所示。

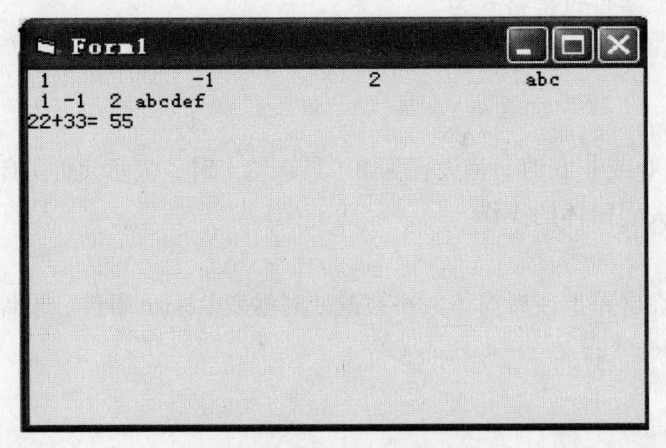

图 2-8 例题 2-2 输出结果

【例题 2-3】 在窗体 Form1 的单击事件中写入如下代码。

```
Private Sub Form_Click()
 a = 10: b = 3.14: c = 100
 Print "a="; a, "b="; b
 Print "a="; a, "b="; b
 Print "a="; a, "b="; b
 Print
 Print  "a="; a, "b="; b
 Print "a="; a, Tab(18); "b="; b
 Print "a="; a, Spc(18); "b="; b
 Print
 Print "a="; a, "b="; b
 Print Tab(18); "a="; a, "b="; b
 Print Spc(18); "a="; a, "b="; b
End Sub
```

程序的运行结果如图 2-9 所示。

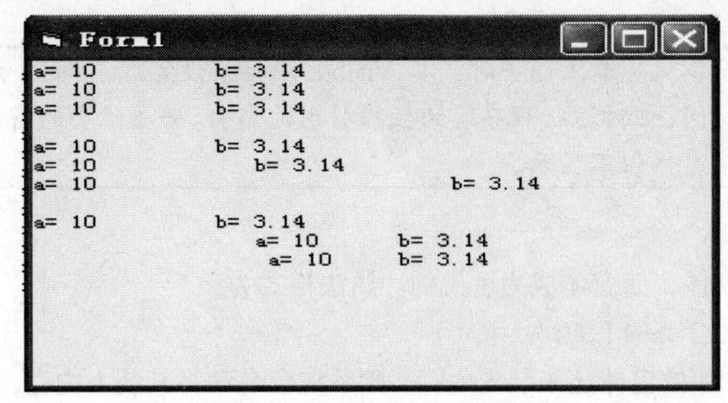

图 2-9　例题 2-3 运行结果

2. Cls 方法

该方法用于清除窗体或图片框中用 print 方法显示的信息和用绘图方法生成的图形，并将不可见的图形光标重新定位到窗体或图片框左上角（0，0）。

语句格式为

```
【对象名.】Cls
```

对象名省略，则清除当前窗体中所显示的内容。

Cls 方法不能清除在设计时的文本和图形，设计时使用 Picture 属性设置的背景位图和放置的控件不受 Cls 方法影响。清屏后坐标当前回到原点。

例如：

```
Form1.Cls
```

使用 Cls 方法后，对象的当前坐标为（0，0）。

3. Move 方法

该方法用于移动窗体，并可在移动时动态改变其大小。语句格式为

```
【对象名.】Move X【,Y【,Width【, Height】】】
```

对象：可以是窗体及除时钟、菜单外的所有可视控件，省略代表窗体。

参数 X 和 Y：代表移动到目标位置的坐标。

Width 和 Height：代表移动到目标位置后对象的宽度和高度，通过这两个参数实现大小的调整。若省略 Width 和 Height 参数，则移动过程中保持对象大小不变。

例如，要将窗体 Form1 移动到屏幕的（200，200）处，并使其大小为高 600、宽 800，可使用语句为

```
Form1.Move 200,200,600,800
```

4. Hide 方法

该方法用于隐藏窗体，使某个已显示的窗体变为不可见，但仍保留在内存中（与卸载不同）。以后需要再显示隐藏起来的窗体时，执行 Show 方法即可。

其调用格式为

```
窗体名.Hide
```

说明

当一个窗体从屏幕上隐去时，其 Visible 属性被设置成 False，并且该窗体上的控件也变得不可访问，但对运行程序间的数据引用无影响。若要隐去的窗体没有装入，则 Hide 方法会装入该窗体但不显示。

5. Show 方法

该方法用于显示窗体，使窗体成为可见的。语法格式为

【窗体名.】Show【窗体显示模式】

如果 Show 方法作用的窗体还未装入内存，则系统会自动将其装入内存，然后再显示。“窗体显示模式”参数项为可选项，用于指定窗体以哪种方式显示。其取值为 0 或 1，默认为 0。若设为 1，则表示窗体以模态方式显示，此时用户只能在本窗体中操作，不能切换到其他窗口操作，直到本窗体被关闭为止。若参数项设为 0，则窗体以非模态方式显示，用户可在本窗体与其他窗体之间任意切换。

【例题 2-4】 两个窗体 form1、form2，单击窗体 form1、form2 出现，再单击 form2、form1 消失。

对于 form1 窗体编程：

```
Private Sub Form_Click()
    Form2.Show
End Sub
```

对于 form2 窗体编程：

```
Private Sub Form_Click()
   Form1.Hide
End Sub
```

2.2.5 处理多重窗体

在编写实际应用程序时，常常要用到多个窗体才能实现其设计要求，下面介绍这些窗体间的处理。

1. 窗体的装载与卸载

（1）若要装载新窗体，语句格式为

Load 窗体名

该语句用于将指定的窗体装入内存，但不显示出来。如要显示，还应调用 Show 方法。对于窗体而言，在装载的过程中，将引发窗体的 Load 事件。

（2）窗体在运行过程中不再需要时，应及时卸载掉，以释放其所占用的系统资源。窗体的卸载语句格式为

UnLoad 窗体名 | Me

该语句用于将窗体从内存中卸载掉。在卸载时，将引发窗体的 UnLoad 事件。Me 特指当前窗体。

2. 启动窗体的设置

一个应用程序可以包含多个窗体，但只能将一个窗体对象设置为启动对象。选择“工程”菜单中“工程 1 属性”菜单项或者用鼠标指向工程资源管理器中的工程，单击右键，从弹出的快捷菜单中选择“工程 1 属性”菜单项，弹出如图 2-10 所示的“工程属性”对话框。在“通用”选项卡的“启动对象”下拉框中选择启动对象，默认为 Form1。

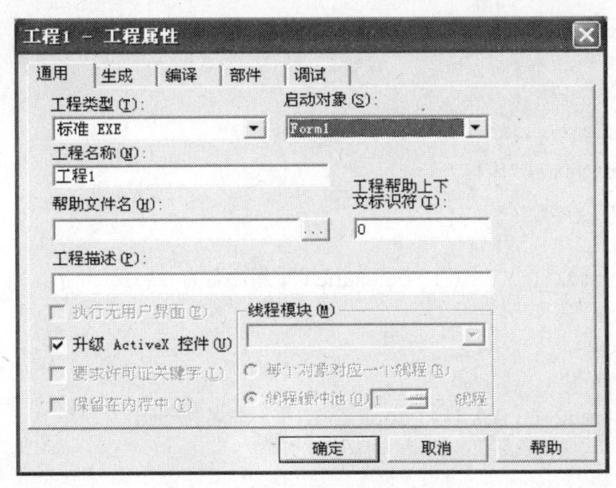

图 2-10　“工程属性”对话框

【**例题 2-5**】 设计 Form1 和 Form2 两个窗体，Form1 为启动窗体，要求如下。

（1）单击 form1 窗体，在窗体上显示“Form1 窗体”字样，隶书 24 号字；若用户单击“显示 form2”命令按钮，则显示窗体 Form2，隐藏 Form1。

（2）单击 Form2 窗体，在窗体上显示“Form2 窗体”字样，隶书 24 号字；若用户单击“返回 form1”命令按钮，则显示 Form1，隐藏 Form2。

（3）若用户单击“退出”命令按钮，则结束程序运行。运行界面如图 2-11 所示。

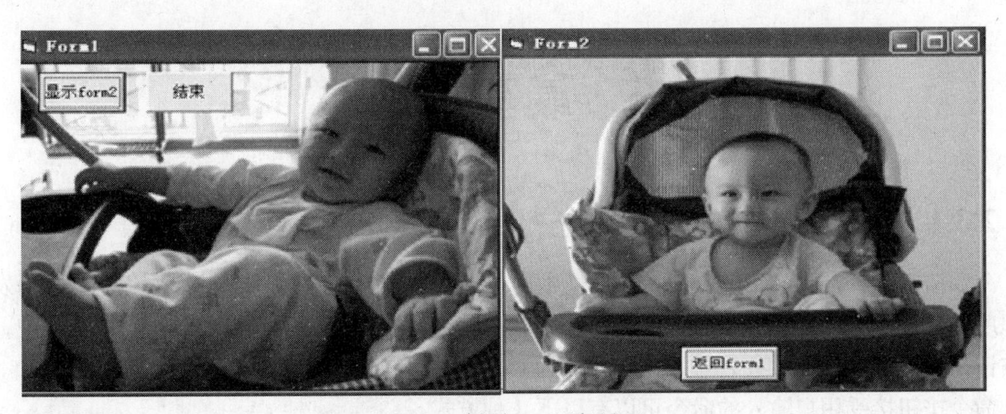

图 2-11　例题 2-6 运行界面

添加两个 Form1 和 Form2，Form1 上放置两个命令按钮，Form2 上放置一个命令按钮，其属性设置如表 2-3 所示。

表 2-3　控件属性值

对　象	属 性 名 称	属 性 值
Form1	Caption	Form1
Cmd1	Caption	显示 form2
Cmd2	Caption	结束
Form2	Caption	form2
Cmd3	Caption	返回 Form1

程序代码如下。

Form1 窗体代码：

```
Private Sub Form_Load ( )
    Form1.FontName="宋体"
    Form1.FontSize=24
End Sub
Private Sub cmd1_Click ( ) 'command1 重新命名为 cmd1
    Form1.Hide
    Form2.Show
End Sub
Private Sub cmd2_Click ( ) 'command2 重新命名为 cmd2
    End
End Sub
```

Form2 窗体代码：

```
Private Sub Form _Load ( )
    Form2.FontName="宋体"
    Form2.FontSize=24
End Sub
Private Sub cmd3_Click ( ) 'form2 里的 command1 重新命名为 cmd3
    Form2.Hide
    Form1.Show
End Sub
```

2.3 最基本控件

2.3.1 命令按钮

命令按钮（Command Button）在工具箱中的图标是，用于接收用户的操作信息，并引发应用程序的某个操作，实现一个命令的启动、中断和结束等操作。在 Visual Basic 应用程序中，命令按钮是使用最多控件对象之一。默认名称为 Command1、Command2 等。

命令按钮接受用户输入的命令可以有以下 3 种方式。

（1）鼠标单击。

（2）按 Tab 键焦点跳转到该按钮，再按回车键。

（3）快捷键（Alt+有下画线的字母键）。

下面介绍命令按钮的常用属性、方法和事件。

1. 常用属性

Name、Height、Width、Top、Left、Enabled、Visible、Font 等属性与在窗体中的使用相同。

（1）Caption 属性。

该属性用来决定显示在命令按钮上的文本即是标题。默认值为 Command1、Command2 等。Caption 属性最多包含 225 个字符。若标题超过了命令按钮的宽度，文本将会折到下一行。如果内容超过 255 个字符，则标题超过部分被截取。

可通过 Caption 属性创建命令按钮的访问键，其方法是在欲作为快捷访问键的字母前面加上一个“&”符号。例如，将 Caption 属性设置为“打印（&P）”，则运行时出现如图 2-12 所示的按钮外观。只要用户同时按下 Alt 键和 P 键，就能执行按钮功能。

图 2-12　创建按钮快捷键外观

（2）Default 属性和 Cancel 属性。

窗体上放置的命令按钮常会有一个默认按钮和一个取消按钮。所谓默认按钮是指无论当前焦点位于何处，只要按下 Enter 键，就能自动执行该命令按钮的 Click 事件过程；而取消按钮则是指只要按下 Esc 键，就能自动执行该命令按钮的 Click 事件过程。

命令按钮的 Default 属性和 Cancel 属性分别用于设置默认按钮和取消按钮，当其值设置为 True 时，表示将对应的命令按钮设定为默认按钮或取消按钮。

一个窗体中只能设置一个默认按钮和一个取消按钮。

（3）Style 属性。

该属性设置命令按钮的显示形式，默认值 0 表示以标准的 Windows 按钮显示，只能显示文字；其值为 1 表示以图形按钮显示，此时可利用 Picture、DownPicture 和 DisabledPicture 属性指定在不同状态下显示的图片。

（4）Picture 属性。

该属性是用来设置按钮显示图片文件(.bmp 和.Ico)的。

只有当 Style 属性值设为 1 时有效。

例如，窗体上有两个命令按钮，如图 2-13 所示，左侧命令按钮的 Style 属性值为 0——标准按钮，右侧命令按钮的 Style 属性值为 1——图形按钮，Picture 属性设为“Print.bmp”。

图 2-13　按钮风格

（5）Value 属性。

在程序代码中也可以触发命令按钮，只需将该按钮的 Value 属性设置为 True，即可触发命令按钮的 Click 事件，执行命令按钮的 Click 事件过程。

检查该按钮是否按下，该属性在设计时无效。

（6）ToolTipText 属性。

该属性用来设置工具提示。把光标移动到图标按钮上，停留片刻，在这个图标的下方就立即显示一个简短的文字提示行，说明这个按钮的作用，当把光标移开后，提示行立即消失。在运行和设计时，只需将该项属性设置为需要的提示行文本即可。

ToolTipText 和 Picture 结合使用。

2. 常用方法

在程序代码中，通过调用命令按钮的方法，来实现与命令按钮有关的功能，与命令按钮相关的常用方法主要如下。

（1） SetFocus 方法，其语法格式为

```
命令按钮控件名.SetFocus
```

该方法可用来使命令按钮获得焦点，这时若用户按下 Enter 键，就会执行该命令按钮的 Click 事件过程。

使用该方法之前，必须保证命令按钮当前处于可见和可用状态，即其 Enabled、Visible 属性应设置为 True。

（2）Move 方法，其语法格式为

```
【对象名】.Move X【，Y【，Height】】
```

该方法的使用与窗体中的 Move 方法一样，Visual Basic 系统中的所有可视控件都有该方法，不同的是窗体的移动是对屏幕而言，而控件的移动则是相对其“容器”对象而言。

3. 常用事件

命令按钮最常用的事件是 Click 事件。一般也只对该事件进行编程。

2.3.2 标签

标签（Label）在工具箱中的图标是**A**。标签的功能比较简单，通常用来标注和显示比较固定的提示信息，该控件和文本框控件都是专门对文本进行处理的控件，但是标签不允许用户在程序运行时输入数据。标签的默认名称为 Labell、Label2 等。

属性 Name、Height、Width、Top、Left、Enabled、Visible、Font、ForeColor、BackColor 等与窗体的使用相同。

1. 常用属性

（1）Caption 属性。

该属性用来改变 Label 控件中显示的文本。Caption 属性允许文本的长度最多为 1024 字节。

默认情况下，当文本超过控件宽度时，文本会自动换行，而当文本超过控件高度时，超出部分将被裁剪掉。

（2）Alignment 属性。

该属性用于设置标签中显示文本的对齐方式。其取值有 0、1、2 三种，分别为左对齐、右对齐和居中，默认值为 0。

（3）BackStyle 属性。

该属性用于确定标签的背景是否透明。有两种情况可选：值为 0 时，表示背景透明，标签后的背景和图形可见；值为 1 时，表示不透明，标签后的背景和图形不可见。

（4）AutoSize。

该属性确定标签是否会随标题内容的多少自动变化。如果值为 True，则随 Caption 内容的大小自动调整控件本身的大小，且不换行；如果值为 False，表示标签的尺寸不能自动调整，超出尺寸范围的内容不予显示。

（5）WordWrap 属性。

该属性用来设置当前标签在水平方向上不能容纳标签中的文字内容时是否折行显示文本。当其值为 True 时，表示文本折行显示，标签在垂直方向上放大或缩小以适应文本的大小，标签水平方向上的宽度保持不变。其值为 False（默认值）时，表示文本不换行。

WordWrap 属性为 True 时，此时 AutoSize 属性应设置为 True，标签才能在垂直方向上扩展。

（6）MousePointer 属性。

该属性用来设置在运行时，当鼠标移动到标签时显示的鼠标指针的类型。属性值设为 99 时用户自定义。

（7）MouseIcon 属性。

该属性设置自定义的鼠标图标。此时 MousePointer 属性值应为 99。

2. 常用方法

标签常用的方法主要是 Move 方法。

3. 常用事件

标签常用的事件有 Click、DblClick 等。

【例题 2-6】 如图 2-14 所示，在窗体上放一标签（Labell）和 4 个命令按钮（依次为 Command1、Command2、Command3、Command4），单击“有边框”按钮时给标签加边框；单击“无边框”按钮时去掉标签边框；单击“透明”按钮时设置标签透明；单击“不透明”按钮时设置标签不透明。

图 2-14　例题 2-6 运行界面

程序代码如下。

```
Private Sub Command1_Click()
    Label1.BorderStyle=1
End Sub
Private Sub Command2_Click()
    Label1.BorderStyle=0
End Sub
Private Sub Command3_Click()
  Label1.BackStyle=0
End Sub
Private Sub Command4_Click()
  Label1.BackStyle=1
End Sub
```

2.3.3 文本框

文本框（TextBox）在工具箱中的图标为abl。文本框是 Visual Basic 的一个重要控件，既可接受用户的输入信息，又可显示输出信息。默认名称为 Text1、Text2 等。

属性 Name、Height、Width、Top、Left、Enabled、Visible、Font，ForeColor、BackColor 等与标签控件相同。文本框没有 Caption 属性。

1. 常用属性

（1）Text 属性。

该属性设置或返回文本框中显示的文本内容。利用 Text 属性来存放文本信息。在程序运行期间，用户可向文本框输入文本信息，输入的信息自动存入 Text 属性中。因此，在编程中，可通过访问文本框的 Text 属性来获得用户的输入值。若要清除文本框中内容，可将 Text 属性设置为空。通常，Text 属性所包含字符串中字符的个数不超过 2 048 个字符。

（2）MultiLine 属性。

该属性决定文本框是否以多行方式显示文本，其默认值为 False，表示文本框只能以单行方式显示或输入文本。若其值设置为 True，则表示文本框可输入或显示多行文本，当文本长度超过文本框宽度时，文本内容会自动换行。

（3）MaxLength 属性。

该属性设置文本框中文本的最大长度，即文本框中最多允许放入的字符个数。默认值为 0，表示无字符长度限制。若为大于 0 的整数，表示用户可输入的最大字符数。

（4）Alignment 属性。

该属性设置文本框的文本对齐方式，默认值 0 表示左对齐，值 1 表示右对齐，值 2 表示居中。

（5）PasswordChar 属性。

该属性决定文本框中是否显示用户输入的字符，常用于密码输入。只能是一个字符，如 PasswordChar 属性设定为“*”，则无论用户在文本框中输入什么字符，都将以“*”代替，但内部输入的文本内容不会改变。

只有在 MultiLine 属性被设置为 False 的前提下，PasswordChar 属性才起作用。

（6）ScrollBars 属性。

该属性设置文本框中是否出现水平或垂直滚动条。共有 4 个可设置值：默认值为 0，表示不出现滚动条；值为 1，表示出现水平滚动条；值为 2，表示出现垂直滚动条；值为 3，表示同时出现水平滚动条和垂直滚动条。

ScrollBars 属性值为 1、2、3 有效的前提是 MultiLine 属性必须设置为 True。

（7）Locked 属性。

该属性设置文本框是否可以进行编辑修改。默认值为 False，表示文本框可以编辑修改；若设置为 True，则表示文本框只读。

（8）SelStart 属性、SelLength 属性和 SelText 属性。

当用户选定文本内容时常用到这 3 个属性，它们只在运行阶段有效，在设计阶段不能设置。

SelStart 属性用于设置或返回所选定文本的起点，即从第几个字符开始选定。默认值为 0，表示从第一个字符开始。

SelLength 属性用于设置或返回所选定文本的长度，即字符的个数。若属性值为 0，表示不选任何字符。

SelText 属性用于设置或返回所选定的文本内容。

2. 常用方法

文本框最常用的方法为 SetFocus 方法。

```
【<对象名>.】SetFocus
```

功能：把光标移到对象名指定的文本框上。

3. 常用事件

（1）Change 事件。

当文本框的内容发生变化时，触发该事件。

（2）LostFocus 事件。

当文本框失去焦点时，触发该事件。常用来判断文本框的当前输入内容是否合法，以决定是否转移焦点。

（3）KeyPress 事件。

当文本框接受用户输入时，每一次键盘输入，都将使文本框接受一个 ASCII 字符，发生一次 KeyPress 事件。该事件过程格式为

```
Private Sub Text1_KeyPress（KeyAscii As Integer）
      :
End Sub
```

其中参数 KeyAscii 值为相应字符的 ASCII 值。

【例题 2-7】 图 2-15 登录窗口设计，窗体上有两个文本框 Text1 和 Text2，分别用于接受用户名和口令输入，Text2 的 PasswordChar 属性为“*”，则在运行时输入的字符以“*”表示。

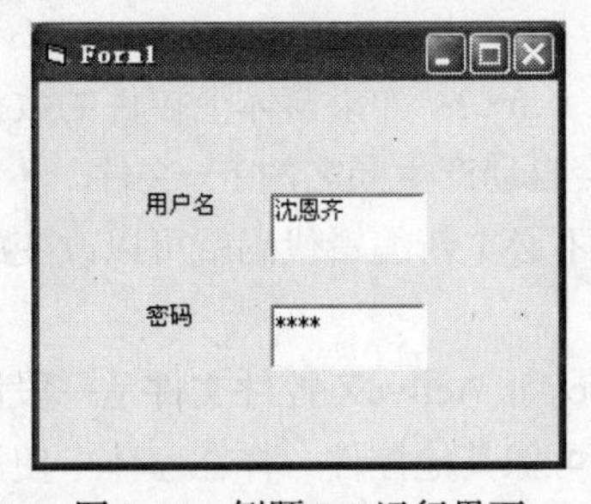

图 2-15　例题 2-7 运行界面

2.4 Visual Basic 应用程序的组成及工作方式

2.4.1 Visual Basic 应用程序的组成

一个 Visual Basic 应用程序也称为一个工程，工程是用来管理构成应用程序的所有文件的。工程文件一般主要由窗体文件（.frm）、标准模块文件（.bas）、类模块文件（.cls）组成，它们的关系如图 2-16 所示。

每个窗体文件（也称窗体模块）包含窗体本身的数据（属性）、方法和事件过程（即代码部分，其中有为响应特定事件而执行的指令）。窗体还包含控件，每个控件都有自己的属性、方法和事件过程集。除了窗体和各控件的事件过程，窗体模块还可以包含通用过程，是用户自定义的子过程和函数过程，它对来自任何事件过程的调用都做出响应。

标准模块是由那些与特定窗体或控件无关的代码组成的另一类型的模块。如果一个过程可能用来响应几个不同对象中的事件，应该将这个过程放在标准模块中，而不必在每一个对象的事件过程中重复相同的代码。

类模块与窗体模块类似，只是没有可见的用户界面。可以使用类模块创建含有方法和属性代码的自己的对象，这些对象可被应用程序内的过程调用。标准模块只含代码，而类模块既包含代码又包含数据，可视为没有物理表示的控件。

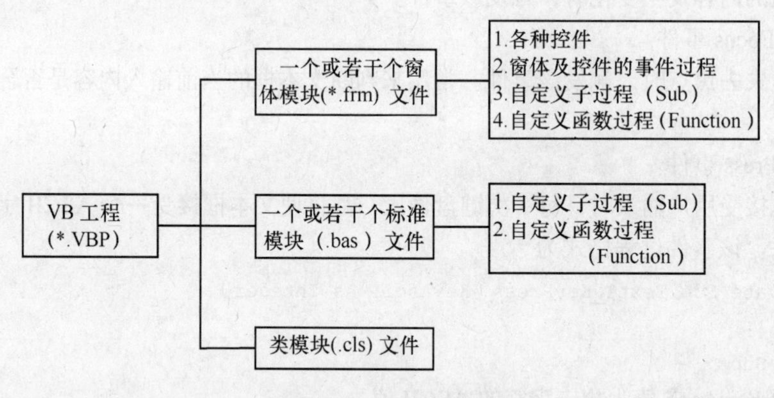

图 2-16　工程的组成

除了上面的文件外，一个工程还包括以下几个附属文件，在工程资源管理窗口中查看或管理。

（1）窗体的二进制数据文件（.frx）：如果窗体上控件的数据属性含有二进制属性（如图片或图标），当保存窗体文件时，就会自动产生同名的.frx 文件。

（2）资源文件（.res）：包含不必重新编辑代码就可以改变的位图、字符串和其他数据。该文件是可选项。

（3）ActiveX 控件的文件（.ocx）：ActiveX 控件文件是一段设计好的可以重复使用的程序代码和数据，可以添加到工具箱，并可像其他控件一样在窗体中使用。该文件是可选项。

2.4.2 Visual Basic 应用程序的工作方式

Visual Basic 应用程序采用的是以事件驱动应用程序的工作方式。

事件是窗体或控件识别的动作。在响应事件时，事件驱动应用程序执行相应事件的代码。Visual Basic 每一个窗体和控件都有一个预定义的事件集，如果其中有一个事件发生并且在关联的事件过程中存在代码，Visual Basic 则调用执行该代码。

尽管 Visual Basic 中的对象自动识别预定义的事件集，但要判断它们是否响应具体事件以及如何响应具体事件则是用户编程的责任。代码部分（即事件过程）与每个事件对应。想让控件响应事件时，就把代码写入这个事件的事件过程中。

对象所识别的事件类型多种多样，但多数类型为大多数控件所共有。例如，大多数对象都能识别 Click 事件，如果单击窗体，则执行窗体的单击事件过程中的代码。如果单击命令按钮则执行命令按钮的 Click 事件过程中的代码。每个情况中的实际代码几乎完全不一样。

下面是事件驱动程序应用程序中的典型工作方式。

（1）启动应用程序，装载和显示窗体。

（2）窗体（或窗体上的控件）接收事件。事件可由用户引发（例如通过键盘或鼠标工作），可由系统引发（例如定时器事件），也可由代码间接引发（例如当代码装载窗体时的 Load 事件）。

（3）如果在相应的事件过程中已编写了相应的程序代码，就执行该代码。

（4）应用程序等待下一次事件。

有些事件伴随着其他事件发生，例如在 DblClick 事件发生时，Click、MouseDown 和 MouseUp 事件也会发生。

2.4.3 创建应用程序的步骤

创建 Visual Basic 应用程序一般有以下几个步骤。

（1）新建工程。创建一个应用程序首先要打开一个新的工程。

（2）创建应用程序界面。使用工具箱在窗体上放置所需部件。其中，窗体是用户进行界面设计时在其上放置控件的窗口，它是创建应用程序界面的基础。

（3）设置属性值。通过这一步骤来改变对象的外观和行为。可通过属性窗口设置，也可通过程序代码设置。

（4）对象事件过程的编程。通过代码窗口为一些有相关事件的对象编写代码。

（5）保存文件。运行调试程序之前，一般要先保存文件。

（6）程序运行与调试。测试所编程序，若运行结果有错或对用户界面不满意，则可通过前面的步骤修改，继续测试直到运行结果正确，用户满意为止，再次保存修改后的程序。

2.5 一个简单的 Visual Basic 程序的创建实例

本节通过一个简单的 Visual Basic 程序建立与调试实例，向读者介绍 Visual Basic 应用程序的开发过程和 Visual Basic 集成开发环境的使用，使读者初步掌握 Visual Basic 程序的开发过程，理解 VB 程序的运行机制。读者可以上机自己动手建立一个简单的 VB 程序。

【例题 2-8】设计一个简单的应用程序，在窗体上放置 3 个文本框，3 个命令按钮，4 个标签。用户界面如图 2-17 所示。程序是:先在文本框（text1）、文本框（text2）中输入两门课的成绩；单击第 1 个命令按钮（Command1）“计算”时，在文本框（text3）中显示两门课的平均分；单击第 2 个命令按钮(Command2)“清除”时，3 个文本框的内容都消失；单击第 3 个命令按钮(Command1)“结束”时，应用程序结束。

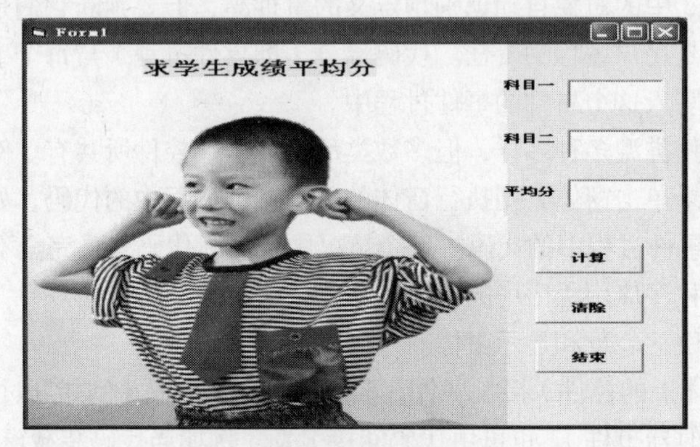

图 2-17　运行界面

2.5.1　新建工程

启动 Visual Basic 6.0，将出现“新建工程”对话框，从中选择“标准 EXE”，单击“确定”按钮，即进入 Visual Basic 的“设计工作模式”，这时 Visual Basic 创建了一个带有单个窗体的新工程。系统默认工程为“工程 1”，如图 2-18 所示。

如果已在 Visual Basic 集成开发环境中，则可单击文件菜单中的“新建工程”命令，从“新建工程”对话框中选定一个工程类。同时可进入如图 2-18 所示的集成环境。

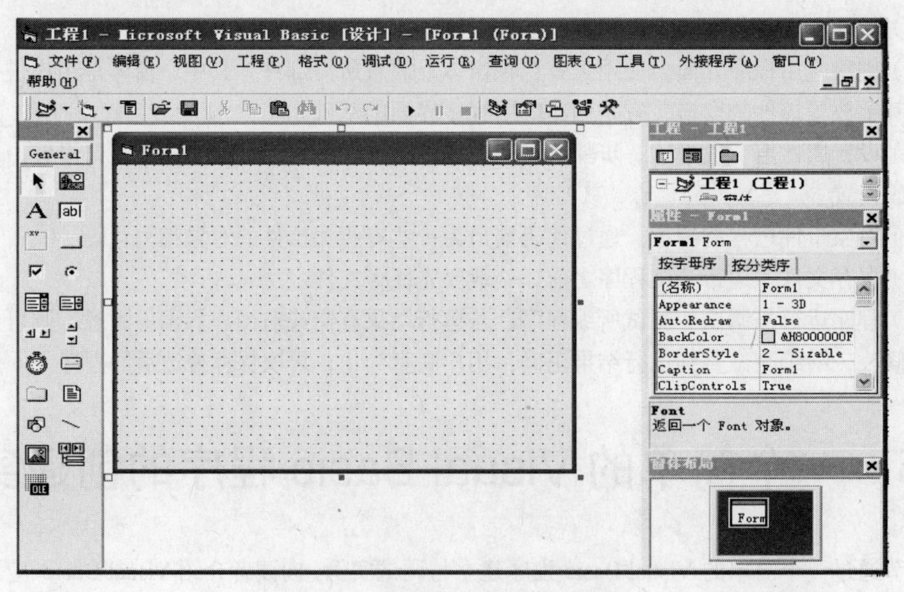

图 2-18　Visual Basic 集成开发环境

2.5.2　程序界面设计

1．在窗体上放置控件

在工具箱上选择图标abl，当鼠标停留在它上面时就会出现“TextBox”的字样。单击它，则图案变亮且凹陷下去，此时鼠标变成十字形。这时把十字形的鼠标指针移动到设计窗体上面，选定适当位置按下鼠标左键拖动出一个矩形框，松开鼠标后，就会在窗体上画出一个大小相当的文本框，如图 2-19 所示。文本框的名称被系统自动命名为“Text1”，文本框的文本属性（“Text”属性）自动设为 Text1。

图 2-19　放置 text 文本

使用同样的方法在窗体上放置命令按钮，控件上默认显示为（控件的标题“Caption”属性）Command1、Command2 和 Command3。通过属性窗口可以看到系统默认控件名“Name”属性显示为 Command1、Command2 和 Command3。

在窗体上添加控件的方法还有以下两种。

（1）用鼠标双击工具箱中指定的控件，可在窗体中央添加一个固定大小的控件，然后用鼠标拖动到适当的位置。

（2）如果要添加相同类型的控件，在添加了第一个控件后可采用复制、粘贴的方法添加其他控件。

2．调整控件的大小、位置和锁定控件

（1）调整控件的尺寸。

单击要调整尺寸的控件，选定的控件上出现尺寸句柄。图 2-20 所示为 Command2 命令按钮被选中的情况。

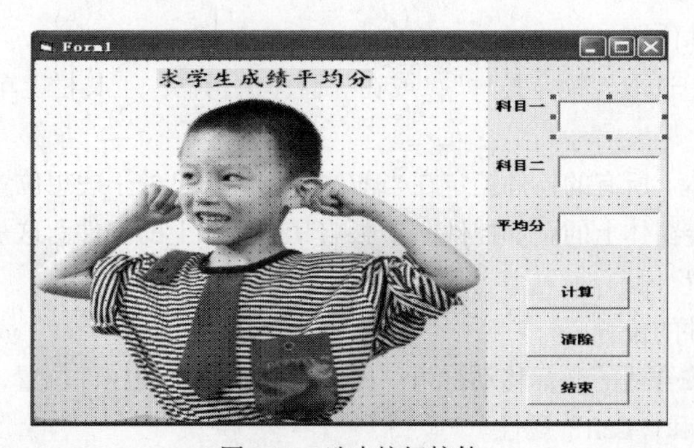

图 2-20　选中按钮控件

将鼠标指针定位到尺寸句柄上，拖动该尺寸句柄直到控件达到所希望的大小为止。角上的尺寸句柄可以调整控件水平和垂直方向的大小，而边上的尺寸句柄调整控件一个方向的大小。如果选定了多个控件（要选定多个控件，可先按下 Ctrl 键或 Shift 键，再单击欲选择的控件），则不能使用此方法改变多个控件的大小，但可以用 Shift 键加光标移动键（→、←、↑、↓）来调整选定控件的尺寸大小。

（2）移动控件的位置。

可用鼠标把窗体上的控件拖动到一个新位置，或在“属性”窗口中改变“Top”和“Left”属性的值。还可在选定控件后，用 Ctrl 键加光标移动键（→、←、↑、↓）每次移动控件一个网络单元。如果该网格关闭，控件每次移动一个像素。

（3）统一控制尺寸、间距和对齐方式。

选定要进行操作的控件，从“格式”菜单中选取“统一尺寸”项，并在其子菜单中选取相应的项，如图 2-21 所示。同样可以通过选择“格式”菜单“水平间距”或“垂直间距”下的各子命令来统一多个控件在水平或垂直方向上的布局。通过“格式”菜单的“对齐”子菜单中的各项子命令可以调整多个控件的对齐方式。

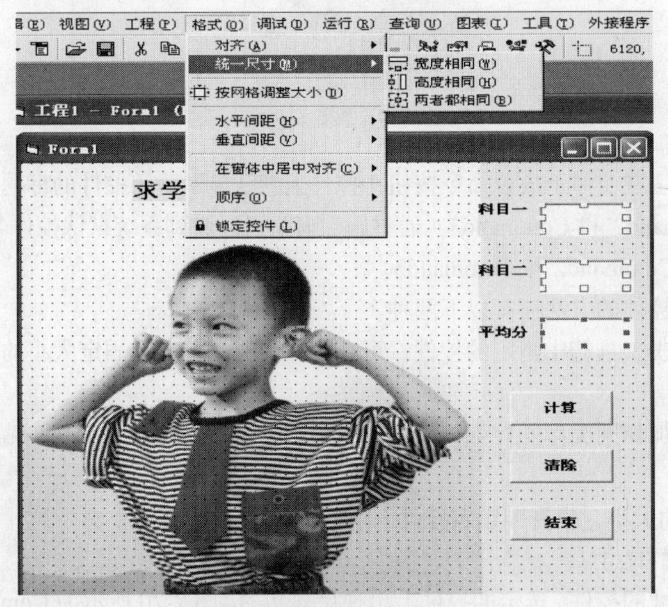

图 2-21　统一选定控件的尺寸

（4）锁定所有控件位置。

从“格式”菜单中选取“锁定控件”，或在“窗体编辑器”工具栏上单击“锁定控件切换”按钮。

这个操作将把窗体上所有的控件锁定在当前位置，防止已处于理想位置的控件因不小心而移动。本操作只锁住选定窗体上的全部控件，不影响其他窗体上的控件。这是一个切换命令，因此也可用来解锁控件位置。

（5）调节锁定控件的位置。

按住 Ctrl 键，再按合适的光标移动键可“微调”已获焦点的控件位置，也可在“属性”窗口中改变控件的“Top”和“Left”属性。

3. 设置各对象的属性

由题意的要求，按表 2-4 所示的值设置各对象的主要属性。

表 2-4　　各对象的主要属性设置

对　　象	属性（属性值）	属性（属性值）	属性（属性值）
窗体	Name（Form1）	Caption(“学生成绩平均分”)	
文本框 1	Name（Text1）	Text(“”)	Alignment（1）
文本框 2	Name（Text2）	Text(“”)	Alignment（1）
文本框 3	Name（Text2）	Text(“”)	Alignment（1）
标签 1	Name（label1）	Caption(“求学生成绩的平均分”)	FontName=“宋体” Fontsize 为 3 号
标签 2	Name（label2）	Caption(“科目 1”)	FontName=“宋体” Fontsize 为 5 号
标签 3	Name（label3）	Caption(“科目 2”)	FontName=“宋体” Fontsize 为 5 号
标签 4	Name（label4）	Caption(“求平均分”)	FontName=“宋体” Fontsize 为 5 号
命令按钮 1	Name（Command1）	Caption(“计算平均分”)	Fontsize（16）
命令按钮 2	Name（Command2）	Caption（“清除”）	Fontsize（16）
命令按钮 3	Name（Command3）	Caption（“结束”）	Fontsize（16）

例如选中“Command2”再通过“属性”窗口来设置控件的属性，将“Command2”的“Caption”属性设置为“清除”，如图 2-22 所示。也可以通过“属性”窗口来设置选中控件的大小（“Width”和“Height”属性值）和在窗体上的位置（“Left”和“Top”属性值），如图 2-23 所示。

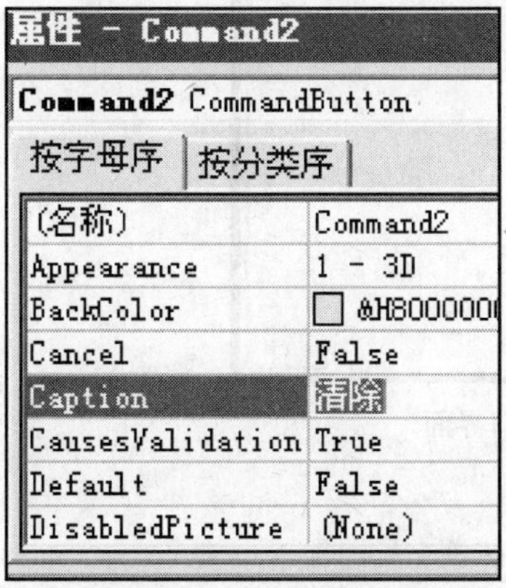

图 2-22　设置“Caption”属性

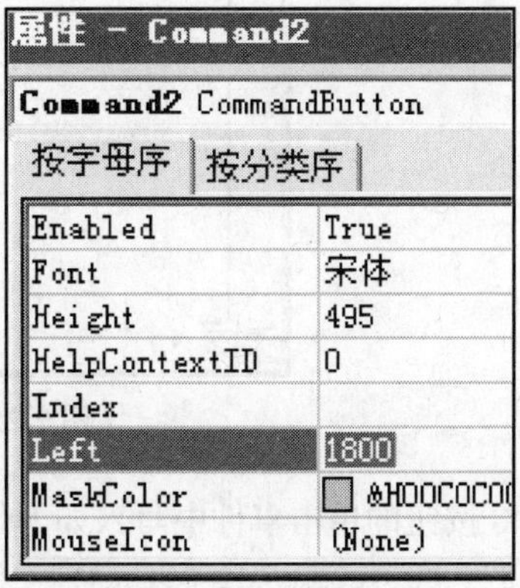

图 2-23　设置“Left”属性

当所有控件的属性设置好后，Visual Basic 应用程序的界面也设置好了，可通过按 F5 键、选择“运行”菜单的“启动”命令或单击工具栏中的按钮，查看运行界面，但此时程序不能响应用户的操作，还需要编写相关事件的代码，才能得到如图 2-24 所示的运行界面。

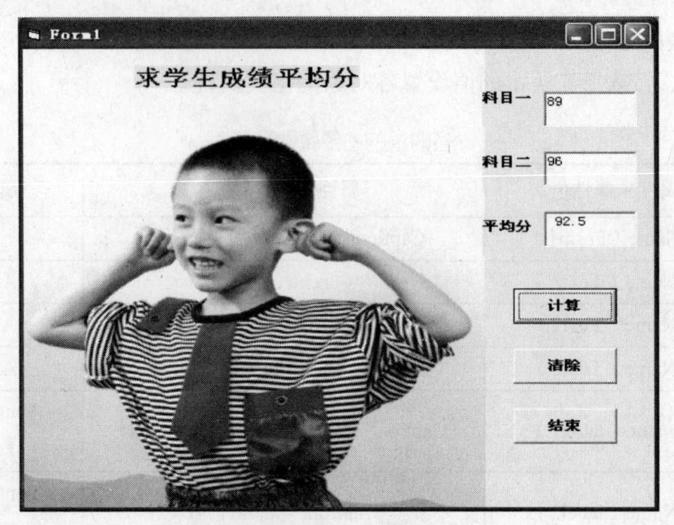

图 2-24　运行界面

说明

有些对象系统本身已封装了某些操作，如窗体的“最大化”、“关闭”等操作。

2.5.3　编写相关事件的代码

双击命令按钮进入代码编辑窗口编写程序代码。单击“选择对象”下拉列表框的下拉键，从中选择“Command1”对象，再从“选择事件”下拉列表框中选择“Click”事件，则在代码窗口中会出现事件过程的框架，如图 2-25 所示。

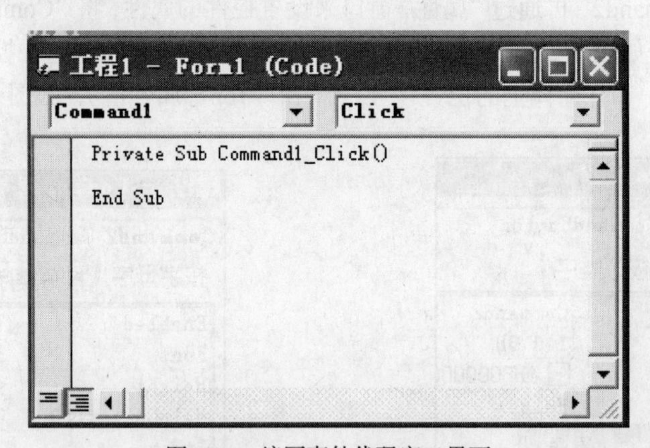

图 2-25　编写事件代码窗口界面

在命令按钮的单击事件中写入如下代码。

```
Private Sub Command1_Click()
   Text3.Text = Str((Val(Text1.Text) + Val(Text2.Text)) / 2)
End Sub
Private Sub Command2_Click()
    End
End Sub
Private Sub Command3_Click()
    Text1.Text = ""
    Text2.Text = ""
```

```
    Text3.Text = ""
End Sub
```

2.5.4 保存工程

使用“文件”菜单中的“工程保存”命令，或者单击工具栏上的“保存”按钮，Visual Basic 系统就会提示将所有内容保存，保存类型可为类模块文件、标准模块文件、窗体文件和工程文件等。对本例而言，是保存包括窗体文件（*.frm）的工程文件（*.vbp）。如果是第一次保存文件，Visual Basic 系统会出现“文件另存为”对话框，如图 2-26 所示，要求用户选择保存文件位置和输入文件名。

如果不是第一次保存文件，则系统将直接以原文件名保存工程中的所有文件，若要将更新后的工程以新的文件名保存，则可以从文件菜单中选择“工程另存为”命令，同样将出现“工程另存为”对话框，即可用新的文件名保存此工程文件。

本例将窗体以 example2_9.frm 文件名，工程以 example2_9.Vbp 文件名保存在 D 盘的“VB 例题”文件夹中，如图 2-26 所示。

在运行程序之前，应先保存程序，以避免由于程序不正确造成死机时界面设计和程序代码的丢失。当程序运行正确后还要将修改的有关文件保存到磁盘上。Visual Basic 系统首先保存窗体文件和其他文件，最后才是工程文件。

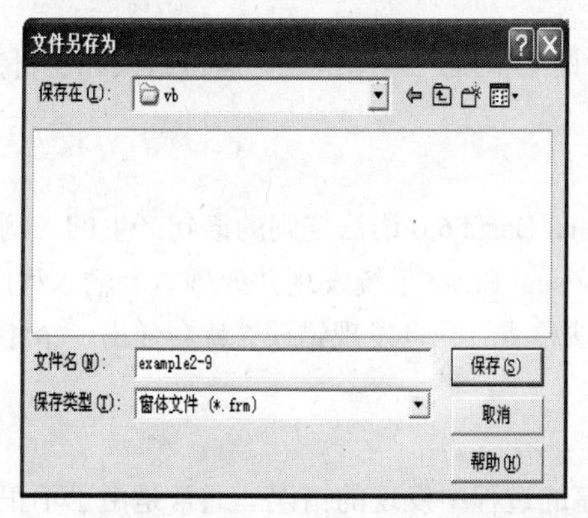

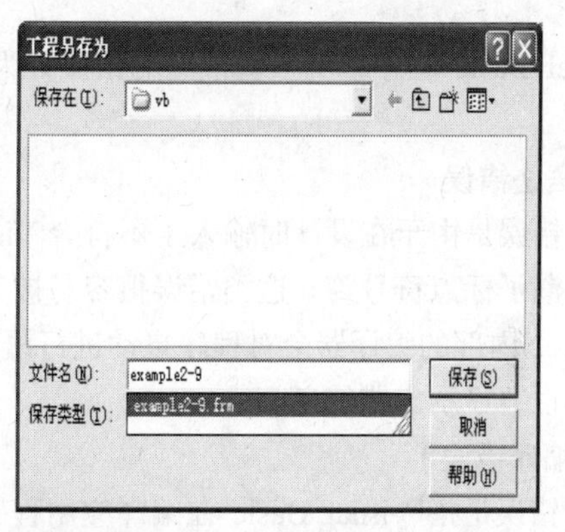

图 2-26 文件及工程的保存

2.5.5 运行、调试程序

选择“运行”菜单的“启动”项，按 F5 键或单击工具栏的▸按钮，则进入运行状态。单击“显示”按钮，如果程序代码没有错，就得到如图 2-23 所示的界面；若程序代码有错，如将“Text1”错写成“Txet1”，则出现如图 2-27 所示的信息提示框。

图 2-27 程序运行出错时的提示框

在此提示框中有以下 3 种选择。

单击“结束”按钮，则结束程序运行，回到设计工作模式，在代码窗口修改错误的代码。

单击“调试”按钮，进入中断工作模式，此时出现代码窗口，光标停在有错误的行上，并用黄色显示错误行，如图 2-28 所示。修改错误后，可按 F5 键或单击工具栏的 ▸ 按钮继续运行。

单击“帮助”按钮可获得系统的详细帮助。

运行调试程序，直到满意为止，再次保存修改后的程序。

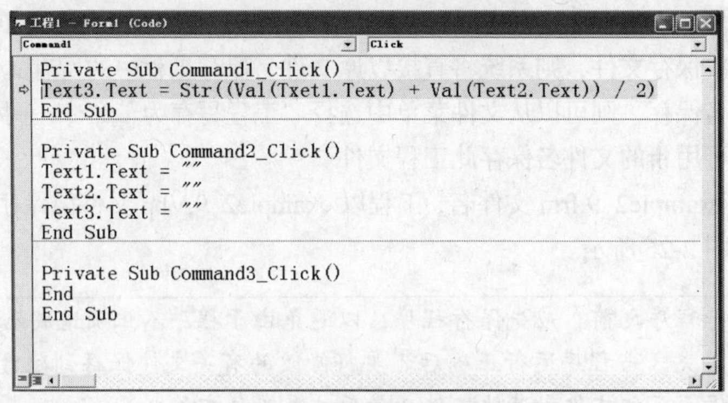

图 2-28　中断工作模式

Visual Basic 程序中把一些常见的错误分为语法错误、编译错误、运行错误和逻辑错误 4 种类型。

1. 语法错误

语法错误是由于在设计时输入了不符合 Visual Basic 6.0 语法规则的语句产生的。例如拼错关键字，遗漏了标点符号等。这类错误很容易被 Visual Basic 系统发现并处理。当输入程序代码时，Visual Basic 内部的编译器会对程序自动进行语法检查，一旦发现错误，就会弹出一个相应的错误提示对话框，显示出错信息。

2. 编译错误

编译错误是指 Visual Basic 在编译应用程序的过程中发现的错误。通常是由于不正确的代码结构而产生的。例如出现未定义的变量、函数或子程序等。当编译程序时，Visual Basic 就会弹出一个编译错误提示对话框，并以高亮度显示出错行，提示程序员对错误进行修改。

3. 运行错误

运行错误是指应用程序在运行时发生的错误，如程序代码执行了非法操作或某些操作失败。出现这类错误的程序一般语法没有错误，编译也能通过，只有在运行时才出错，例如 0 作除数、数组下标越界、文件未找到等。

4. 逻辑错误

逻辑错误指的是应用程序的运行结果与预期的结果不相同。此时，程序中并无语法和编译错误，程序可以运行，但运行结果不对。这种错误是程序本身存在逻辑上的缺陷引起的。逻辑错误系统不会提供错误信息，因而难于发现。但 Visual Basic 提供了程序调试功能以便程序员查找该类错误。

2.5.6　生成可执行程序

VB 提供了两种运行程序的方式：解释执行方式和编译执行方式。一般调试程序就是解释执行方式，因为解释执行方式是边解释边执行，在运行中如果遇到错误，则自动返回代码窗口并提示错误语句，使用比较方便。当程序调试运行正确后，今后要多次运行或要提供给其他用户使用时，就要将程序编译成可执行程序。

在 Visual Basic 集成开发环境下生成可执行文件的步骤如下。

（1）执行“文件”菜单中的“生成×××.exe”命令（此处×××为当前要生成可执行文件的工程文件名），系统弹出“生成工程”对话框。

（2）在“生成工程”对话框选择生成可执行文件的文件夹并指定文件名。

（3）单击“生成工程”对话框中的“确定”按钮，编译和连接生成可执行文件。

按照上述步骤生成的可执行文件只能在安装了 Visual Basic 6.0 的机器上使用。

本章小结

本章简要介绍了面向对象程序设计的基本概念，详细描述了 Visual Basic 窗体及最常用控件（命令按钮、标签、文本框）的使用方法。命令按钮是一种最基本的响应用户操作的控件，标签与文本框用来显示和输入数据。

本章以一个具体事例说明了 Visual Basic 程序设计的基本步骤及错误程序调试工具。首先，在窗体上“绘制”诸如文本框和命令按钮等控件，创建用户界面；然后，为窗体和控件设置属性，诸如标题、颜色和大小等的值；最后，给需要用到的事件编写代码，将要完成的操作真正赋予应用程序。编写应用程序要求基本概念清晰，例如首先必须确定应用程序如何与用户交互，如鼠标单击、键盘输入等，编写代码控制这些事件的响应方法，这就是所谓的事件驱动式编程。这些将在以后各章节中分别讲解。

通过本章的学习，读者应能基本了解面向对象程序设计中类、对象、属性、方法、事件等概念，掌握窗体及最基本控件的使用，学会设计比较简单的应用程序。

习　题

1. 什么是对象？什么是对象的属性、方法和事件？
2. 试述改变对象属性的两种方法。
3. 标签和文本框的区别是什么？
4. 窗体、标签、命令按钮、文本框有哪些共有的属性、方法和事件？
5. 设计一窗体，标题为“示例”，启动时窗体位于屏幕中央，背景为白色；窗体上放一标签，标题为“欢迎使用 VB6.0!”，前景色为黄色，背景色为蓝色，黑体斜体 20 号字。在设计状态完成应如何操作？若在运行状态完成，如何编写窗体的 Load 事件？
6. 求两个数的积，完成后存盘。

第3章 VB语言基本知识

Visual Basic 应用程序包括两部分内容，即界面和程序代码。其中程序代码的基本组成单位是语句，而语句是由不同的“基本元素”组成的，包括数据类型、常量、变量、内部函数、运算符和表达式等。本章主要介绍 Visual Basic 应用程序的基本元素、编码规则及基本语句。

3.1 VB语言的字符集及编码规则

3.1.1 Visual Basic 的字符集

Visual Basic 字符集就是指用 Visual Basic 语言编写程序时所能使用的所有符号的集合。若在编程时使用了超出字符集的符号，系统就会提示错误信息，因此我们首先一定要弄清楚 Visual Basic 字符集包括的内容。Visual Basic 的字符集与其他高级程序设计语言的字符集相似，包括字母、数字和专用字符 3 类，共 89 个字符。

（1）字母：大写英文字母 A～Z；小写英文字母 a～z。

（2）数字：0~9。

（3）专用字符：共 27 个。如：空格、!、”、#、$、%、&、‘、(、)、*、+、-、/、\、^、,<、>、=、?、@、[ ]、_、{ }、|、～等。

3.1.2 Visual Basic 的编码规则

为了编写高质量的程序，从一开始就必须养成一个良好的习惯，注意培养和形成良好的程序设计风格。首先必须了解 Visual Basic 语言的编码规则，VB 程序代码的主要编码规则如下。

（1）Visual Basic 代码中不区分字母的大小写。

（2）在同一行上可以书写多条语句，但语句间要用冒号“:”分隔。

（3）若一个语句行不能写下全部语句，或在特别需要时，可以换行。换行时需在本行后加入续行符，即 1 个空格加下划线“_”。

（4）一行最多允许 255 个字符。

（5）注释以 Rem 开头，也可以使用单引号“'”，注释内容可放在过程、模块的开头作为标题用，也可直接出现在语句的后面，但不能放在续行符的后面。

（6）在程序转向时需用到标号，标号是以字母开始而以冒号结束的字符串。

3.2　数据类型

任何一种程序设计语言都有它自己的数据类型。VB 不但提供了丰富的标准数据类型，而且还可以由用户自己来定义数据类型。

3.2.1　标准数据类型

VB 系统定义了 6 种标准数据类型，其中有数值型、日期型、逻辑型、字符型、对象型和变体型。

1. 数值型

数值型用来表达整数和浮点数。数值型有整型、长整型、单精度型、双精度型、货币型和字节型。

（1）整型（Integer）和长整型（Long）：它们都用来表达整数。整型数范围为-32768～+32767，占用 2 个字节。长整型数范围为-2147483648～+2147483647，占用 4 个字节。

（2）单精度型（Single）和双精度型（Double）：它们都用来表达浮点数或实数。单精度数占用 4 个字节，所表达的实数最多可达 7 位十进制有效数字。双精度数占用 8 个字节，所表达的实数最多可达 16 位十进制有效数字。不论是单精度数还是双精度数都有小数和指数两种表达方式。

① 小数方式：形如 ± m.n，其中 m 为整数部分，n 为小数部分。

例如：3.1416（单精度），12.3456789（双精度）。

也可用类型符来表达是单精度数还是双精度数。例如：1.2345!（单精度），1.2345#（双精度）。

② 指数方式：形如 ± m.nE ± i 或 ± m.ne ± i（单精度）和 ± m.nD ± i 或 ± m.nd ± i（双精度）

例如：1.23E-5（单精度），123.456789D+8（双精度）

在 E（e）和 D（d）后边的指数 i 为整数，若为正数，正号可省略。

（3）字节型数据（Byte）：字节型数占用 1 个字节，用来表达 0～255 范围内的整数。

（4）货币型数据（Currency）：用来表达实数或整数，主要用于精度要求特别高的货币计算，其所表达的有效数字位数可达 19 位。货币型数占用 8 个字节，所表达的实数小数点前有 15 位，小数点后有 4 位，表达方式是在数字后加@。

例如：5.68@，234@。

2. 日期型数据（Date）

日期型数据用来表达日期和时间，占 8 个字节。用来表达日期从公元 100 年 1 月 1 日至 9999 年 12 月 31 日，时间从 0 点 0 分 0 秒至 23 点 59 分 59 秒（即 0:00:00～23:59:59）。

在表达方式上任何可以认作为日期和时间的字符，并且用#号括起来的都是日期型数据。

例如：#5/2/2004#、#2001-08-16#、#2003-5-24 08:36:25#。

3. 逻辑型数据（Boolean）

逻辑型数据占用 2 个字节，它有两种取值：True（真）和 False（假），用来表达逻辑判断的结果。当把数值型数据转换为逻辑型数据时，0 转换为 False，非 0 值转换为 True；反之，当把逻辑型数据转换为数值型时，True 转换为-1，False 转换为 0。

4. 字符型数据（String）

在计算机中字符是用 ASCII 编码表示的，在 VB 中字符串要用双引号括起来，它所占用的字节数是由字符串的长度（即字符个数）决定的，定长字符串最多可达 65535 个字符。变长字符串最多可以达到 2^{31}-1 个字符。

说明　如果字符串本身包括双引号，可用连续两个双引号表示。

例如，要打印以下字符串：

```
"Do you like visual basic", he said.
```

在程序中需要将该字符串表示成:

```
" "Do you like visual basic "" , he said. "
```

5. 对象型数据（Object）

对象型数据用来引用应用程序中的对象，它主要以变量形式存在，占用 4 个字节。

6. 变体型数据（Variant）

变体型数据是一种可以随时改变数据类型的数据，这给 VB 编程增加了灵活性。比如一个变量在代码设计时先定义为变体型变量，等到程序运行时根据当时的情况现给变量赋予所需类型的值，当时所赋的值是什么类型的，变体变量就为什么类型的，而且用户不必进行类型转换，这种转换是由 VB 系统自动完成的。

说明　在 VB 中对所有未定义的变量都默认为是变体型的，可以包含 Empty、Error 及 Null 等。

在对 Variant 变量进行数学函数运算时，则该变量必须包含某个数，在进行字符串连接时要用“&”而不用“+”操作符。

对于 Visual Basic 中的数据（变量或常量），首先应确定以下几点。

（1）数据为何种类型。

（2）此类数据在内存中的存储形式，占用的字节数。

（3）数据的取值范围。

（4）数据能参与的运算。

（5）数据的有效范围（是全局、局部，还是模块级数据）、生成周期（是动态还是静态变量）等。

表 3-1 列出了 Visual Basic 的标准数据类型。

表 3-1　Visual Basic 的标准数据类型

数据类型	类型符号	取 值 范 围
整型（Integer）	%	-32768～32767
长整型（Long）	&	-2147483648～2147483647
单精度型（Single）	!	负数：-3.402823E38～-1.401298E-45 正数：1.401298E-45～3.402823E38
双精度型（Double）	#	负数：-1.79769313486232E308～4.94065645841247E-324 正数：4.94065645841247E-324～1.79769313486232E308
字符型（String）	$	0～65400 个字符（定长字符型）

续表

数据类型	类型符号	取 值 范 围
货币型（Currency）	@	-922337203685477.5808～922337203685477.5807
日期型（Date）	无	100-01-01～9999-12-31
布尔型（Boolean）	无	True 或 False
对象型（Object）	无	任何引用的对象
变体型（Variant）	无	由最终的数据类型而定
字节型（Byte）	无	0～255

3.2.2　用户自定义数据类型

除上述标准数据类型外，VB 还允许用户用 Type 语句定义自己的数据类型。

Type 语句格式为

```
Type 自定义类型名
  元素名【(下标)】AS 类型名
    :
End Type
```

其中元素名为自定义数据类型的一个成员，类型名为 VB 的标准类型名，下标表示该成员是一个数组。

例如，定义学生的数据类型：

```
Type Students
    Name AS String*12
    Age AS Integer
    Sex AS String*4
    Speciality AS String*10
    Address AS String*30
End Type
```

自定义数据类型必须在标准模块中定义，默认权限为 Public，即在整个应用程序中都可以使用这种自定义的数据类型。

3.3　常　量

在 Visual Basic 中，需要将存放数据的内存单元命名，然后通过内存单元名来访问其中的数据。常量在程序执行期间，其值是不发生变化的，而变量的值是可变的。

3.3.1　直接常量

常量就是在程序运行中其值不改变的量，VB 中有两种形式的常量，直接常量和符号常量。直接常量就是在程序中直接给出的数据，在 VB 中直接常量有以下几种形式。

字符串常量：如"abc"、"123.45"。

数值常量：如 356、-4.27、1.28E-3。

布尔常量：只有 True 和 False 两个逻辑值。

日期常量：如#04/02/2007#。

在 VB 中还可以使用八进制和十六进制常数。八进制常数是在数值前加&O，如&O56；十六进制常数是在数值前加&H，如&H2A6D。

3.3.2 符号常量

符号常量就是用符号表示的常量。符号常量有系统定义的常量和用户定义的常量两种。

1. 系统定义的常量

这些常量以 Vb 开头，例如，VbNormal、VbMinimized 和 VbMaximized 分别代表 0、1 和 2，实际是表达窗体的正常、极小化和极大化 3 种状态。

VB 系统定义的常量在对象库中，单击“视图”→“对象浏览器”，选择库、类、成员，打开如图 3-1 所示的“对象浏览器”窗口，就可以查看这些常量。

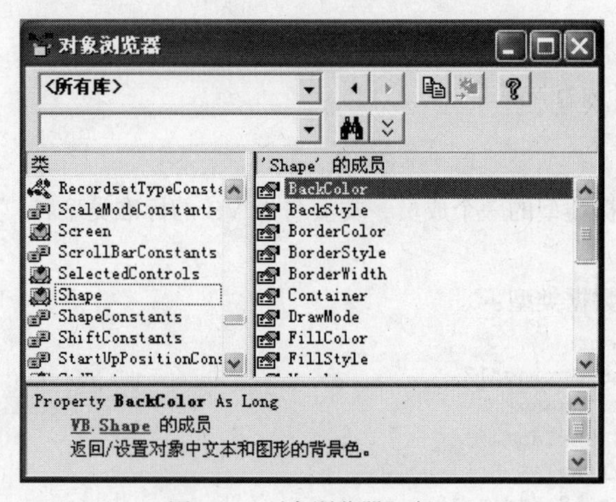

图 3-1 “对象浏览器”窗口

2. 用户定义的常量

定义格式：

【Public | Private】Const<常量名>【AS<数据类型>】=<表达式>, ……

（1）常量名与变量名命名规则相同。

（2）如果省去 AS<数据类型>，则常量的数据类型由表达式决定。

例如：

```
Public Const Pi AS Single=3.1415926
Const NewDate=#2012-11-11#
Const Name="Liu Lei"
```

（3）<表达式>由数值、字符串和运算符组成，其中可以包括前面已定义的常量，但不能有函数。

例如：

```
Const Pi2=Pi*2
```

（4）可以在一行中定义多个常量，各常量定义之间要用逗号隔开。

例如：

```
Const  w=7.7, birth=#2007-02-15#, Name="沈恩齐"
```

（5）不要将符号常量误当作变量，变量可以赋予不同的值，而符号常量一经定义以后在程序中就不能再改变其值。

例如：

```
Private Sub Form_Activate()
        Const A As String = "各种常量的使用"
        Form1.BackColor = vbGreen
        Form1.ForeColor = vbRed
        Form1.FontSize = 30
        Print A
    End Sub
```

例题中常量有：A、vbGreen、vbRed、30。

3.4　变　量

变量就是在程序运行时期值可以改变的量，程序往往是通过变量来使用数据和储存数据的。每一个变量都对应着一定的内存单元，它可以存储一个数据，而数据是有类型的，因此变量也是有类型的。变量一般是要先声明然后才使用，通过声明使程序知道变量名和变量的数据类型，以便 Visual Basic 系统为其分配内存单元和使用它。

3.4.1　变量的命名规则

变量的命名规则如下。

（1）变量名由字母、数字和下划线组成，必须以字母开头，其字符个数不得超过 255 个，其中不能有小数点和空格。有的最后一个字符可以是类型说明符。

（2）变量名不能与 VB 的保留字相同，也不要与过程名和符号常量名相同。

（3）变量名是不区分大小写的。

（4）字符之间必须并排书写，不能出现上下标。

例如，下列变量名都是合法的：

X、A5、Name、Age、Weight

例如，下列变量名都是非法的：

3s　以数字开头

-3s　以减号开头

L*S　出现非法字符*

bw-1　出现非法字符-(减号)

Cpation　使用了 VB 的关键字

3.4.2　变量的声明

声明变量就是声明变量名和变量的类型。在大多数编程语言中，要求变量“先声明，后使用”，如用声明语句和数据类型符来声明变量称为显式声明。在 Visual Basic 6.0 中可以不事先声明变量，而直接引用，称为隐式声明。隐式声明有一定的弊端，所以可以使用 Option Explicit 来强制显式声明。

1. 用声明语句来声明变量

声明变量的语句格式：

```
{Public|Private|Dim|Static}<变量名>[AS<类型>][,<变量名>[AS<类型>]]……
```

下面就变量进行几点说明。

（1）在通用声明段中用 Public 语句声明的变量为全局变量，它的作用域为整个应用程序。

（2）在通用声明段中用 Private 或 Dim 语句声明的变量为模块级变量，它的作用域为整个模块。

（3）在过程内用 Dim 或 Static 语句声明的变量或不加声明而直接使用的变量均为局部变量，它的作用域为所在的过程。其中用 Dim 语句声明的是动态变量，在过程执行时它临时分配内存单元，并进行初始化，在过程结束时它的值自动消失，并释放所占用的内存单元。而用 Static 语句声明的为静态变量，它在过程执行后能保留其值。

例如，在一个标准模块文件中进行下列变量声明：

```
Public a AS Single          '全局变量
Private b AS String *10     '模块级变量
Sub Fact()
    Dim k AS Integer        '局部动态变量
    Static n AS Integer     '局部静态变量
    k=k+1
    n=n+1
    …
End Sub
```

每调用一次 fact 子过程，静态变量 n 就累计加 1，而每次调用 fact 子过程，k 这个自动变量都被设置为 0。

（4）在变量声明中若省略 AS<类型>，则该变量默认为变体变量，变体变量可以给它赋予不同类型的数据，使用上比较灵活。

例如：

```
Dim Varl
Varl =123
Varl="abc"
```

（5）对于字符串变量有定长和变长两种，其定义是不同的。

例如：

```
Dim a AS String     '定义为变长字符串变量
Dim b AS String*10  '定义为长度为 10 的字符串变量
```

（6）一条变量声明语句可以声明多个变量。

例如：

```
Dim x AS Single, n AS Integer, a AS String, b
```

其中 b 声明为 Variant 类型。

（7）变量在声明时，VB 就自动给数值型变量赋初值为 0，给字符型变量或 Variant 型变量赋初值为空串，给布尔型变量赋初值为 False。

2. 用数据类型符声明变量

在 VB 中为了方便可以在变量名后加数据类型符来直接声明变量。

数据类型符有：

% ——表示整型；

& ——表示长整型；

! ——表示单精度型；

——表示双精度型；

@ ——表示货币型；

$ ——表示字符型。

例如：

```
x!              ' 定义单精度型变量
Name $          ' 定义字符型变量
n%              ' 定义整型变量
```

3. 强制显式声明——Option Explicit 语句

如果一个变量未经定义而直接使用，则该变量为可变类型变量，这称为隐式声明。在可变类型变量中可以存放任何类型的数据，如数值、字符串、日期和时间等。

例如：

```
a="6"              ' 存入字符串
a=100-a            ' a 值变为数值 94
```

可以看出，随着所赋值的不同，变量的类型在不断变化，这就是“可变类型数据”的含义。虽然这种方法很方便，但是常常会因为转换过程难以预料，而导致一个难以查找的错误。

为了保证所有的变量都必须先声明后使用，可以使用 VB 中的强制声明功能，这样，只要在运行时遇到一个未经明确声明的变量名，VB 就会发出错误警告。

要强制显式声明变量，可以在窗体模块或标准模块的声明段中加入语句：

```
Option Explicit
```

或在【工具】菜单中选取【选项】命令，打开“选项对话框”，单击【编辑器】选项卡，选中“要求变量声明”复选框，如图 3-2 所示。这样就可以在任何新建的模块中自动插入 Option Explicit 语句。对于已建立的模块只能用手工方法向现有模块中添加 Option Explicit 语句。

如果加入了 Option Explicit 语句，则在运行时 Visual Basic 对没有声明的变量显示错误信息，提示用户“变量未定义”。

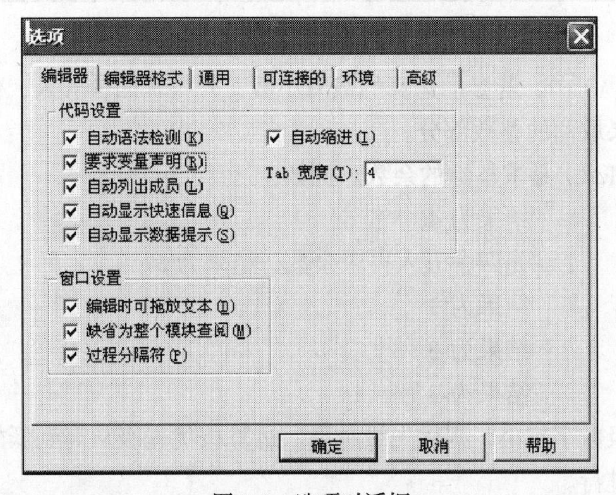

图 3-2　选项对话框

3.5 运算符与表达式

在计算机程序设计语言中有各种各样的表达式。表达式由运算符和操作数组成，由于操作数有各种类型，相应地就有各种类型的运算符与表达式。

在 VB 中有下列运算符和表达式。

（1）算术运算符与算术表达式；

（2）关系运算符与关系表达式；

（3）逻辑运算符与逻辑表达式；

（4）字符串运算符与字符串表达式；

（5）日期运算符与日期表达式。

3.5.1 算术运算符与算术表达式

算术运算是最常见的一种运算，在 VB 中有 8 种算术运算符，要求参加运算的数据都是数值型的数据，算术运算符如表 3-2 所示。

表 3-2　　算术运算符

运算符	名　称	优先级	示　例	结　果
^	乘方	1	1.5^2	2.25
-	负号	2	-11.2	-11.2
*	乘	3	11*4	44
/	除	3	11/5	2.2
\	整除	4	11\5	2
Mod	取余	5	11Mod 5	1
+	加	6	11 + 11	22
_	减	6	11 - 22	-11

说明：

（1）在整除运算（\）中，若参加运算的数有小数，先将其四舍五入，化为整数或长整数，然后进行除法运算，结果取商的整数部分。

（2）取余运算（Mod）是求整除的余数。例如：

```
25 Mod 7          '结果为 4
68 Mod 6.99       '先四舍五入再求余数，结果为 5
11 Mod -4         '结果为 3
-11 Mod 4         '结果为-3
-11 Mod -4        '结果为-3
```

（3）运算的优先级数字越小，则优先级越高。运算按优先级从高到低的次序进行，同一优先级按从左到右的次序进行。

（4）参加运算的数据类型与结果的数据类型有如下几种情况。

① 同类型数据运算后，结果的数据类型与参加运算的数据类型一样。

② 整型数与实型数运算后，其结果为实型。

③ 整型与长整型数运算后，其结果为长整型。

④ 单精度与双精度数运算后，其结果为双精度型。

（5）在书写算术表达式时需注意以下两点。

① 所有字符都要写在同一行内，如 5^2 应写为 5^2。分式应写成分子除以分母的形式，如（a+b）/（c-d）。在这里分子与分母都分别加上了括号，并且只允许使用圆括号。若用到库函数必须按库函数要求书写。

例如：

$$\frac{b-\sqrt{b^2-4ac}}{2a} = =(b-sqr(b*b-4*a*c))/(2*a)$$

② 乘法要明确写出乘号，如 2ab 应写为 2*a*b。

3.5.2 关系运算符与关系表达式

关系表达式是对两个表达式进行比较，其结果为一逻辑值：True（真）或 False（假）。关系运算符有 8 种，如表 3-3 所示。

表 3-3 关系运算符

运 算 符	名 称	示 例	结 果
=	等于	2+3=5	True
>	大于	3*4>5+6	True
<	小于	8<9-6	False
>=	小于等于	4.8*5>=6*4	True
<=	大于等于	16<=7*2	False
<>	不等于	"abc"<>"ABC"	True
Like	字符串匹配	"aBBBa"Like"a*a"	True
Is	对象引用比较		

说明：

（1）先计算两个表达式的值然后才进行比较。

例如：

x = 10: y = 8　　则 x>y

（2）当表达式的值为数值型的，比较按数值的大小进行。

例如：

37>36

（3）当表达式的值为字符型时，则按字符的 ASCII 码值从左到右逐个比较，首先比较两个字符串的第 1 个字符，ASCII 码值大的字符大；若第 1 个字符相同，则比较第 2 个字符，以此类推，直到比较出大小为止。若两个字符串长度不同，并且较短的字符串与较长的字符串的前边的字符都相同，则较长的字符串为大。

例如：

```
"abc"<"abcdef"
```

（4）数值型与可转换为数值型的数据比较，例如：29>"189"，按数值比较，结果为 False。

（5）数值型与不能转换成数值型的字符型比，例如：77>" sdcd"，不能比较，系统出错。

（6）"Is" 运算符多用于 case 选择语句（第 4 章将介绍）。

```
Select Case a
...
Case  Is>2     '就是 a>2 的意思
```

例如，要判断两个单精度型变量 A 和 B 的值是否相等，可以用下式判断：

Abs(A-B)<1E-5

3.5.3 逻辑运算符与逻辑表达式

逻辑运算符有 6 种，如表 3-4 所示。

表 3-4 逻辑运算符

逻辑运算符	含 义	优先级	说 明	示 例	结果
Not	取反	1	当操作数为假时，结果为真 当操作数为真时，结果为假	Not T Not F	F T
And	与	2	两个操作时都为真时， 结果为真，否则为假	F And F F And T T And F T And T	F F F T
Or	或	3	两个操作数之一为真时，结果为真，否则为假	F or F F or T T or F T or T	F F F T
Xor	异或	3	两个操作数为一真一假时，结果为真，否则为假	T Xor F T Xor T F Xor F F Xor T	T F F T
Eqv	同或	4	两个操作数同为真或假时，结果为真，否则为假	T Eqv T T Eqv F F Eqv F F Eqv T	T F T F
Imp	蕴含	5	第 1 个操作数为真，第 2 个操作数为假时，结果为假，其余结果为真	T Imp T F Imp T F Imp F T Imp F	T T T F

说明：取值为真，记为 T，否则记为 F。

（1）逻辑运算的优先级不相同，Not 最高，Imp 最低。

（2）Visual Basic 中常用的逻辑运算符是 Not、And 和 Or。它们多用于将多个关系表达式进行逻辑判断。

例如，数学上表示某个数在某个区域时用表达式：

10≤X<100

用 VB 程序中应写成：

X>=10 And X<100

如果写成如下形式将是错误的：

10<=X<100 或 10<=X Or X<100

例如，某单位的招聘信息写成条件 VB 的表达式：

年龄<=37 And 性别="女" And （学历="研究生"Or 学历="本科"）

3.5.4 字符运算符与字符串表达式

字符串运算符中有"+"和"&"两个，如表 3-5 所示。

表 3-5　字符串运算符

运算符	说　明	示　例	结　果
+	计算或连接两个字符串表达式	"shen"+"enqi" 5+"37"	Shenenqi 42
&	连接字符串	"liulei" & "37" 5 & 37	liulei37 537

说明

由于"&"还是长整型的类型定义符，在使用"&"作为字符串运算符时，必须在"&"前加一个空格，否则，如果变量与字符&紧接在一起，将作为类型定义符处理。"&"运算符可以将非字符串类型的数据转换为字符串后进行连接。

当"+"两边操作数都为字符时，进行字符串的组合；当两边操作数为数值型时，进行算术加法运算；当其一为数字字符型，另一个为数值型时，则先将数字字符转换为数值，然后进行算术加法运算；当一个操作数为数值型，另一个操作数为非数字字符型时，则出错。

3.5.5 日期运算符和日期表达式

1. 日期运算符

日期型数据是一种特殊的数值型数据，它们之间只能进行加"+"、减"-"运算。

2. 日期型表达式

日期型表达式的运算有下面 3 种情况。

（1）两个日期型数据相减，结果是一个数值型数据（两个日期相差的天数）。

例如：

```
#11/1/2012# - #11/11/2012#    '结果为数值型数据 10
```

（2）一个表示天数的数值型数据加到日期型数据中，其结果仍然是一个日期型数据（向后推算日期）。

例如：

```
#11/11/2012#+9               '结果为日期型数据：#2012-11-20 #
```

（3）一个表示天数的数值型数据从日期型数据中减掉它，其结果仍然是一个日期型数据（向前推算日期）。

例如：

```
#11/20/2012#-9               '结果为日期型数据：#2012-11-11#
```

3.5.6 运算符的优先顺序

当表达式出现多种运算符时，其运算顺序如表 3-6 所示。

表 3-6 运算符的优先顺序

优先顺序	运算符类型	运 算 符
1	算术运算符	^(指数)
2	算术运算符	-（取负）
3	算术运算符	*，/（乘或除）
4	算术运算符	\（整除）
5	算术运算符	Mod（求模）
6	算术运算符	+,-(加或减）
7	字符串运算符	&(字符串连接)
8	关系运算符	=,<>,<,>,<=,>=
9	逻辑运算符	Not
10	逻辑运算符	And
11	逻辑运算符	Or

（1）当同级运算符同时出现在表达式中时，将按照从左到右出现的顺序依次计算。

（2）用括号可以改变表达式的优先顺序。

3.6 内部函数

函数是一种特殊的运算，在高级程序设计语言中都有各种函数，这就给编程带来很大的方便。在 VB 中有两类函数，这就是内部函数和用户定义函数。

用户定义函数就是用户按自己编程的需要定义的函数，这些函数一般都具有特殊的功能，并且在内部函数中找不到。我们将在第 4 章的过程一节中介绍。

内部函数是 VB 系统已定义的函数，也称为标准函数，这些内部函数使用非常方便，用户不必了解函数内部的处理过程，只需给出函数名和适当的参数就可以了。VB 提供了大量的内部函数，这些函数可分为：数学运算函数、字符串函数、数据类型转换函数、日期时间函数和格式输出函数。下面介绍一些常用的内部函数。

3.6.1 数学运算函数

数学运算函数用于各种数学运算，常用的数学运算函数如表 3-7 所示。

表 3-7 常用数学函数

函 数	说 明	示 例	结 果
Sin	返回弧度的正弦值	Sin(3.14/2)	.999 999 682 931 835
Cos	返回弧度的余弦值	Cos(1)	.540 302 305 868 14

续表

函　数	说　　明	示　　例	结　　果
Atn	返回用弧度表示的反正切值	Atn(3.14/2)	1.003 655 077 980 33
Tan	返回弧度的正切值	Tan(1)	1.557 407 724 654 9
Abs	返回数的绝对值	Abs(-2.6)	2.6
Exp	返回 e 的指定次幂	Exp(2)	7.389 056 098 930 65
Log	返回一个数值以 e 为底的自然对数	Log(1)	0
Rnd	返回小于 1 且大于或等于 0 的随机数	Rnd	0～1 之间的随机数
Sgn	返回数的符号值	Sgn(-10)	-1
Sqr	返回数的平方根	Sqr(16)	4
Int	返回不大于给定数的最大整数	Int(3.56)	3
Fix	返回数的整数部分	Fix(-3.56)	-3

说明：

（1）在使用三角函数时，自变量要以弧度为单位，若使用角度需要转换为弧度。

（2）对于自然对数 Log(x)，要求 x>0。

（3）随机函数 Rnd 在执行时产生一个 0～1 之间的小数[0,1)，若要使每次执行能产生不同的小数，需要在前边加上 Randomize 语句。

例如：

```
Randomize
For i=1 To 20
   Print Rnd
Nex i
```

执行后便可打印出 20 个不同的小数。

例如：若要产生 1～100 的随机整数，则可通过下面表达式来实现：

```
Int (Rnd*100)+1       ' 包括 1 和 100
Int (Rnd*99)+1        ' 包括 1，但不包括 100
```

说明：产生[N，M]区间的随机数的 Visual Basic 表达式：

```
Int(Rnd *(M-N+1))+N
```

（4）取整函数 Int(x)是求出不大于 x 的最大整数。

例如：

```
Int(3.6)=3, Int(-3.6)=-4
```

（5）符号函数 Sgn(x)的定义为：

```
当 x>0,Sng(x)=1;
当 x=0,Sng(x)=0;
当 x<0,Sng(x)=-1;
```

（6）平方根函数 Sqr(x)，要求 x>=0。

3.6.2 字符串函数

字符串函数用于字符串处理，常用字符串函数如表 3-8 所示。

表 3-8 字符串函数

函　数	说　明	示　例	结　果
Ltrim(C)	返回删除字符串左端空格后的字符串	Ltrim("　　China")	"China"
Rtrim(C)	返回删除字符串右端空格后的字符串	Rtrim("China　　")	"China"
Trim(C)	返回删除字符串前导和尾随空格后的字符串	Trim("　　China　　")	"China"
Left(C,N)	返回从字符串最左端开始的指定数目的字符	Left("China",2)	"Ch"
Right(C,N)	返回从字符串最右端开始的指定数目的字符	Right("China",4)	"hina"
Mid(C,N1[,N2])	返回从字符串指定位置开始的指定数目的字符	Mid("China",2,3)	"hin"
Len(C)	返回字符串的长度	Len("MyName= 家宝")	9
Instr([N1,]C1,C2)	返回在字符串 C1 中第 N1 个位置开始查找字符串 C2 出现的起始位置	Instr(1,"China","in")	3
Space(N)	返回由指定数目空格字符组成的字符串	Space(4)	"　　"
String(N,C)	返回字符串 C 的第一个字符重复指定次数的字符串	String(2,"ABCD")	"AA"
Lcase(C)	返回以小写字母组成的字符串	Lcase("China")	"china"
Ucase(C)	返回以大写字母组成的字符串	Ucase("China")	"CHINA"

3.6.3 日期与时间函数

日期与时间函数用于显示日期和时间，常用的日期与时间函数如表 3-9 所示。

表 3-9 常用日期与时间函数

函数名	说　明	示　例	结　果
Now	返回当前系统日期和时间（yy-mm-dd hh:mm:ss）	Now	2012-11-12 06:02:40
Date()	返回当前系统日期（yy-mm-dd）	Date()或 Date	2012-11-12
Day(C|N）	返回日期值（1～31）	Day（"2012-11-12"）	12
Month(C|N)	返回月份值(1～12)	Month（"2012-11-12"）	4
MonthName(N)	返回月份中文名称	MonthName(11)	11 月
Time()	返回系统时间	Time()或 Time	06:06:40
Timer()	返回从午夜到现在经过的秒数	Timer()或 Timer	69547.19

续表

函数名	说　明	示　例	结　果
WeekDayName(N)	将星期值转换成星期名称（周日为 1）	WeekDayName(2)	星期一
Year(C|N)	返回年代号 753～078	Year（"2012-11-12"）	2012
DateSerial(年,月,日)	返回一个日期形式	DateSerial（12,11,12）	2012-11-12
DateValue(C)	与 DateSerial（）相同，只是 C 为字符串	DateSerial（"2012-11-12"）	2012-11-12

3.6.4　数据类型转换函数

转换函数用于类型或者其他形式的转换，常用转换函数如表 3-10 所示。

表 3-10　数据类型转换函数

函　数	说　明	示　例	结　果
Asc	字符转换为 ASCII 值	Asc("a")	97
Chr	ASCII 值转换为字符	Chr(97)	"a"
Val	数字字符串转换为数值	Val("125")	125
Str	数值转换为字符串	Str(123)	' 123 '（正数前留一符号位）
Cbool	转换为逻辑型数据	Cbool(3)	True
Cdate	转换为日期型数据	Cdate("November 12,2012")	2012-11-12
Hex	十进制转换成十六进制	Hex(77)	"4D"
Oct	十进制转换成八进制	Oct(77)	"115"

如果传递给函数的表达式超过转换目标数据类型的范围，将发生错误。

3.6.5　格式输出函数

格式输出函数用于控制输出数据的格式，其语法形式为

Format（<表达式>,<格式字符串>）

说明：

<表达式>可以是数值型、日期型和字符型表达式。

<格式字符串>是一个字符串常量或变量，由专门的格式说明符组成。若<格式字符串>是一个字符串常量，需要用双引号括起来。

格式字符串说明分为数值型说明符、日期型说明符和字符型说明符，分别列于表 3-11、表 3-12、表 3-13 中。

表 3-11　常用的数值型格式说明字符

字　符	说　明	示　例	结　果
#	数字占位符，显示一位数字或什么都不显示。如果表达式在格式字符串中#的位置上有数字存在，那么就显示出来；否则，该位置就什么都不显示	Format(123.45,"###.###")	123.45

续表

字 符	说 明	示 例	结 果
0	数字占位符，显示一位数字或是零。如果表达式在格式字符串中 0 的位置上有一位数字存在，那么就显示出来；否则，就以零显示	Format(123.45,"0000,000")	0123.450
.	小数点占位符	Format(1234.5,"#,###.##")	1,234.5
,	千分位符号占位符	Format(1234.5,"#,###.##")	1,234.5
%	百分比符号占位符。现将表达式乘以 100，而后在格式字符串出现该占位符的位置上插入百分比符号	Format(0.12345,"0.00%")	12.35%

表 3-12　　常用的时间日期型格式说明字符

字 符	说 明	示 例	结 果
dddddd	以完整日期表示法显示日期系列数（包括年、月、日）	Format(Date,"dddddd")	2012 年 1 月 6 日
mmmm	以全称来表示月（January～December）	Format(Date,"mmmm")	May
yyyy	以四位数来表示年	Format(Date,"yyyy")	2012
hh	以有前导零的数字来显示小时（00～3）		
nn	以有前导零的数字来显示分（00～59）		
ss	以有前导零的数字来显示秒（00～59）	Format(Time,"Hh:Nn:Ss")	05:06:29
ttttt	以完整时间表示显示时间系列数（包括时、分、秒），用系统识别的时间格式定义的时间分隔符进行格式化。默认的时间格式为 h：mm：ss	Format(Time,"ttttt")	11:57:06
AM/PM am/pm	以大写 AM 和 PM（或小写 am 和 pm）符号来分别表示中午前和中午后的时间	Format(Time,"ttttAM/PM")	19:30:57PM

表 3-13　　常用的字符型格式说明字符

字 符	说 明	示 例	结 果
@	字符占位符，显示字符或是空白。如果字符串在格式字符串中@的位置有字符存在，那么就显示出来；否则，就在那个位置上显示空白	Format("The","@@@@@")	"△△The"
&	字符占位符。显示字符或什么都不显示。如果字符串在格式字符串中&的位置有字符存在，那么就显示出来；否则，就什么都不显示	Format("The","&&&&&")	"The△△"
<	强制小写。将所有字符以小写格式显示	Format("The","<@@@@@")	" the"
>	强制大写。将所有字符以大写格式显示	Format("The",">@@@@@")	"THE"
!	强制由左而右填充字符占位符。默认值是由右而左填充字符占位符	Format("The","!@@@@@")	"△△The"

本章小结

本章介绍了在 VB 中使用的基本数据类型，常量、变量、常用标准函数的基本概念和使用方法，以及如何用常量、变量函数构成 VB 表达式。

Visual Basic 的数据类型分为标准类型和自定义类型两大类。

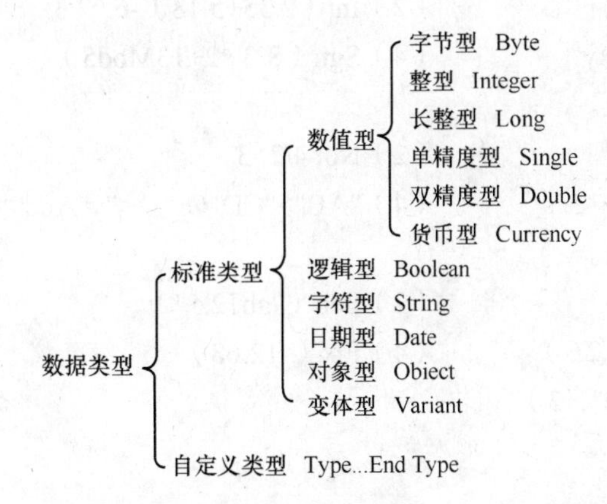

Visual Basic 有 4 种运算符：算术运算符、连接运算符、关系运算符、逻辑运算符。由运算符、括弧、内部函数及数据组成的式子称为表达式。应当注意，由于常量、变量、函数都具有数据类型，数据类型不同，构成的表达式也不同。

Visual Basic 提供了上百种内部函数，也称库函数，用户需要掌握一些常用函数的功能及使用方法。Visual Basic 函数的调用只能出现在表达式中，目的是使用函数求得一个值。

常量、变量、函数和表达式是构成 VB 程序设计语言的基本元素，是学习 VB 程序设计需要掌握的重要基础知识。

习　题

1. 在 VB 中有哪几种标准数据类型？其关键字和类型符各是什么？
2. 在 VB 中，若对变量未赋值，系统的默认值是什么？
3. 各种运算符的优先次序是什么？
4. 下列哪个符号不是 VB 合法的变量名？

   （1）A5cd　　（2）3BX　　（3）P123

   （4）Dim　　（5）x · m5
5. 请指出下列常量的类型。

   （1）23.456　　（2）7845

（3）571265　　（4）5.246e-12

（5）659&　　（6）4.75D+15

（7）"254"　　（8）True

（9）#23/05/2003#

6. 将下列数学表达式改写成 VB 的算术表达式。

（1）3a2b　　（2）-b+√b^2-4ac/2a

（3）4πr3/3　　（4）| x | +2acosx

7. 求下列表达式的值。

（1）5 ^2-ABS(3-7)　　（2）Int（2.35+5.18）-6 ^2/3

（3）"abc"&123&"xy"　　（4）Sgn（8-3 ^2+13Mod5）

8. 求下列表达式的值。

（1）3<5or7>10　　（2）Not 4/2>3

（3）15-8>6And3*4<5　　（4）"AB">"CD"Or"x"<"y"And9>3*2

9. 求下列表达式的值。

（1）Int（-3.14*4）　　（2）Len（"ab12.5"）

（3）Mid（"abcde",2,3）　　（4）Fix（-12.68）

（5）Right（"abcde"，3）

第4章 程序控制结构与过程

Visual Basic采用事件驱动方法，但仍需要结构化程序设计方法，用控制结构控制程序执行的流程。Visual Basic程序也有3种基本结构：顺序结构、选择结构、循环结构。数组是为了处理大量数据问题，把具有相同类型的数据按一定形式组织起来的集合，常和循环结构组合使用。过程是实现一定功能的程序段。本章将主要介绍3种基本控制结构、数组和过程。

4.1 顺序结构程序设计

顺序结构是一种最简单和最常用的程序结构，这种结构的程序是按照语句出现的先后顺序依次执行的。顺序结构流程图如图4-1所示。

此流程图含义是：先执行A操作，其次执行B操作，……，最后执行N操作，它们都是顺序执行的关系。

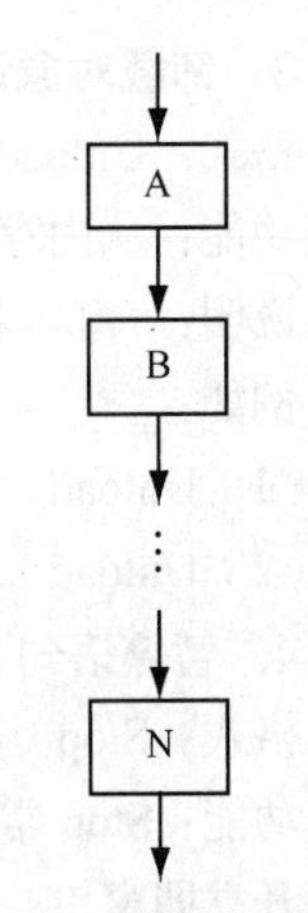

图4-1 顺序结构流程图

例如：求一个三角形的面积。

此例采用顺序结构设计程序。

（1）输入：三条边长或两边夹一角。

（2）处理：计算。

（3）输出：面积值。

4.1.1 常用语句

1. 赋值语句Let

格式：【Let】<变量名>|<对象名.属性名>= 表达式

功能：将表达式的值赋给变量或对象属性。

（1）Let通常省略。

（2）在上述格式中，"="赋值号与数学中的等号意义不同。赋值语句的功能是将赋值号右边的表达式的值赋给赋值号左边的变量。

（3）赋值号左边必须是变量或对象属性。

（4）变量名或对象属性名的类型应与表达式的类型相匹配。

（5）变量未赋值时，数值型变量的值为0，字符串变量的值为空串""。

例如：

（1）[Let] s = 0

（2）Let X = X + 1　　' 变量 X 加上 1 以后赋给左边的变量 X

（3）command1.caption = "确定"

（4）Dim A As Integer, B As String

　　B = "abc"

　　A = B　　' 错误，类型不匹配

2. 注释语句

注释语句是非执行语句，仅仅对相应位置上的代码起到注释作用。

格式 1：Rem 注释内容

格式 2：' 注释内容

功能：用来对程序中的语句进行注释说明。

说明

（1）注释语句可单独占一行，也可以放在语句的后面。

（2）格式 1 中的关键字 Rem 和注释内容之间必须用空格隔开。

（3）格式 2 的注释语句和注释内容之间用“ ' ”分开。

例如：

（1）a=3　Rem a 表示长

（2）b=4　' b 表示宽

3. 卸载对象语句 Unload

格式：Unload <对象名>

功能：从内存中卸载窗体或控件。

说明：〈窗体名〉是要卸载的对象或控件名称，若要卸载当前窗体可用 Me 表示。

例如：

（1）Unload　Form2　　' 卸载窗体 Form2

（2）Unload　Me　　' 卸载当前窗体

4. 暂停语句 Stop

格式：Stop

功能：Stop 常用于程序调试，用它来设置断点，当 Stop 语句执行时，会中断程序运行，并自动打开立即窗口，方便用户对程序代码进行检查和调试。

5. 结束语句 End

格式：End

功能：End 语句是强行终止程序的运行，不调用 Unload 语句或任何其他 Visual Basic 代码。

4.1.2 数据输入输出

复杂的问题一般在解决时都可分为 3 个步骤：数据输入，数据处理，输出结果。

1. 数据的输入

InputBox()函数

格式：变量名=InputBox(<提示信息>【,<对话框标题>】【,<默认值>】)

功能：提供一个简单对话框供用户输入信息，如图 4-2 所示。

图 4-2　输入信息对话框示例

（1）<提示信息>是一个字符串表达式。在对话框内显示提示信息，提示用户输入的数据的范围、作用等。如果要显示多行信息，可在各行行末用回车符 Chr(13)、换行符 Chr(10)、回车换行符的组合 Chr(13)&Chr(10)或系统常量 vbCrLf 来换行。

（2）<对话框标题>是一个字符串表达式，可省略。在对话框的标题栏中显示。如果省略，则在标题栏中显示当前的应用程序名。

（3）<默认值>是一个字符串表达式，可省略。在对话框上的文本框中显示，在没有其他输入时作为缺省值。如果省略，则文本框为空。

【例题 4-1】 输入长和宽，求长方形面积。

界面设计：在界面上画出一个按钮 command1，Caption 属性改为“计算”；一个标签 label1，Caption 属性为“长方形面积=”；一个标签 label2, Caption 属性为“　　”。结果界面如图 4-3 所示。

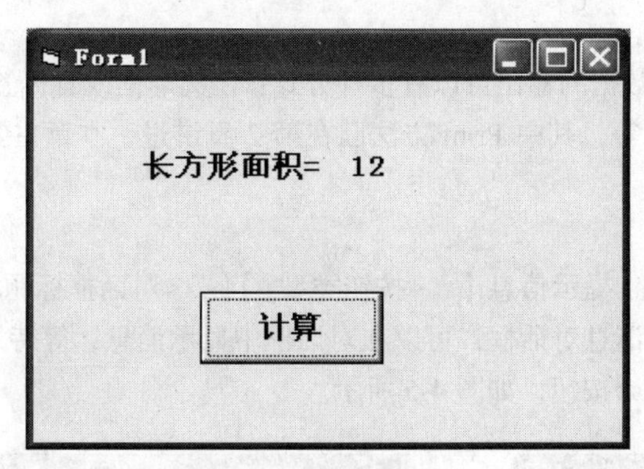

图 4-3　例题 4-1 界面

编写事件代码如下。

```
Private Sub Command1_Click()
    Dim a As Single, b As Single, s As Single
    a = Val(InputBox("请输入长", "请输入", "0"))
    b = Val(InputBox("请输入宽", "请输入", "0"))
    s = a * b
    Label2.Caption = s
End Sub
```

【例题 4-2】 输入某个学生的数学、物理、化学成绩，求三门课的总分和平均分。

界面设计：在界面上画出一个按钮 Command1，Caption 属性为“请输入成绩”；两个标签 Label1、Label2，Caption 属性均为“　　”。结果界面如图 4-4 所示。

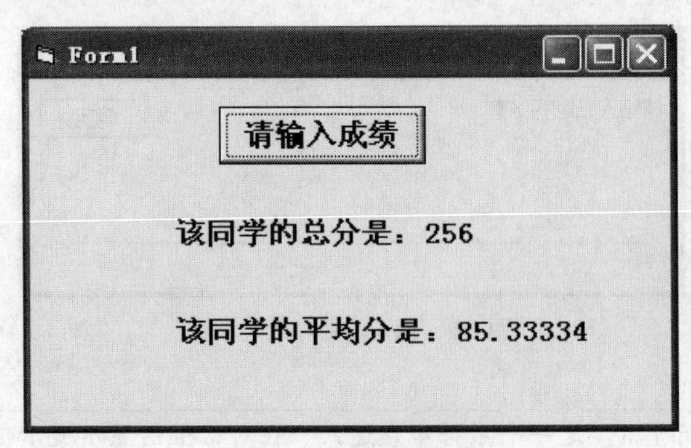

图 4-4 例题 4-2 界面

编写事件代码如下。

```
Private Sub Command1_Click()
   Dim a As Single, b As Single, c As Single, avg As Single, sum As Single
   a = Val(InputBox("请输入数学成绩：", "输入成绩", "0"))
   b = Val(InputBox("请输入物理成绩：", "输入成绩", "0"))
   c = Val(InputBox("请输入化学成绩：", "输入成绩", "0"))
   sum = a + b + c
   avg = sum / 3
   Label1.Caption = "该同学的总分是：" & sum
   Label2.Caption = "该同学的平均分是：" & avg
End Sub
```

2. 数据的输出

在 VB 程序设计中，数据的输出可以有多种方式：在文本框或者标签中输出，用 Print 方法输出、用 MsgBox 函数输出等，其中 Print 方法已在第 2 章讲过，本章主要介绍用 MsgBox 函数和 MsgBox 语句输出。

（1）MsgBox 函数

格式：变量【%】=（<提示信息【，<按钮类型>】【，<对话框标题>】）

功能：MsgBox 称为消息对话框，可以在对话框中显示消息，等待用户单击按钮，并返回一个整数告诉用户单击了哪个按钮，如图 4-5 所示。

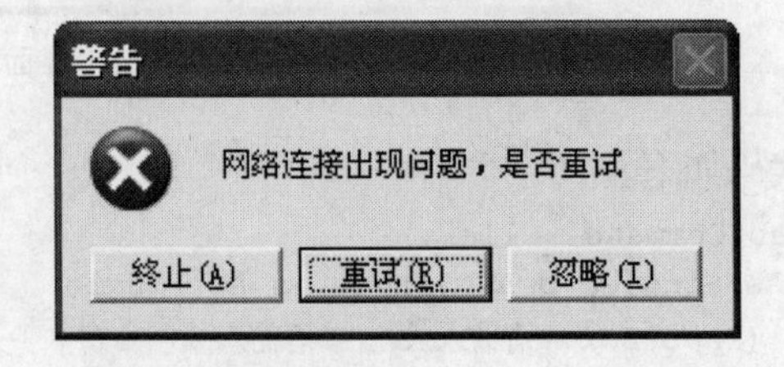

图 4-5 MsgBox 函数示例

（1）<提示信息>是一个字符串表达式，用于指定显示在对话框中的信息，可以使用回车符 Chr(13)、换行符 Chr(10)或是回车与换行符的组合 Chr(13)&Chr(10)进行换行。

（2）<按钮类型>是数值型数据，可以省略。用来指定对话框中出现的按钮和图标的种类及数量，该参数的值由 3 类数值相加产生，这 3 类数值分别表示按钮的类型、显示图标的种类及默认按钮的位置，如表 4-1 所示。

（3）<对话框标题>是一个字符串表达式，可以省略。它显示在对话框的标题栏中，如果省略，则在标题栏中显示应用程序名。

表 4-1　　按钮类型的设置值及含义

分　类	按 钮 值	系统定义符号常量	含　义
按钮类型	0	vbOKOnly	只显示“确定”按钮
	1	vbOKCancel	显示“确定”、“取消”按钮
	2	vbAbortRetryIgnore	显示“终止”、“重试”、“忽略”按钮
	3	vbYesNoCancel	显示“是”、“否”、“取消”按钮
	4	vbYesNo	显示“是”、“否”按钮
	5	vbRetryCancel	显示“重试”、“取消”按钮
图标类型	16	vbCritical	显示停止图标 ×
	32	vbQuestion	显示询问图标 ？
	48	vbExclamation	显示警告图标 ！
	64	vbInformation	显示信息图标 i
默认按钮	0	vbDefaultButton1	第 1 个按钮是默认按钮
	256	vbDefaultButton2	第 2 个按钮是默认按钮
	512	vbDefaultButton3	第 3 个按钮是默认按钮

MsgBox 函数的返回值如表 4-2 所示。

表 4-2　　MsgBox 函数的返回值

系统符号常量	返 回 值	按　键
vbOK	1	确定
vbCancel	2	取消
vbAbort	3	终止
vbRetry	4	重试
vbIgnore	5	忽略
vbYes	6	是
vbNo	7	否

注意

设置 MsgBox 函数中的按钮类型参数时，既可以将所需的符号常量类型用“+”连接起来，又可以直接将符号常量对应的数值加起来作为设置。

【例题 4-3】 显示如图 4-5 所示的第 1 个对话框。

分析：对话框中各个部分信息和 MsgBox 函数各部分参数对应如图 4-6 所示。

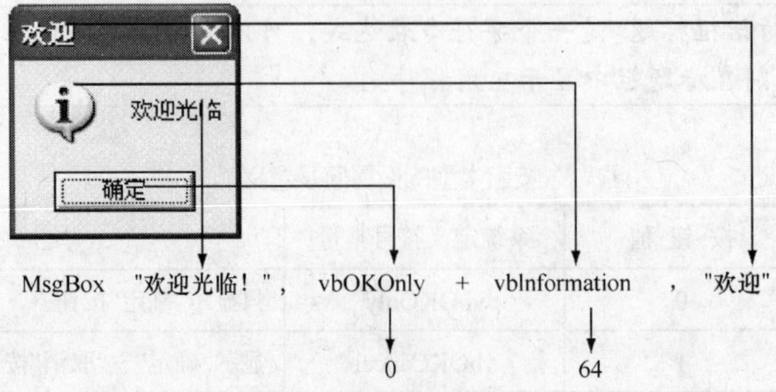

图 4-6 例题 4-3 界面分析

在代码编辑区输入如下代码。

```
Private Sub Form_Click()
    a = MsgBox("欢迎光临", 0 + 64, "欢迎")
End Sub
```

【例题 4-4】 显示如图 4-5 中的第 2 个对话框。

分析：对话框中各个部分信息和 MsgBox 函数各部分参数对应如图 4-7 所示。

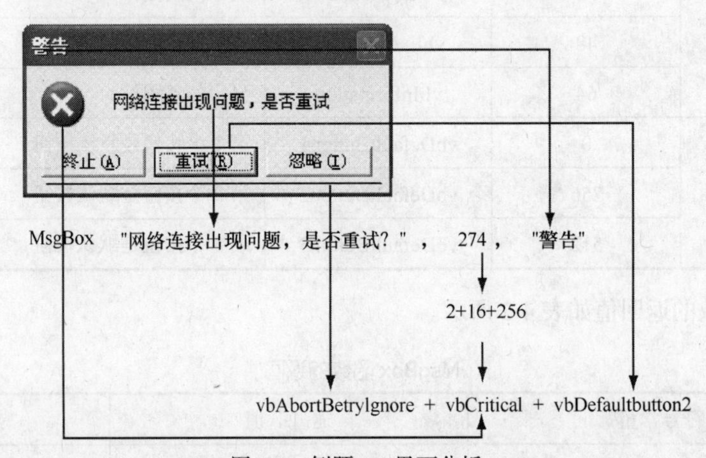

图 4-7 例题 4-4 界面分析

代码如下。

```
Private Sub Form_Click()
  a = MsgBox("网络连接出现问题，是否重试", 2 + 16 + 256, "警告")
Print "a=";a
End Sub
```

注意：a 的值由单击“终止”、“重试”、“忽略” 3 个按钮决定。

（2）MsgBox 语句

格式: MsgBox <提示信息> 【,<按钮类型>】【,<对话框标题>】

功能：若只是输出数据，不需要返回值，则可以使用 MsgBox 语句。

图 4-8 例题 4-5 界面

【例题 4-5】 用对话框输出 “hello world”，结果如图 4-8 所示。

代码如下。

```
Private Sub Form_click()
    Dim a As String
    a = "hello world"
```

```
    MsgBox a, , "输出数据"          ' Msgbox 语句省略第 2 个参数
End Sub
```

【例题 4-6】 将例题 4-2 的结果改成用 MsgBox 语句输出。

界面设计：将例题 4-2 窗体中的两个标签去掉，其他不变，结果如图 4-9 所示。

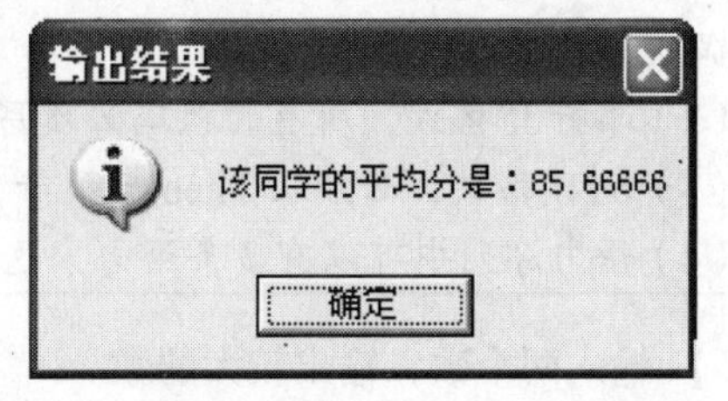

图 4-9　例题 4-6 结果界面

事件代码改写如下。

```
Private Sub Command1_Click()
   Dim a As Single, b As Single, c As Single, avg As Single, sum As Single
   a = Val(InputBox("请输入数学成绩：", "输入成绩", "0"))
   b = Val(InputBox("请输入物理成绩：", "输入成绩", "0"))
   c = Val(InputBox("请输入化学成绩：", "输入成绩", "0"))
   sum = a + b + c
   avg = sum / 3
   MsgBox "该同学的总分是：" & sum, 64, "输出结果"
   MsgBox "该同学的平均分是：" & avg, 64, "输出结果"
End Sub
```

4.2　选择结构程序设计

顺序结构通常用来处理一些简单的问题。在实际生活中，面对同一个问题会有多种方法，经常需要根据不同的情况采取不同的方法，在程序设计中，这就是选择结构程序设计。在 VB 中有多种形式的条件语句来进行选择结构程序设计。例如：

单行结构条件语句　　If…Then…Else…

块结构条件语句　　If…Then…EndIf

多分支选择语句　　Select Case…End Select

以上语句又统称为条件语句，其功能都是根据条件或表达式的值有选择地执行一组语句。下面分别介绍每种语句。

4.2.1　If 语句和 IIf 函数

1. If 语句

（1）单分支 If...Then 语句

格式 1：（单行形式）If　<条件表达式>　Then　<语句序列 1>

格式 2：（块形式）

　　If　<条件表达式>　Then

```
        〈语句序列 1〉
    End If
```

功能：如果条件表达式的值为真（True），执行语句序列 1 。

（1）条件表达式可以是：关系表达式、逻辑表达式、算术表达式。表达式的值是 0 则为假，值是非 0 则为真。

（2）单行 If 格式，所有的代码必须写在同一行中，绝对不能换行。

（3）块 If 格式，必须从 Then 后换行，必须用 EndIf 结束。

（4）语句序列中可以有多条语句，这时各语句如在同一行中需用“:”分隔。

【例题 4-7】 输入两个数，输出较大的数。

分析：本题由用户输入两个数，经计算机判断后将较大数输出，即有两个输入量和一个输出量。所以需要两个文本框接受用户输入，可以采用标签框来实现数据的输出。

界面设计如图 4-10 所示。

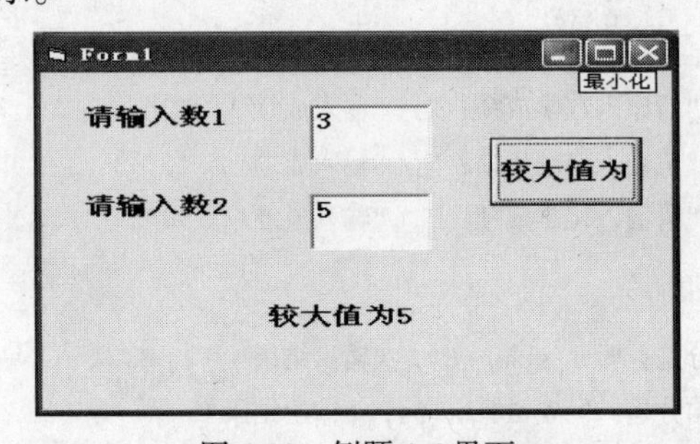

图 4-10　例题 4-7 界面

编写代码如下。

```
Private Sub Command1_Click()
   Dim max As Single
   Dim min As Single
   max = Val(Text1.Text)              ' 设文本框 1 中的数是大数
   min = Val(Text2.Text)              ' 设文本框 2 中的数是小数
   If max < min Then
       max = min
   End If
   Label3.Caption = "较大值为" & max
End Sub
```

【例题 4-8】 用文本框输入 3 个不同的数，将它们从小到大排序，并输出。

结果界面如图 4-11 所示。

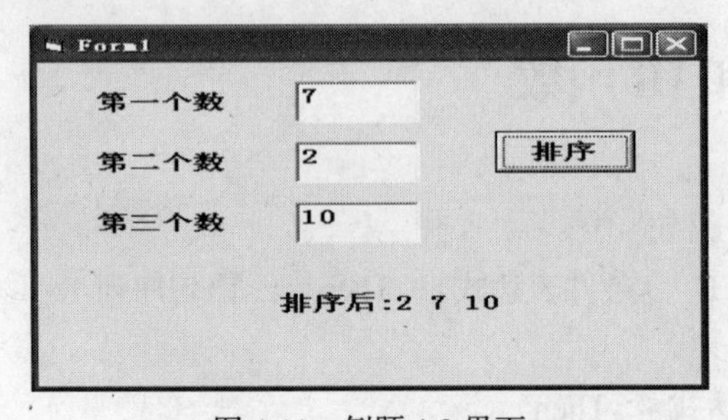

图 4-11　例题 4-8 界面

编写代码如下。

```
Private Sub Command1_Click()
    Dim x As Single, y As Single, z As Single, t As Single
    x = Val(Text1.Text)
    y = Val(Text2.Text)
    z = Val(Text3.Text)
    If  x > y  Then
        t = x: x = y: y = t            ' x和y交换
    End If
      If  x > z  Then
        t = x: x = z: z = t            ' x和z交换
      End If
      If  y > z  Then
        t = y: y = z: z = t           ' y和z交换
      End If
      Label4.Caption = "排序后:" & x & " " & y & " " & z
End Sub
```

（2）双分支 If…Then…Else 语句

格式 1（单行形式）：If　表达式 Then　语句序列 1　Else　语句序列 2

格式 2（块形式）：

```
If 表达式 Then
    语句序列 1
Else
    语句序列 2
End If
```

功能：当表达式的值为真（非零），执行语句序列 1 的语句内容，否则执行语句序列 2 的语句内容。

【例题 4-9】 设计一个学生登录界面。

登录成功界面如图 4-12 所示。

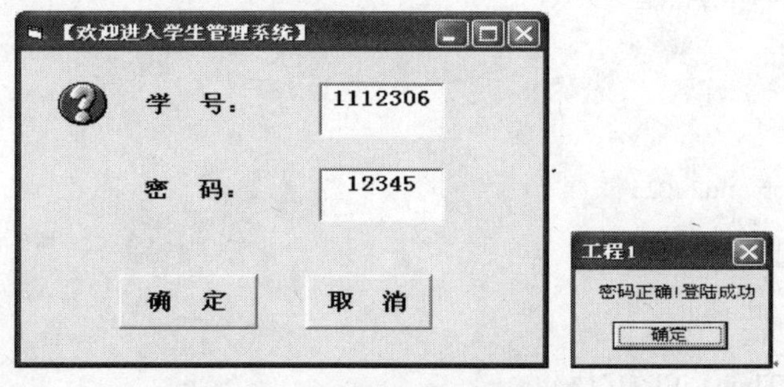

图 4-12　例题 4-9 登录成功界面

登录失败界面如图 4-13 所示。

图 4-13　例题 4-9 登录失败界面

单击“取消”按钮后，界面如图 4-14 所示。

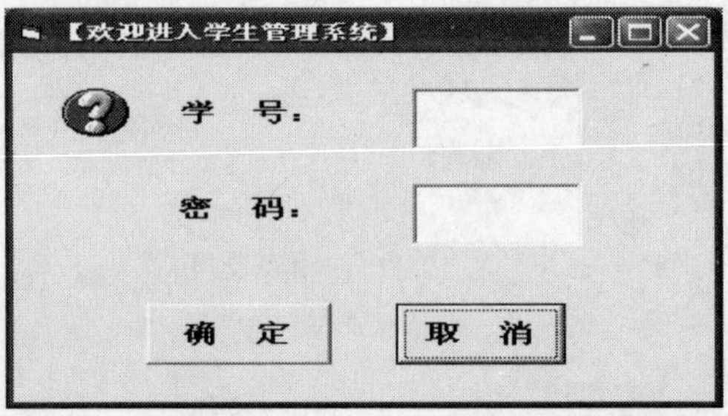

【欢迎进入学生管理系统】

学　号：

密　码：

确　定　　取　消

图 4-14　例题 4-9 单击“取消”按钮后的界面

分析：理想的学生登录界面应将输入学号的文本框改成列表框，和数据库连接后，在列表框中显示出所有存在的学号，供用户选择。但由于此章没有涉及列表框和数据库的内容，所以用文本框接收学号。当学生输入学号和密码后，应该由程序判断是否正确。如果学号和密码都正确则提示登录成功信息，如果有错，应提示相应的出错信息。如果发现输入有误，可以单击“取消”按钮，使两个文本框重新置空。

编写事件代码如下。

```
Private Sub Command1_Click()
   If Text1.Text = "1112306" Then
      If UCase(Text2.Text) = "12345" Then
         MsgBox "密码正确!登录成功"
      Else
         Beep                          ' 蜂鸣语句，用声音提示用户
      MsgBox "密码错误!登录失败"
         End
     End If
   Else
     Beep
     MsgBox "学号不存在!登录失败"
     End
   End If
End Sub

Private Sub Command2_Click()
   Text1.Text = ""
   Text2.Text = ""
End Sub
```

（3）多分支 If…Then…ElseIf 语句

格式：

```
If  表达式 1 Then
   语句序列 1
ElseIf 表达式 2  Then
   语句序列 2
[ElseIf 表达式 3  Then
   语句序列 3]
```

```
......
[Else
   语句序列 n]
End If
```

功能：如果表达式 1 为真则执行语句序列 1；否则测试表达式 2 的值，如为真则执行语句序列 2；依次类推直到找到一个值为真的表达式则执行相应的语句序列；若都不为真时，执行 Else 后语句序列内容。

（1）如果要产生 n 个分支，则需要 n-1 个测试表达式。

（2）此结构不能转换成单行 If 格式。

【例题 4-10】根据用户输入的某个学生的成绩评出优、良好、中等、及格和不及格 5 个等级。成绩与等级关系如下。

等级	条件
不及格	$score < 60$
及格	$60 \leqslant score < 70$
中等	$70 \leqslant score < 80$
良好	$80 \leqslant score < 90$
优	$score \geqslant 90$

分析：根据输入学生的成绩来判断该学生的成绩等级。有一个输入量（学生的成绩）和一个输出量（判断结果），所以用一个文本框来接受用户输入，一个文本框来进行输出。再添加一个“判断”按钮。

界面设计如图 4-15 所示。

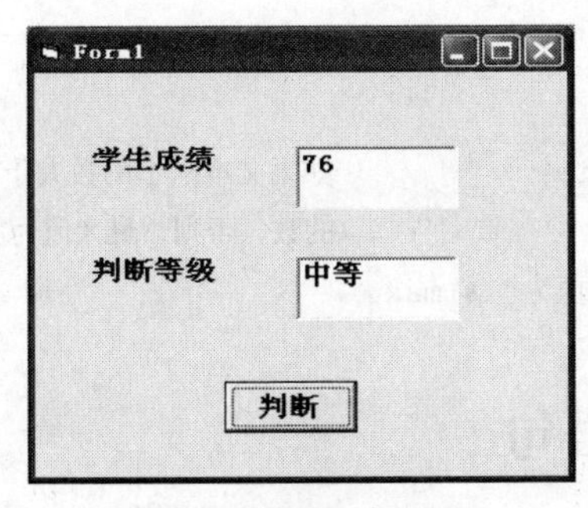

图 4-15　例题 4-10 界面

编写代码如下。

```
Private Sub Command1_Click()
   Dim score As Single
   Dim s As String
   score = Val(Text1.Text)
   If score < 60 Then                 ' 如果分数小于 60，则等级为不及格
         s = "不及格"
   ElseIf  score < 70 Then            ' 如果分数大于 60 且小于 70，则等级为及格
         s = "及格"
```

```
    ElseIf  score < 80 Then          ' 如果分数大于 70 且小于 80，则等级为中等
      s = "中等"
    ElseIf  score < 90 Then          ' 如果分数大于 80 且小于 90，则等级为良好
      s = "良好"
    Else                             ' 如果分数大于 90，则等级为优秀
      s = "优秀"
  End If
  Text2.Text = s
End Sub
```

2. IIf 函数

格式：IIf(条件表达式, 表达式 1, 表达式 2)

功能：当条件为真（True），该函数返回表达式 1 的值，否则返回表达式 2 的值。其中，函数的 3 个参数都是必须的，不可省略。

（1）<条件表达式>与 If 语句中的表达式相同，可以是关系表达式、逻辑表达式、算术表达式。表达式的值是 0 则为假，值是非 0 则为真。

（2）在使用 IIf 函数时，必须将其返回值赋值给一个变量，不可以单独调用。如上面的代码不可以写成：IIf(x = 1, "Yes", "No")，需为：a = IIf(x = 1, "Yes", "No")，也可以作为其他函数的参数。

（3）表达式 1 和表达式 2 可以是任何表达式，但只能是一条语句，而且必须是有返回值的。

【例题 4-11】 将例 4-7 改成用 IIf()函数实现。

代码改写如下。

```
Private Sub Command1_Click()
    Dim max As Single
    Dim min As Single
    max = Val(Text1.Text)
    min = Val(Text2.Text)
    max=IIf(max>min,max,min)          ' 如果文本框 1 的数大于文本框 2 中的数，则最大值为文本框 1
                                        的数，否则，最大值为文本框 2 的数
    Label3.Caption = "较大值为" & max
End Sub
```

4.2.2 Select Case 语句

格式：

```
Select Case 表达式
     Case 表达式列表 1
        语句序列 1
     Case 表达式列表 2
        语句序列 2
        ......
     Case 表达式列表 n
        语句序列 n
     Case Else
```

```
    语句序列 m
End Select
```

功能：如果表达式的值与某个表达式列表的值相匹配，则执行该表达式列表后的相应语句序列。

（1）表达式可以是一个数值表达式或字符串表达式，通常使用一个数值类型或字符串类型的变量。

（2）Case 子句中的“表达式列表”可以有 3 种表示形式。

① 一个或多个常量，多个常量之间用“,”分开；

② 使用 To 关键字，用以指定一个数值范围，要求小的数在 To 之前，如 1 To 10；

③ Is 关键字与比较运算符配合使用，用以指定一个数值范围，如 Is >10。

在每个 Case 子句的“表达式列表”中，以上 3 种形式可以任意组合使用。

例如：

- Case　　1,3,5,7
- Case　　7 To 10
- Case　　Is < 60

（3）Case Else：当表达式的值与前面所有的 Case 子句的值列表都不匹配时的情况下执行语句序列 m。

（4）End Select 为多分支结构语句的结束标志。

【例题 4-12】 将例 4-10 变成用 select case 语句实现。

代码修改如下。

```
Private Sub Command1_Click()
   Dim score As Single
   score = Val(Text1.Text)
   If score > 100 Or score < 0 Then Text2.Text = "error": End
   Select Case score \ 10
        Case 9, 10
            Text2.Text = "优秀"
        Case 8
            Text2.Text = "良好"
        Case 7
            Text2.Text = "中等"
        Case 6
           Text2.Text = "及格"
        Case 0 To 5
           Text2.Text = "不及格"
  End Select
End Sub
```

4.2.3 If 语句的嵌套

所谓 If 嵌套，是指在 If 的 Then 或者 Else 语句块中还可以嵌套 If 结构，以达到多分支选择的目的。

格式：

```
If 表达式 1 Then
```

```
        语句序列 1
        If  表达式 2  Then
           语句序列 2
         Else
            语句序列 3
        End If
    Else
        语句序列 4
        If  表达式 3  Then
           语句序列 5
        Else
           语句序列 6
       End If
    End If
```

【例题 4-13】 某书店为了促销，采用购书打折扣的销售办法，每位顾客一次购书：在 100 元以上 200 元以下者，按九折优惠；在 200 元及以上 300 元以下者，按八五折优惠；在 300 元及以上者，按八折优惠；编写程序，输入购书款数，计算输出优惠价。

分析：设购书款数为 X 元，优惠价为 Y 元，则

$$
Y=\begin{cases} X & (X \leqslant 100) \\ 0.9 * X & (100 < X < 200) \\ 0.85 * X & (200 \leqslant X < 300) \\ 0.8 * X & (300 \leqslant X) \end{cases}
$$

界面如图 4-16 所示。

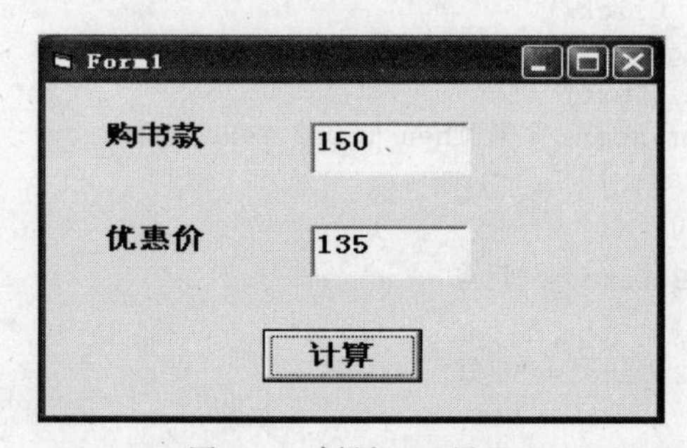

图 4-16 例题 4-13 界面

代码如下。

```
Private Sub Command1_Click()
     Dim X As Single, Y As Single
     X = Val(Text1.Text)
     If X <= 100 Then                    ' 如果购书款小于 100 元，则原价出售
          Y = X
     Else
          If X < 200 Then          ' 如果购书款在 100 元以上 200 元以下，按九折优惠
             Y = 0.9 * X
          Else
             If X < 300 Then ' 如果购书款在 200 元及以上 300 元以下，按八五折优惠
                 Y = 0.85 * X
             Else                   ' 如果购书款在 300 元及以上，按八折优惠
```

```
                Y = 0.8 * X
            End If
          End If
      End If
      Text2.Text = Y
End Sub
```

4.3　循环结构程序设计

循环结构，就是在执行语句时，需要对其中的某个或某部分语句重复执行多次。对于此类情况可以利用各种循环结构来实现。

循环结构可以分为 For 循环、Do 循环和 While 循环语句结构。

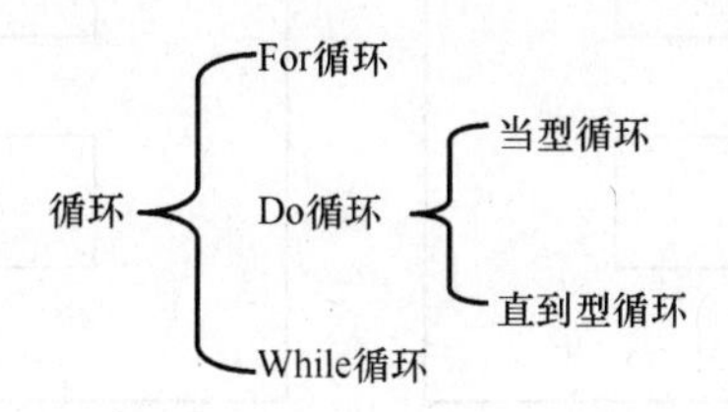

4.3.1　Do 循环

1. 当型循环

格式：

```
Do  {While| Until}  <循环条件>
   语句序列 1
   【Exit Do】
   语句序列 2
Loop
```

2. 直到型循环

格式：

```
Do
   语句序列 1
   【Exit Do】
   语句序列 2
Loop {While| Until}  <循环条件>
```

（1）当使用当型的 do　while…loop 和直到型的 do…loop while 时，<循环条件>为真，反复执行语句序列 1；<循环条件>为假，则退出循环。区别在于，当型的 do while…loop 先判断条件再执行循环体；直到型的 do…loop while 先执行循环体再判断条件。程序流程如图 4-17（a）、图 4-17（c）所示。

（2）当使用当型的 do　until…loop 和直到型的 do…loop until 时，<循环条件>为假，反复执行语句序列 1；<循环条件>为真，则退出循环。区别在于，当型的 do until…loop 先判断条件再执行循环体；直到型的 do…loop until 先执行循环体再判断条件。程序流程如图 4-17（b）、图 4-17（d）所示。

（3）Exit Do 语句只能用在 Do/Loop 结构中，作用是强制退出所在的 Do/Loop 循环结构。

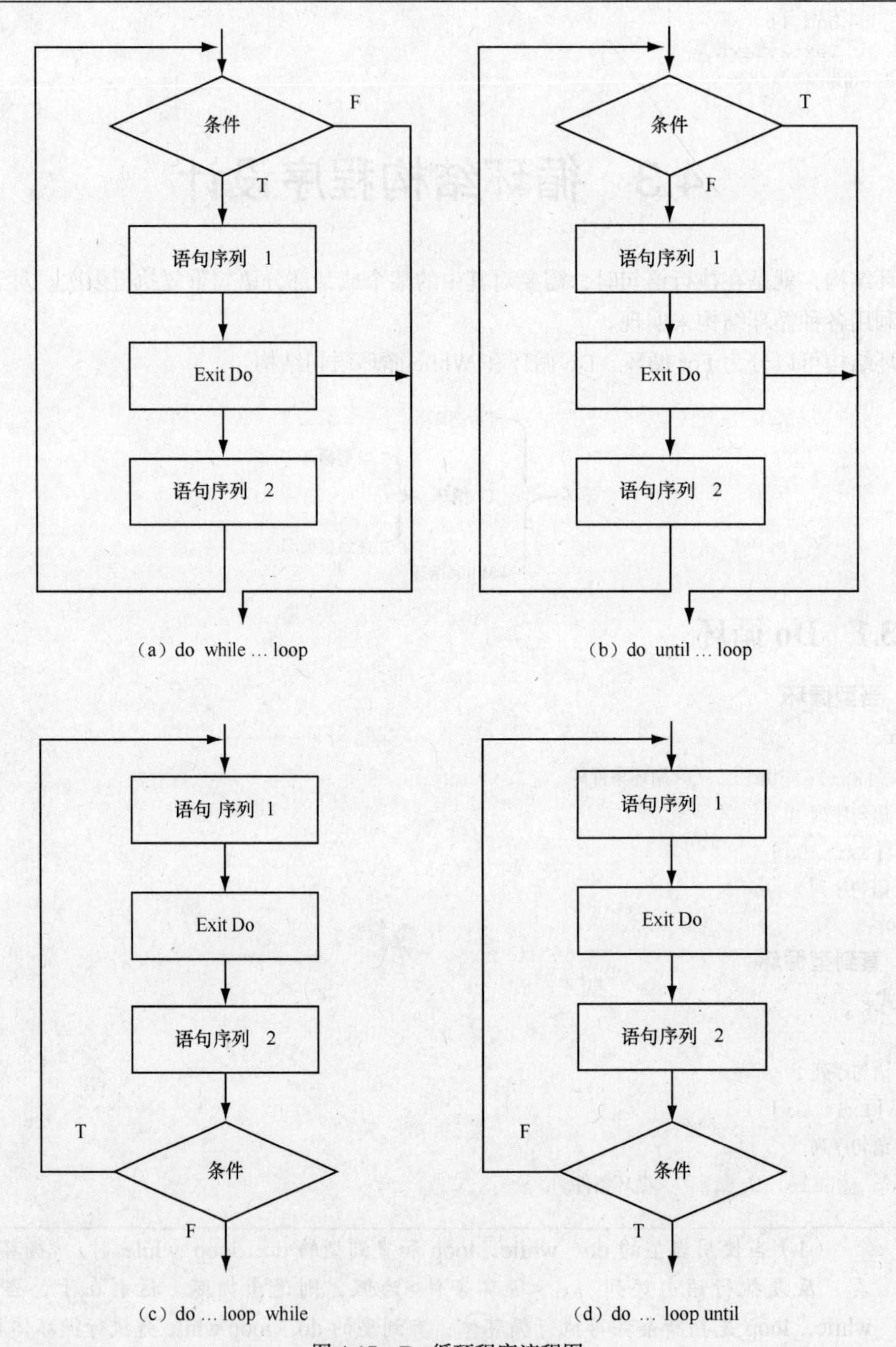

图 4-17 Do 循环程序流程图

【例题 4-14】 求 1+2+3+⋯+m>1000 的最小 m 值。

分析：本题是一个累加求和问题，因为没有明确指出循环的执行次数，根据题意需用和<=1000 的条件限制。

界面设计如图 4-18 所示。

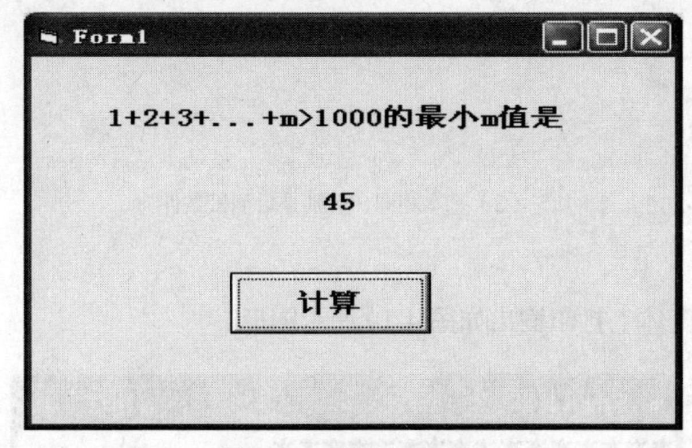

图 4-18　例题 4-14 界面

代码编写如下。（用 4 种 Do/loop 循环结构实现）

（1）用 do while…loop 实现

```
Private Sub Command1_Click()
    Dim s As Integer, m As Integer
    s = 0              ' s表示1+2+3+…+m的和,初始值是0
    m = 0              ' m表示每一项的值，初始值是0
   Do While s <= 1000  ' 当s<=1000为真时，让m自加后累加到和s中，否则结束循环
     m = m + 1
     s = s + m
   Loop
   Label2.Caption = m
End Sub
```

（2）用 do until…loop 实现

```
Private Sub Command1_Click()
    Dim s As Integer, m As Integer
    s = 0
    m = 0
    Do until  s >1000     ' s>1000为假，让m自加后累加到和s中，直到s>1000为真结束
       m = m + 1          ' 循环
       s = s + m
    Loop
Label2.Caption = m
End Sub
```

（3）用 do…loop while 实现

```
Private Sub Command1_Click()
    Dim s As Integer, m As Integer
    s = 0
    m = 0
    Do
    m = m + 1
    s = s + m
   Loop while s<=1000     ' 与（1）基本相同，区别是后测试条件
   Label2.Caption = m
End Sub
```

（4）用 do…loop until 实现

```
Private Sub Command1_Click()
    Dim s As Integer, m As Integer
```

```
    s = 0
    m = 0
    Do
       m = m + 1
       s = s + m
   Loop until s>1000     ' 与（3）基本相同，区别是后测试条件
   Label2.Caption = m
End Sub
```

【例题 4-15】 在窗体上打印输出如图 4-19 所示图形。

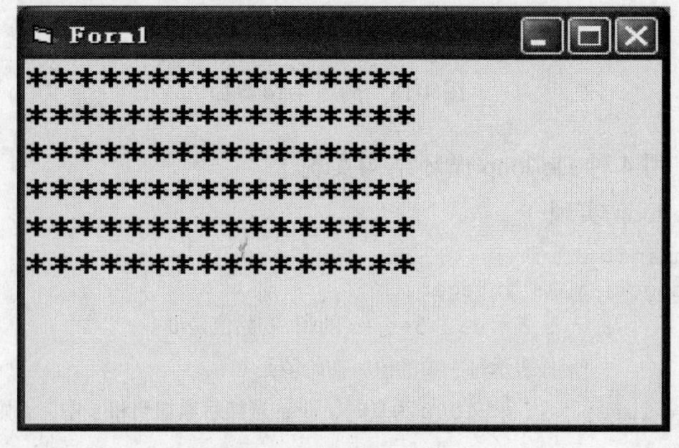

图 4-19　例题 4-15 结果

编写事件代码如下。

```
Private Sub Form_click()
    Dim i As Integer      ' 定义计数器变量 i 来记录目前已输出的行数
    i = 0
    Do While i < 6        ' 当输出行数未达到 6 行，反复执行下面语句
       Print "****************"
       i = i + 1         ' 每输出一行信息，计数器 i 累加 1
    Loop             ' 返回到 Do While 行
End Sub
```

思考：将上面的代码改为前测型直到型循环、后测型当型循环和后测型直到型循环。

4.3.2　While…Wend 语句

格式：

```
While 循环条件
   循环体
Wend
```

功能：首先判断循环条件，如果条件表达式为真，就执行循环体，否则，退出循环。

说明

这种结构使用完全类似于 Do while…Loop。

【例题 4-16】 求 S=1+（1+2）+…（1+2+…+100）的值。

界面设计如图 4-20 所示。

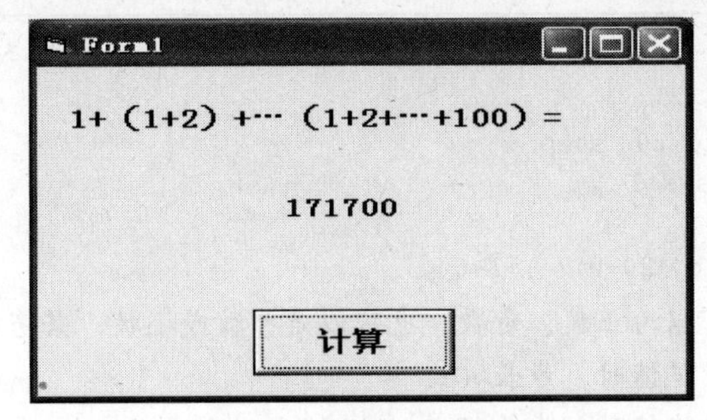

图 4-20　例题 4-16 界面

程序代码如下。

```
Private Sub Command_Click( )
     Dim s as long, n as Integer,k as Integer
     s=0:n=0:k=1
     While k<=100
        n=n+k            ' 求“小和”，即求 s 中的每一项的和
        s=s+n            ' 求“大和”，即求 s 的累加和
        k=k+1            ' “大和”的项数(亦即“小和”中的末项值)
     Wend
     Label2.Caption= s
End sub
```

4.3.3　For…Next 循环

格式：

```
For 循环变量 = 初值 to 终值 [step 步长]
     执行语句
Next 循环变量
```

功能：用于循环次数已知的循环类型。For 循环执行流程图如图 4-21 所示。

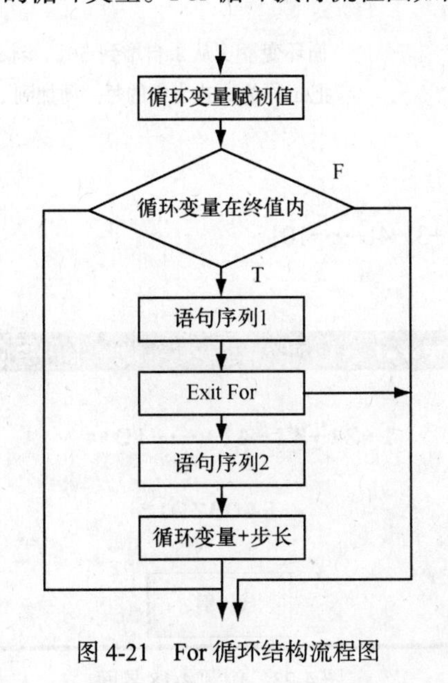

图 4-21　For 循环结构流程图

说明

（1）循环次数可以计算得到：n=Int((循环变量终值-循环变量初值)/步长)+1

例如：

```
For I=0 to 20  step 4
      s=s+1
Next I
```

循环次数=Int((20-0)/4)+1=6

（2）步长可以为正数、负数，也可以是整数或小数。若省略，默认值为 1。

当初值小于终值时，步长>0；

当初值大于终值时，步长<0；

当步长为 0 时，如果循环体中有强制退出循环语句 Exit For，则可以退出循环，否则循环将变成死循环。

（3）Exit For 用来强制退出 For 循环。

【例题 4-17】 计算 1+2+3…+50 的值。

界面设计如图 4-22 所示。

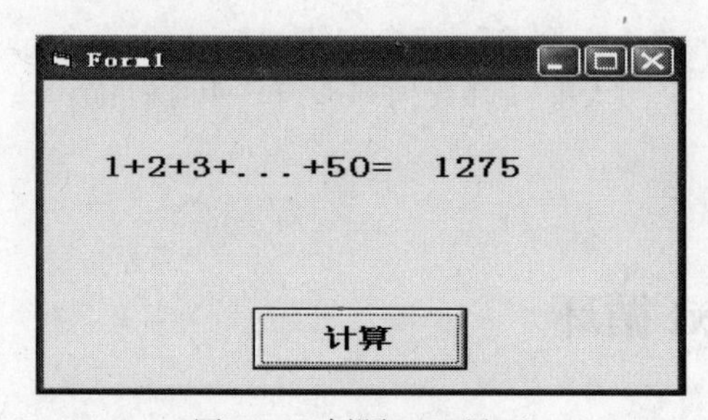

图 4-22　例题 4-17 界面

编写代码如下。

```
Private Sub Command1_Click()
    Dim s As Integer, i As Integer
    s = 0
   For i = 1 To 50               '  循环变量 i 从 1 自增到 50，步长是 1
      s = s + I                  '  把 i 作为原式当中的每一项加到 s 中
   Next i
   Label2.Caption = s
End Sub
```

【例题 4-18】 计算 1-2！+3!-4!+…-10!。

界面设计如图 4-23 所示。

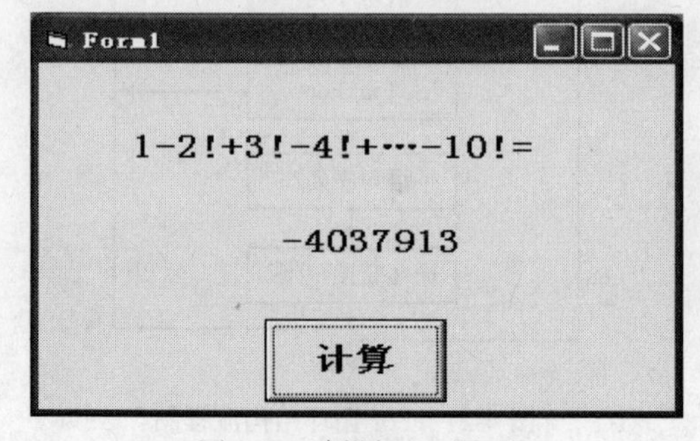

图 4-23　例题 4-18 界面

编写代码如下。

```
Private Sub Command1_Click()
    Dim i As Integer, t As Long, s As Long
    s = 0
    t = 1
    For i = 1 To 10
        t = t * I                ' t是原式中的每一项，是一个阶乘值
        s = s + (-1) * t         ' 把每一项乘以符号后，加到和s中
    Next i
    Label2.Caption = s
End Sub
```

4.3.4　循环嵌套

如果在循环语句的循环体中又包含循环体，就构成了循环嵌套。以上学习了多种循环语句，循环语句可以互相嵌套。

常用的循环嵌套格式有如下几种。

格式：

（1）
```
Do While 循环条件
    For  循环控制变量 = 初值  To  终值 [Step 步长]
        循环体
    Next  循环控制变量
Loop
```

（2）
```
Do While 循环条件
    Do While 循环条件
        循环体
    Loop
Loop
```

（3）
```
For  循环控制变量 = 初值  To  终值 [Step 步长]
    Do While 循环条件
        循环体
    Loop
Next  循环控制变量
```

（4）
```
For  循环控制变量 I = 初值  To  终值 [Step 步长]
    For  循环控制变量 J = 初值  To  终值 [Step 步长]
        循环体
    Next  循环控制变量 J
Next  循环控制变量 I
```

（1）每一种循环语句中的开始和结束部分应配对使用。

（2）内层循环与外层循环不得交叉。

例如：

```
For i                    For i
    For j                    For j
    ……                       ……
    Next j                   Next i
```

Next i　　　　　　　　　　　　　　Next j
正确　　　　　　　　　　　　　　错误

（3）内层循环与外层循环的循环变量名不能同名，以下例子错误。

例如：
```
For i=1 to 3
    For i=2 to 4
        Print a
    Next i
Next i
```

【例题 4-19】 用下列近似式计算 sin(x)的近似值。

$$\sin(x) \approx x - \frac{x^3}{3!} + \frac{x^5}{5!} - \frac{x^7}{7!} + \cdots + \frac{(-1)^n x^{2n+1}}{(2n+1)!}$$

其中 x 和 n 的值由键盘键入。

分析：将≈右侧的式子中每一项拆成 3 部分，分子、分母和符号，在内层循环计算分子和分母，外层循环改变符号，并将每一项累加。

界面如图 4-24 所示。

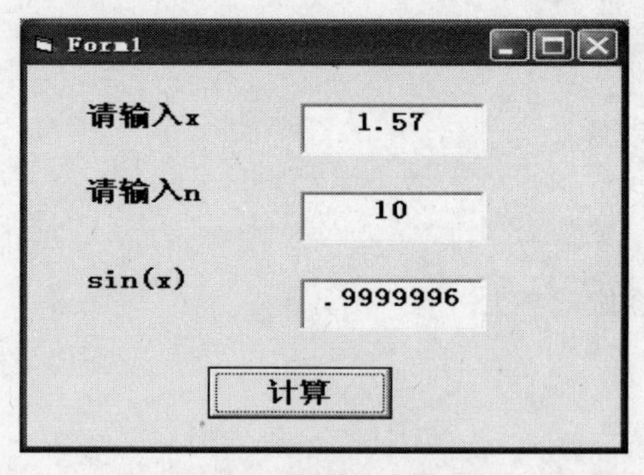

图 4-24　例题 4-19 界面

代码如下。

```
Private Sub Command1_Click()
    Dim x As Single, m As Single, n As Integer, f As Double
    x = Val(Text1.Text)
    n = Val(Text2.Text)
    m = x: s = 1
    For i = 1 To n
        f = 1: p = 1
        For j = 1 To 2 * i + 1
            f = f * j                ' 计算分母
            p = p * x                ' 计算分子
        Next j
        s = -s                       ' 改变符号
        m = m + s * p / f            ' 将每一项累加到 m 中
    Next i
    Text3.Text = m
End Sub
```

【例题 4-20】 打印乘法“九九表”

分析：9*9 的二维表，用双重循环。

界面设计如图 4-25 所示。

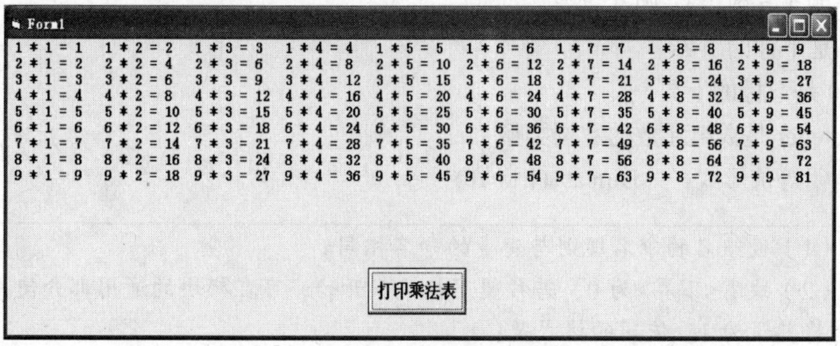

图 4-25　例题 4-20 界面

编写代码如下。

```
Private Sub Command1_Click()
   For i = 1 To 9
    For j = 1 To 9
       Print i; "*"; j; "="; i * j; Spc(4 - Len(i * j));  '  Spc( )函数保证输出的每列
对齐
    Next j
    Print
   Next i
End Sub
```

4.4　数　组

4.4.1　概述

在实际应用中，常常要遇到处理相同类型的大量相关数据的情况。例如，处理 n 个学生某门课程的考试成绩，若用简单变量来表示，只能用 n 个变量 x1，x2，x3，…，xn 来分别代表每个学生的成绩，但这样变量太多将给编程带来许多不便。Visual Basic 程序设计语言提供了这样的一种表示机制——数组。

数组并不是一种数据类型，而是一组相同类型数据的集合。用一个统一的名字（数组名）代表逻辑上相关的一批数据，每个元素用下标变量来区分，下标变量代表元素在数组中的位置。

Visual Basic 中的数组分类如下。

按数组的大小（元素个数）是否可以改变分为：定长数组、动态（可变长）数组。

按数组的维数可分为：一维数组、二维数组、多维数组。

4.4.2　一维数组

只有一个下标，数学上形如数列{ai}表示的数据均可用一维数组来处理。

1．一维数组的声明

Dim 数组名(【<下界>to】<上界>)【As <数据类型>】

或　Dim 数组名【<数据类型符>】(【<下界>to】<上界>)

例如：Dim a(1 to 10) As Integer

　　声明了 a 数组有 10 个元素

　　1 是下标的下界

　　10 是下标的上界

　　Integer 是数组元数的数据类型

与上面声明等价形式：　Dim a%(1 to 10)

说明

（1）数组名的命名规则与变量的命名相同。

（2）缺省<下界>为 0，若希望下标从 1 开始，可在模块的通用部分使用 Option Base 语句将其设为 1。使用的格式是：

```
Option Base 0|1          '后面的参数只能取 0 或 1
```

例如：

```
Option Base   1          '将数组声明中缺省<下界>下标设为 1
```

（3）数组的元素个数：上界-下界+1。

（4）<下界>和<上界>不能使用变量，必须是常量，常量可以是直接常量、符号常量，一般是整型常量。

（5）数组中各元素在内存占一片连续的存储空间。

---

2. 一维数组元素的引用

使用形式：数组名(下标)

其中，下标可以是整型变量、常量或表达式。

例如，设有下面的数组定义：

```
Dim   A(10) As Integer ，B(10) As Integer
```

则下面的语句都是正确的：

```
A(1)=A(2)+B(1)          '取数组元素运算
A(i)=B(i)               '下标使用变量
B(i+2)=A(i+1)           '下标使用表达式
```

引用时下标不能越界。

---

3. 一维数组应用举例

（1）求数组中最大元素及所在下标。

【例题 4-21】 编程求某班 10 个学生某门课程考试成绩中最高分学生的学号和成绩（提示：数组下标可代表学号），程序界面如图 4-26 所示。

程序代码如下。

```
Dim a(1 To 10) As Single  '定义模块级变量 a()
Private Sub Command1_Click()
   Dim i As Integer
   For i = 1 To 10
   a(i) = Val(InputBox("请输入第" & i & "个同学的成绩：", "录入"))     '输入学生成绩
   Text1.Text = Text1.Text & "  " & a(i)    '将学生成绩显示在 Text1 中
```

统计
10名学生的成绩为:
成绩最高学生的学号及分数为:
录入
计算

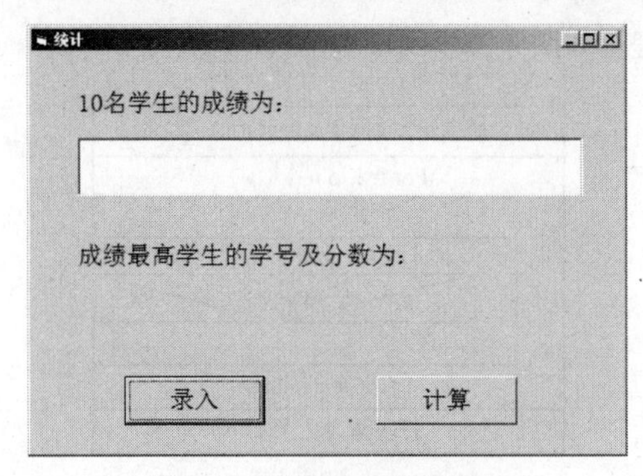

图 4-26　例题 4-21 程序界面

```
   Next i
End Sub
Private Sub Command2_Click()
   Dim  Max As Integer     '定义变量max用来存放最大值,
   Dim  iMax As Integer   '变量imax存放最大值所对应的下标
       Max = a(1):  iMax = 1  '假设下标为1的元素a(1)最大
       For i = 2 To 10
             If a(i) > Max Then    '如果a(i)比max大，则修改max及imax
                     Max = a(i)
                    iMax = i
             End If
      Next i
   Label3.Caption = iMax & "号" & "  " & Max & "分"
End Sub
```

程序运行后，结果如图 4-27 所示。

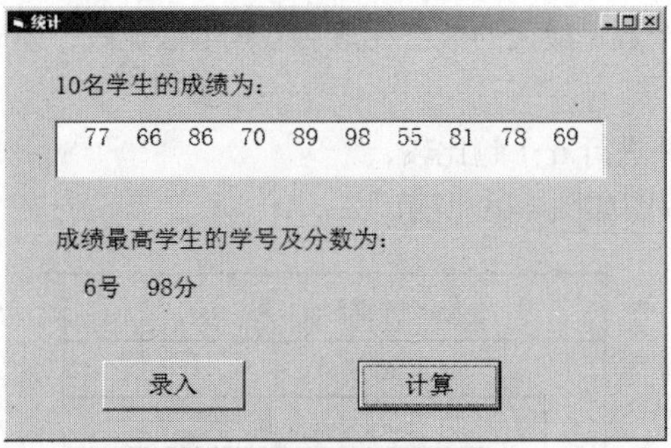

统计
10名学生的成绩为:
77 66 86 70 89 98 55 81 78 69
成绩最高学生的学号及分数为:
6号 98分
录入
计算

图 4-27　统计最高分结果

（2）排序算法。数据的排序就是将一批数据由小大到（升序）或由大到小（降序）进行排列。常用的有选择法、冒泡法。

① 选择法排序（升序）。

选择法排序算法如下。

设有 n 个数，存放在数组 A(1)…A(n)中。

a. 第 1 遍：从中选出最小的数，与第 1 个数交换位置；

b. 第 2 遍：除第 1 个数外，其余 n-1 个数中选最小的数，与第 2 个数交换位置；

c. 依次类推，选择了 n-1 次后，这个数列已按升序排列。

选择法排序算法的流程图如图 4-28 所示。

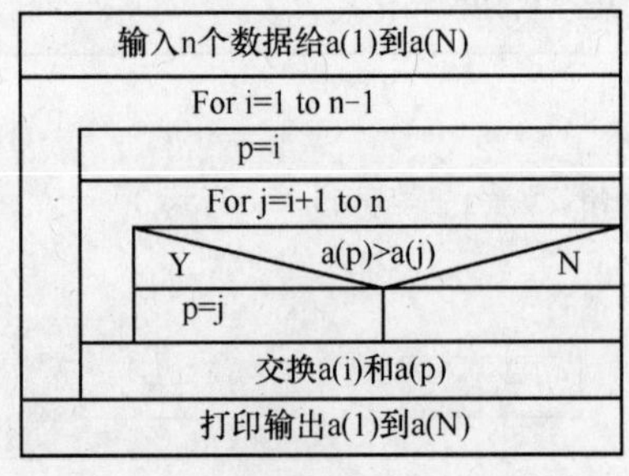

图 4-28　选择法排序算法的流程图

选择法排序（升序）的程序代码如下。

```
For i = 1 To n - 1    'n 个数共排 n-1 趟
 p = i
 For j = i + 1 To n   '每趟是分别将下标为 i 的元素与下标从 i+1 到 n 进行比较
    If a(p) > a(j) Then p = j
 Next j
 t = a(i):  a(i) = a(p):  a(p) = t
Next i
```

思考：如果按降序排，程序如何修改？

② 冒泡法排序（升序）。

冒泡排序法算法如下。

将相邻两个数比较，大数交换到后面。

a. 第 1 趟：将每相邻两个数比较，大数交换到后面，经 n−1 次两两相邻比较后，最大的数已交换到最后一个位置。

b. 第 2 趟：将前 n−1 个数（最大的数已在最后）按上法比较，经 n−2 次两两相邻比较后得次大的数；

c. 依次类推，n 个数共进行 n−1 趟比较，

冒泡法排序算法的流程图如图 4-29 所示。

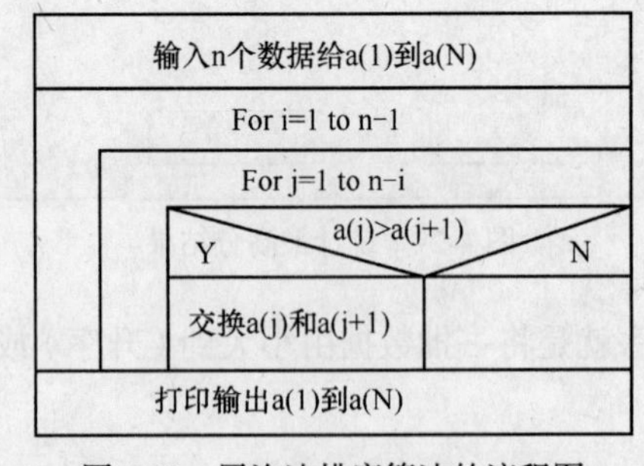

图 4-29　冒泡法排序算法的流程图

冒泡法排序（升序）程序代码如下。

```
For i = 1 To n - 1           'n 个数共排 n-1 趟
     For j = 1 To n-I        '每趟是分别将相邻元素进行比较，除了末尾的 n-i 个元素
       If a(j) > a(j+1) Then
```

```
            t=a(j): a(j)=a(j+1): a(j+1)=t
        End if
    Next j
Next i
```

【例题 4-22】 采用冒泡排序法对 10 名学生的成绩从小到大排列，程序界面如图 4-30 所示。

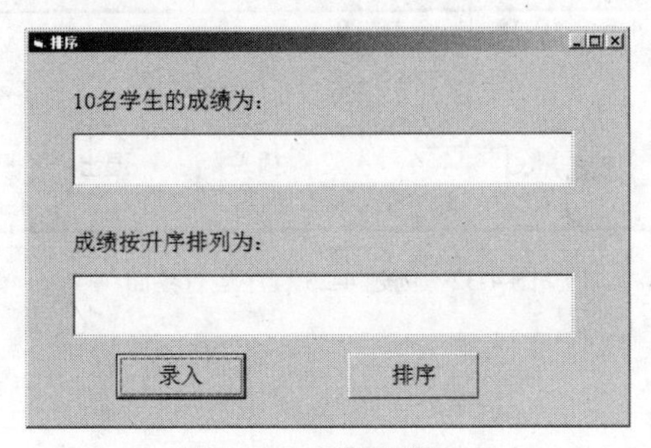

图 4-30　冒泡排序法

```
Dim a(1 To 10) As Single   '定义模块级变量 a()
Private Sub Command1_Click()   '完成 10 名学生的成绩录入
Dim i As Integer
For i = 1 To 10
    a(i) = Val(InputBox("请输入第" & i & "个同学的成绩：", "录入"))
    Text1.Text = Text1.Text & "  " & a(i)
Next i
End Sub
Private Sub Command2_Click()   '完成 10 名学生的成绩排序
Dim i As Integer, j As Integer, t As Integer
For i = 1 To 9    '采用冒泡排序算法
    For j = 1 To 10 - i
        If a(j) > a(j + 1) Then
            t = a(j):  a(j) = a(j + 1):  a(j + 1) = t
        End If
    Next j
Next i
For i = 1 To 10
    Text2.Text = Text2.Text & "  " & a(i)
Next i
End Sub
```

程序运行结果如图 4-31 所示。

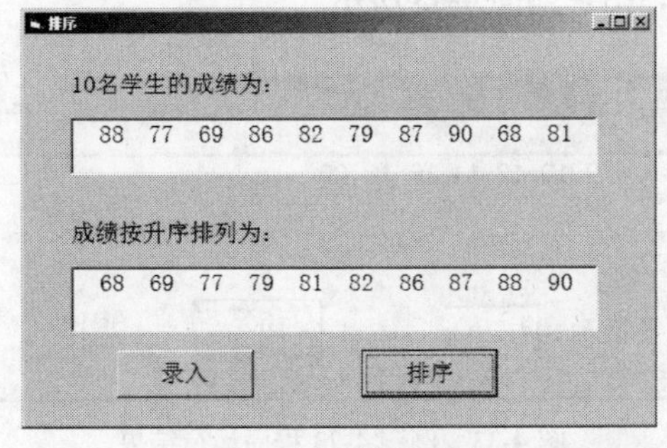

图 4-31　冒泡排序法结果

【例题 4-23】有一个已按从小到大的次序排列好的数列，现从键盘输入一个数，并将该数插入到数列中，并使数列仍保持原有的排列规律，程序界面如图 4-32 所示。

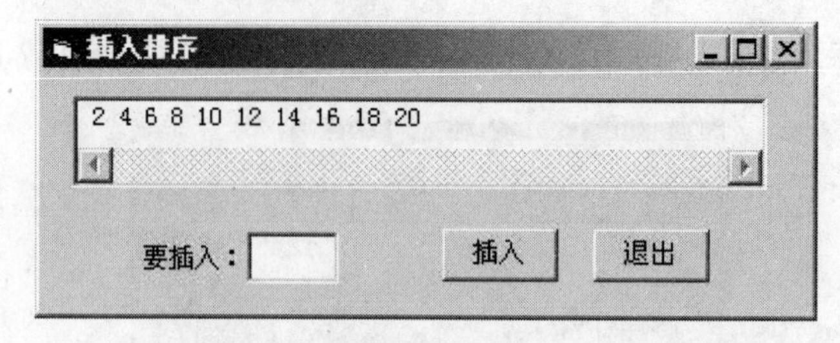

图 4-32 例题 4-23 程序运行界面

程序代码如下。

```
Dim a(11) As Integer
Private Sub Form_Load()     '初始化原始数组
   Dim i As Integer
   For i = 1 To 10
    a(i) = 2 * i
    Text1.Text = Text1.Text & " " & a(i)    '将数组元素显示在 Text1 中
   Next i
End Sub
Private Sub Command1_Click()
   Dim x As Integer, i As Integer
   x = Val(Text2.Text)      '输入待插入的数据,放入 x 变量中
   i = 10      'i 为最后一个元素的下标
   Do While a(i) >= x And i >= 1   '若 x 小于 a(i)并且没有到达第一个元素，则继续向前比较
    a(i + 1) = a(i)    '将数组元素 a(i)向右移一位
    i = i - 1
   Loop
  a(i + 1) = x    '将 x 放入 a(i + 1)中
  Text1.Text = ""
  For i = 1 To 11
    Text1.Text = Text1.Text & " " & a(i)    '将插入元素后的数组重新显示在文本框中
  Next i
End Sub
Private Sub Command2_Click()
  Unload Me
End Sub
```

程序运行后，输入“9”，结果如图 4-33 所示。

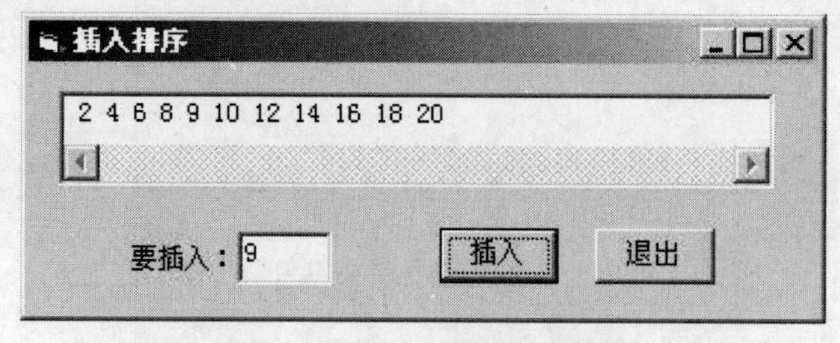

图 4-33 例题 4-23 程序运行结果

4.4.3　二维数组

二维数组通常是指由两个下标的数组元素所组成的数组。一个二维表格就是一个二维数组。数学上形如矩阵{aij}表示的数据均可用二维数组来处理。

1．二维数组的声明

二维数组的声明格式如下：

Dim 数组名(【<下界>】 to <上界>,【<下界> to 】<上界>) 【As <数据类型>】

其中的参数与一维数组完全相同。

例如：Dim a(1,2)　As　Single

二维数组在内存的存放顺序是“先行后列”。例如数组 a 的各元素在内存中的存放顺序是：

a(0,0)→a(0,1)→a(0,2)→a(1,0)→a(1,1)→a(1,2)

2．二维数组的引用

数组名(下标 1，下标 2)

例如：a(0,1)=10

　　　a(i,j+1) = a(1,1)*2

3．二维数组应用举例

在程序中常常通过二重循环来操作使用二维数组元素。

【例题 4-24】 编程构造一个 5*5 矩阵，使其主对角线以下的元素均为 1，其余均为 0。程序界面如图 4-34 所示。

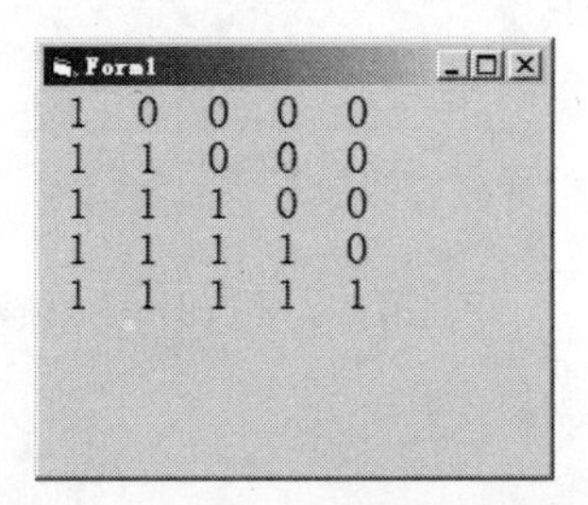

图 4-34　例题 4-24 程序运行结果

```
Private Sub Form_Click()
   Dim a(5, 5) As Integer, i, j
   For i = 1 To 5
      For j = 1 To 5
         If j <= i Then    '判断列号是否小于等于行号
            a(i, j) = 1    '若列号小于等于行号，则赋值为 1
        Else
           a(i, j) = 0     '其余则赋值为 0
         End If
         Print a(i, j);
     Next j
   Print
  Next i
End Sub
```

【例题 4-25】 设有 3 个学生，期末考试 3 门课程，请编一程序计算每名学生的平均成绩。程序运行后如图 4-35 所示。

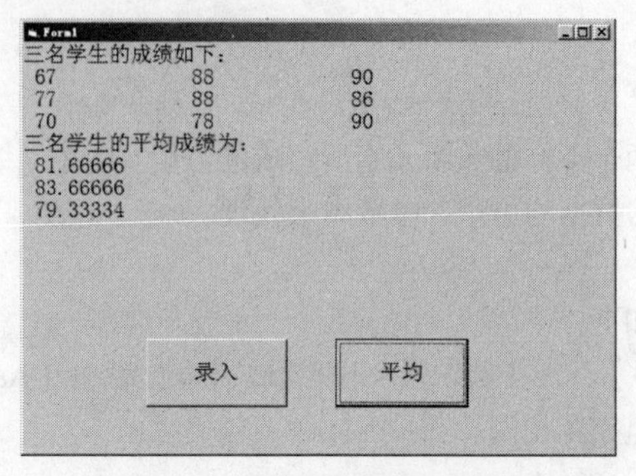

图 4-35 例题 4-25 程序运行结果

```
Dim a(1 To 3, 1 To 3) As Integer      '定义模块级数组变量 a()
Private Sub Command1_Click()
   Dim i As Integer, j As Integer
   Print "三名学生的成绩如下："
   For i = 1 To 3
     For j = 1 To 3
         a(i, j) = Val(InputBox("请输入第" & i & "名同学的第" & j & "门课成绩", "录入"))
         print a(I,j),
    Next j
    print
  Next i
End Sub
Private Sub Command2_Click()
Dim b(1 To 3) As Single
Print "三名学生的平均成绩为："
For i = 1 To 3
  For j = 1 To 3
    b(i) = b(i) + a(i, j)       '将第 i 名同学的各科成绩累加到 b(i)中
   Next j
    b(i) = b(i) / 3
    Print b(i)
Next i
End Sub
```

4.4.4 动态数组

动态数组是在声明时未给出数组的大小，在程序执行时分配存储空间的数组。

1. 动态数组的声明

建立动态数组包括声明和大小说明两步。

(1) 使用 Dim、Private 或 Public 语句声明括号内为空的数组。

格式：　Dim | Private|Public　数组名 ( ) As 数据类型

例如：Dim　a() As Integer

(2) 在过程中用 ReDim 语句指明该数组的大小。

格式：ReDim 【Preserve】数组名 (下标 1【, 下标 2…】)

Preserve 参数：保留数组中原来的数据。

例如：Redim　A(10)

　　　Redim　Preserve　A(20)

①在过程中可以多次使用 ReDim 来改变数组的大小，也可改变数组的维数。

例如：ReDim x(10)

```
ReDim x(20)
 x(20) = 30
Print x(20)
ReDim x(20, 5)
 x(20, 5) = 10
 Print x(20, 5)
```

②定长数组的下标只能是常量，而动态数组 ReDim 语句中的下标是常量，也可以是有了确定值的变量。

例如：

```
Private Sub Form_Click()
    Dim N As Integer
    N=Val(InputBox( "输入 N=? "))
    Dim a(N)   As Integer
    .......
End sub
```

③ 每次使用 ReDim 语句都会使原来数组中的值丢失，可以在 ReDim 后加 Preserve 参数来保留数组中的数据。但此时只能改变最后一维的大小。

2. 动态数组应用举例

【例题 4-26】创建一窗体，单击窗体时通过输入对话框输入一批成绩，把及格的和不及格的成绩分别存放在数组 a 和 b 中，并以每行 5 个数据的形式在窗体上输出数组 a 和 b。

分析：由于事先并不知道及格的和不及格的成绩各有多少个，因此需要使用动态数组存放成绩。

```
Private Sub Form_Click()
      Dim a() As Integer, b() As Integer
      Dim n%, pa%, pb%, i%
      n = Val(InputBox("请输入一个成绩，输入-1 结束"))
      pa = 0:  pb = 0       '分别表示数组 a 和 b 中元素个数
      Do Until n = -1
        If n >= 60 Then
          pa = pa + 1
          ReDim Preserve a(1 To pa)      '重新分配 a 数组的长度，Preserve 可保留数组中的数据
          a(pa) = n
       Else
         pb = pb + 1
          ReDim Preserve b(1 To pb) '重新分配 b 数组的长度，Preserve 可保留数组中的数据
          b(pb) = n
      End If
      n = Val(InputBox("请输入一个成绩，输入-1 结束"))
    Loop
  Print
    Print "及格成绩："
    For i = 1 To pa
        Print a(i);
        If i Mod 5 = 0 Then Print  '每输出 5 个数后，换行
```

```
        Next i
        Print
        Print "不及格成绩："
        For i = 1 To pb
            Print b(i);
            If i Mod 5 = 0 Then Print
        Next i
    End Sub
```

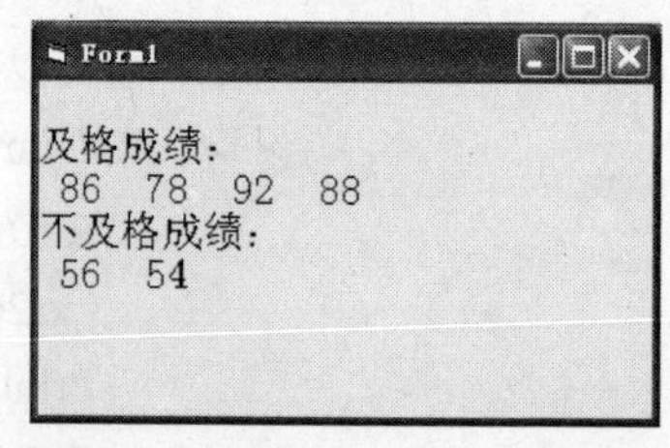

图 4-36 例题 4-26 程序运行结果

程序运行后，通过输入对话框依次输入 86 78 56 92 54 88-1 后，结果如图 4-36 所示。

4.4.5 数组相关函数

1. Array 函数

Array 函数可方便地对数组整体赋值，但它只能给声明 Variant 的变量或仅由括号括起的动态数组赋值。赋值后的数组大小由赋值的个数决定。

例如：要将 1,2,3,4,5,6,7 这些值赋值给数组 a，可使用下面的方法赋值。

```
Dim a()
A=array(1,2,3,4,5,6,7)
Dim a
A=array(1,2,3,4,5,6,7)
```

2. Ubound( )函数和 Lbound( )函数

Ubound( )函数和 Lbound( )函数分别用来确定数组某一维的上界和下界值。使用形式如下：

```
UBound(<数组名>【, <N>】)
LBound(<数组名> 【, <N>】)
```

<数组名>为数组变量的名称，遵循标准变量命名约定。

<N>是可选的，一般是整型常量或变量，指定返回哪一维的上界。1 表示第 1 维，2 表示第 2 维，如此等等。如果省略，默认是 1。

3. Split 函数

使用格式：Split(<字符串表达式> 【,<分隔符>】)

使用 Split 函数可从一个字符串中，以某个指定符号为分隔符，分离若干个子字符串，建立一个下标从零开始的一维数组。

4. 应用举例

【例题 4-27】 使用 array 函数初始化数组，并将其显示在文本框中，程序运行后如图 4-37 所示。

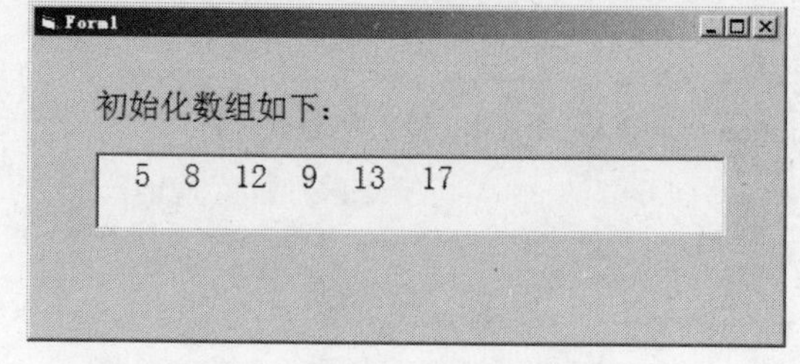

图 4-37 例题 4-27 程序运行结果

```
Dim a()     '定义一个可变类型的数组，数组长度为空
Private Sub Form_Load()
    Dim i As Integer
    a = Array(5, 8, 12, 9, 13, 17)  '利用array函数为a数组初始化
    For i = LBound(a) To UBound(a)
       Text1.Text = Text1.Text & "  " & a(i)
    Next i
End Sub
```

【例题 4-28】 在一个文本框中，输入多个用“,”分隔的整数，按回车键后，将各数据按倒序打印输出在窗体上。程序运行情况如图 4-38 所示。

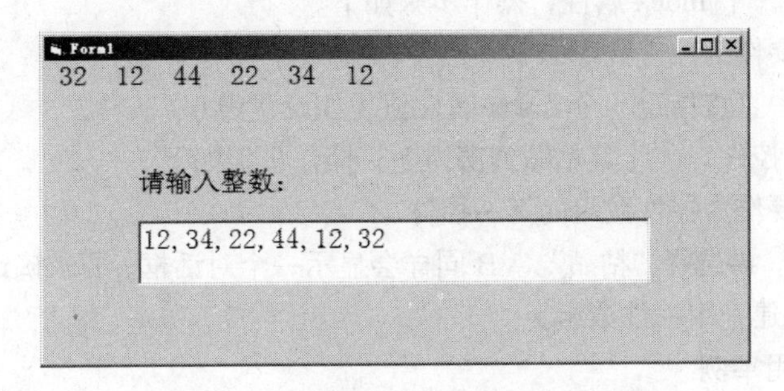

图 4-38　例题 4-28 程序运行结果

```
Private Sub Text1_KeyPress(KeyAscii As Integer)
   If KeyAscii = 13 Then
   Dim i, j, n, m
   Dim b%(), a$()
   a = Split(Text1.Text, ",")  'split函数将文本框Text1中用“,”分隔的数据放入a数组中
   n = LBound(a)
   m = UBound(a)
   ReDim b%(n To m)
   For i = n To m
     b(i) = Val(a(i))  '将a数组中的元素转换成数值型数据，放入b数组中。
     Next i
     For i = m To n Step -1 '倒序输出
         Print b(i);
     Next i
     End If
End Sub
```

4.4.6　控件数组

1. 控件数组的概念

控件数组是具有相同名称和类型的一组控件。

控件数组中的每一个控件是该控件数组的一个元素，表示为

<控件数组名> (<索引>)

同一控件数组名称相同，各控件(数组元素)的索引(下标)不同，该索引由控件的 Index 属性决定。控件数组中可用的最大索引值为 32767。

使用控件数组的好处是同一个控件数组中的所有控件可以共享相同的事件过程，简化程序代码。

2. 控件数组的建立

在设计时，可以用以下 3 种方法建立控件数组。

（1）将多个控件取相同的名称，操作步骤如下。

① 绘制或选择要作为一个控件数组的所有控件，必须保证它们为同一类型的控件。

② 决定哪一个控件作为数组中的第一个元素，选定该控件并将其 Name 属性值设置成数组名（或使用其原有的 Name 属性值）。

③ 将其他控件的 Name 属性值改成同一名称。这时 VB 会显示一个对话框，要求确认是否创建控件数组，选择“是”则控件添加到控件数组中。

（2）给控件设置一个 Index 属性，操作步骤如下。

① 绘制或选择要作为控件数组的第一控件。

② 在属性窗口中直接指定一个 Index 属性值（如设置为 0）。

（3）复制现有的控件，并将其粘贴到窗体上，操作步骤如下。

① 绘制或选择要作为控件数组的第一控件。

② 选择“复制”，再选择“粘贴”。VB 同样会显示一个对话框，要求确认是否创建控件数组，选择“是”确定要创建一个控件数组。

3. 控件数组应用举例

【例题 4-29】 输入半径的值，然后分别计算相应的圆的周长、面积，球的体积和表面积，程序运行结果如图 4-39 所示。

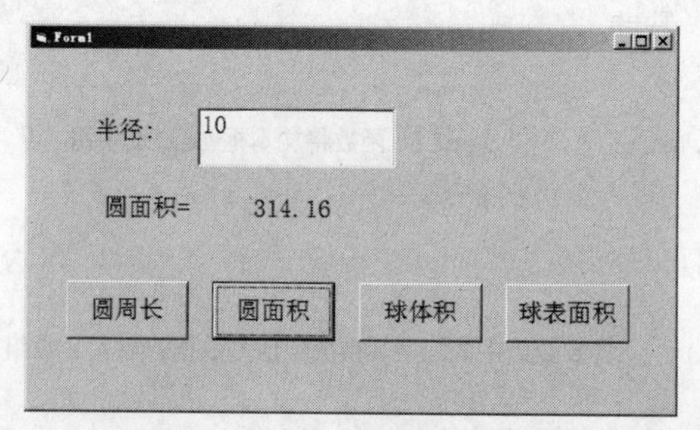

图 4-39 例题 4-29 程序运行结果

相关属性设置如表 4-3 所示。

表 4-3 属性设置表

对　象	属　性	属 性 值
Label1	Caption	半径
Label2~Label3	Caption	空
Text1	Text	空
Command1(0)	Caption	圆周长
Command1(1)	Caption	圆面积
Command1(2)	Caption	球体积
Command1(3)	Caption	球表面积

程序代码如下。

```
Private Sub Command1_Click(Index As Integer)
    Dim r As Single, n As Integer
    n = Index            '将控件索引赋值给变量 n
    r = Val(Text1.Text)
    Select Case n
      Case 0
        Label2.Caption = "圆周长="
        Label3.Caption = 2 * 3.1416 * r
      Case 1
        Label2.Caption = "圆面积="
        Label3.Caption = 3.1416 * r * r
      Case 2
        Label2.Caption = "球体积="
        Label3.Caption = 4 * 3.1416 * r * r * r / 3
      Case Else
        Label2.Caption = "球表面积="
        Label3.Caption = 4 * 3.1416 * r * r
    End Select
End Sub
```

4.5 过 程

过程是实现结构化程序设计思想的重要方法。结构化程序设计思想的要点就是把一个较大的程序划分为若干个模块，每个模块只完成一个或若干个功能，这些模块通过执行一系列的语句来完成特定的功能。使用过程进行程序设计的优点在于：

（1）简化程序代码，同一过程可以被反复多次调用；

（2）便于调试和维护。

过程分类如下。

（1）子过程：由应用程序调用，是存贮在窗体标准模块或类模块中的过程，无返回值。

（2）函数过程：与子过程相似，但有返回值。

（3）属性过程：用来设置和返回属性值。

（4）事件过程：当发生事件时执行的过程。

4.5.1 Function 过程

1. Function 过程的定义

格式：

```
【Public|Private】【Static】 Function <函数过程名> (【<形参表>】) 【As <类型>】
   【<语句组>】
   【<函数过程名> = <表达式>】
   【Exit Function】
   【<语句组>】
   【<函数过程名> = <表达式>】
End Function
```

（1）Public：缺省值。使用 Public 时表示所有模块的所有其他过程都可以调用该 Function 过程。

（2）Private：使用 Private 时表示只有本模块中的其他过程才可以调用该 Function 过程。

（3）Static：使用 Static 时表示将过程中的所有局部变量说明为静态变量。

（4）<函数过程名>：Function 过程的名称，遵循变量的命名规则。

（5）<形参表>：表示在调用时要传递给 Function 过程的参数变量列表。多个变量之间用逗号隔开。

<形参表>格式：

【ByVal|ByRef】<变量名>【()】 【As <类型>】

ByVal：表示该参数按值传递。

ByRef：缺省值。表示该参数按地址传递。

<变量名>：遵循变量命名规则的任何变量名或数组名。

()：当参数为数组时使用。

（6）As <类型>：声明函数值的类型。

（7）Exit Function 语句：从 Function 过程中退出。

（8）Function 过程通过赋值语句：

<函数过程名>=<表达式>

将函数的返回值赋给<函数过程名>。

（9）Function 过程的定义不能嵌套。

2. Function 过程的建立

添加 Function 过程的方法如下。

（1）直接在代码窗口中输入。

（2）在代码窗口：选择“工具”→“添加过程”（如图 4-40 所示）。

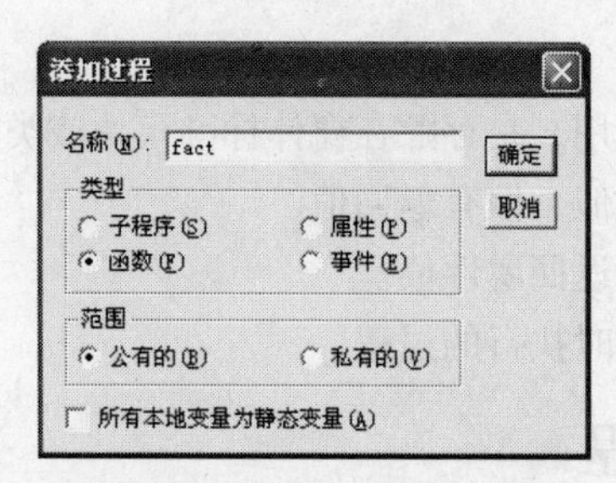

图 4-40 添加 Function 过程

【例题 4-30】 编写一个计算 n! 的 Function 过程。

```
Function Fact(N As Integer) As Long
    Dim I As Integer, P As Long
    P = 1           ' P用于保存阶乘值
    For I = 1 To N
        P =P * I
    Next I
    Fact = P        '通过函数过程名将返回值带回
End Function
```

3. Function 过程的调用

Function 过程直接在表达式中调用。

格式：　<函数过程名>(【<实参表>】)

<实参表>：常量、变量或表达式，各参数之间用逗号分隔。如果是数组，在数组名之后必须跟一对空括号。

【例题 4-31】 计算 3! +4! +5! =? ，利用 Function 过程计算阶乘，设计界面如图 4-41 所示。

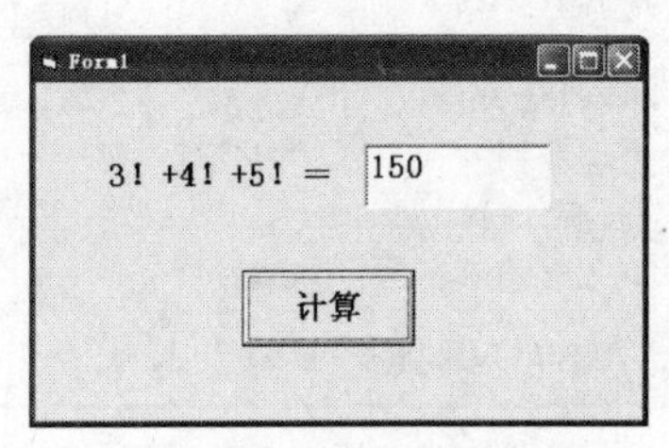

图 4-41　例题 4-31 程序运行结果

定义求阶乘的函数 Fact：

```
Function Fact(n As Integer) As Double
   Dim P As Double, i As Integer
   P = 1
   For i = 1 To n
     P = P * i
  Next i
  Fact = P
End Function
```

按钮的单击事件过程：

```
Private Sub Command1_Click()
   Dim m As Long
   m = Fact(3) + Fact(4) + Fact(5) '三次调用 Fact 函数
  Text1.Text = Trim(Str(m))
End Sub
```

4.5.2 Sub 过程

1. Sub 过程的定义

格式：

```
【Private|Public】【Static】 Sub <过程名>【(<形参表>)】
    【<语句组>】
    【Exit Sub】
    【<语句组>】
End Sub
```

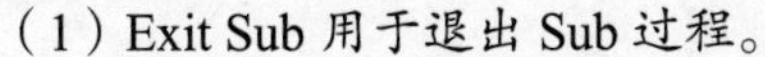

说明

（1）Exit Sub 用于退出 Sub 过程。

（2）<过程名>不具有值的意义，在 Sub 过程中不能给<过程名>赋值，也不能给<过程名>定义类型。

（3）Sub 过程通过<形参表>中的参数返回值。

（4）Sub 过程的建立方法与 Function 过程的建立方法相同。

2. Sub 过程的建立

添加 Sub 过程的方法如下。

（1）直接在代码窗口中输入。

（2）在代码窗口：选择“工具”→“添加过程”（如图 4-42 所示）。

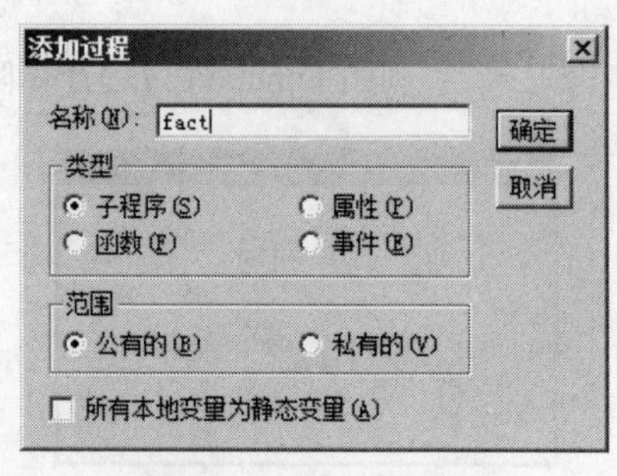

图 4-42　添加 Sub 过程

【例题 4-32】 编写计算 n!的 Sub 过程。

```
Sub Fact(N As Integer, P As Long)
 Dim I As Integer
    P = 1
    For I = 1 To N
      P = P * I
   Next I
End Sub
```

分析：参数表中应有一个参数 n，还应有另一个参数 F 用来返回 Sub 子过程的返回值。

3. Sub 过程的调用

格式一：　Call <过程名>【(<实参表>)】

格式二：　<过程名>【<实参表>】

（1）<过程名>：要调用的 Sub 过程名。

（2）<实参表>：可以是常量、变量或表达式，各参数之间用逗号分隔。如果是数组参数，则要在数组名之后跟一对空括号。

（3）用 Call 语句调用一个 Sub 过程时，如果过程本身没有参数，则省略<实参表>和括号。

（4）格式二省略了 Call 关键字，同时<实参表>两边也不能带括号。

【例题 4-33】 将【例题 4-31】改成用 Sub 过程实现。

```
Sub Fact(N As Integer, P As Long)
   Dim I As Integer
   P = 1
   For I = 1 To N
      P = P * I
   Next I
End Sub
Private Sub Command1_Click()
   Dim f1 As Long, f2 As Long, f3 As Long
   Call Fact(3, f1): Call Fact(4, f2): Call Fact(5, f3)        '使用 Call 关键字调用子过程
   Text1.Text = Trim(Str(f1 +f2+ f3))
End Sub
```

4.5.3　参数传递

参数传递调用过程与被调用过程之间的一种数据通讯方法。数据的传递可以是单向的，也可以是双向的。

1．形参和实参

形参：出现在 Sub 或 Function 的定义语句中。

例如，定义如下一个过程：

```
Sub SubTest(n As Integer,Sum As Single)
     …
End Sub
```

其中，n As Integer,Sum As Single 中的 n,sum 即为形参。

实参：出现在调用程序中。

例如，调用语句：

```
   Call SubTest( a , s)
```

其中，a,s 即为实参。

（1）在传递参数时，形参表与实参表中对应参数的个数、类型、位置顺序必须一一对应。

（2）形参表中的参数可以是：除固定长度字符串之外的合法变量名、数组名()。

（3）实参表中的参数可以是：常量、变量、表达式、数组名()。

2．参数传递方式

形参与实参的结合有两种方式：按值传递和按地址传递。

（1）按值传递。按值传递是指实参把其值传递给形参而不传递实参的地址。数据的传递是单向的。以下两种情况参数传递是按值传递。

① 当实参为常量或表达式时，数据传递总是单向的。

【例题 4-34】 有如下程序，过程调用时参数传递方式为传值。

```
Private Sub Command1_Click()
   Call SubTest(10, 1+2)  '实参为常数和表达式，参数传值
End Sub
Sub SubTest( n As Integer,Sum As Single)
    Dim i as integer
    For i=1 to n
       Sum=sum+i
    Next i
    Print Sum
End Sub
```

运行时，单击命令按钮在窗体上打印： 58，如图 4-43 所示。

图 4-43　例题 4-34 程序运行结果

② 实参是变量时，要实现按值传递需要在形参之前通过关键字 ByVal 来实现。

【例题 4-35】 有如下程序，过程调用时参数传递方式也为传值。

```
Sub Add1(ByVal X, ByVal Y, ByVal Z)          '加 ByVal 关键字，参数传递为传值
    X = X + 1:  Y = Y + 1:  Z = Z + 1
End Sub
Private Sub Command1_Click()
   a = 1:  b = 2:  c = 3
  Call Add1(a, b, c)
  Print a,b, c
End Sub
```

运行时，单击命令按钮后如图 4-44 所示。

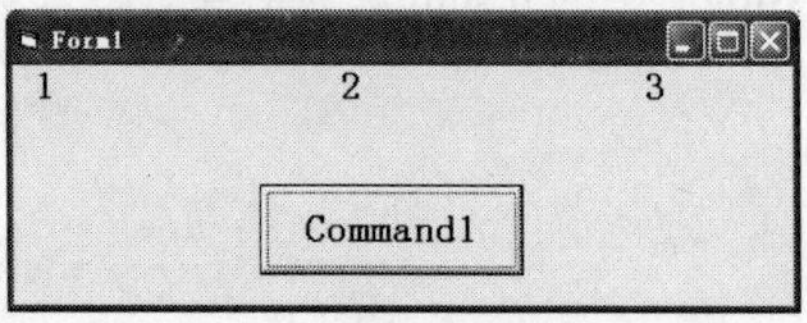

图 4-44　例题 4-35 程序运行结果

（2）按地址传递。按地址传递指将实参的地址传给形参，使形参和实参具有相同的地址，即形参与实参共享同一存储单元。按地址传递可以实现调用过程与子过程之间数据的双向传递。以下情况是按地址传递参数：当实参为变量或数组时，形参使用关键字 ByRef 定义（或省略）表示要按地址传递。当参数是数组时，数组名之后必须使用一对空的圆括号。

【例题 4-36】 修改【例题 4-35】程序如下，过程调用时参数传递方式则为传地址。

```
Sub Add1(ByRef X, ByRef Y, ByRef Z)       '加 ByVal 关键字，参数传递为传值
X = X + 1:  Y = Y + 1:   Z = Z + 1
End Sub
Private Sub Command1_Click()
     a = 1:  b = 2: c = 3
     Call Add1(a, b, c)
     Print a, b, c
End Sub
```

运行时，单击命令按钮后如图 4-45 所示。

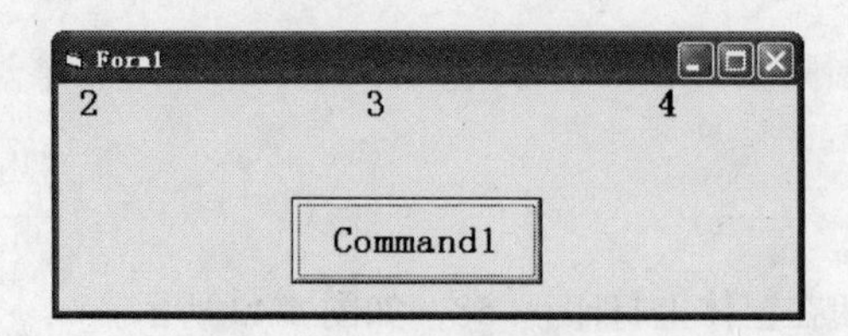

图 4-45　例题 4-36 程序运行结果

4.5.4　过程的嵌套与递归

1. 过程的嵌套

在一个过程执行期间又调用另一个过程，称为过程的嵌套调用。

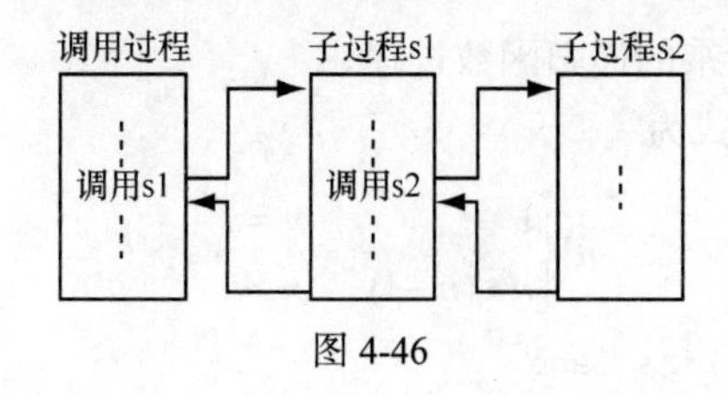

图 4-46

【例题 4-37】 编程验证哥德巴赫猜想：一个大于等于 6 的偶数可以表示为两个素数之和，如 6=3+3，8=3+5，10=3+7……要求：使用函数 Function Prime(n%)来判断自然数 n 是否为素数，函数返回值为逻辑值。

```
Private Sub Form_Click()
     Dim n%, n1%, n2%
     Do
         n = Val(InputBox("请输入大于等于 6 的偶数"))
    Loop Until n >= 6 And n Mod 2 = 0
    Call testg1(n)
End Sub
Private Sub testg1(n As Integer)    '拆分程序
    Dim n1 As Integer, n2 As Integer
    For n1 = 3 To n \ 2 Step 2
        n2 = n - n1
        If Prime(n1) And Prime(n2) Then
             Print n & "=" & n1 & "+" & n2
             Exit For
        End If
    Next n1
End Sub
Private Function Prime(n%) As Boolean   '判断是否为素数
   Dim i As Integer
   Prime = True              '提出假设
   For i = 2 To Sqr(n)       '验证假设
        If n Mod i = 0 Then
             Prime = False       '推翻假设
             Exit Function       '注意此句的用法
        End If
    Next i
End Function
```

在本例中过程的嵌套调用过程如图 4-47 所示。

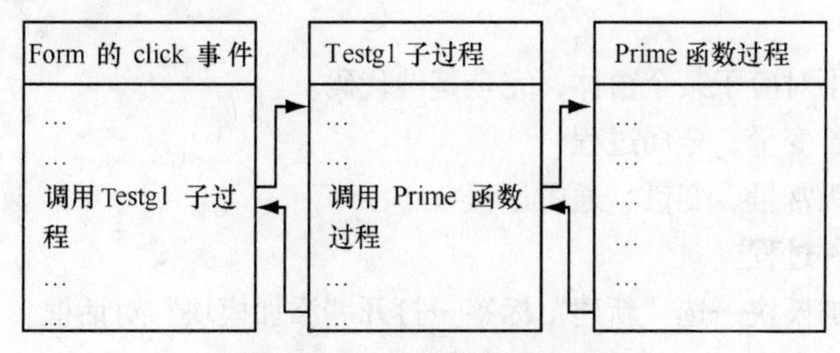

图 4-47　过程的嵌套调用过程

2. 过程的递归调用

如果一个过程直接或间接地调用自己，则称该过程为递归调用。

【例题 4-38】 编写计算阶乘的递归函数过程。

分析：阶乘运算的递归形式为

$$n!\begin{cases}1 & n=1\\ n*(n-1) & n>1\end{cases}$$

```
Function f(n As Integer) As Long
   If n = 1 Then
        f= 1
   Else
        f = n * f(n - 1)
   End If
End Function
```

4.5.5 过程和变量的作用域

1. VB 应用程序的组织结构（见图 4-48）

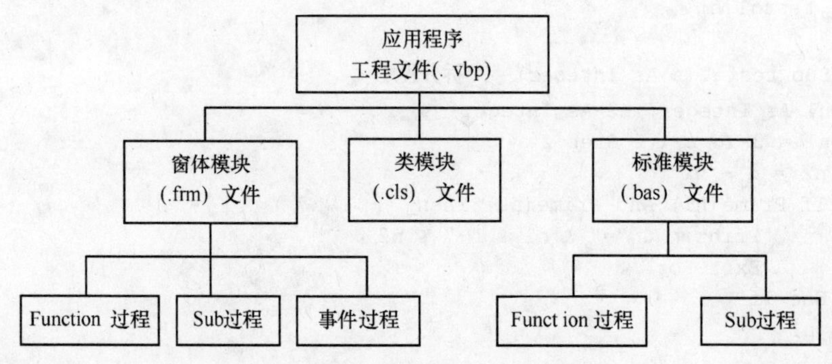

图 4-48 VB 应用程序的组织结构

VB 应用程序由以下 3 种模块组成。

① 窗体模块(Form) (文件扩展名.frm)；

② 标准模块(Module) (文件扩展名.bas)；

③ 类模块(Class) (文件扩展名.cls)。

（1）窗体模块。

包含：

事件过程

通用过程

通用声明

（2）标准模块：不对应于某个窗体，完全是纯代码。

包含：全局常量、变量、全局过程

　　　标准模块级常量、变量、通用过程

注：不能包含事件过程。

添加：工程→添加模块→选“新建”标签→打开“添加模块”对话框。

（3）类模块。

在类模块中编写代码建立新对象。

过程的建立位置不同，允许被访问的范围也不同。

2. 过程的作用域

按过程被访问的过程，可将过程的作用域分为：模块级过程和全局级过程。

（1）模块级过程：在过程前如果加 Private 关键字，则这种过程只能被其所在的模块中的其他过程所调用。

【例题 4-39】 应用程序中包含两个窗体 Form1 和 Form2。在窗体 Form1 中有两个按钮 Command1、Command2，单击 Command1 按钮调用该窗体的模块级过程 aa()，单击 Command2 按钮则 Form2 窗体显示；在窗体 Form2 中有按钮 Command1，单击 Command1 按钮也调用窗体 Form1 中模块级过程 aa()。Form1 窗体界面如图 4-49 所示。

图 4-49　Form1 窗体界面

程序代码如下。

```
Private  Sub aa()        ' aa 为模块级过程
    MsgBox ("这是窗体 Form1 中的 aa 过程")
End Sub
Private Sub Command1_Click()
    Call aa
End Sub
Private Sub Command2_Click()
    Form2.Show
End Sub
```

Form2 窗体界面如图 4-50 所示。

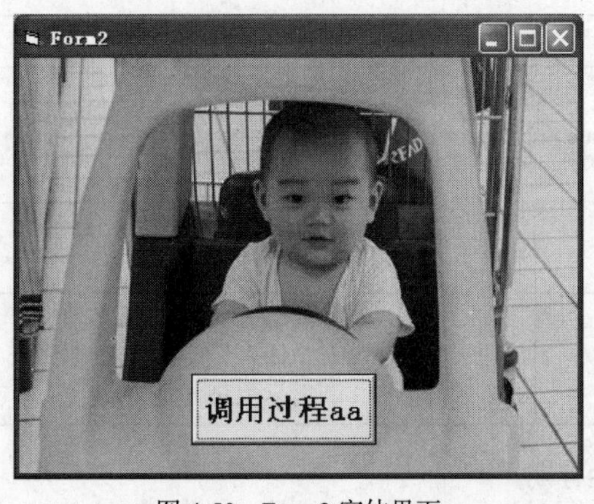

图 4-50　Form2 窗体界面

程序代码如下。

```
Private Sub Command1_Click()
    Call Form1.aa
End Sub
```

程序运行后，在窗体Form1中单击Command1，显示如图4-51所示的对话框。单击Command2，窗体Form2显示，然后单击窗体Form2中的Command1按钮，再次调用窗体Form1中模块级过程aa()，此时则显示如图4-52所示的错误提示对话框，原因是过程aa()前用Private关键字来定义，aa()则为模块级过程，这种过程只能被其所在的模块（Form1）中的其他过程所调用。

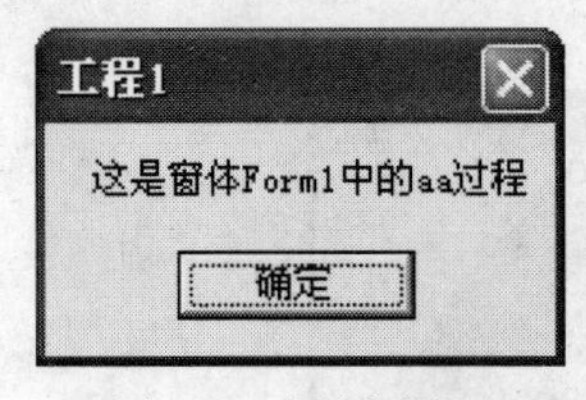

图4-51 调用过程aa

图4-52 出错提示

（2）全局过程：在过程前如果加Public关键字（或省略），则这种过程可以被应用程序中所有模块的过程所调用。

【例题4-40】 在例4-39的基础上，修改定义过程aa（）的关键字Private为Public，程序代码修改如下。

```
Public  Sub aa()        ' aa 为全局过程
    MsgBox ("这是窗体 Form1 中的 aa 过程")
End Sub
```

程序运行后，在窗体Form1中单击Command1，仍显示如图4-51所示的对话框，在窗体Form1中单击Command2，窗体Form2显示，然后单击窗体Form2中的Command1按钮，再次调用窗体Form1中过程aa()，此时则同样显示如图4-51所示的对话框，原因是在此例中我们已将过程aa()前用Public关键字来定义，aa()则为全局级过程，这种过程可以被应用程序所有模块的过程所调用。

综上所述，总结归纳过程的定义及作用域如表4-4所示。

表4-4 过程的定义及作用

作用范围	模块级		全局级	
	窗体	标准模块	窗体	标准模块
定义方式	过程名前加Private 例如：Private Sub Mysub1（形参表）		过程名前加Public或缺省 例如：【Public】Sub Mysub2（形参表）	
能否被本模块其他过程调用	能	能	能	能
能否被本应用程序其他模块调用	不能	不能	能，但必须在过程名前加窗体名。例如：Call 窗体名. Mysub2（实参表）	能，但过程名必须唯一，否则要加标准模块名。例如：Call 标准模块名. Mysub2（实参表）

3. 变量的作用域和生存期

变量的作用域：是指变量的有效范围。

变量的生存期：是指变量的作用时间。

静态变量：用 Static 关键字定义的变量，在应用程序执行期间保留不变。

动态变量：在所在的模块（过程）运行时被初始化。

按照变量的作用域可以将变量分为：局部变量，模块级变量，全局变量。

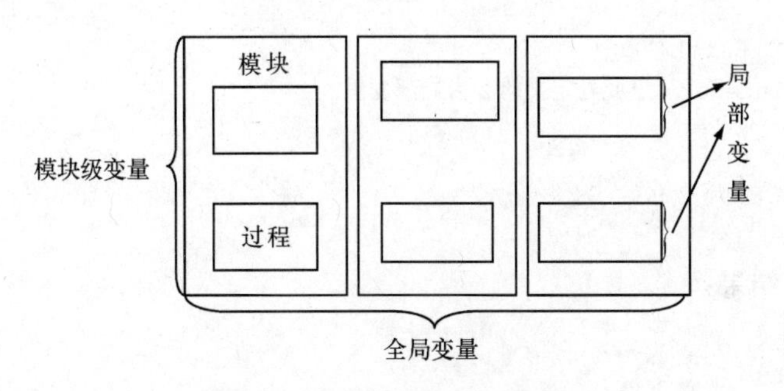

图 4-53　变量的作用域和生存期

（1）局部变量。局部变量是指在过程内部声明的变量。

局部变量的定义方法：在过程内部使用 Dim 或者 Static 关键字来声明的变量。

作用范围：它只能在本过程中使用，其他过程中即使有同名变量，也不是指同一变量。

生存期：用 Dim 关键字定义的局部变量，它是在每次执行其所在的过程时为其分配内存空间并初始化，当过程执行结束后局部变量的空间即被释放；而用 Static 关键字定义的局部变量，我们称它为静态局部变量，是当第一次执行到其所在的过程时为其分配内存空间并初始化，然后其空间会一直保留，直到整个应用程序运行结束后静态局部变量的空间才会被释放。

【例题 4-41】 用 Dim 定义局部变量的应用程序如下。

```
Sub S()
    Dim x%,y%,z%  '定义 s()子过程中的局部变量 x,y,z
    X = 1
    Y = 2
    Z = X + Y
    Print X, Y, Z
End Sub
Private Sub C1_Click()
    Dim x%,y%,z%  '定义 C1_Click()事件过程中的局部变量 x,y,z
    X = 2
    Y = 3
    Z = X + Y
    Call S
    Print X, Y, Z
End Sub
```

单击按钮 C1 后运行结果：

```
 1         2         3
 2         3         5
```

s()子过程中的变量 x,y,z 与 C1_Click()事件过程变量 x,y,z 变量名虽然相同，但它们之间没有任何关系，s()子过程中的局部变量 x,y,z 只在 s()子过程中有效，C1_Click()事件过程中的局部变量 x,y,z 只在 C1_Click()事件过程中有效。

【例题 4-42】 用 Static 定义静态局部变量的应用程序如下。

```
Sub S()
    Static Z As Integer   'Z 定义为静态局部变量
    Z = Z + 2
    Print Z
End Sub
Private Sub  C1_Click()
    Dim Z As Integer    '此处定义的 Z 为局部变量
    Z = Z + 2
    Call S
    Print Z
End Sub
```

第一次单击 C1 结果：

```
 2
 2
```

第二次单击 C1 结果：

```
 4
 2
```

第三次单击 C1 结果：

```
 6
 2
```

（2）模块级变量。模块级变量是指在模块的通用声明段中声明的变量。

模块级变量的定义方法：在模块的通用声明段中用 Private 或 Dim 关键字声明变量。

作用范围：只在该模块的所有过程中起作用，其他模块不能访问这些变量。

生存期：在模块运行时为模块级变量分配内存空间并对其初始化，模块运行结束后模块级变量的空间即被释放。

【例题 4-43】设计如下程序：在窗体中添加两个按钮 Command1、Command2，设置其 caption 属性值分别为"录入"和"计算"，单击 Command1 可连续录入 5 名同学的 VB 程序设计课程成绩，单击 Command2 可求得这 5 名同学的平均成绩，并显示在文本框 Text1 中。程序运行界面如图 4-54 所示。

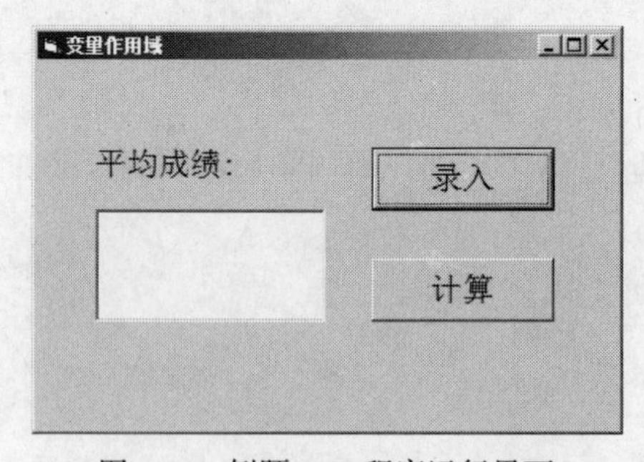

图 4-54　例题 4-43 程序运行界面

程序代码如下。

```
Dim a(1 To 5) As Single    '定义模块级变量 a()
Private Sub Command1_Click()
    Dim i As Integer
    For i = 1 To 5
```

```
        a(i) = Val(InputBox("请输入第" & i & "个同学的成绩：", "录入"))
    Next i
End Sub
Private Sub Command2_Click()
    Dim sum As Single, ave As Single, i As Integer
    For i = 1 To 5
    sum = sum + a(i)
    Next i
    ave = sum / 5
    Text1.Text = ave
End Sub
```

a()数组被定义为模块级变量，因此窗体 Form1 中的 Command1、Command2 的单击事件中，a 数组均有效。

（3）全局变量。全局变量是指在模块的通用声明段中用 Public 关键字声明的变量。

全局变量的定义方法：在模块的通用声明段中用 Public 关键字声明的变量。

作用范围：在应用程序所有模块的所有过程中都起作用。

生存期：在应用程序运行时为全局级变量分配内存空间并对其初始化，应用程序运行结束后全局变量的空间才被释放。

本章小结

掌握程序设计的 3 种基本结构：顺序结构，选择结构，循环结构。

重点掌握选择结构的语句，IF…Else…End If 语句及其多种使用形式，还有 Select Case…End Select 语句。它们的特点是：根据所给定的条件成立（为 True）或不成立（为 False），而决定从各实际可能的不同分支中执行某一分支的相应程序块。使用选择结构要注意以下几个方面的问题。

对于多重选择，使用 IF 语句的嵌套时，一定要注意到 IF 与 Else 的配对关系。使用选择结构时要注意防止出现“死语句”，即永远也不可能执行的语句。

还应掌握：循环结构 For…Next 语句及 Exit For 语句的使用；Do…Loop 循环语句与 Exit Do 语句的使用；循环结构的嵌套应用。

在数组和过程的学习中我们需要掌握如下内容。

1. 数组的概念

通常数组用来存放具有相同性质的一组数据，即数组中的数据必须是同一个类型。数组元素是数组中的某一个数据项，引用数组通常是引用数组元素，数组元素的使用同简单变量的使用类似。

数组可以被看作一组带下标的变量集合，系统分配一块连续的内存空间来存放数组中的元素。当所需处理的数据个数确定时，通常使用定长数组，否则应该考虑使用动态数组。

2. 数组的声明

声明一个已确定数组元素个数的数组：

Dim 数组名（【下界 To】上界【,【下界 To】上界【, … 】】） As 类型关键字它声明了数组名、数组维数、数组大小、数组类型。下界、上界必须为常数，不能为表达式或变量，若省略下界，则默认为 0，也可用 Option Base 语句将默认下界设置为 1。

声明一个长度可变的动态数组：

Dim 数组名（）As 类型关键字

ReDim【Preserve】数组名（【下界 To】上界【,【下界 To】上界【, … 】】）

3. 数组的操作

对数组的操作通常需要使用循环控制结构来实现。

数组的基本操作有：数组初始化、数组输入、数组输出、求数组中的最大（最小）元素及下标、求和、数据倒置等。

应用数组解决的常用问题有：复杂统计、平均值、排序和查找等。

4. 数组相关函数

Array 函数, Ubound( )函数、Lbound( )函数, Split 函数

5. 控件数组

控件数组的概念，控件数组的建立及应用。

6. 函数过程的定义和调用

定义：

```
【Public | Private 】【Static】 Function <函数名> 【(<形参表>)】【As <类型>】
    ......
    【函数名 =表达式】
    ......
End Function
```

形参表：变量、数组名()

调用：　函数名(<实参表>)

　　　　出现在表达式可以出现的位置

7. Sub 过程的定义和调用

定义：

```
    【Private | Public 】【Static】 Sub <过程名>(【<形参表>】)
        ......
    End Sub
```

调用：

（1）Call <过程名>(【<实参表>】)

（2）<过程名>【<实参表>】

Sub 过程调用与函数过程定义与调用的区别。

8. 过程之间的参数传递

按值传送中数据的传递是单向的。按地址传送中数据的传递是双向的。

9. 过程和变量的作用域

按过程被访问的过程，可将过程的作用域分为模块级过程和全局级过程。

按照变量的作用域可以将变量分为局部变量、模块级变量和全局变量。

习　题

一、选择题

1. 在窗体上画一个名称为 Command1 的命令按钮，然后编写如下事件过程：

```
Private Sub Command1_Click()
    x=InputBox("Input")
    Select Case x
        Case 1,3
           Print "分支 1"
        Case Is >4
          Print "分支 2"
        Case Else
          Print "Else 分支 "
    End Select
End Sub
```

程序运行后，如果在输入对话框中输入 2，则窗体上显示的是_______。

A. 分支 1　　B. 分支 2　　C. Else 分支　　D. 程序出错

2. 以下关于 MsgBox 的叙述中，错误的是_______。

A. MsgBox 函数返回一个整数

B. 通过 MsgBox 函数可以设置信息框中图标和按钮的类型

C. MsgBox 语句没有返回值

D. MsgBox 函数的第一个参数是一个整数，该参数只能确定对话框中显示的按钮数量

3. 设有如下程序段：

```
x=2
For i=1 To 10 Step 2
    x=x+i
Next i
```

运行以上程序后，x 的值是_______。

A. 26　　B. 27　　C. 38　　D. 57

4. 下面程序段中循环语句的循环次数是_______。

```
For x=10 To 1  Step -3
    Print x
Next x
```

A. 0　　B. 4　　C. 5　　D. 3

5. 下面代码运行后，从键盘输入 10，下面叙述错误的是_______。

```
Private Sub Command1_click()
    x=InputBox(“输入:”, , “输入整数”)
    MsgBox “输入的数据是:” +x , , “输入数据:”
End Sub
```

A. x 的值是数值型 10

B. 输入对话框的标题为：“输入整数”

C. 信息框标题为："输入数据："

D. 信息框中显示内容是："输入的数据是：10"

6. 以下循环语句中在任何情况下都至少执行一次循环体的是________。

A.
```
Do While <条件>
    循环体
Loop
```

B.
```
While <条件>
    循环体
Wend
```

C.
```
Do
    循环体
Loop Until <条件>
```

D.
```
Do Until <条件>
    循环体
Loop
```

7. 语句 Dim a(-3 To 4,3 To 6) As integer 定义的数组的元素个数是________。

A. 18　　B. 28　　C. 21　　D. 32

8. 下面正确使用动态数组的是________。

A.
```
Dim arr() As Integer
...
ReDim arr(3,5)
```

B.
```
Dim arr() As Integer
...
ReDim arr(50) As String
```

C.
```
Dim arr()
...
ReDim arr(50) As Integer
```

D.
```
Dim arr(50) As Integer
...
ReDim arr(20)
```

9. 下列叙述中，正确的是________。

A. 控件数组的每一个成员的 Caption 属性值都必须相同

B. 控件数组的每一个成员的 Index 属性值都必须不相同

C. 控件数组的每一个成员都执行不同的事件过程

D. 对已经建立的多个类型相同的控件，这些控件不能组成控件数组

10. 下面有关标准模块的叙述中，错误的是________。

A. 标准模块不完全由代码组成，还可以有窗体

B. 标准模块中的 Private 过程不能被工程中的其他模块调用

C. 标准模块的文件扩展名为.bas

D. 标准模块中的全局变量可以被工程中的任何模块引用

11. 假定通过复制、粘贴操作建立了一个命令按钮数组 Command1，以下说法中错误的是________。

A. 数组中每个命令按钮的名称（Name 属性）均为 Command1

B. 若未做修改，数组中每个命令按钮的大小都一样

C. 数组中各个命令按钮使用同一个 Click 事件过程

D. 数组中每个命令按钮的 Index 属性值都相同

12. 以下关于函数过程的叙述中，正确的是________。

A. 函数过程形参的类型与函数返回值的类型没有关系

B. 在函数过程中，过程的返回值可以有多个

C. 当数组作为函数过程的参数时，既能以传值方式传递，也能以传址方式传递

D. 如果不指明函数过程参数的类型，则该参数没有数据类型

13. 下面是求最大公约数的函数的首部________。

```
Function gcd(ByVal x As Integer, ByVal y As Integer) As Integer
```

若要输出 8、12、16 这 3 个数的最大公约数，下面正确的语句是________。

A. `Print gcd(8,12), gcd(12,16), gcd(16,8)`

B. `Print gcd(8,12,16)`

C. `Print gcd(8), gcd(12), gcd(16)`

D. `Print gcd(8,gcd(12,16))`

14. 在窗体的“通用”部分用 Public 定义的变量，其作用域是________。

A. 局部变量　　B. 窗体/模块级变量　　C. 全局变量　　D. 静态变量

15. 有如下程序：

```
Dim a(3,3) As Integer
For m = 1 To 3
   For n = 1 To 3
      a(m,n)=(m-1)*3+n
   Next n
Next m
For m = 2 To 3
    For n = 1 To 2
       Print a(n,m)
   Next n
Next m
```

运行后输出结果是：

A. 2 5 3 6　　B. 2 3 5 6　　C. 4 7 5 8　　D. 4 5 7 8

16. 设有数组声明语句：

```
Option Base 0
Dim b(-1 To 10,2 To 9,20) As Integer
```

则数组 B 中共有________个元素。

A. 1800　　B. 1848　　C. 2016　　D. 2310

17. 在窗体上画一个名称为 Text1 的文本框和一个名称为 Command1 的命令按钮，然后编写如下事件过程：

```
Privat Sub Command1_Click()
Dim array1(10,10) As Integer
Dim i,j As Integer
For i = 1 To 3
    For i = 2 To 4
        array1(i,j) = i + j
    Next j
Next i
Text1.Text=array1(2,3)+array1(3,4)
End Sub
```

程序运行后，单击命令按钮，在文本框中显示的值________。

A. 12　　B. 13　　C. 14　　D. 15

18. 在过程调用中，参数的传递可以分为按值传递和______两种方式。

A. 按参数传递　　B. 按数值传递

C. 按地址传递　　D. 按位置传递

19. Sub 过程与 Function 过程最根本的区别是______。

A. Sub 过程可以直接使用过程名调用，而 Function 过程不可以

B. Function 过程可以有参数，而 Sub 过程不可以

C. 两种过程参数传递方式不同

D. Sub 过程的过程名不能返回值，而 Function 过程能通过过程名返回值

20. 假定已定义一个过程 Public Sub Cir(a As Single, b As Single)，则正确的调用语句是______。

A. Cir 3,8　　B. Call　Cir x, y

C. Call　Cir 2*x, y　　D. Call　Cir (3,8, y)

21. 在窗体模块的通用声明中声明变量时，不能使用______关键字。

A. Dim　　B. Public　　C. Private　　D. Static

22. 在窗体 Forml 中用“Public Sub Funl(x As Integer，Y As Single)”定义过程 Fun1，在窗体 Form2 中定义了变量 i 为 Integer，j 为 Single，若要在 Form2 的某事件过程中调用 Forml 中的 Fun| 过程，下列语句中能够被正确使用语句有__________个。

① Call Fun|(i,j)　　② Call Forml.　Funl(i,J)

③ Forml.　Funl(i)，J　　④ Forml.　Funl i+1，(j)

A. 1　　B. 2　　C. 3　　D. 4

23. 下列程序的输出结果是：______。

```
Dim a
a = Array(1,2,3,4,5,6,7,8)
i = 0
For k = 100 To 90 Step -2
    s = a(i)^2
    If a(i) > 3 Then Exit For
    i = i + 1
Next k
Print k;a(i);s
```

A. 88 6 36　　B. 88 1 2　　C. 90 2 4　　D. 94 4 16

二、看程序写结果

1. 写出程序运行结果____________。

```
Private Sub Command1_Click()
    Dim I as integer
    For i = 1 To 5
        Select Case i Mod 5
           Case 0
              Print "#"
           Case 1
               Print "*"
           Case Else
               Print "$"
        End Select
    Next i
End Sub
```

2. 有如下程序：

```
Private Sub Commandl_Click( )
    Dim a As String, b As String, sum As Integer
    a = "A WORKER IS HERE"
    x = Len(a)
    For I = 1 To x - 1
        b = Mid(a, I, 3)
        If b = "WOR" Then S = S + 1
  Next I
  Print S
End Sub
```

单击命令按钮，程序运行结果为________________。

3. 在窗体画一个命令按钮，然后编写如下事件过程：

```
Private Sub Command_Click()
   K=2
   L=1
   Do While L<8
      L=2*K+L
   Loop
   Print L
End Sub
```

程序运行后，输出的结果是________________。

4. 在窗体上画一个文本框（Text1），一个命令按钮（Command1），然后编写如下事件过程：

```
Private Sub Command1_Click()
   Dim i As Integer,s As Integer
   Text1.Text=""
   Text1.Setfocus
   S=1
   For i=1 To 5
      s=s*i
   Next i
   Text1.Text=s
End Sub
```

上述程序运行后，单击命令按钮后在文本框中的输出是________________。

5. 在窗体中添加两个文本框（其Name属性分别为Text1和Text2）和一个命令按钮（其Name属性为Command1），然后编写如下程序：

```
Private Sub Command1_Click()
    X = 0
    Do While X < 10
    X = (X + 1) * (X + 2)
    n = n + 1
    Loop
    Text1.Text = Str(n)
    Text2.Text = Str(X)
End Sub
```

程序运行后，单击命令按钮，在两个文本框Text1和Text2中分别显示的值是__________。

6. 在窗体上画一个名称为Command1的命令按钮，然后编写如下事件过程：

```
Private Sub Command1_Click()
     a=0
     For i=1 To 2
         For j=1 To 4
```

```
            If j Mod 2<>0 Then
              a=a-1
            End If
            a=a+1
      Next j
    Next i
  Print a
  End Sub
```

程序运行后，单击命令按钮，输出结果是________________。

7. 执行下面的程序段后，变量 S 的值为________________。

```
S = 5
For i = 2.6 To 4.9 Step 0.6
      S = S + 1
Next i
Print s
```

8. 设执行以下程序段时依次输入 3，6，9，执行结果为_______。

```
Option Base 1
Dim a(4)   As Integer
Dim b(4)   AS Integer
For k=0 To 2
     a(k+1)=Val(InputBox("Enter data: "))
     b(3 - k) =a(k + 1)
Next k
Print b(k)
```

9. 单击命令按钮时，下列程序的执行结果是_______。

```
Sub czgc(byval  I1 as integer , J1 as integer)
     I1= 20* I1
     J1=30+J1
    Print "I1=";I1, "J1=";J1
End Sub
Private sub command1_click()
     Dim I as integer ,J as integer
     I=50
     J=60
     Call czgc(I,(J))
     Print "I=";I,"J=";J
End sub
```

10. 在窗体上画一个名称为 Command1 的命令按钮，然后编写如下通用过程和命令按钮的事件过程：

```
Private Function f(m As Integer)
  If m Mod 2=0 Then
    f=m
  Else
    f=1
  End If
End Function
Private Sub Command1_Click()
  Dim i As Integer
  s=0
  For i=1 To 5
   s=s+f(i)
  Next
```

```
  Print s
End Sub
```

运行结果为____________________

11. 在窗体上画一个名称为 Command1 的命令按钮，事件过程如下：

```
Option Base 1
Private Sub Command1_Click()
  d=0
  c=10
  x=Array(10,12,21,32,24)
  for i=1 to 5
   if x(i)>c then
     d=d+x(i)
     c=x(i)
   else
     d=d-c
   end if
  next i
  print d
End Sub
```

运行结果为____________________

12. 单击命令按钮时，下列程序的执行结果是________。

```
Private Sub Commandl_Click( )
   BT 4
End Sub
Private Sub BT(x As Integer)
  x=x * 2 + 1
  If x <6 Then
  Call BT(x)
  End If
  x=x * 2
  Print x;
End Sub
```

三、程序填空

1. 下面的程序执行时，可以从键盘输入一个正整数，然后把该数的每位数字按逆序输出。例如：输入 7685，则输出 5867，输入 1000，则输出 0001。请填空。

```
Private Sub Command1_Click()
   Dim x As Integer
   x=InputBox("请输入一个正整数")
   While x>________
      Print x Mod 10;
      x=x\10
   Wend
   Print ________
End Sub
```

2. 给定分段函数 $y=\begin{cases}2x+1 & x>0\\ 0 & x=0\\ 2x-1 & x<0\end{cases}$，求 y 的值，使用的单行结构条件语句为

If x>0　Then ________ Else　If　x=0　Then　y=0 ________ y=2*x-1

3. 执行下面程序段时，内循环的循环次数是__________。

```
For m=1 To 3
    n=0
    While n<=m-1
        Print m,n
        n=n+1
     Wend
Next m
```

4. 写出下列事件过程的功能。(写出公式)__________.

```
Private Sub Command1_Click()
     Dim i%, s!
     n = InputBox("n=")
     s = 0
     For i = 1 To n
         s = s + 1 / (i * i)
     Next i
     Print "s="; s
End Sub
```

5. 设有以下的循环：

```
x = 1
Do
    x = x + 2
    Print x
Loop Until__________
```

要求程序运行时执行 3 次循环体，请填空。

6. 求两个正整数的最小公倍数，运行界面如图 4-55 所示，相关属性设置如表 4-5 所示。

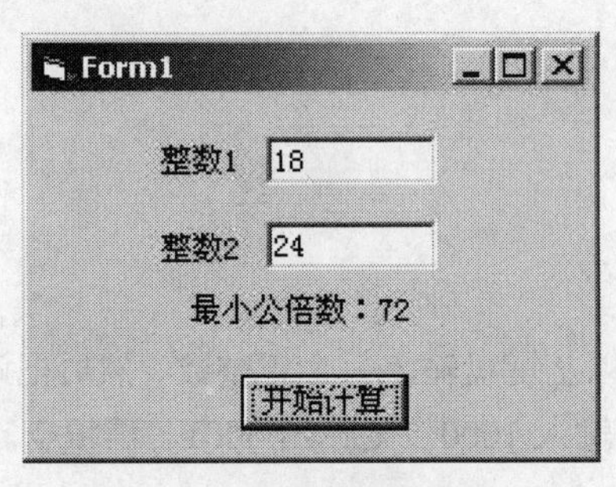

图 4-55　运行结果界面

表 4-5　属性设置表

对　象	属　性	属 性 值
Label1	Caption	整数 1
Label2	Caption	整数 2
Label3	Caption	空
Text1~ Text2	Text	空
Command1	Caption	开始计算

```
Private Sub Command1_Click()
    Dim m As Integer, n As Integer, r As Integer, t As Integer
    Dim a As Integer, b As Integer
```

```
    m = Val(Text1.Text)
    n = Val(Text2.Text)
    a = m: b = n
    If m < n Then
       t = m: m = n: n = t
    End If
    Do
      r = m Mod n
      ________
      ________
    Loop While r <> 0
    Label3.Caption = "最小公倍数: " & (a * b / m)
End Sub
```

7. 在窗体上画一个命令按钮，其名称为 Command1，然后编写如下事件过程：

```
Private Sub Command1_Click()
    Dim arr(1 To 100) As Integer
    For i=1 To 100
        arr(i)=Int(Rnd*1000)
    Next i
    Max=arr(1)
    Min=arr(1)
    For i=1 To 100
        If ________ Then
            Max=arr(i)
        End If
        If ________ Then
          Min=arr(i)
      End If
   Next i
   Print"Max="; Max, "Min="; Min
End Sub
```

程序运行后，单击命令按钮，将产生 100 个 1000 以内的随机整数，放入数组 arr 中，然后查找并输出这 100 个数中的最大值 Max 和最小值 Min，请填空。

8. 下面的程序是将输入的一个数插入递减的有序数列中，插入后使该序列仍有序。

```
Private Sub form_Click()
    Dim a, i%, n%, m%
    a = Array(19, 17, 15, 13, 11, 9, 7, 5, 3, 1)
    n = UBound(A)
    ReDim ____________
    m = Val(InputBox("输入插入的数 n"))
    For i = UBound(A) - 1 To 0 Step -1
        If m >= a(i) Then
        ____________
        If i = 0 Then a(i) = m
        Else
        ____________
        Exit For
        End If
    Next i
    For i = 0 To UBound(A)
      Print a(i)
    Next i
```

```
End Sub
```

9. 冒泡排序程序如下，请填空。

```
Private Sub Form_Click()
  Dim a, i%, n%, j%
  a = Array(1, 5, 6, 4, 13, 23, 26, 31, 51)
  n = UBound(A)
  For i = 0 To n - 1
      For j = 0 To n - 1 - i
  If a(j) > a(j + 1) Then
                ________
                ________
                a(j + 1) = t
        End If
     Next j
   Next i
   For i = 0 To UBound(A)
   Print a(i)
   Next i
End Sub
```

10. 以下程序段产生 100 个 1～4 之间的随机整数，并进行统计。数组元素 S(i)(i=1,2,3,4)的值表示等于 i 的随机数的个数，要求输出如下格式：

```
S(1)=. . .
S(2)=. . .
S(3)=. . .
S(4)=. . .
```

将程序补充完整。

```
Dim S(4) As Integer
Randomize
For I=1 To 100
    X=Int(Rnd * 4+1)
    S(X)=S(X)+1
Next I
For I=1 To 4
        ________
Next I
```

11. 设在窗体上有一个文本框 Text1，一个标签数组 Label1，共有 10 个标签，以下程序代码实现在单击任一个标签时将标签的内容添加到文本框现有内容之后。

```
Private Sub Labell_Click(Index As Integer)
      Text1.Text= ________
End Sub
```

12. 下列程序的功能是把一个一维数组的元素向左循环移位，左端移出值接在数组的右端。移位次数利用 InputBox 函数由用户输入。例如数组元素为 1，2，3，4，5，6，7，8，9，10 时，移位次数输入 3，则结果为 4，5，6，7，8，9，10，1，2，3。

```
Option l~xplieit
Option Base 1
Private Sub Commandl_Click()
   Dim a(10)As Integer, i As Integer, k As Integer
   Dim n As Integer
   Randomize
   For i=1 to l0
      a(i)=Int(Rnd*20)+10
```

```
    Print a(i);
Next i
Print
n=InputBox(" 输入移位次数",, 1)
For i=1 To n
    ___________
Next i
For i=1 to 10
    Print a(i);
  Next i
  Print
End Sub
Private Sub ste(a() As Integer)
  Dimi As Integer,t As Integer
  ___________
For i=1 to Ubound(a)-1
    a(i)=a(i+1)
  Next i
  A(10)=t
End Sub
```

四、编程题

1. 编程计算 Y 的值，X 由键盘键入。

$$Y=\begin{cases}4X-7 & (X>100)\\ X+2 & (0<X\leqslant 100)\\ 2X-8 & (X\leqslant 0)\end{cases}$$

2. 任意输入一个整数，判定该整数的奇偶性。
3. 输入 N 的值，编程计算：1! +2! +3! + … +N!。
4. 输出 100 到 200 之间不能被 3 整除的数。
5. 随机生成有 10 个元素的一维数组，并求其平方之和。
6. 编写 Function 过程求最大公约数，并通过命令按钮的单击事件过程调用该函数过程。
7. 编程打印出如下的杨辉三角形：

```
              1
            1   1
          1   2   1
        1   3   3   1
      1   4   6   4   1
    1   5  10  10   5   1
  1   6  15  20  15   6   1
1   7  21  35  35  21   7   1
```

8. 编写一个判断闰年的函数过程。

判断平年、闰年：凡是能被 4 整除但不能被 100 整除的年份为闰年，如 1980 年。凡是能被 400 整除的年份为闰年，如 2000 年。除以上两种情况以外的其余年份都是平年。

第5章 常用控件

在程序开发过程中，为了方便用户操作，Visual Basic 提供了相关控件知识方便用户使用。本章主要围绕利用 Visual Basic 开发过程中常用的一些控件进行介绍。根据控件的作用，我们把常用控件主要分成以下几类：（1）单选按钮、复选框和框架；（2）列表框和组合框；（3）图片框和图像框；（4）滚动条和计时器控件；（5）几何图形控件；（6）文件系统控件。

当启动 Visual Basic 的 IDE 时，在运行界面上的工具箱里显示的就是常用控件。熟练掌握这几类控件的属性、事件和方法，是学习 Visual Basic 程序设计的基础。

5.1 单选按钮、复选框和框架

单选按钮和复选框这两个控件是为了方便用户进行选择而提供的控件。框架是常用控件里特殊的容器控件，用来对其他控件进行分组，但是对于框架而言，通常情况下是作为辅助控件来使用。

5.1.1 单选按钮使用

单选按钮（OptionButton）在工具箱中其图标是 ，当被选中时其默认的名称为 Option1、Option2 等。单选按钮在实际使用中的作用是一组单选按钮控件可以为用户提供一组互斥的选项，用户在使用时只能从选项中选择一个功能。单选按钮被选中，圆圈中会出现一个黑点 ，表示该控件被选中；圆圈中的黑点为空心圆 ，表示该控件未被选中。

在程序运行时，窗体中如果有多个单选按钮存在，用户如果单击其中一个单选按钮，此时其他单选按钮自动变为未被选中状态。

1. 单选按钮属性

单选按钮属性是按钮操作性质的设置，其主要属性：Name、Caption、Visible、Style、Picture、DownPicture 等，其在 Visual Basic 开发环境中的窗口如图 5-1 所示。其中 Value 属性是前面章节没有提到，在此给出 Value 属性在控件使用中的作用。

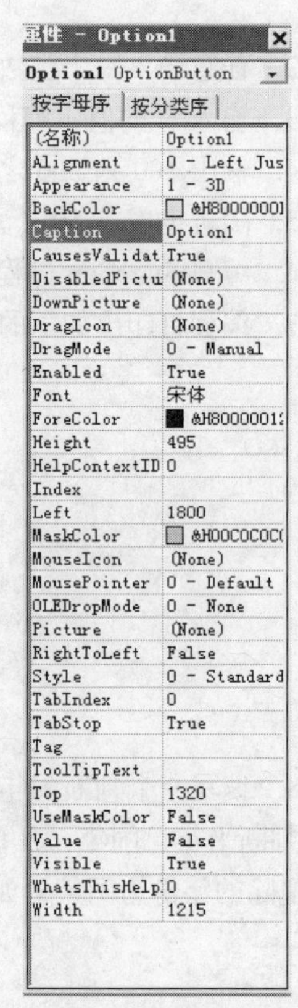

图 5-1 单选按钮控件属性面板

Value 属性作用：是单选按钮最重要的属性，其值决定该控件是否被选中，当 Value 值为 True 时，表示该控件按钮被选中；当 Value 值为 False 时，表示该控件按钮未被选中。

2. 单选按钮事件

单选按钮最基本的事件是 Click 事件，但通过前面的介绍可以知道，在编写程序过程中用户不必为 Click 事件编写过程，当用户单击单选按钮的时候，该事件就会自动发生，改变当前单选按钮状态。

3.单选按钮方法

单选按钮的方法有 SetFocus、Move 等，但是用户最常用的是 SetFocus 方法。在编写代码过程中，通过 SetFocus 方法可以将 Value 属性值设为 True。注意，在使用 SetFocus 方法前，用户必须保证单选按钮在当前状态下处于可见和可用状态。

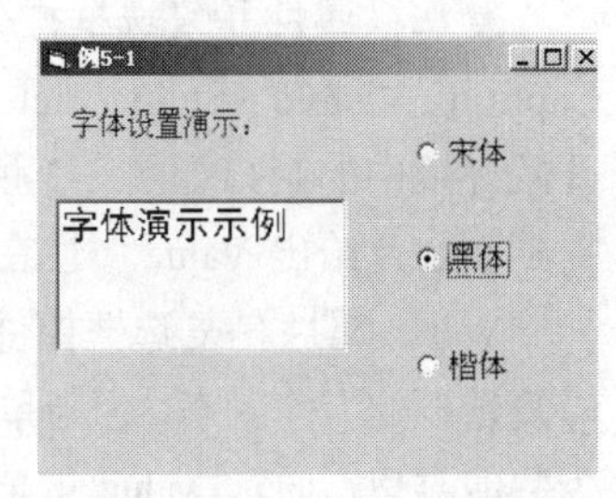

图 5-2 单选按钮示例运行界面

【例题 5-1】 利用单选按钮，制作如图 5-2 所示的通过改变文本框内字体功能的演示程序。在该例题中，通过单击其中一个字体的单选按钮，文本框中内容就要更改为相应字体。

字体设置演示示例设计步骤如下：

启动 Visual Basic，新建一个工程界面，在工程 Form 窗体中放置 1 个标签 label1、1 个文本框 Text1 和 3 个单选按钮 OptionSong、OptionHei 和 OptionKai。在各个控件属性窗口中要按表 5-1 所示来设置各个控件的属性值。

表 5-1 各个对象控件属性设置

对象	对象名称	属性名称	属性值
窗体	Form1	Caption	例 5-1
标签	Label1	Caption	字体设置演示
文本框	Text1	Text	字体演示示例
单选按钮 1	OptionSong	Caption	宋体
单选按钮 2	OptionHei	Caption	黑体
单选按钮 3	OptionKai	Caption	楷体

程序代码如下：

```
Private Sub OptionHei_Click(Index As Integer)
Text1.FontName = "黑体"
End Sub

Private Sub OptionKai_Click(Index As Integer)
Text1.FontName = "楷体_GB2312"
End Sub

Private Sub OptionSong_Click(Index As Integer)
Text1.FontName = "宋体"
End Sub
```

注意

当选择单选按钮组时，不能在窗体中采用复制方式，而是逐一选择。

5.1.2 复选框使用

复选框(CheckBox)又称检查框，在工具箱中的图标是☑。复选框控件可以提供多个选项，用户可以同时选择一个或多个选项。复选框被选中时，其控件将显示符号“√”，而未被选中的控件则无符号“√”，而取消选择后，选中控件前的符号“√”消失。复选框在窗体中默认的名称为Check1、Check2、Check3 等。

1. 复选框属性

复选框属性是复选框操作性质的设置，其主要属性：Name、Caption、Visible、Style、Picture、DownPicture 等，其在 Visual Basic 开发环境中的窗口如图 5-3 所示。其中 Value 属性是前面章节没有提到，在此给出 Value 属性在控件使用中的作用。

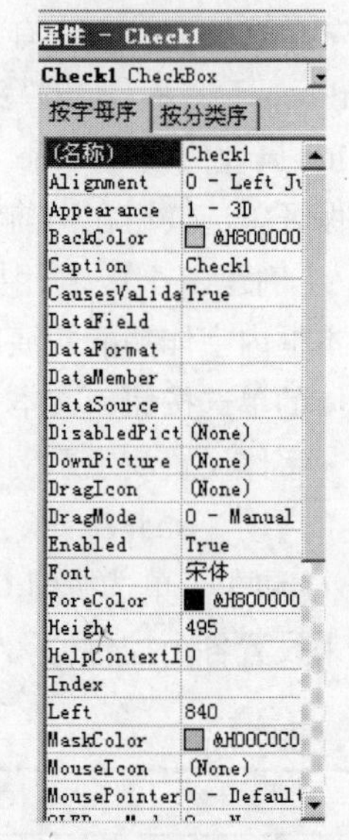

图 5-3 复选框控件属性面板

Value 属性是复选框控件最重要的属性，用于设置或返回运行时复选框的当前状态，但与单选按钮 Value 属性不同，该控件属性值为数值类型，通常 Value 取值分为三种状况：（1）“0”（默认值）表示该控件未被选中；（2）“1”表示该控件被选中，控件中出现“√”；（3）“2”表示该控件为灰色，运行时用户不能对该控件功能进行修改。

当 Value 值为“2”时，用户可以通过鼠标或 SetFocus 方法将焦点定位在该控件上。

2. 复选框事件

复选框控件最基本的事件同单选按钮一样，也是 Click 事件。用户不需要为复选框编写事件过程，只是通过对 Value 属性值进行选择。

3. 复选框方法

复选框与单选按钮一样具有相同的方法，如：SetFocus、Move 等。

【例题 5-2】 利用复选框设计一个字体设置程序，界面运行如图 5-4 所示。当程序运行时，单击复选框中的任何一个或多个复选项，将改变文本框中的字体。

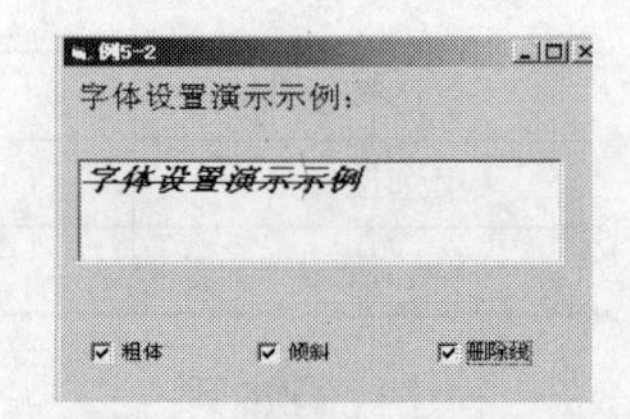

图 5-4 复选框示例运行界面

复选框字体设置程序设计步骤如下：

启动 Visual Basic，新建一个工程界面，在工程 Form 窗体中放置 1 个标签 label1、1 个文本框 Text1 和 3 个复选框 CheckCT、CheckQX、CheckSCX。在各个控件属性窗口中要按表 5-2 所示来设置各个控件的属性值。

表 5-2 各个对象控件属性设置

对象	对象名称	属性名称	属性值
窗体	Form1	Caption	例 5-2
标签	Label1	Caption	字体设置演示示例
文本框	Text1	Text	字体设置演示示例
复选框 1	CheckCT	Caption	粗体
复选框 2	CheckQX	Caption	斜体
复选框 3	CheckSCX	Caption	删除线

程序代码如下：

```
Private Sub CheckCT_Click()
If CheckCT.Value = 1 Then
Text1.FontBold = True
Else
Text1.FontBold = False
End If
End Sub

Private Sub CheckQX_Click()
If CheckQX.Value = 1 Then
Text1.FontItalic = True
Else
Text1.FontItalic = False
End If
End Sub

Private Sub CheckSCX_Click()
If CheckSCX.Value = 1 Then
Text1.FontStrikethru = True
Else
Text1.FontStrikethru = False
End If
End Sub
```

当选择复选框组时，不能在窗体中采用复制方式，而是逐一选择。

5.1.3　框架使用

框架（Frame）与窗体一样，也是一种“容器”，在工具箱中的图标是，该控件的作用是对其他控件进行分组，将功能相同的控件分到同一组，从而使窗体布局合理。框架默认名称为 Frame1、Frame2 等。

框架控件分组主要运用在单选按钮和复选框上。如果在窗体中没有使用框架进行分组，则所有单选按钮都被视为同一组，运行时用户只能选择其中一个。因此，为了能在窗体中进行多个单选按钮的选择，通常利用框架控件进行分组。其过程如下：

（1）先在窗体中绘制框架控件；

（2）在框架里绘制单选按钮或复选框。

如果控件在框架外或向窗体中通过双击方法添加控件，再把这些控件移动到框架内时，这些控件只位于框架的顶部，而没有包含在框架内部。

框架属性

框架属性是框架操作性质的设置，其主要属性：Name、Caption、Visible、Style、Picture、DownPicture 等，但一般情况下框架只使用 Value 属性，而其他属性很少使用。

对于框架的方法和事件，由于其比较“消极”，通常不使用它的方法和事件。

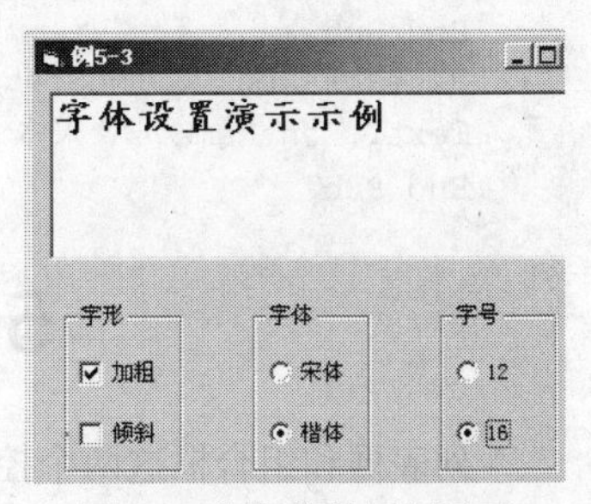

图 5-5　框架控件运行界面

【例题 5-3】 利用框架控件设计一个如图 5-5 所示的改变文本框内字体、字形和字号功能的程序。

在窗体中放置 3 个框架控件，分别是 Frame1、Frame2 和 Frame3，依次用来装字形、字体和字号的各个选项。其中 Frame1 中放入 2 个复选框分别是加粗和倾斜，Frame2 中放入 2 个单选按钮分别是宋体和楷体，Frame3 中放入 2 个单选按钮分别是 12 和 16。在各个控件属性窗口中要按表 5-3 所示来设置各个控件的属性值。

表 5-3　字号内控件属性设置

对象	对象名称	属性名称	属性值
窗体	Form1	Caption	例 5-3
文本框	Text1	Text	字体设置演示示例
框架 1	Frame1	Caption	字形
复选框 1	CheckCT	Caption	加粗
复选框 2	CheckQX	Caption	倾斜
框架 2	Frame2	Caption	字体
单选按钮 1	OptionSong	Caption	宋体
单选按钮 2	OptionKai	Caption	楷体
框架 3	Frame3	Caption	字号
单选按钮 3	Option12	Caption	12
单选按钮 4	Option16	Caption	16

程序代码如下：

```
Private Sub CheckCT_Click()
If CheckCT.Value = 1 Then
Text1.FontBold = True
Else
Text1.FontBold = False
End If
End Sub
Private Sub CheckQX_Click()
If CheckQX.Value = 1 Then
Text1.FontItalic = True
Else
Text1.FontItalic = False
End If
End Sub
Private Sub Option12_Click()
Text1.FontSize = 12
End Sub
Private Sub Option16_Click()
Text1.FontSize = 16
End Sub
Private Sub OptionKai_Click()
Text1.FontName = "楷体_GB2312"
End Sub
Private Sub OptionSong_Click()
Text1.FontName = "宋体"
End Sub
```

5.2　列表框和组合框

列表框和组合框这两个控件具有较多的相同属性、方法及事件，因此在使用这两个控件时其完成的功能也基本相似。当用户做出少量的选择时，单选按钮和复选框就可以完成，但是当用户需要大量选择时，就不需要单选按钮和复选框了，而是需要使用列表框和组合框。

5.2.1　列表框使用

列表框控件（ListBox）是显示多个项目列表，其作用是用户可以从中选择一个或多个项目，当列表框中的项目超过其范围时，列表框会自动增加滚动条（水平滚动条、垂直滚动条），便于显示所有项目。列表框控件在工具箱中的图标是▤。列表框默认名称为 List1、List2 等。

1. 列表框属性

列表框属性如图 5-6 所示，除了拥有常用的基本属性以外，还有一些重要的属性如下所示。

图 5-6　列表框属性

（1）List 属性。该属性含有多个值，这些值构成一个字符数组，数组中的每一项都是一个列表项目,其作用是设置或返回控件列表项内容。

列表框 List 属性访问格式为：对象名.List(Index)。

其中对象名是列表框名，Index 是列表框里项目的索引号，Index 取值范围：0～项目个数-1。

在设计过程中，可通过属性窗口直接向列表框中添加项目，但是每次输入完一个项目后要利用组合键 Ctrl+Enter 换行。

（2）Style 属性。该属性作用是设置或返回用来指定列表框的显示类型和行为的值，其默认状态下，Style 的值为 0。当 Style 值为 0，表示标准列表框；Style 值为 1，表示为复选框样式的列表框，即在列表框中每一个列表选项前都有一个复选框，且可以选择多项。Style 属性在程序运行时为只读状态。

（3）ListIndex 属性。该属性是用于设置或返回列表框中当前选择项目的索引，ListIndex 属性值为整型数值。索引取值范围：0～ListCount-1，如果列表项目没有被选中，则 ListIndex 的值为-1。

（4）ListCount 属性。该属性是用于返回列表框中包含列表项目个数，为整型数值。在设计时为不可用。ListCount 属性值等于 ListIndex+1。

（5）MultiSelect 属性。该属性是用于确定是否能在列表框控件中进行多重选择列表项目以及怎样进行多重选择列表项目。MultiSelect 属性值有 3 种取值：①MultiSelect 值为 0，表示用户不能进行多重选择；②MultiSelect 值为 1，表示用户可进行简单多重选择，即通过鼠标或空格键在列表中选中或取消选中项，但一次只能增加或减少一个选中的列表项；③MultiSelect 值为 2，表示用户可进行高级多重选择。其操作方式分为两种情况：一种是通过 Shift 键并且单击鼠标或 Shift 键与方向键，将在以前选中项的基础上增加选择到当前选中项；另一种方法是通过 Ctrl 键并且单击鼠标，可在列表中选中或取消选中项。

（6）Selected 属性。该属性是一个逻辑型一维数组，其作用是设置或返回列表框控件中的一个项目选择状态。数组中所包含数组元素个数与列表框中包含的项目数相同。例如：List1.Selected(0)=True，表示列表框中的第一个项目被选中。

Selected 属性可以快速检查列表中哪些列表项被选中，也可以在代码中使用该属性选中或取消被选中的一些列表项，因此，该属性对于允许复选的列表框是十分有用。

（7）Sorted 属性。该属性作用是返回一个逻辑值，设定列表框是否按字母顺序排列所有列表选项，默认值为 False，表示不按字母顺序排序。

（8）Colunms 属性。该属性作用是用来决定是否出现水平滚动条或垂直滚动条。当 Colunms 属性值为 0，表示以单列显示且出现垂直滚动条；当 Colunms 属性值为大于 0 的整数 n 时，表示显示 n 列且出现水平滚动条。

（9）TopIndex 属性。该属性是用于设置或返回一个值，该值是指定哪个列表项被显示在列表框控件顶部的位置，该属性值的取值范围是 0～ListCount-1。该属性的设定在设计阶段是不可用状态。

（10）Text 属性。Text 属性为只读属性，其作用是返回编辑区中的文本，其返回值总与 List(ListIndex)的值相同。

2. 列表框方法

（1）AddItem 方法。该方法是将列表项添加到列表框控件中，语法格式如下：

```
对象名.AddItem item[,index]
```

其中，item 是一个字符串，用来指定添加到列表选项中的显示字符；index 是一个整数，用来指定添加的列表选项在列表框中的索引，首项的 index 值为 0。

（2）RemoveItem 方法。该方法是从列表框控件中删除一项，语法格式如下：

```
对象名.RemoveItem index
```

其中 index 参数是指定要删除的列表框中的索引值。

（3）Clear 方法。该方法是将列表框中的所有列表选项清除，语法格式如下：

```
对象名.Clear
```

3. 列表框事件

（1）Click 事件。单击某一列表项目时，触发列表框的 Click 事件，无需编写代码。

（2）DblClick 事件。双击某一列表项目时，触发列表框控件的 DblClick 事件。

【例题 5-4】 在窗体上设计 2 个 label，2 个列表框和 3 个 Command，其形式如图 5-7 所示。程序运行以后，要求可以将 ListL 列表框内的列表项添加到 ListR 列表框内，点击清除则清除 ListR 中的列表项，运行结果如图 5-8 所示。

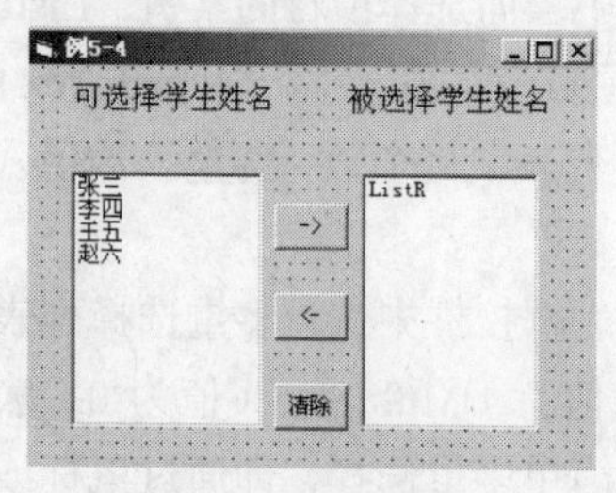

图 5-7 设计界面

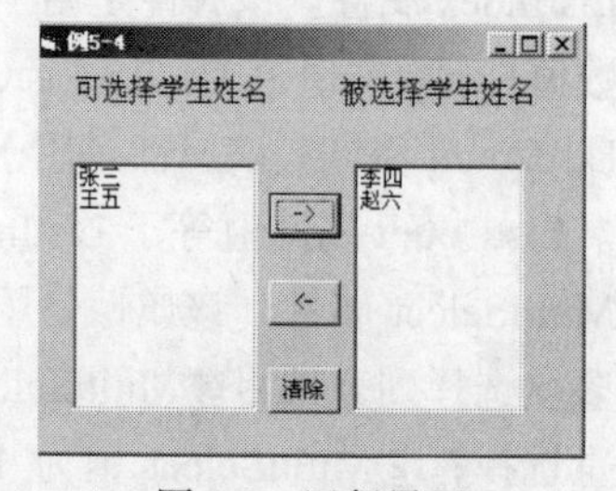

图 5-8 运行界面

在各个对象属性窗口中按表 5-4 所示设置各个对象的属性值。

表 5-4 各个对象属性设置

对象	对象名称	属性名称	属性值
窗体	Form1	Caption	例 5-4
列表框 1	ListL	List	张三 李四 王五 赵六
列表框 2	ListR	List	空
命令按钮 1	CommandL	Caption	->
命令按钮 2	CommandR	Caption	<-
命令按钮 3	CommandClear	Caption	清除

程序代码如下：

```
Private Sub CommandClear_Click()
ListR.Clear
End Sub
Private Sub CommandL_Click()
If ListR.ListIndex >= 0 Then
ListL.AddItem ListR.List(ListR.ListIndex)
ListR.RemoveItem ListR.ListIndex
If CommandR.Enabled = False Then
CommandR.Enabled = True
End If
If ListR.ListCount <= 0 Then CommandR.Enabled = False
End Sub

Private Sub CommandR_Click()
If ListL.ListIndex >= 0 Then
 ListR.AddItem ListL.List(ListL.ListIndex)
ListL.RemoveItem ListL.ListIndex
If CommandL.Enabled = False Then CommandL.Enabled = True
End If
If ListL.ListCount <= 0 Then CommandL.Enabled = False
End Sub
```

5.2.2 组合框使用

组合框（ComboBox）是文本框和列表框的组合形式，也就是说用户可以利用组合框实现列表选项的选择，也可以在文本框中输入列表框中没有的内容。然而用户使用组合框时不能进行多重选择，一次只能选择一项。组合框在工具箱中的图标是▣，其默认名称是 Combo1、Combo2 等。

1. 组合框属性

组合框属性大多数都与列表框控件属性相同，如图 5-9 所示，只是有个别几个属性不同，下面就介绍这几个属性。

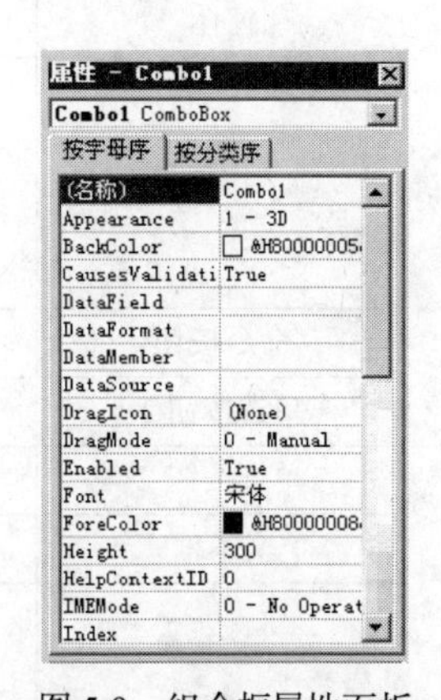

图 5-9 组合框属性面板

（1）ListIndex 属性。该属性作用是返回最后一次点击的列表项的索引，索引是在组合框中的位置。如果在文本框中输入信息，不管信息是否出现在列表选项中，ListIndex 的值都为-1。

（2）Style 属性。组合框在使用过程中，存在 3 种类型，Style 属性值的选择就是决定组合框的类型。组合框根据其形式，可分为下拉式组合框、简单组合框和下拉式列表框三类。Style 属性值也分为三种情况：①当 Style 值为 0，表示下拉式组合框，用户可以直接输入文本或单击组合框右边的下拉箭头打开一个下拉列表框，从中选择列表选项，选择完后下拉列表框自动隐藏；②当 Style 属性值为 1，表示简单组合框，列出所有列表项供用户选择，用户在文本框中可直接输入信息，组合框控件右边的下拉箭头不会出现，这样就不会弹出列表框或者隐藏列表框；③当 Style 属性值为 2，表示下拉列表框，可以通过单击控件右边的下拉箭头来弹出列表框，但与下拉式组合框不同的是，不允许用户在文本框中直接输入文本数据。

（3）Text 属性。

该属性功能是对组合框中的文本框进行设置或返回当前所显示的文本信息。

2. 组合框方法

组合框方法包括 AddItem、RemoveItem 和 Clear，这 3 种方法与列表框中的方法定义和使用方式是一样的，请读者参考列表框的定义及使用方式。

3.组合框事件

（1）Click 事件。单击组合框的下拉列表框中的列表选项时，触发 Click 事件。

（2）Change 事件。在组合框的文本框中直接输入数据信息时，触发 Change 事件。

【例题 5-5】 在窗体上建立 1 列表框、1 个组合框和 1 个文本框，添加 1 个单选按钮，如图 5-10 所示。当程序运行时，列表框、单选按钮和组合框共同选中的内容，用文本框将所选内容显示出来。运行界面如图 5-11 所示。

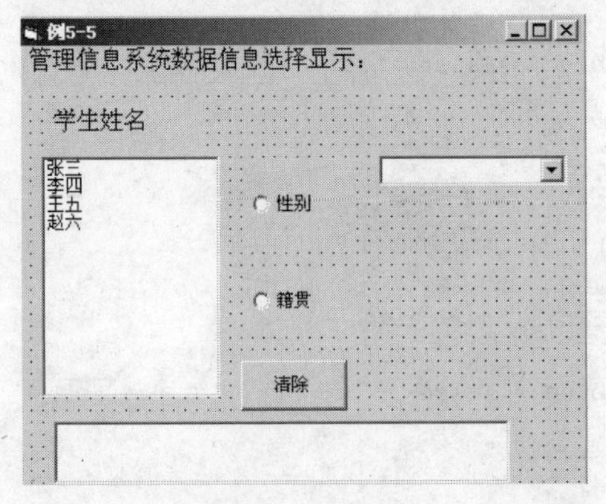

图 5-10　设计界面

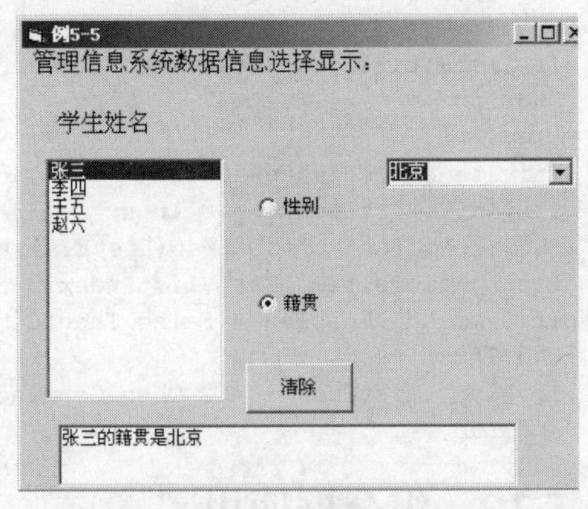

图 5-11　运行界面

在各个对象属性窗口中按表 5-5 所示设置各个对象的属性值。

表 5-5　各个对象属性设置

对象	对象名称	属性名称	属性值
窗体	Form1	Caption	例 5-5
列表框	List1	List1	张三 李四 王五 赵六
命令按钮	Command1	Caption	清除
单选按钮 1	Option1	Caption	性别
单选按钮 2	Option2	Caption	籍贯
文本框	Text1	Text	空
组合框	Combo1	List	男 女 北京 吉林 上海

程序代码如下：

```
Private Sub List1_Click()
Text1.Text = List1.Text
End Sub

Private Sub Combo1_Click()
```

```
Text1.Text = Text1.Text + Combo1.Text
End Sub

Private Sub Command1_Click()
Text1.Text = Clear
End Sub

Private Sub Option1_Click()
Text1.Text = Text1.Text + "的性别是"
End Sub

Private Sub Option2_Click()
Text1.Text = Text1.Text + "的籍贯是"
End Sub
```

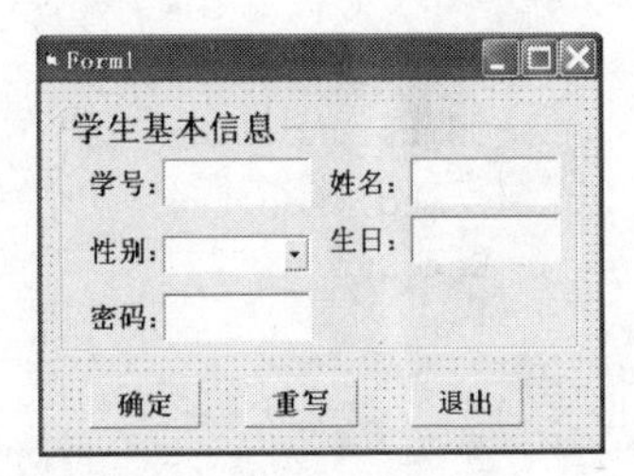

图 5-12　设计界面

【例题 5-6】在窗体上建立一个学生基本信息界面，如图 5-12 所示。输入学生基本信息后，能在对话框中显示出输入的信息，确认是否正确。

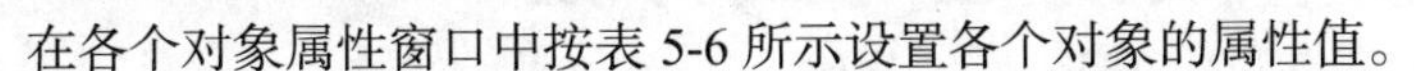

在各个对象属性窗口中按表 5-6 所示设置各个对象的属性值。

表 5-6　各个对象属性设置

对象	对象名称	属性名称	属性值
窗体	Form1	Caption	Form1
框架	Frame1	Caption	学生基本信息
标签 1	Label1	Caption	学号:
标签 2	Label2	Caption	姓名:
标签 3	Label3	Caption	性别:
标签 4	Label4	Caption	生日:
标签 5	Label5	Caption	密码:
文本框 1	Text1	Text	空
文本框 2	Text2	Text	空
文本框 3	Text3	Text	空
文本框 4	Text4	Text passwordchar	空 *
命令按钮 1	Command1	Caption	确定
命令按钮 2	Command2	Caption	重写
命令按钮 3	Command3	Caption	退出
组合框	Combo1		

程序代码如下：

```
Dim a As String
Private Sub Command1_Click()
a = MsgBox("学号是" & Text1 & "  姓名是" & Text2 & "  性别是" & Combo1.Text & Text2 & "
生日是" & Text3 & "  密码是" & Text4)
End Sub

Private Sub Command2_Click()
```

```
Text1 = ""
Text2 = ""
Text3 = ""
Text4 = ""
End Sub

Private Sub Command3_Click()
End
End Sub

Private Sub Form_Load()
Combo1.AddItem "男"
Combo1.AddItem "女"
End Sub
```

5.3 图片框与图像框

图片框和图像框控件是用来显示图形文件的文件内容。图形文件的存储形式有多种，而日常图片和图像存储主要有以下几种形式：（1）位图（Bitmap）是用像素表示的图形，通常以*.bmp为文件扩展名；（2）图标（icon）是以一个对象或概念的图形表示，通常以*.ico为文件扩展名；（3）元文件（metafile）是将图像作为线、圆或多边形的图形对象来存储，其类型是标准型和增强型，通常以*.wmf（标准型）为文件扩展名和*.emf（增强型）为扩展名；（4）JPEG文件是一种支持8位和24位颜色的压缩位图格式，通常以*.jpeg或*.jpg为扩展名；（5）GIF文件是一种压缩位图格式，最多可支持256种颜色，通常以*.gif为扩展名。

5.3.1 图片框使用

图片框（PictureBox）是可以用来显示图片、绘图方法输出、Print方法输出文本和作为其他控件的容器。其在工具箱中的图标是▣，在默认的状态下其名称为Picture1、Picture2等。

1. 图片框属性

图片框属性（见图5-13）是对图片进行操作，除了常用的基本属性外，还有几个重要的属性，下面就介绍这几个重要属性。

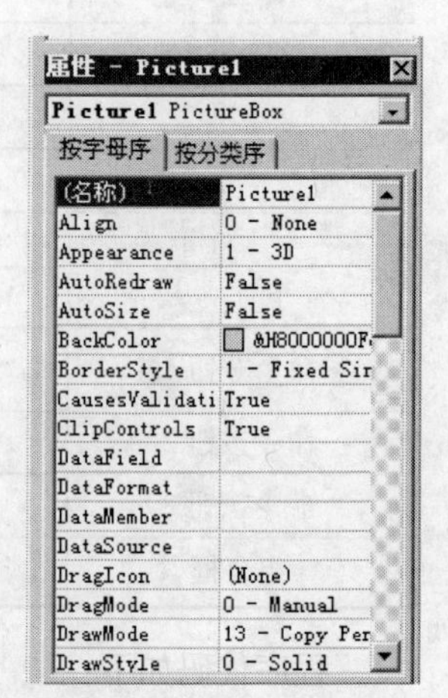

图5-13 图片框属性窗口

（1）AutoSize属性。该属性作用是设置图片框是否能自动扩展大小以适应图片尺寸的大小。AutoSize属性取值有两种情况：①属性值为False，表示图片框以设计时大小来确定显示图片的大小，超出图片框的图片部分将会自动剪切；②属性值为True，表示图片框将根据显示图片的大小而自动调节图片框的尺寸。

（2）Picture属性。该属性是设置显示图片，设置方式可以在图片框属性窗口设置，也可以在过程中用LoadPicture函数加载图片，语法格式如下：

```
对象名.Picture=LoadPicture("图片文件路径")
```

同时，LoadPicture函数还具有清除图片的功能，语法格式如下：

```
对象名.Picture=LoadPicture("")
```

或

```
对象名.Picture=LoadPicture(    )
```

或

```
对象名.Picture=Nothing
```

对于图片的清除除了利用 LoadPicture 函数外，还可以利用图片框属性窗口直接删除其 Picture 属性的内容。

（3）AutoRedraw 属性。该属性是设置是否重新自动绘制图形，AutoRedraw 属性取值有两种情况：①属性值为 False，表示不能自动重绘；②属性值为 True，表示图形发生变化时则自动重绘，并且显示图形变化的结果。

2. 图片框方法

图片框的方法与窗体的方法相同，常用的方法有 Refresh、Move、Print 以及绘图方法等。

3. 图片框事件

图片框在事件处理上有多种，常用的事件有鼠标事件、Change、Resize 等，对于具体事件处理过程在使用中将会详细介绍。

【例题 5-7】在窗体上绘制 3 个单选按钮，放置 1 个图片框和 2 个命令按钮，如图 5-14 所示。当程序运行时，选择一个单选按钮后，单击显示，在图片框中显示所选图片信息，单击清除命令按钮就会清除图片框中图片信息。运行结果如图 5-15 所示。

在各个对象属性窗口中按表 5-7 所示设置各个对象的属性值。

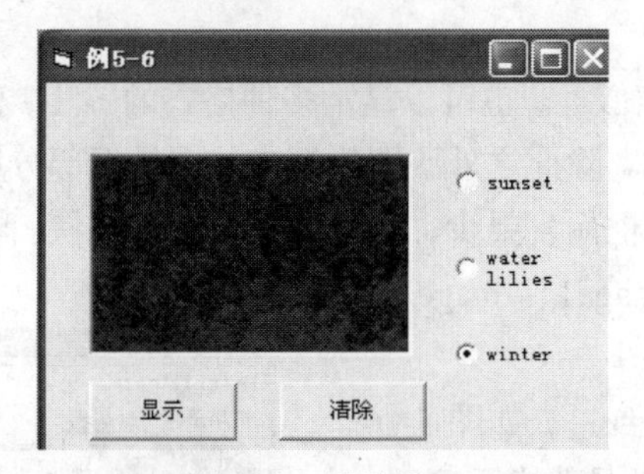

图 5-14　设计界面

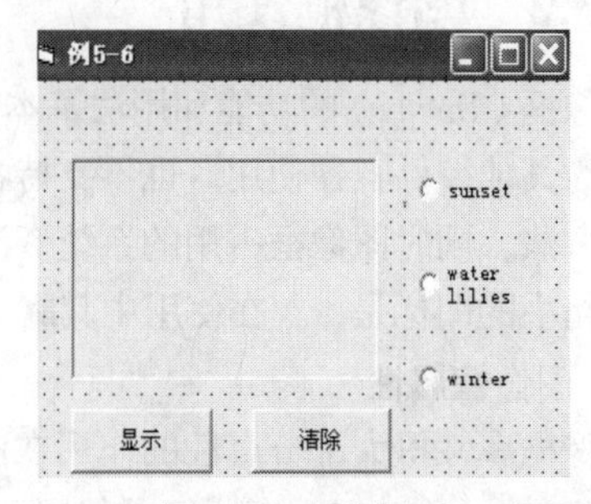

图 5-15　运行界面

表 5-7　各个对象属性设置

对象	对象名称	属性名称	属性值
窗体	Form1	Caption	例 5-6
图片框	Picture1	Picture	None
命令按钮 1	Command1	Caption	显示
命令按钮 2	Command2	Caption	清除
单选按钮 1	Option1	Caption	sunset
单选按钮 2	Option2	Caption	water lilies
单选按钮 3	Option3	Caption	winter

程序代码如下：

```
Private Sub Command1_Click()
If Option1.Value Then
Picture1.Picture = LoadPicture("C:\Documents and Settings\All Users\_
```

```
                  Documents\My Pictures\示例图片\Sunset.jpg")
End If
If Option2.Value Then
Picture1.Picture = LoadPicture("C:\Documents and Settings\All Users\_
                  Documents\My Pictures\示例图片\Water lilies.jpg")
End If
If Option3.Value Then
Picture1.Picture = LoadPicture("C:\Documents and Settings\All Users\_
                  Documents\My Pictures\示例图片\Winter.jpg")
End If
End Sub

Private Sub Command2_Click()
If Option1.Value Then
Picture1.Picture = LoadPicture("")
End If
If Option2.Value Then
Picture1.Picture = LoadPicture("")
End If
If Option3.Value Then
Picture1.Picture = LoadPicture("")
End If
End Sub
```

5.3.2 图像框使用

图像框（Image）的功能和用法基本上与图片框相似，即也可以显示多种格式的图片，但是其不能作为其他控件容器使用，也不支持各种绘图方法。除此之外，图像框支持图片框部分属性、事件和方法，同时图像框占用的系统资源相对于图片框而言要少，且在重绘时速度要快。图像框在工具箱中的图标是，在使用中其默认的名称是 Image1、Image2 等。

1. 图像框属性

图像框属性里大部分属性的作用在前面都已经提到过，如图 5-16 所示，如 Picture、Enable 等，但在其属性中有一个属性是非常重要的，即 Stretch 属性，该属性的作用是设置自动缩放所显示图形是否适应图像框控件大小，Stretch 属性取值有两种情况：False 和 True。当 Stretch 取值为 False 时，表示图像框控件可以根据显示图形大小来自动调整自身尺寸，显示整张图形；当 Stretch 取值是 True 时，表示可根据图像框大小来自动缩放显示图形，但这种情况可能会导致显示图形出现变形情况。

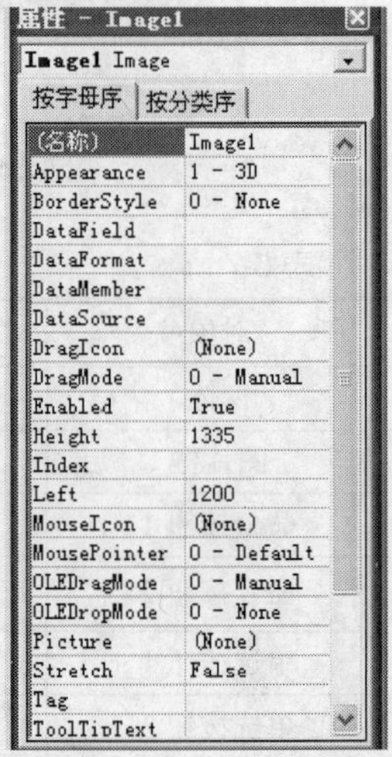

属性 - Image1

Image1 Image

按字母序 | 按分类序

(名称)	Image1
Appearance	1 - 3D
BorderStyle	0 - None
DataField	
DataFormat	
DataMember	
DataSource	
DragIcon	(None)
DragMode	0 - Manual
Enabled	True
Height	1335
Index	
Left	1200
MouseIcon	(None)
MousePointer	0 - Default
OLEDragMode	0 - Manual
OLEDropMode	0 - None
Picture	(None)
Stretch	False
Tag	
ToolTipText	

图 5-16　图像框属性面板

2. 图像框方法

对图像框的操作方法有多种，但是常用的方法就是 Refresh 方法和 Move 方法。

3. 图像框事件

对图像框的操作事件常用的就是鼠标事件。

【例题 5-8】 在窗体上绘制 2 个命令按钮和 1 个图像框，如图 5-17 所示。当程序运行时，单击“载入图片”按钮后，程序就会自动载入 C：\dog.jpg 图片；单击“清除”命令按钮就会清除图像框中图片信息。运行结果如图 5-18 所示。

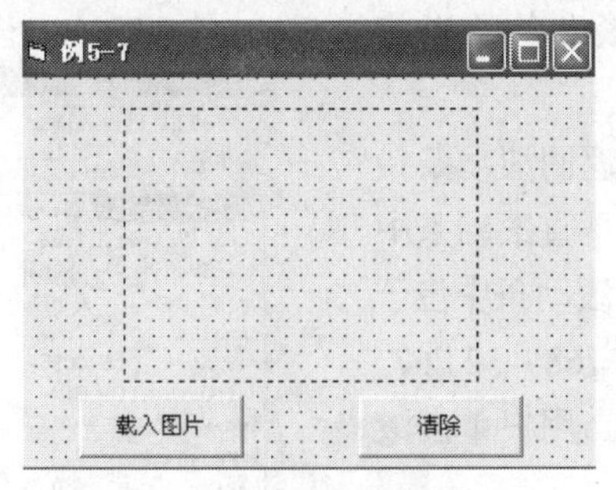

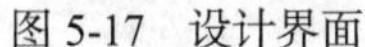
图 5-17　设计界面

图 5-18　运行界面

在各个对象属性窗口中按表 5-8 所示设置各个对象的属性值。

表 5-8　各个对象属性设置

对象	对象名称	属性名称	属性值
窗体	Form1	Caption	例 5-7
图像框	Image1	Stretch	true
命令按钮 1	Command1	Caption	载入图片
命令按钮 2	Command2	Caption	清除

程序代码如下：

```
Private Sub Command1_Click()
Image1.Picture = LoadPicture("C:\dog.jpg")
End Sub

Private Sub Command2_Click()
Image1.Picture = LoadPicture()
End Sub
```

5.4　滚动条与计时器

Visual Basic 提供了两种特殊的控件，即滚动条和计时器。滚动条是用来附在某个窗口上帮助用户观察数据或者对数据进行定位操作的控件，而计时器是用来控制时间的控件，例如在程序运行界面上显示当前时间或者每隔一定时间要求触发一个事件等操作。

5.4.1　滚动条使用

滚动条（Hscroll 和 Vscroll）分为两类：水平滚动条、垂直滚动条。两类滚动条在结构和操作方式上是完全一样的，只不过二者完成的方向不一样。滚动条的作用是用来辅助显示内容较多或者对显示的内容进行定位的一类控件，除此之外，滚动条还可以作为数量和速度的指示器使用。水平滚动条在工具箱中的图标是，垂直滚动条在工具箱中的图标是。水平滚动条的默认名称为 Hscroll1、Hscroll2 等，垂直滚动条的默认名称为 Vscroll1、Vscroll2 等。

1. 滚动条属性

滚动条属性如图 5-19 所示，常用属性介绍如下。

（1）Value 属性。该属性值在界面设计时通过滚动条属性面板设置或在程序运行时进行值的改变。Value 属性在控件中的作用是设置或返回滚动条的当前位置。

(2) Max 属性和 Min 属性。该属性的作用是设置或返回滚动条最大值和最小值。Max 在水平滚动条中位于最右边，而在垂直滚动条中位于最下边，其取值范围：-32 768 ~ 32 767。Min 在水平滚动条中位于最左边，而在垂直滚动条中位于最上边，其取值范围：-32 768 ~ 32 767。

(3) SmallChange 属性。该属性作用是小改变，即当用户单击滚动箭头时，其改变量就是 Value 属性值的改变量。

(4) LargeChange 属性。该属性作用是大改变，即当用户单击滚动箭头与滑块之间的空白区域时，其改变量就是 Value 属性值的改变量。

5-19 HScroll 属性面板

2. 滚动条方法

滚动条在使用过程中，常用的是 SetFocus、Refresh 和 Move 方法。

3. 滚动条事件

与滚动条相关的主要事件是 Scroll 事件和 Change 事件。

(1) Scroll 事件。该事件是用来跟踪滚动条中的动态变化，也就是当鼠标拖动滚动条中的滑块时触发该事件。

(2) Change 事件。该事件是用来得到滚动条最后的 Value 属性值，也就是当滚动框位置发生改变时触发该事件。

【例题 5-9】 利用滚动条设计调色面板。在 Form1 上放入 3 个标签，分别是红色、绿色和蓝色，1 个 Picture 控件，3 个 HscrollBar 控件组成的控件组和 3 个标签组成的控件组（注意，HscrollBar 控件组和标签组在复制过程中一定要把复制的控件放到 1 个控件组里，也就是单击"是"），设计界面如图 5-20 所示。当程序运行时，通过 3 个 HscrollBar 来调整颜色的分量值，图片框 Picture 中显示相应的颜色，运行界面如图 5-21 所示。

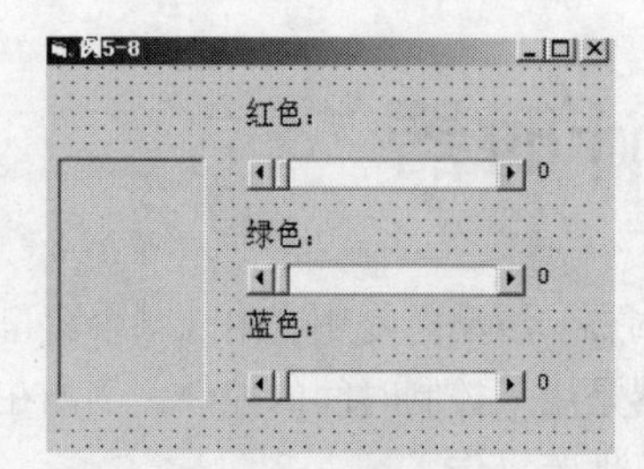

图 5-20 设计界面

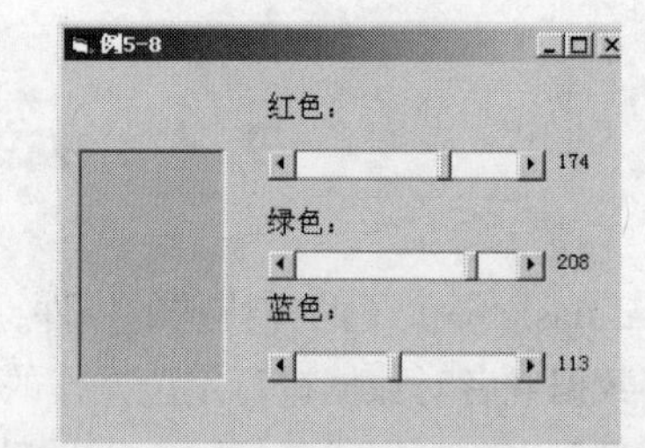

图 5-21 运行界面

在各个对象属性窗口中按表 5-9 所示设置各个对象的属性值。

表 5-9 各个对象属性设置

对象	对象名称	属性名称	属性值
窗体	Form1	Caption	例 5-8
标签 1	Label1	Caption	红色
标签 2	Label2	Caption	绿色
标签 3	Label3	Caption	蓝色
图片框	Picture1	Backcolor	&H00000000&

续表

对象	对象名称	属性名称	属性值
滚动条控件组	Hscroll1	Max Min LargeChange	255 0 5
标签组	Label1	Caption	0

通过控件组实现的程序代码如下：

```
Private Sub HScroll1_Change(Index As Integer)
Label1(Index).Caption = HScroll1(Index).Value
Picture1.BackColor = RGB(HScroll1(0).Value, HScroll1(1).Value,_
HScroll1(2).Value)
End Sub

Private Sub HScroll1_Scroll(Index As Integer)
HScroll1_Change (Index)
End Sub
```

本题也可以利用单个控件来实现滚动条设计调色面板，通过控件实现的代码如下：

```
Private Sub HScroll1_Change()
Form1.BackColor = RGB(HScroll1.Value, HScroll2.Value, HScroll3.Value)
End Sub

Private Sub HScroll2_Change()
Form1.BackColor = RGB(hsbr.Value, HScroll2.Value, HScroll3.Value)
End Sub

Private Sub HScroll3_Change()
Form1.BackColor = RGB(HScroll1.Value, HScroll2.Value, HScroll3.Value)
End Sub
```

5.4.2　计时器使用

计时器（Timer）又称为定时器或时钟控件，其在程序运行过程中是不可见。计时器的作用是时间控制，如在程序界面上显示当前时间或每隔一定时间激活一个事件等。计时器在工具箱中的图标是，其默认的名称为 Timer1、Timer2 等。

1. 计时器属性

计时器属性如图 5-22 所示。

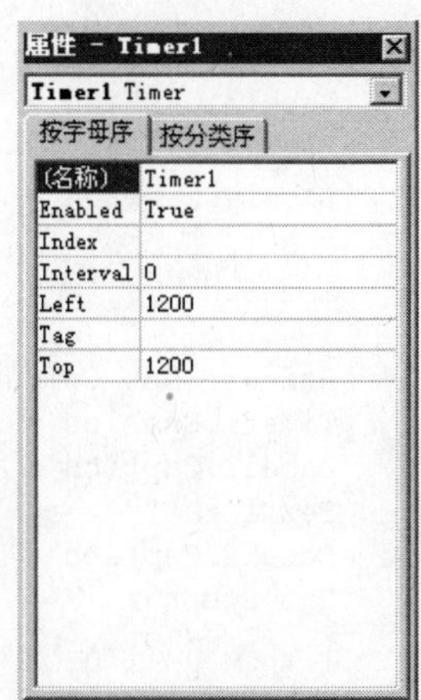

图 5-22　计时器属性面板

（1）Interval 属性是用于设置计时器的时间间隔，以毫秒(ms)为单位，最大值为 65535，最小值为 0。

（2）Enabled 属性是用于设定逻辑值，控制计时器的开与关。其取值为 True 或 False，当为 True 时，表示计时器为可用；当为 False 时，表示计时器为不可用。

2. 计时器方法

计时器控件不支持任何方法的使用。

3. 计时器事件

计时器控件的事件只有一个，即 Timer 事件。当每一个由 interval 设置的时间间隔过去后，就会触发 Timer 事件。

【例题 5-10】 利用计时器控件制作一个简单的闹钟。在窗体上放入 4 个标签，分别为系统时间、显示时间、设定时间和显示“时间到了，该起床了!”，1 个计时器控件，1 个文本框控件，2

个命令按钮，分别为开始和结束，设计界面如图 5-23 所示。当设定的时间到时，提示“时间到了，该起床了！”，如图 5-24 所示。

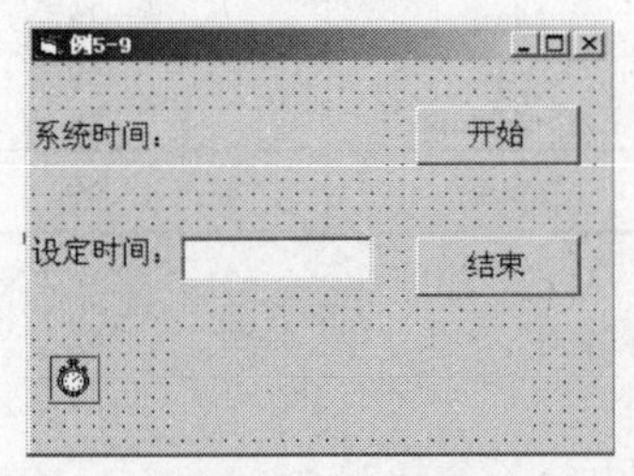

图 5-23　设计界面

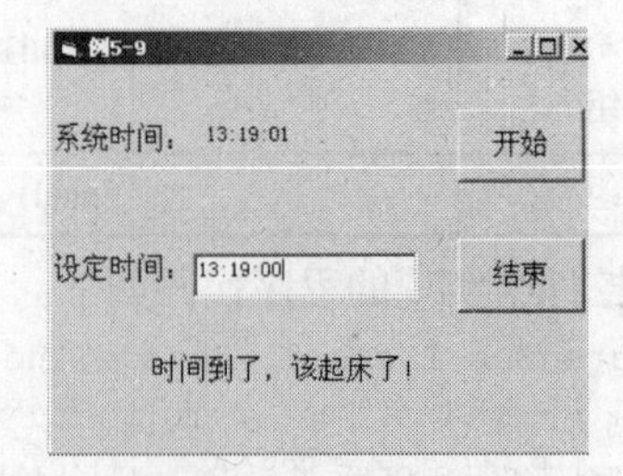

图 5-24　运行界面

在各个对象属性窗口中按表 5-10 所示设置各个对象的属性值。

表 5-10　各个对象属性设置

对象	对象名称	属性名称	属性值
窗体	Form1	Caption	例 5-9
标签 1	Label1	Caption	系统时间
标签 2	Label2	Caption	设定时间
标签 3	Label3	Caption	空
标签 4	Label4	Caption	空
命令按钮 1	Command1	Caption	开始
命令按钮 2	Comman2	Caption	结束
计时器	Timer1	Interval Enabled	1000 False
文本框	Text1	text	空

程序代码如下：

```
Private Sub Command1_Click()
Timer1.Enabled = True
End Sub

Private Sub Timer1_Timer()
Label3.Caption = Time
If Text1.Text = Label3.Caption Then
Label4.Caption = "时间到了，该起床了！"
End If
End Sub

Private Sub Command2_Click()
Timer1.Enabled = False
Label3.Caption = ""
Text1 = ""
Label4.Caption = ""
End Sub
```

5.5　几何图形控件

几何图形控件是 Visual Basic 提供的一类控件，利用几何图形控件可以在窗体、图片框等绘图对象中快速直接地绘制各种简单的线条和形状。几何图形控件包括图形控件和线性控件。

5.5.1　图形控件使用

图形控件（Shape）可以在窗体、图片框和框架等控件上绘制矩形、正方形、椭圆、圆、圆角矩形等几何图形。图形控件在工具箱中的图标为，在窗体中默认的名称为 Shape1、Shape2 等。

1. 图形控件属性

图形控件有如下几个常用的属性。

（1）Shape 属性。该属性（见图 5-25）是决定图形控件所要显示的图形形状，Shape 属性的属性取值有多个，如表 5-11 所示。

表 5-11　图形控件预定义形状

Shape 属性值	形状
0-Rectangule	矩形
1-Square	正方形
2-Oval	椭圆
3-Circle	圆
4-Rounded Rectangule	圆角矩形
5-Rounded Square	圆角正方形

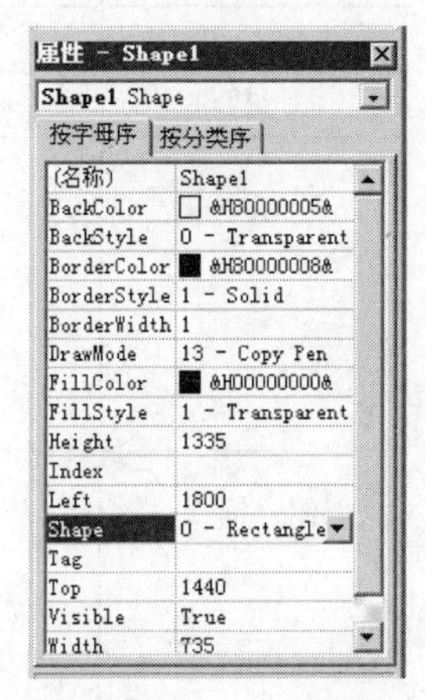

图 5-25　Shape 属性面板

（2）BackStyle 属性。该属性是决定图形是否透明，透明时 BackStyle 属性无效。

（3）BackColor 属性。该属性是设置或返回图形的背景色。

（4）BorderStyle 属性。该属性是设置边界线的样式，如透明、实线等。

（5）BorderWidth 属性。该属性是设置边界线的宽度。

（6）FillStyle 属性。该属性是设置图形内部的填充模式，如透明、水平等。

（7）FillColor 属性。该属性是设置或返回图形内部填充内容的颜色。

2. 图形控件方法

图形控件常用的方法是 Move 方法。

3. 图形控件事件

图形控件不能响应任何事件。

【例题 5-11】利用图形控件来显示各种简单图形。在窗体中添加 3 个标签，分别是图形形状、填充样式、填充颜色，添加 1 个图形控件和 3 个组合框控件，如图 5-26 所示。运行结果如图 5-27 所示。

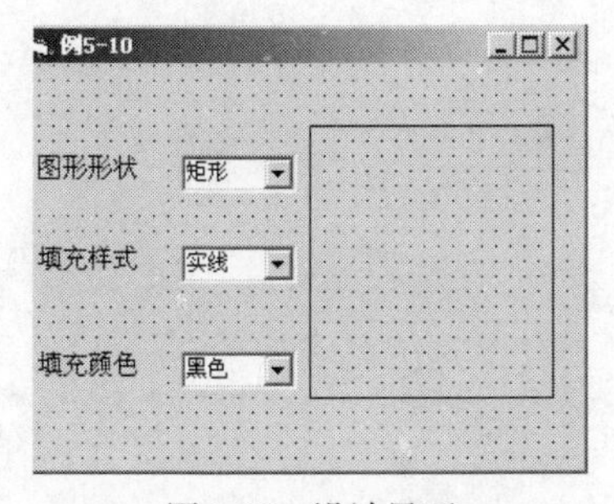

图 5-26　设计界面

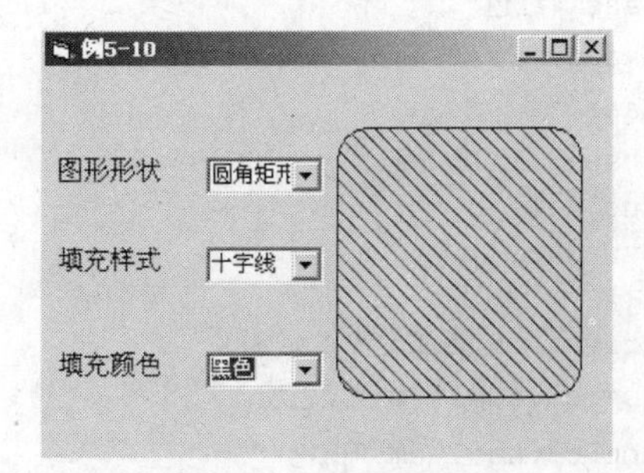

图 5-27　运行界面

在各个对象属性窗口中按表 5-12 所示设置各个对象的属性值。

表 5-12　　　　各个对象属性设置

对象	对象名称	属性名称	属性值
窗体	Form1	Caption	例 5-10
标签 1	Label1	Caption	图形形状
标签 2	Label2	Caption	填充样式
标签 3	Label3	Caption	填充颜色
图形控件	Shape1	BorderStyle	1-Solid
组合框 1	Combo1	List	矩形 正方形 圆形 椭圆形 圆角矩形
组合框 2	Combo2	List	实线 虚线 点线 十字线 斜线
组合框 3	Combo3	Text	黑色

程序代码如下：

```
Private Sub Combo1_Click()
Shape1.Shape = Combo1.ListIndex
End Sub

Private Sub Combo2_Click()
Shape1.FillStyle = Combo2.ListIndex
End Sub

Private Sub Combo3_Click()
Select Case Combo3.Text
Case "黑色"
Shape1.FillColor = vbBlack
Case "白色"
Shape1.FillColor = vbWhite
Case "红色"
Shape1.FillColor = vbRed
Case "蓝色"
Shape1.FillColor = vbBlue
End Select
End Sub

Private Sub Form_Load()
Combo3.AddItem "黑色"
Combo3.AddItem "白色"
Combo3.AddItem "红色"
Combo3.AddItem "蓝色"
End Sub
```

5.5.2 线性控件使用

线性控件（Line）是用于在窗体、框架和图片框中绘制简单的线段，例如直线或斜线。对于线性控件而言，它不响应任何事件的发生。线性控件在工具箱中的图标是 ，其默认的名称为 Line1、Line2 等。

直线或斜线的长度、位置、颜色、形状等都是由线性控件的相关属性的设置来决定，如图 5-28 所示。BorderStyle 属性是设置直线或斜线的样式，例如实线、虚线、点线等；BorderWith 属性是设置或返回直线的宽度；BorderColor 属性是设置或返回直线的颜色；X1，Y1 属性是设置或返回直线的起点坐标值；X2，Y2 属性是设置或返回直线的终点坐标值。对于线性控件的相关属性可以在设计时通过线性控件属性面板来设定，也可以在程序运行过程中动态地改变线性控件的各种属性。

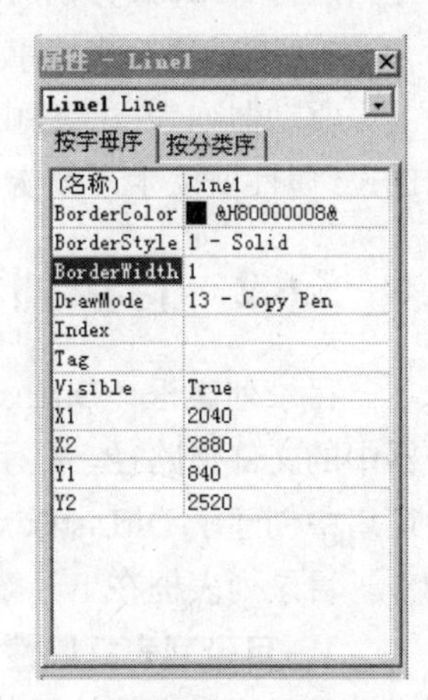

图 5-28 线性控件属性面板

5.6 文件系统控件

在许多应用程序中需要对文件进行操作，Visual Basic 提供了文件系统控件来实现相关的文件操作。文件系统控件是实现查看磁盘驱动器、目录和文件，是实现对相关文件的控制功能。文件系统控件包括驱动器列表框、目录列表框和文件列表框。

5.6.1 驱动器列表框使用

驱动器列表框（DriveListBox）是一种下拉式列表框，与组合框类似，只不过是针对驱动器操作。该控件是用来设置或显示当前磁盘驱动器的名称，用户通过单击驱动器列表框中的下拉箭头就会显示系统中或网络上所有的磁盘驱动器名称。驱动器列表框在工具箱中的图标是 ，其默认的名称为 Drive1、Drive2 等。

1. 驱动器列表框属性

驱动器列表框控件所有属性（见图 5-29）中最为重要的一个属性是 Drive 属性，其功能是在程序运行时设置或返回被选中的驱动器，也就是说通过 Drive 属性可以判断用户在下拉列表中选择的驱动器名称，该属性功能只在程序运行时是有效的。

Drive 属性可以通过代码读取该属性值来判断当前选择的驱动器，例如：

```
Drive1.Drive="D:\ "
```

但有时在操作过程中，需要改变当前系统中工作的驱动器，就需要 ChDrive 语句来实现驱动器名称的更改，例如：

```
ChDrive Drive1.Drive
```

2. 驱动器列表框方法

驱动器列表框常用的方法主要是 Refresh 方法，该方法的功能

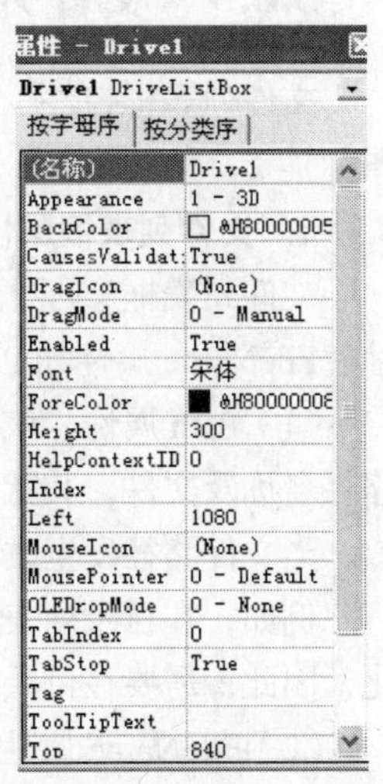

图 5-29　驱动器列表属性面板

是当运行 Refresh 方法时刷新驱动器列表。除此之外驱动器列表还支持 SetFocus 和 Move 方法。

3. 驱动器列表框事件

驱动器列表框事件中最为重要的事件是 Change 事件。当程序运行时，如果驱动器列表框的 Drive 属性值发生了改变，就会触发 Change 事件的发生。

5.6.2 目录列表框使用

目录列表框（DirListBox）又名文件夹列表框，其功能是设置或显示当前驱动器或指定驱动器中的文件夹路径。显示时是以根目录开头，各个目录按子目录的层次结构进行缩进。当用户在窗口中创建了 DirListBox 控件时，运行程序通过双击其中的文件夹，就能够打开其下的子目录文件。目录列表框在工具箱中的图标是，其默认的名称为 Dir1、Dir2 等。

1. 目录列表框属性

目录列表框控件属性（见图 5-30）中最为主要的属性是 Path 属性，其功能是设置或返回当前文件夹的目录路径，也包括该驱动器名。该属性在设计过程中是不可用，只能在程序运行中使用该属性，其语法格式如下：

目录列表框名称.Path=具体路径

例如，程序运行时，要更改默认时显示的目录，将默认时目录路径改为 E:\MyBook，其代码如下：

```
Private Sub Form_Load()
Dir1.Path="E:\MyBook"
End Sub
```

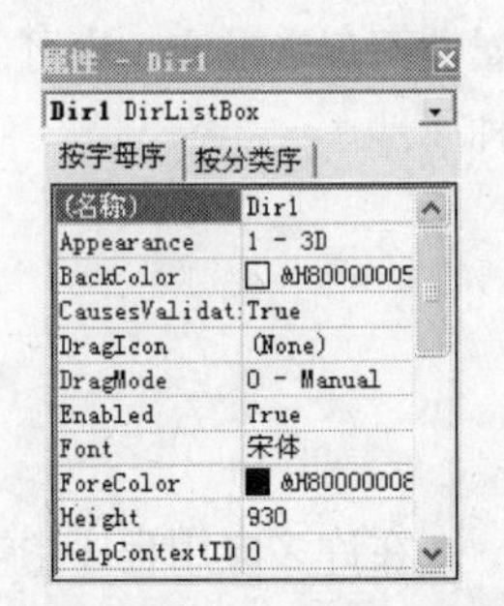

图 5-30 目录列表框属性面板

2. 目录列表框方法

目录列表框控件常用的方法主要有 Refresh 方法、SetFocus 方法和 Move 方法。

3. 目录列表框事件

目录列表框事件最为重要的事件是 Change 事件，该事件是当目录列表框的 Path 属性值发生改变时，就触发该事件的发生。

5.6.3 文件列表框使用

文件列表框控件（FileListBox）的功能是用来显示指定目录下的文件列表，其在工具箱中的图标是，默认的名称为 File1、File2 等。

1. 文件列表框属性

文件列表框（见图 5-31）在使用过程中最主要的属性有 Path 属性、FileName 属性和 Pattern 属性。

（1）Path 属性。该属性是设置或返回文件列表框所显示的文件路径名称及文件，其默认路径为当前路径。该属性只在运行阶段有效。当文件路径发生改变时会触发 PathChange 事件。

例如，在目录列表框发生变化时，文件列表框内容也要发生变化，因此，需要在目录列表框的 Change 事件中编写代码。

（2）FileName 属性。该属性是设置或返回从文件列表框中被选中的文件名字符串。在窗体设计过程中，该属性是不可用的。只在

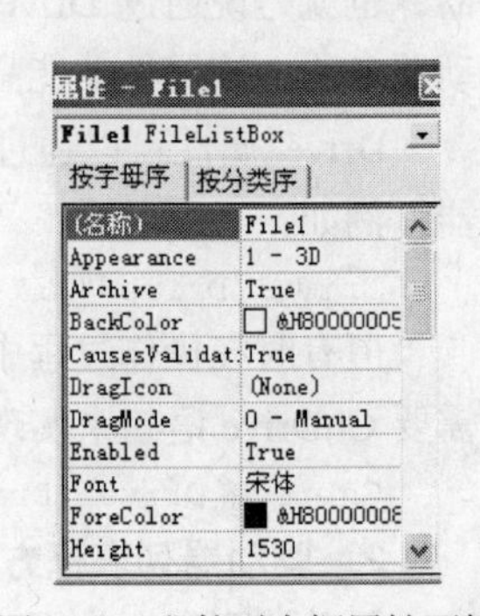

图 5-31 文件列表框属性面板

运行阶段是有效的。通常情况是用户从文件列表框中选择后，通过读取该属性来判断所选择的文件。

（3）Pattern 属性。该属性是设置文件列表框中要显示的文件类型，默认值"*.*"。通过该属性值的设置，对显示的文件起到一个过滤的效果。设置方式既可以在该属性面板中设置，也可以在运行时通过程序代码设置。

文件类型的表达可以使用 DOS 通配符，当需要表达的文件类型有多种的情况下，则各个类型表达式之间要用";"进行分隔。例如，要在文件列表框中显示.exe 和.com 为扩展名的文件，则相应的设置语句为：

```
File.Pattern="*.exe; *.com"
```

2. 文件列表框方法

文件列表框的方法常用的是 Refresh 方法、SetFocus 方法和 Move 方法。

3. 文件列表框事件

文件列表框在使用过程中可以响应大多数事件，但在这些事件中最为特殊的事件是以下两个事件。

（1）PathChange 事件。当文件列表框的 Path 属性值发生改变时，该事件就会被触发。

（2）PatternChange 事件。当文件列表框的 Pattern 属性值发生改变时，该事件就会被触发。

5.6.4　文件系统控件的连接使用

通过上面的介绍，知道了驱动器列表框、目录列表框和文件列表框的相关属性、方法以及事件，虽然在工具箱中三者是不关联的，但在通常使用过程中，往往是这三种控件相互交织在一起使用。例如，对某个控件使用（驱动器列表框）进行操作时，其他控件就会自动显示相应文件夹里所包含的所有各类扩展名结尾的文件或程序，这就需要控件之间的连接使用，才能实现该功能，过程如下：

（1）将驱动器列表框的操作赋值给目录列表框的 Path 属性，也就是在驱动器列表框的 Change 事件中写入如下代码：

```
Private Sub Drive1_Change()
Dir1.Path=Drive1.Dirve
End Sub
```

（2）通过（1）过程，就建立起驱动器列表框和目录列表框之间的连接，然后将目录列表框从驱动器获得的 Path 属性值赋值给文件列表框的 Path 属性，这样通过操作目录列表框就会影响到文件列表框中需要显示的内容，也就是说在目录列表框的 Change 事件中写入如下代码：

```
Private Sub Dir1_Change()
File1.Path= Dir1.Path
End Sub
```

【例题 5-12】 利用驱动器列表框、目录列表框和文件列表框设计 1 个图片浏览程序。在窗体上放入 1 个驱动器列表框、1 个目录列表框、1 个文件列表框、1 个图像框和 4 个标签。这 4 个标签分别是驱动器名称、目录文件列表、文件名列表和图片显示，设计界面如图 5-32 所示。通过驱动器名选择以及图片所在目录的选择之后，双击图片文件名，相应图片就会显示在窗体中的图像框中，其运行结果如图 5-33 所示。

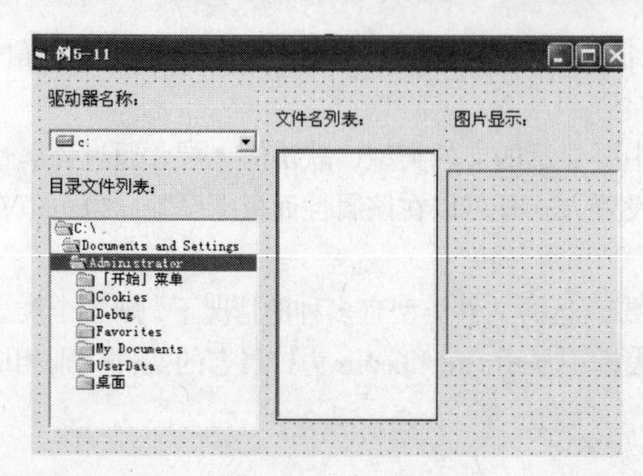

图 5-32　设计界面

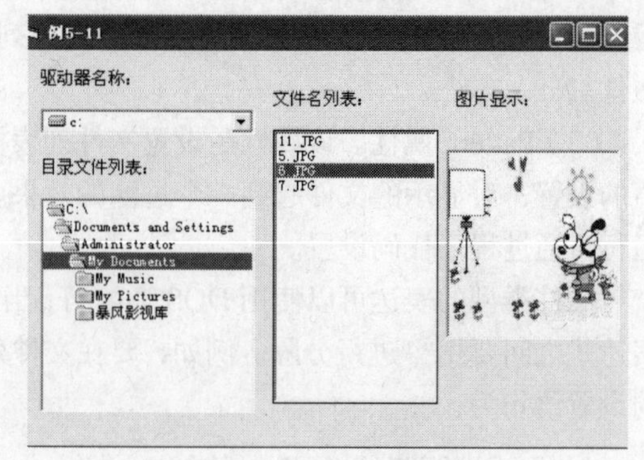

图 5-33　运行界面

在各个对象属性窗口中按表 5-13 所示设置各个对象的属性值。

表 5-13　各个对象属性设置

对象	对象名称	属性名称	属性值
窗体	Form1	Caption	例 5-11
标签 1	Label1	Caption	驱动器名称：
标签 2	Label2	Caption	目录文件列表：
标签 3	Label3	Caption	文件名列表：
标签 4	Label4	Caption	图片显示：
驱动器列表框	Drive1		默认属性值
目录列表框	Dir1		默认属性值
文件列表框	File1	Pattern	*.jpg
图像框	Image1	BorderStyle Stretch	1-Fixed Single True

程序代码如下：

```
Private Sub Dir1_Change()
File1.Path = Dir1.Path
End Sub

Private Sub Drive1_Change()
Dir1.Path = Drive1.Drive
End Sub

Private Sub File1_Click()
Image1.Picture = LoadPicture(File1.Path + "\" + File1.FileName)
End Sub
```

本章小结

本章通过例题详细介绍了 Visual Basic 提供的各种标准控件的功能、方法和相关的事件以及各个控件的用法等，是 Visual Basic 程序设计的基本内容，结合前几章的内容，能够更好地发挥控件的使用功能，控件是应用程序开发过程中必不可少的知识和技术。

下面对本章所涉及的各种控件功能作简单的总结如下。

（1）单选按钮、复选框和框架，这 3 个控件的主要作用是在程序设计过程中进行相关的选择操作。

（2）列表框和组合框是以列表的形式为用户提供一个友好、直观的浏览界面，其主要作用是方便用户列表中选择指定的项目进行操作。

（3）图片框和图像框，其主要作用是通过程序的运行来调用用户所指定的图片或图像。

（4）几何图形控件是用于实现简单的图形操作，特别是 Line 控件在使用的过程中要结合相关的方法才能实现在窗体中绘制各种各样的图形。

（5）滚动条控件分为水平滚动条和垂直滚动条，其作用是方便用户浏览数据信息。

（6）计时器控件的作用是使应用程序在每隔一定时间后去触发某个事件的发生或者是去执行一些特定的操作。

（7）驱动器列表框、目录列表框和文件列表框虽然在工具箱中是 3 个独立的控件，但在使用过程中三者要配合使用，完成文件处理功能。

总之，通过对本章的学习，应该熟练掌握各种控件的常用属性和方法，要灵活运用各个控件可响应的事件来进行编程和解决问题，学会独立设计比较简单实用的应用程序。

习　　题

一、选择题

1. 新建一个列表框，要实现对列表项可以复选，应设置的属性是________。

   A. ScrollBars　　B. MultiSelect　　C. DataField　　D. Stretch

2. 图像框或图片框中显示的图形，由对象的________属性值决定。

   A. Picture　　B. Image　　C. Icon　　D. MouseIcon

3. 若要获得滚动条的当前值，可通过访问其________属性来实现。

   A. Text　　B. Min　　C. Max　　D. Value

4. 当拖动滚动条时，将触发滚动条的________事件。

   A. Move　　B.Change　　C. Scroll　　D. GotFocus

5. 若要获知当前列表框列表项的数目，可通过访问________属性来实现。

   A. List　　B. ListIndex　　C. ListCount　　D. Text

6. 用户在组合框中所输入的数据，可通过访问组合框对象的________属性来获得。

   A. List　　B.ListIndex　　C. ListCount　　D. Text

7. 若要向列表框中添加内容，可使用的方法是________。

   A. Add　　B. Remove　　C. Clear　　D. AddItem

8. 若要以程序代码方式设置在窗体中显示文本的字体大小，则可用窗体对象的________属性来实现。

   A. FontName　　B. Font　　C. FontSize　　D. FontBold

9. 若要设置文本的显示颜色，则可用________属性来实现。

   A. BackColor　　B. ForeColor　　C. FillColor　　D. Backstyle

10. 以下控件中可以作为容器控件的是________。

A. Image 图像框控件　　B. PictureBox 图片框控件

C. TextBox 文本框控件　　D. ListBox 列表框控件

二、填空题

1. Visual Basic 中有一种控件组合了文本框和列表框的特性，这种控件是________。

2. 当拖动滚动条时，将触发滚动条的________事件。

3. 复选框的________属性设置为 2-grayed，将变成灰色。

4. 列表框中的________和________属性是数组；列表框中项目的序号从________开始的；列表框 List1 中最后一项的序号用________表示。

5. 将文本框中的 ScrollBars 的属性设置为________，有垂直滚动条。

三、设计题

1. 利用单选按钮制作如图 5-34 所示的设计界面。要求能将文本框中的内容更改字体风格。

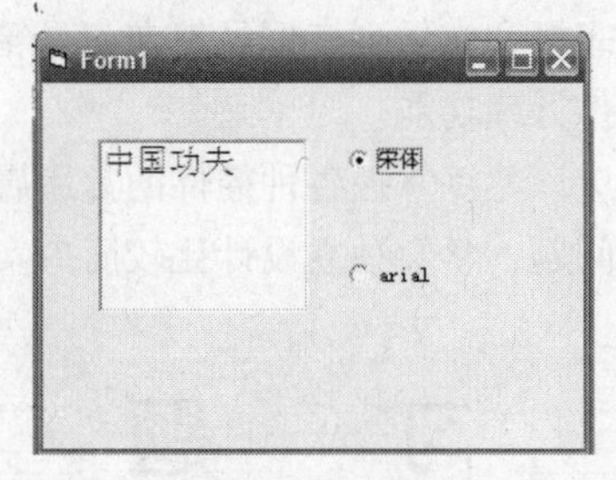

图 5-34　设计界面

2. 利用单选按钮、复选框及框架控件，制作一个如图 5-35 所示的字体设置对话框，要求：在文本框中随意添加文字，并能把输入进去的文字修改它的字体颜色和字形。

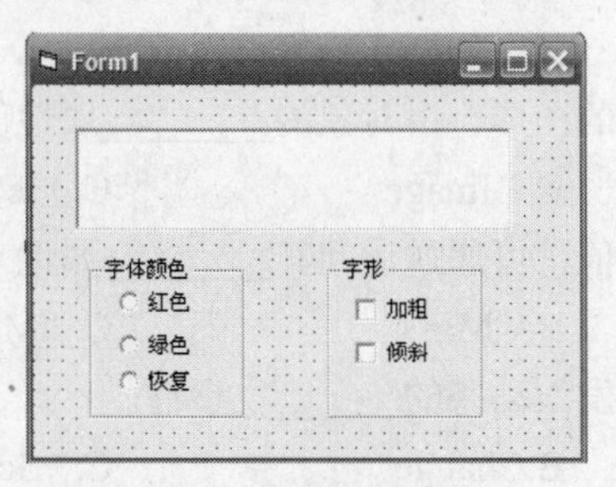

图 5-35　设计界面

3. 设计一个坐标设置程序，界面如图 5-36 所示。要求：在文本框中输入 1 ~ 100 范围内的数值后，对应滚动条的滚动块会滚动到相应位置，同时在标签中显示当前坐标。

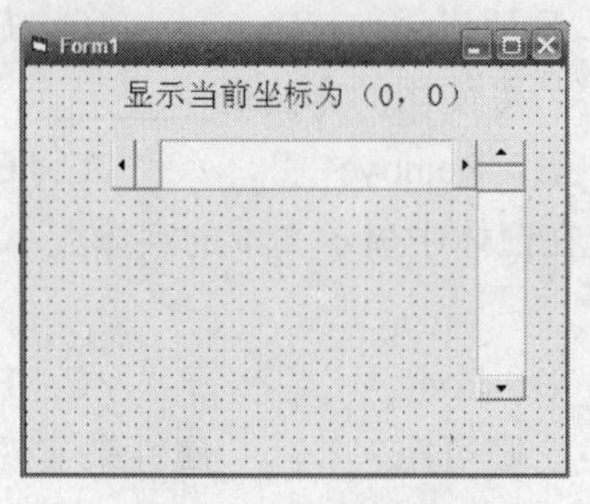

图 5-36　设计界面

4. 有 1 个窗体，包含 2 个图片框、名称分别为 P1 和 P2，其中的图片分别是 1 个航天飞机和 1 朵云彩，还有 1 个定时器，名称为 Timer1，1 个命令按钮，名称为 C1，标题为“发射”。程序运行时，单击“发射”按钮，则航天飞机每隔 0.1s 向上移动一次，当到达云彩下方时停止，如图 5-37 所示。控件及其属性设置如表 5-14 所示。

表 5-14　　各个对象属性设置

对象	属性名称	属性值
Form1	Caption	飞机发射
P1	Picture	Rocket.ico（飞机图标）
P2	Picture	Cloud.ico（云彩图标）
Timer1	Interval	100
	Enabled	False
C1	Caption	发射

图 5-37　设计界面

5. 设计一个字体属性的程序，界面要求如图 5-38 所示。要求：启动工程后，自动在字体列表框中列出当前系统中可用的屏幕字体。要在编辑区中直接输入字号大小。所做的任何设置都在示例中显示出来，单击清除恢复初始，单击结束将结束程序。

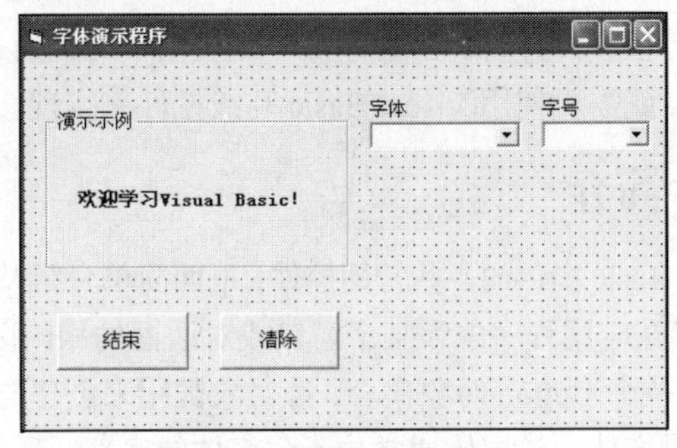

图 5-38　设计界面

第6章 高级控件

Windows 中有很多应用程序，它们的界面中都包含有工具栏、状态栏、不同的显示方式、树形结构、多功能选项卡等内容。而在 Visual Basic 中，也提供有这样一个控件集合，Visual Basic 高级控件，利用它们也可以开发出一些类似界面的应用程序。

6.1 高级控件简介

使用 Visual Basic 进行程序设计时，当程序操作比较简单时，通过简单的常用控件就可以实现；当程序操作较复杂时，就需要使用 Visual Basic 高级控件来实现。

6.1.1 高级控件简介

前面已经介绍过 Visual Basic 提供的一些常用控件，下面简单介绍 Visual Basic 的一些高级控件。

TabStrip 控件可以在应用程序中为某个窗口或对话框的相同区域定义多个页面。

Toolbar 控件包含一个 Button 对象集合，该对象被用来创建与应用程序相关联的工具栏。

StatusBar 控件提供窗体，该窗体通常位于父窗体的底部，通过这一窗体，应用程序能显示各种状态数据。

ProgressBar 控件通过从左到右用一些方块填充矩形来表示一个较长操作的进度。

TreeView 控件显示对象的分层列表,每个 Node 对象均由一个标签和一个可选的位图组成。

ListView 控件以 ListItem 对象的形式显示数据。每个 ListItem 对象都可有一个可选的图标与其标签相关联。

ImageList 控件包含了一个图像的集合，这些图像可以被其他 Windows 公用控件使用,特别是 ListView、TreeView、TabStrip 和 Toolbar 控件。

Slider 控件是包含滑块和可选择性刻度标记的窗口。

ImageCombo 控件是标准 Windows 组合框的允许绘图版本。控件列表部分中的每一项都可以有一幅图片指定给它。

6.1.2 添加高级控件

上节介绍的高级控件是 Visual Basic 工具箱的扩充部分，使用这类控件的方法与使用其他内部控件的方法一样。首先需要将它们添加到工具箱中。具体步骤为：

（1）在“工具箱”面板上，单击鼠标右键，先建立一个选项卡，命名为“高级控件”。此时工具箱中有一个“高级控件”按钮，如图 6-1 所示。

（2）在“高级控件”上单击鼠标右键，选择“部件”，弹出部件对话框，如图 6-2 所示。

（3）从部件对话框中找到“Microsoft Windows Common Controls 6.0”，单击其左边的复选框，使其被选中。单击部件对话框中的“确定”按钮，此时工具箱面板如图 6-3 所示，上面多出了 9 个控件图标。

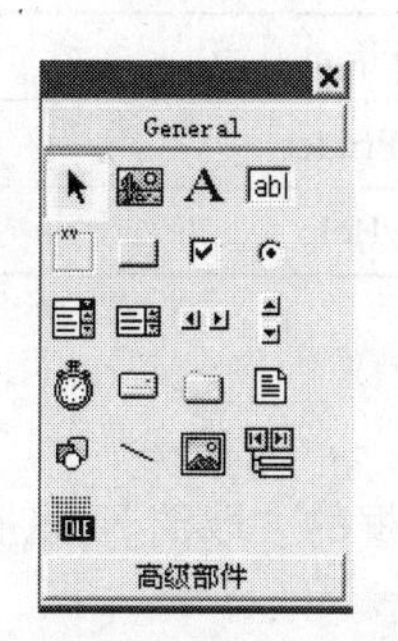

图 6-1　“高级控件”按钮

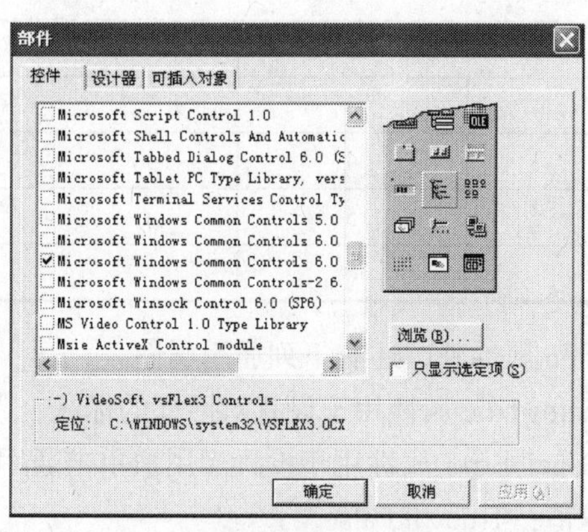

图 6-2　“部件”对话框

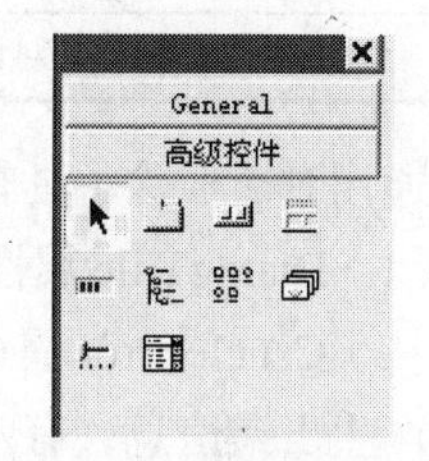

图 6-3　添加高级控件

6.2　通用对话框控件

在应用程序中，经常要用到“打开文件”、“文件另存为”、“颜色”、“字体”、“打印”、“帮助”等对话框，它们都属于 Windows 通用对话框（CommonDialog）。

6.2.1　CommonDialog 控件

CommonDialog 控件使用时需要先添加到工具箱中，方法是从“部件”对话框中选择“Microsoft CommonDialog Control 6.0”选项，单击其左边的复选框，将其选中，如图 6-4 所示。

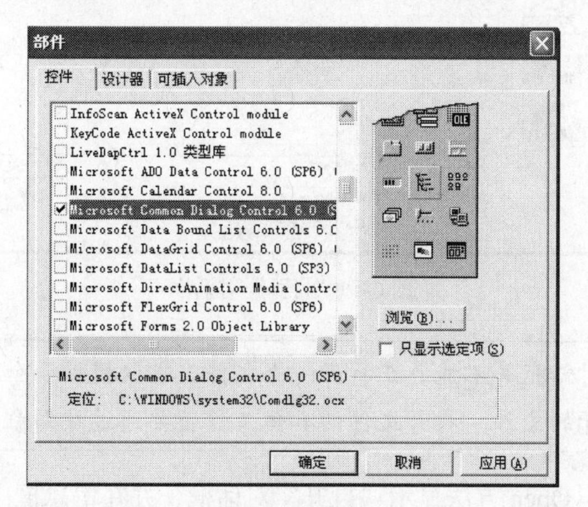

图 6-4　添加“公用对话框”控件的“部件”对话框

在设计阶段通用对话框以图标形式显示在窗体上，其大小不能改变；在运行阶段，通用对话框隐藏需要用 Action 属性或 Show 方法激活方可调出相应的对话框，表 6-1 为各种通用对话框 Action 属性和 Show 方法。

表 6-1　　　　　　　　通用对话框 Action 属性和 Show 方法

对话框类型	Action 属性	Show 方法
显示“打开”对话框	1	ShowOpen
显示“另存为”对话框	2	ShowSave
显示“颜色”对话框	3	ShowColor
显示“字体”对话框	4	ShowFont
显示“打印”对话框	5	ShowPrinter
显示“帮助”对话框	6	ShowHelp

通用对话框除了具有 Action 属性外，还有下列通用属性。

（1）DialogTitle 属性。DialogTitle 属性用于设置对话框的标题。

（2）CancleError 属性。CancleError 属性用于设置当用户单击通用对话框的“取消”按钮时，是否产生出错信息，有两个取值：True 和 False。

设置为 True 时，单击通用对话框的“取消”按钮，会出现出错警告。

设置为 False 时，单击通用对话框的“取消”按钮，不会出现出错警告，系统默认设置为 False。

6.2.2　常用对话框

1．“打开”对话框

通用对话框的 Action 属性被设置为 1 时，对话框成为“打开”对话框，如图 6-5 所示。

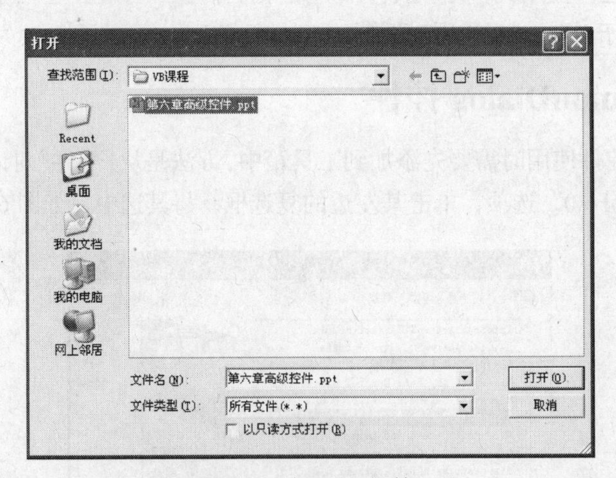

图 6-5　“打开”对话框

打开文件对话框并不能真正打开一个文件，它仅提供一个打开文件的用户界面，供用户选择要打开的文件。打开文件的具体工作还要通过编写程序来完成。

【例题 6-1】用 ShowOpen 方法显示“打开”对话框，并在信息框中显示所选的文件名。

具体操作步骤如下所述。

（1）新建一个工程，新建窗体命名为 Form1，其中包含的对象及其属性设置如表 6-2。

表 6-2　　对象及其属性设置

对象名	属性	属性值
Form1	Caption	“打开对话框示例”
Text1	Text	“”
	Locked	True
Command1	Caption	“打开文件”
CommonDialog1	--	--

（2）编写程序代码:

```
Private Sub Command1_Click()
    CommonDialog1.Filter = "文本文件(*.txt)|*.txt|word文件(x.doc)|*.doc|所有文(*.*)|*.*"
    CommonDialog1.Action = 1  '或 CommonDialog1.showopen
    Text1.Text = CommonDialog1.FileName
End Sub
```

（3）保存工程，将“Form1”设置为启动窗体，生成可执行文件并运行。单击“打开文件”，弹出打开对话框，如图 6-5 所示。

可通过“打开对话框”选择一文件“第六章高级控件”，文件名将显示在文本框 Text1 中。如图 6-6 所示。

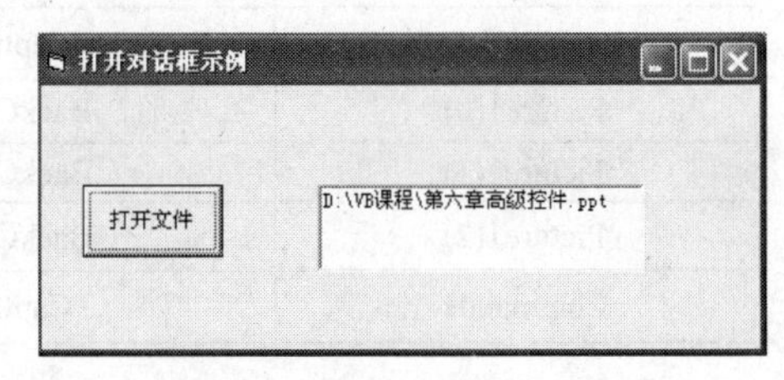

图 6-6　例 6-1 程序运行图

2. “另存为”对话框

通用对话框的 Action 属性被设置为 2 时，对话框成为“另存为”对话框，如图 6-7 所示。

另存为对话框没有提供真正的存储文件操作，仍需要编程完成储存操作。

在例题 6-1 中，用 ShowSave 方法可以显示“另存为”对话框，只需将例题 6-1 中的代码中的 CommonDialog1.showOpen 改为 CommonDialog1.showSave 即可。运行程序，可打开“另存为”对话框，如图 6-7 所示。

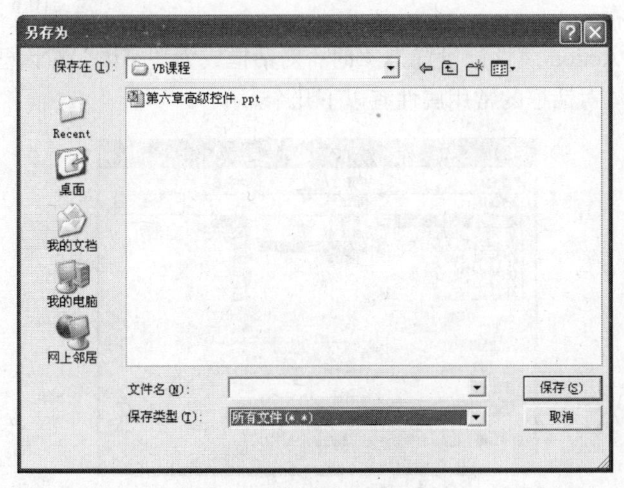

图 6-7　“另存为”对话框

两个对话框均可用以指定驱动器、目录、文件扩展名和文件名。除对话框的标题不同外，“另存为”对话框外观上与“打开”对话框相似。

3. “颜色”对话框

当通用对话框的 Action 属性被设置为 3 时，对话框成为“颜色”对话框，如图 6-8 所示。颜色对话框常用的属性只有 Color 属性。Color 属性用于设置或返回选定的颜色，它可以用来设置初始颜色，也可以把从颜色对话框中选择的颜色返回给应用程序。

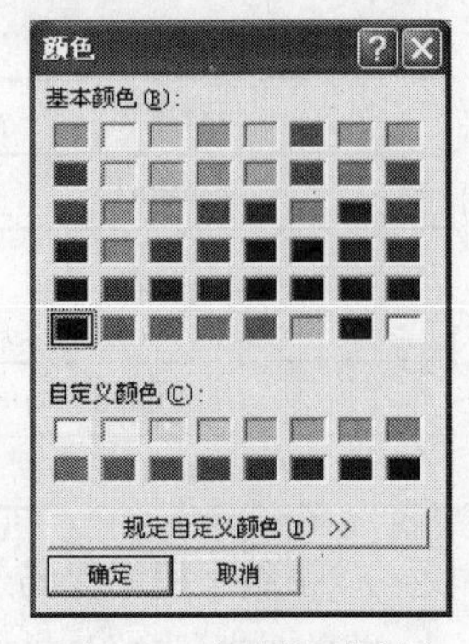

图 6-8 “颜色”对话框

【例题 6-2】 颜色对话框示例。具体操作步骤如下所述。

（1）新建一个工程，新建窗体命名为 Form1，其中包含的对象及其属性设置如表 6-3 所示。

表 6-3 对象及其属性设置

对象名	属性	属性值
Form1	Caption	“颜色对话框示例”
Picture1(0)	BackColor	&H0000FFFF&
Picture1(1)	BackColor	&H000000FF&
Picture1(2)	BackColor	&H00C00000&
Command1	Caption	“设置颜色”

（2）编写程序代码：

```
Private Sub Command1_Click()
    CommonDialog1.ShowColor
    For i = 0 To 2
        Picture1(i).BackColor = CommonDialog1.Color + Int(Rnd() * 1000) * i
    Next i
End Sub
```

（3）保存工程，将“Form1”设置为启动窗体，生成可执行文件并运行。单击“设置颜色”，将弹出颜色对话框如图 6-8 所示，选择颜色后，如图 6-9 所示。窗体上 3 个图片框的颜色将随设置而改变。

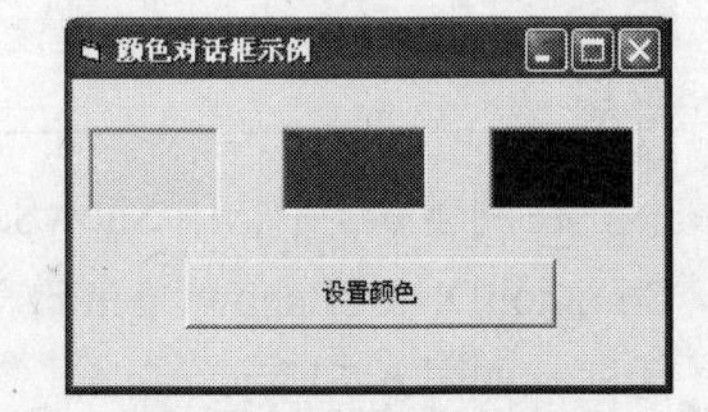

图 6-9 例 6-2 程序运行图

4. “字体”对话框

当通用对话框的 Action 属性被设置为 4 时，对话框成为“字体”对话框，如图 6-10 所示，供用户选择字体。字体对话框的常用属性有以下几个。

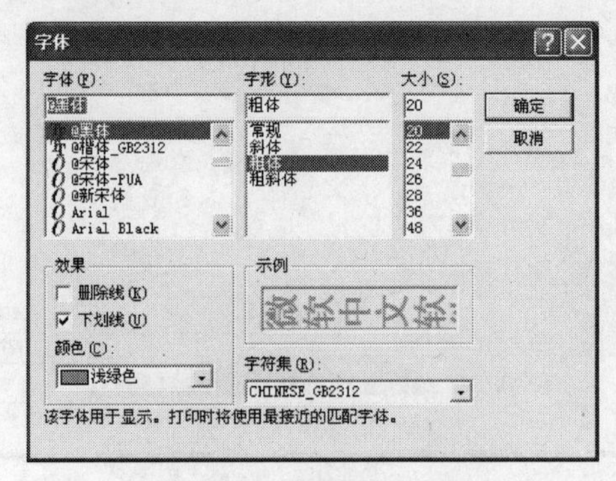

图 6-10 “字体”对话框

（1）Fontname 属性，用于设置默认字体名称或返回用户在字体对话框中选定的字体名称。该属性的值可以用字符串表达式赋值，例如：

```
CommonDialog1. Fontname="黑体"
```

（2）Fontsize 属性，用于设置默认字体大小或返回用户在字体对话框中选定的字体大小。该属性的值可以用数值表达式赋值，例如：

```
CommonDialog1. Fontsize=30
```

（3）FontBold、FontItalic、FontUnderline、FontStrikethru 属性，这 4 个属性分别用于设置字体是否加粗（斜体，加下划线，加删除线）或返回用户在字体对话框中选定的字体样式。该属性的值可以用布尔表达式赋值，例如：

```
CommonDialog1. FontBold=True
CommonDialog1. FontItalic=False
CommonDialog1. FontUnderline= True
CommonDialog1. FontStrikethru =False
```

（4）Color 属性，用于设置或返回字体的颜色。

（5）Flags 属性，指示所显示的字体类型，必须设置。在使用对话框控件选择字体之前，必须设置 Flags 属性值，该属性如果没有设置，则在使用时通用对话框会给出一个出错提示；如果设置了 Flags 属性值，则决定字体对话框中是否显示屏幕字体、打印机字体或者两者都显示。Flags 属性值如表 6-4 所示。

表 6-4　字体对话框的 Flags 属性设置

VB 常量	设置值	说　明
cdlCFScreenFonts	&H1	屏幕字体
cdlCFPrinterFonts	&H2	打印机字体
cdlCFBoth	&H3	打印机字体屏幕字体
cdlCFEffect	&H100	显示删除线和下划线复选框以及颜色组合框

【例题 6-3】 字体对话框示例，具体操作步骤如下所述。

（1）新建一个工程，新建窗体命名为 Form1，其中包含的对象及其属性设置如表 6-5 所示。

表 6-5　对象及其属性设置

对象名	属性	属性值
Form1	Caption	“字体对话框示例”
Text1	Text	“字体对话框”
	ForeColor	&H0000FFFF&
	BackColor	&H00800000&
Command1	Caption	“设置字体”

（2）编写程序代码：

```
Private Sub Command1_Click()
    CommonDialog1.FileName = "arial"
    CommonDialog1.FontSize = 20
    CommonDialog1.FontBold = True
    CommonDialog1.FontItalic = False
    CommonDialog1.FontUnderline = True
    CommonDialog1.FontStrikethru = False
```

```
    CommonDialog1.Color = vbGreen
    CommonDialog1.Flags = 3 + 256
    CommonDialog1.ShowFont
    Text1.FontName = CommonDialog1.FileName
    Text1.FontSize = CommonDialog1.FontSize
    Text1.FontBold = CommonDialog1.FontBold
    Text1.FontUnderline = CommonDialog1.FontUnderline
    Text1.FontItalic = CommonDialog1.FontItalic
    Text1.ForeColor = CommonDialog1.Color
End Sub
```

（3）保存工程，将“Form1”设置为启动窗体，生成可执行文件并运行。单击“设置字体”，将弹出字体对话框，如图 6-10 所示，选择字体后，单击“确定”按钮，窗体上文本框内的文本字体将随设置而改变，如图 6-11 所示。

图 6-11　例 6-3 程序运行图

5. “打印”对话框

当通用对话框的 Action 属性被设置为 5 时，对话框成为“打印”对话框，是一个标准的打印对话框窗口界面，如图 6-12 所示。

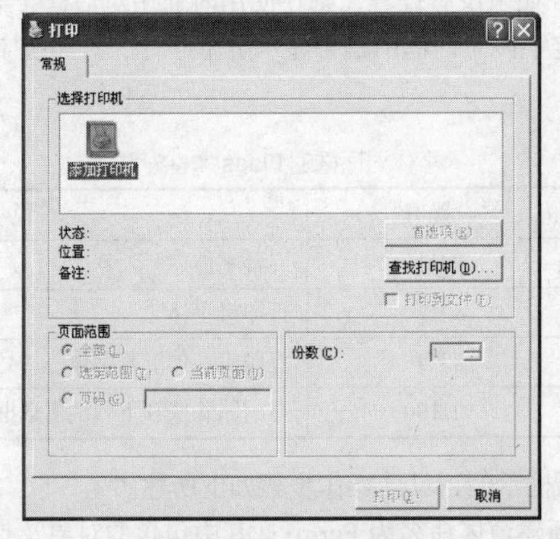

图 6-12　“打印”对话框

“打印”对话框也不能处理打印工作，仅仅是给用户提供一个打印参数的界面，所选参数存于各属性中，再通过编写程序来处理打印操作。

“打印”对话框有 3 项主要属性。

（1）Copies 属性：指定要打印的份数。如果打印驱动程序不支持多份打印，该属性有可能始终返回 1。

（2）FromPage 属性：设置或返回要打印的起始页号。

（3）ToPage 属性：设置或返回要打印的终止页号。

6. “帮助”对话框

当通用对话框的 Action 属性被设置为 6 时，对话框成为“帮助”对话框，可以用于制作应用程序的联机帮助，帮助文件需要用其他的工具制作，如 Microsoft Windows Help Compiler。

“帮助”对话框的主要属性有：

（1）HelpFile 属性，指定要帮助的文件的路径及其名称，即找到帮助文件，然后在帮助窗口中显示相应的文件内容。

（2）HelpCommand 属性，该属性用于设置或返回所需要的联机在线帮助类型。

（3）HelpKey 属性，该属性用于在帮助中显示由该帮助关键字指定的帮助信息。

（4）HelpContext 属性，该属性返回或设置所需要的 HelpTopic 的 Context ID，一般与 HelpCommand 属性（设置为 vbHelpContexts）一起使用，指定要显示的 HelpTopic。

【例题 6-4】 设计一个能够对文档内容进行编辑的程序。程序设计界面与运行界面如图 6-13 所示。具体操作步骤如下所述。

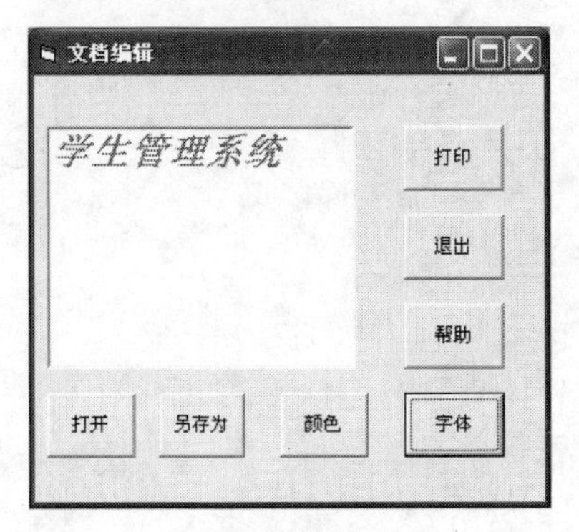

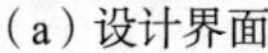
（a）设计界面

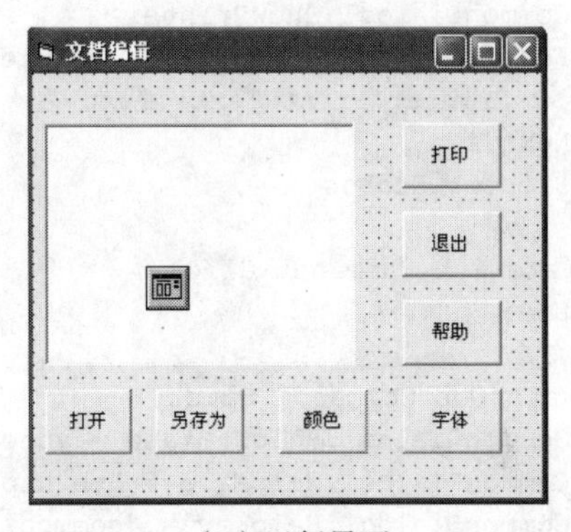

（b）运行界面

图 6-13 例 6-4 程序运行图

（1）新建一个工程，新建窗体命名为“文档编辑”，其中界面设计如图 6-13（a）所示。

（2）编写程序代码：

```
Dim str As String
Private Sub Command1_Click()
   CommonDialog1.Action = 1       '通用对话框为"打开"对话框
   Text1.Text = ""
   Open CommonDialog1.FileName For Input As #1
   Do While Not EOF(1)
     Line Input #1, str
     Text1.Text = Text1.Text + str + Chr(13) + Chr(10)
   Loop
   Close #1
   Exit Sub
End Sub
Private Sub Command2_Click()
   CommonDialog1.Action = 2
   Open CommonDialog1.FileName For Output As #1
   For i = 1 To Len(Text1.Text)
      Print #1, Mid$(Text1.Text, i, 1);
   Next i
   Close #1
End Sub
Private Sub Command3_Click()
   CommonDialog1.Action = 3
   Text1.ForeColor = CommonDialog1.ColorEnd Sub
Private Sub Command4_Click()
   CommonDialog1.Flags = cdlCFBoth Or cdlcfeffexts
   CommonDialog1.Action = 4
```

```
    If CommonDialog1.FontName <> "" Then
        Text1.FontName = CommonDialog1.FileName
    End If
    Text1.FontSize = CommonDialog1.FontSize
    Text1.FontBold = CommonDialog1.FontBold
    Text1.FontItalic = CommonDialog1.FontItalic
    Text1.FontStrikethru = CommonDialog1.FontStrikethru
    Text1.FontUnderline = CommonDialog1.FontUnderline
End Sub
Private Sub Command5_Click()
    CommonDialog1.ShowPrinter
    For i = 1 To CommonDialog1.Copies
        Printer.Print Text1.Text
    Next i
    Printer.EndDoc
End Sub
Private Sub Command6_Click()
    End
End Sub
Private Sub Command7_Click()
    CommonDialog1.HelpCommand = vbhelpcontents
    CommonDialog1.HelpFile = "vb.hlp"
    CommonDialog1.HelpKey = "common dialog control"
    CommonDialog1.ShowHelp
End Sub
```

6.3 图像列表框控件

图像列表框（ImageList）控件包含了一个图像的集合，这些图像可以被其他 Windows 公共控件使用，例如：ListView、TreeView、Tabstrip、ToolBar 控件等。

6.3.1 向 ImageList 控件添加或删除图像

ImageList 控件可以看作图像仓库，向该控件添加图像的一般步骤如下。

（1）选中 ImageList 控件对象，单击鼠标右键，选择属性“Properties”项，可以打开 ImageList 控件的“属性页”对话框，如图 6-14 所示。

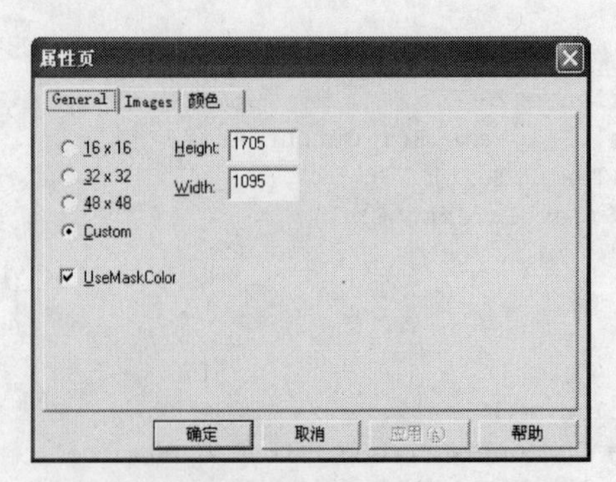

图 6-14　ImageList 控件属性页对话框

（2）属性页的“通用（General）”选项卡用于设置图像的尺寸（高和宽，以像素为单位）。在设置图像的大小时可以选择指定大小（16 × 16、32 × 32 或 48 × 48）；也可以选择自定义大小（Custom），并在高度和宽度框中填入尺寸。

图像大小的设置只能在添加图像之前设置其大小。一旦在其中添加了图像，再试图改变其大小时，将提示出错。

（3）属性页的"图像(Image)"选项卡用于添加和删除图像。单击"插入图片（Insert Picture）"按钮，选择要插入的图像，如图 6-15 所示。插入一幅图像后，Visual Basic 会自动为其设置索引（Index）。图像的键值（Key）用于唯一标识当前图像，该值是字符串类型，它可以为空，但是一旦设置为非空，多个图像的 Key 则不能重复，且 Key 值不能设置为"纯数字"字符串。"移除图片（RemovePicture）"用于删除当前选中的图像。

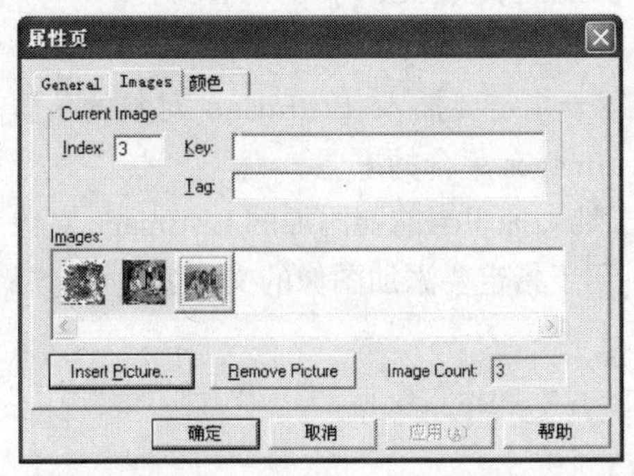

图 6-15　ImageList 控件属性页的图像选项卡

6.3.2　ImageList 控件的常用属性

在 ImageList 控件中，每一幅图像都有一个 ListImage 对象，ListImage 对象是任意大小的位图，可以在其他控件中使用。所有 ListImage 对象构成 ListImages 集合。集合中的每一项都可以通过索引号（Index）和键值（Key）来引用所有的 ListImage 对象。

其语法格式为：

```
ImageList. ListImages
ImageList. ListImages （Index  or Key）
```

例如：

```
ImageList1. ListImages （1） '使用 Index 引用
ImageList1. ListImages （"Pic1"）'使用键值 Key 引用
```

（1）Count 属性。Count 属性为只读属性，用于返回 ListImages 集合中 ListImage 对象的数目，即 ImageList 控件中图像的数目。

其语法格式为：

```
ImageSum=ListImages 集合名.Count
```

例如：

```
ImageSum= ImageList1. ListImages.Count
```

（2）Index（索引）属性。Index 属性用于设置或返回一个数值，该数值用来唯一标识 ListImages 集合中的某个 ListImage 对象。一般的，第一个 ListImage 对象的 Index 属性值为 1，其余的依次递增。

（3）Key（键或键值）属性。Key 属性用于设置或返回一个字符串，该字符串用来唯一标识 ListImages 集合中的某个 ListImage 对象。该字符串必须唯一，否则会导致错误。

（4）Item 属性。Item 属性用于通过 Index 或 Key 属性来返回 ListImages 集合中的一个特定对象。

其语法格式为：

```
ListImages 集合名. Item(Index or Key)
```

例如：

```
Command1.Picture= ImageList1. ListImages. Item(2).Picture
```

6.3.3 ImageList 控件的常用方法

1. Add 方法

Add 方法用于向 ListImages 集合添加一个新的 ListImage 对象。

其语法格式为：

```
ListImages 集合名. Add (【index】,【 key】, picture)
```

其中：

（1）index：可选参数，用于指定要插入 ListImage 对象的位置，若不指定该参数，当前的 ListImage 对象将被添加到 ListImages 集合的末尾。

（2）key：可选参数，用于唯一标识当前要添加的 ListImage 对象，若不指定，则为空字符串。

（3）picture：必选参数，用于指定要添加图像的文件名。

例如：

```
ImageList1. ListImages . Add (,  , loadPicture("Pic.ico"))
```

2. Remove 方法

Remove 方法用于删除 ListImages 集合中的某一成员。

其语法格式为：

```
ListImages 集合名. Remove (Index or Key)
```

其中：参数 Index 或 Key 是必选参数，用于指定要删除对象的索引或键值。

例如：

```
ImageList1. ListImages. Remove (1)
```

3. Clear 方法

Clear 方法用于清除 ListImages 集合中的所有成员。

其语法格式为：

```
ListImages 集合名. Clear
```

例如：

```
ImageList1.ListImages. Clear
```

【例题 6-5】图像列表框控件示例。本例通过图像列表框控件的 ListImages 集合给其他控件的相应属性赋值。具体操作步骤如下：

（1）新建一个工程，新建窗体命名为 Form1，其中包含的对象及其属性设置如表 6-6 所示。

表 6-6　对象及其属性设置

对象名	属性	属性值
Form1	Caption	“图像列表框示例”
CommonDialog1	--	--
ImageList1	--	--
Picture1	Autosize	True
	Appearance	0

续表

对象名	属性	属性值
Image1	Borderstyle	1
	Stretch	True
Command1	Caption	“”
	Style	1
Command2	Caption	“添加图像”
Command3	Caption	“删除图像”
Command4	Caption	“清除图像”

（2）编写程序代码：

```
Dim Delindex As Integer
Dim Filename As String
Private Sub Command2_Click()
   CommonDialog1.Filter = "位图文件(*.bmp)|*.bmp|图标文件(*.ico)|*.ico|所有文件(*.*)|*.*"
   CommonDialog1.Action = 1
   Filename = CommonDialog1.Filename
   Set imgx = ImageList1.ListImages.Add(, , LoadPicture(Filename))
   didimage
End Sub
Private Sub Command3_Click()
   If ImageList1.ListImages.Count < 1 Then
       MsgBox "控件中已经没有图像！"
       Exit Sub
   End If
   Do
       If ImageList1.ListImages.Count < 1 Then
           MsgBox "控件中已经没有图像！"
           Exit Sub
       End If
       Delindex = InputBox("输入要删除图像的索引号(index):")
       If Delindex > ImageList1.ListImages.Count Then
           MsgBox "输入的索引号不合法！"
           Exit Do
       End If
       ImageList1.ListImages.Remove (Delindex)
       didimage
       YON = InputBox("继续删除吗(Y/N)?")
   Loop Until UCase(YON) = "N"
End Sub
Private Sub Command4_Click()
   x = MsgBox("确实要清除所有图像?", vbYesNo)
   If x = 6 Then
      ImageList1.ListImages.Clear
      Command1.Picture = LoadPicture
      Picture1.Picture = LoadPicture()
      Image1.Picture = LoadPicture("")
   End If
End Sub
Private Sub Form_Load()
   Command1.Picture = ImageList1.ListImages(1).Picture
   Picture1.Picture = ImageList1.ListImages(ImageList1.ListImages.Count).Picture
```

```
    Image1.Picture = ImageList1.ListImages(ImageList1.ListImages.Count - 1).Picture
End Sub
Private Sub Image1_Click()
    If ImageList1.ListImages.Count > 0 Then
       Command1.Picture = ImageList1.ListImages(1).Picture
       Picture1.Picture = ImageList1.ListImages(ImageList1.ListImages.Count).Picture
    If ImageList1.ListImages.Count > 1 Then
         Image1.Picture = ImageList1.ListImages(ImageList1.ListImages.Count - 1).Picture
    Else
         Image1.Picture = ImageList1.ListImages(ImageList1.ListImages.Count).Picture
    End If
    Else
       Command1.Picture = LoadPicture
       Picture1.Picture = LoadPicture()
       Image1.Picture = LoadPicture("")
    End If
End Sub
```

（3）保存工程，将窗体设置为启动窗体，生成可执行文件并运行，如图 6-16 所示。

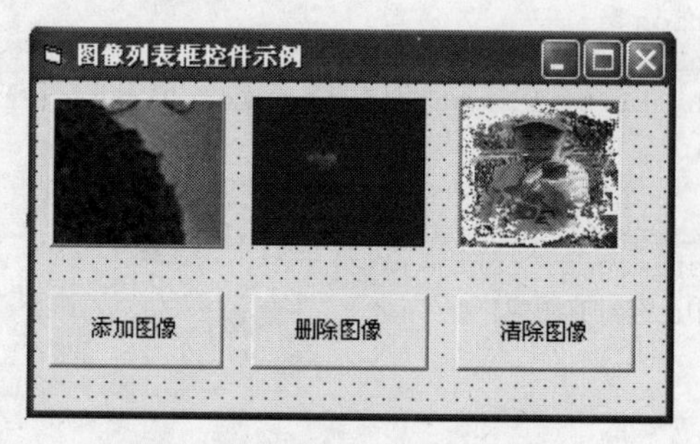

图 6-16　例题 6-5 程序运行界面

6.4　工具栏控件

6.4.1　Toolbar 控件

工具栏（Toolbar）控件包含一个 Button 对象集合，该对象被用来创建与应用程序相关联的工具栏。工具栏是用户访问应用程序的常用功能和命令的图形接口。

将 Button 对象添加到 Buttons 集合中，可以创建工具栏。每个 Button 对象都有可选的文本或图像，或者兼而有之。图像是由 ImageList 控件提供的。用按钮的 Image 属性为每个 Button 对象添加图像，用 Caption 属性显示文本。

可在设计时用 Toolbar 控件的属性页将 Button 对象添加到工具栏中。也可以在运行时用 Add 和 Remove 方法添加按钮或删除按钮。

给 Toolbar 控件编程时，应将代码添加到 ButtonClick 事件中，以便对按钮的操作作出反应。

6.4.2　Toolbar 控件的属性

1. Style 属性

该属性用于决定控件的外观。Style 属性值如表 6-7 所示。

表 6-7　Style 的属性值

常数	值	描　述
tbrStandard	0	（默认）标准工具栏
tbrTransparent	1	按钮和工具栏都是透明的，按钮文本出现在按钮位图下面
tbrRight	2	如果有按钮文本，则它出现在图像的右边

2. Align 属性

该属性用于确定对象是否可在窗体上以任意大小、或在任意位置上显示，或显示在窗体的顶端、底端、左边或右边。其设置值如表 6-8 所示。

表 6-8　Align 属性值

常数	值	描　述
VbAlignNone	0	可以在设计时或在程序中确定大小和位置
VbAlignTop	1	（MDI 窗体的默认值）顶部——对象显示在窗体的顶部，其宽度等于窗体的 ScaleWidth 属性设置值
VbAlignBottom	2	底部——对象显示在窗体的底部，其宽度等于窗体的 ScaleWidth 属性设置值
VbAlignLeft	3	左边——对象在窗体的左面，其宽度等于窗体的 ScaleWidth 属性设置值
VbAlignRight	4	右边——对象在窗体的右面，其宽度等于窗体的 ScaleWidth 属性设置值

3. AllowCustomize 属性

该属性用于决定最终用户是否可用"自定义工具栏"对话框来自定义 Toolbar 控件。

如果将 AllowCustomize 属性设置为 True，则在运行时双击 Toolbar 控件就可调用"自定义工具栏"对话框。也可用 Customize 方法调用"自定义工具栏"。

4. Controls 属性

该属性用于返回对包含在某个对象上的控件集合的引用。

格式：

```
object.Controls(index)
object.Controls.Item(index)
```

Controls 属性类似于 Form 对象上的 Controls 集合，且以类似的方式访问这个属性。

6.4.3 Button 对象

一个 Button 对象代表一个按钮，它属于 Toolbar 控件的 Buttons 集合。

对每个 Button 对象都可以添加一个来自于 ImageList 控件的图像或文本，或二者兼而有之。Button 对象也有个 Style 属性，它决定 Toolbar 控件中的 Button 对象的外观和状态。其设置值如表 6-9 所示。

表 6-9　Button 对象的 Style 属性值

常数	值	描　述
tbrDefault	0	（默认）按钮。按钮是一个规则的下压按钮
tbrCheck	1	复选。按钮是一个复选按钮，它可以被选定或者不被选定
tbrButtonGroup	2	按钮组。直到组内的另一个按钮被按下之前，按钮都保持按下的状态。在任何时刻都只能按下组内的一个按钮

续表

常数	值	描　述
tbrSeparator	3	分隔符。按钮的功能是作为有 8 个像素的固定宽度的分隔符
tbrPlaceholder	4	占位符。按钮在外观和功能上象分隔符，但具有可设置的宽度
tbrDropDown	5	MenuButton 按钮放下。用这种样式查看 MenuButton 对象

6.4.4 ButtonMenu 对象

ButtonMenu 对象代表一个 Toolbar 控件的 Button 对象的下拉菜单。

只有当 Button 对象的 Style 属性设置为 tbrDropDown 时，按钮菜单才出现。

【例题 6-6】 创建一个工具栏，添加 3 个 Button 对象，再向每个 Button 对象添加 4 个 ButtonMenu 对象。

（1）新建一个工程，新建窗体命名为 Form1，添加一个 Toolbar 控件，用代码来添加 3 个 Button 对象，再向每个 Button 对象添加 4 个 ButtonMenu 对象。运行时，单击 ButtonMenu 对象，其行为由 ButtonMenuClick 事件来决定。

（2）编写程序代码：

```
Option Explicit
Private Sub Form_Load()
   Dim i As Integer
   Dim btn As Button
   For i = 1 To 3
     Set btn = Toolbar1.Buttons.Add(Caption:=i - 1, Style:=tbrDropdown)
     btn.ButtonMenus.Add Text:="help"
     btn.ButtonMenus.Add Text:="click"
     btn.ButtonMenus.Add Text:="dblclick"
     btn.ButtonMenus.Add Text:="options"
   Next i
End Sub
Private Sub Toolbar1_ButtonMenuClick(ByVal ButtonMenu As MSComctlLib.ButtonMenu)
    Select Case ButtonMenu.Index
    Case 1
     MsgBox "press the button"
    Case 2
     MsgBox "offer some option"
    End Select
End Sub
```

（3）保存工程，将窗体设置为启动窗体，生成可执行文件并运行。运行结果如图 6-17 所示。

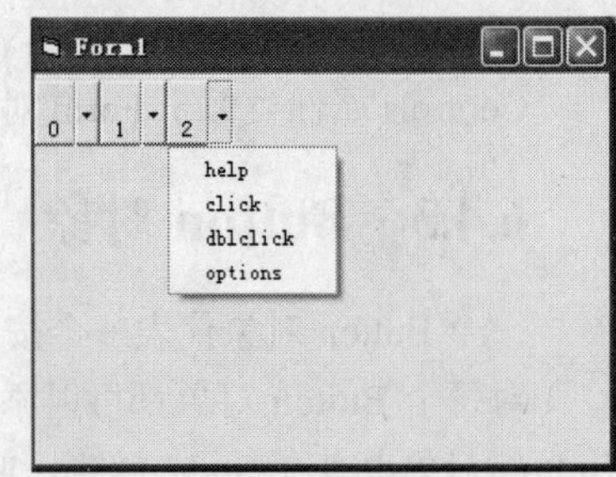

图 6-17　例题 6-6 程序运行界面

6.5　状态栏控件

状态栏（StatusBar）控件由 Panel 对象组成，每一个 Panel 对象能包含文本和图片，通常位于窗体的底部，用来显示应用程序的各种状态数据。StatusBar 控件最多可有 16 个 Panel 对象，包含在 Panels 集合中。

6.5.1　StatusBar 控件的属性与事件

1. Align 属性

Align 属性与 Toolbar 控件的 Align 属性的功能相同。

2. Style 属性

该属性用于设置或返回 StatusBar 控件的样式。Style 属性的设置值如表 6-10 所示。

表 6-10　Style 属性的设置值

常数	值	描　述
sbrNormal	0	（默认值）StatusBar 控件显示所有的 Panel 对象
sbrSimpe	1	控件仅显示一个大面板

StatusBar 有两种样式：Normal 和 Simple。

根据控件的样式能显示不同的字符串。当用 Simple 样式时，StatusBar 仅显示一个面板，用 SimpleText 属性设置要显示的文本。

3. Panels 属性

该属性用于返回对 Panel 对象的集合的引用。

4. PanelClick 事件

PanelClick 事件类似于标准的 Click 事件，但 PanelClick 事件是在任何一个 Panel 对象上单击鼠标时出现。

语法：

```
Private Sub object_PanelClick  (ByVal panel As Panel)
```

6.5.2　Panel 对象和 Panels 集合

StatusBar 控件是由 Panels 集合构成的。每个 Panel 对象可以显示一个图像或文本。

设计时添加 Panel 对象，可以用如图 6-18 所示的 StatusBar 控件的属性页对话框。该对话框既可添加 Panel 对象，也可设置每个 Panel 对象的各种属性。

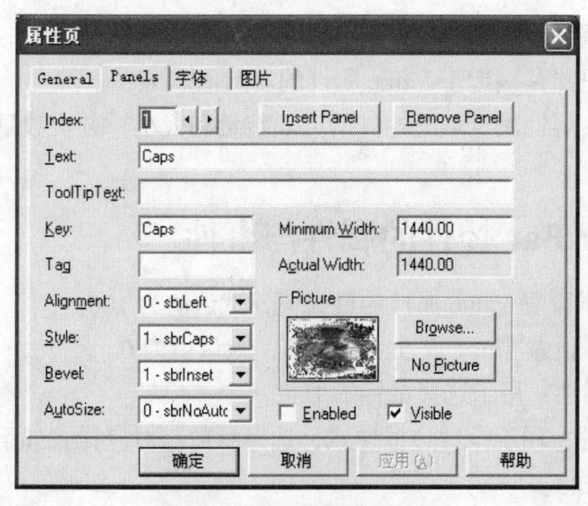

图 6-18　状态栏属性页界面

1. Style 属性

StatusBar 控件的一个特性是：它能够用最少的代码显示键盘状态、时间和日期。只需简单地设置 Style 属性，Panel 对象就能显示出相应状态。Style 属性设置值如表 6-11 所示。

表 6-11　Panel 对象的 Style 属性设置值

常数	值	描　述
sbrText	0	（默认值）。文本和位图。用 Text 属性设置文本
sbrCaps	1	反映 CapsLock 键状态。当 CapsLock 处于激活状态时，显示粗体字母 CAPS，反之则变灰
sbrNum	2	NumLock。当 NumLock 键处于激活状态时，显示粗体字母 NUM，反之则变灰
sbrIns	3	Insert 键。当 Insert 键处于激活状态时，显示粗体字母 INS，反之则变灰
sbrScrl	4	ScrollLock 键。当 ScrollLock 键处于激活状态时，显示粗体字母 SCRL，反之则变灰
sbrTime	5	时间。以系统格式显示当前时间
sbrDate	6	日期。以系统格式显示当前日期

2. Bevel 属性

该属性用于设置 Panel 对象的斜面样式。属性值如表 6-12 所示。

表 6-12　Bevel 属性的设置值

常数	值	描　述
sbrNoBevel	0	无。Panel 没有显示斜面，文本看起来像是显示在状态栏的右边
sbrInsert	1	（默认值）。凹进。Panel 似乎嵌入到状态栏中
sbrRaised	2	凸起。Panel 似乎凸出在状态栏上

6.6　进度条控件

进度条（ProgressBar）控件，用一些方块从左到右来填充矩形，表示一个较长操作完成的进度。它有一个行程和一个当前位置。行程代表该操作的整个持续时间，当前位置表示该操作在此时刻完成的进度。

Max 和 Min 属性设置行程的上、下界，Value 属性则表示当前位置。由于是用方块来填充控件，因此所填充的数量只能是接近于 Value 属性的当前值。

Height 属性和 Width 属性决定填充控件的方块数量和大小。方块数量越多，控件就越能精确地描述操作进度。

6.6.1　ProgressBar 控件的属性与事件

（1）Max 属性：用于设置 Value 属性的最大值，默认值为 100。

（2）Min 属性：用于设置 Value 属性的最小值，默认值为 0。

（3）MousePointer 属性：用于选择鼠标的形状。

（4）BorderStyle 属性：用于设置边框样式，选择参数与对应样式如下所述。

0-None 表示无边框线。

1-ccFixedSingle 表示单边框线。

（5）Appearance 属性：用于设置外观效果，选择参数与对应效果如下所述。

0-ccFlat 表示平面效果。

1-cc3D 表示立体效果。

（6）Orientation 属性：选择进程条控件的方向，选择参数与对应方向如下所述。

0-ccOrientationHorizontal：选择进程条控件取水平方向。

1-ccOrientationVertical：选择进程条控件取垂直方向。

（7）Scrolling 属性：用于决定进度显示方式是连续的还是分段的，选择参数与对应滚动方式如下所述。

0-ccScrollingStardard：标准、分段的滚动条。

1-ccScrollingSmooth：连续的滚动条。

（8）Value 属性：用于返回对象的值。Value 的值在 Max 属性值和 Min 属性值之间。

6.6.2　ProgressBar 控件的应用

【例题 6-7】 用 ProgressBar 控件来监视一个文件的粘贴进度。

（1）新建一个工程，新建窗体命名为 Form1，其中包含的对象及其属性设置如表 6-13 所示。

表 6-13　对象及其属性设置

对象名	属性	属性值
Form1	Caption	进度条控件示例
Command1	Caption	“文件粘贴进度显示”
ProgressBar1	--	--
Timer1	--	--

（2）编写程序代码：

```
Private Sub Form_Load()
    ProgressBar1.Min = 0
    ProgressBar1.Max = 100
    ProgressBar1.Value = 10
    Timer1.Interval = 50
End Sub
Private Sub Timer1_Timer()
    If ProgressBar1.Value = 100 Then
        End
    Else
        ProgressBar1.Value = ProgressBar1.Value + 1
    End If
End Sub
```

（3）保存工程，将窗体设置为启动窗体，生成可执行文件并运行，如图 6-19 所示。

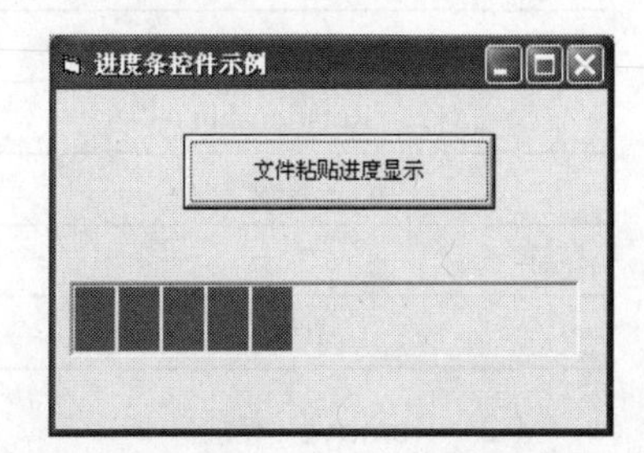

图 6-19　例 6-7 程序运行

6.7　树视图控件

“树”视图（TreeView）控件用于创建具有节点层次风格的程序界面。在这个控件中，每个节点还可以包含若干个子节点，每个节点都具有展开或折叠两种风格。

TreeView 控件不是基本内部控件，需要通过添加 Microsoft Windows Common Controls 6.0 把该控件添加到工具箱中，添加后图标为。

1. 常用的属性

（1）Style 属性：用于设置图形类型以及出现在 TreeView 控件中每一个节点对象上的文本的类型。其具体设置值见表 6-14。

表 6-14　　Style 属性设置值

设置值	描　述
0	仅为文本
1	图像和文本
2	+/- 号和文本
3	+/- 号，文本和图像
4	直线和文本
5	直线，图像和文本
6	直线，+/- 号和文本
7	（默认值）直线，+/-号，文本和图像

（2）LineStyle 属性：用于设置在节点对象之间显示线的样式。

（3）Sorted 属性：用于设置 TreeView 控件的根层节点是否按字母顺序排列。

（4）Expanded 属性：用于设置节点是否被展开。

2. 常用的方法

（1）Add 方法。

语法格式：

```
Add(【Relative】,【Relationship】,【Key】, Text【Image】)  As  Node
```

功能：在单击的 Node 对象下建立一个分节点。其参数说明如表 6-15 所示。

表 6-15　　Add 方法的参数

参数名	描　述
Relative	可选项。已存在的节点对象的索引值或键值
Relationship	可选项。指定的节点与已存在的节点的相对位置
Key	可选项。唯一的字符串，用于用 Item 方法检索节点
Text	必选项。显示在节点中的字符串
Image	可选项。在关联的 ImageList 控件中的图像的索引

（2）Remove 方法。

语法格式：

```
Remove index
```

功能：删除当前单击的节点对象的分节点。

（3）SelectedItem 方法。

格式：

```
SelectedItem.index
```

功能：取得当前单击的节点对象的索引号。

【例题 6-8】 创建一个窗体，用文本框和列表框接收数据，给“树”添加、删除节点，并控制“树”的展开与折叠。

解题步骤如下：

（1）创建一个窗体，添加如图 6-20 所示的控件。

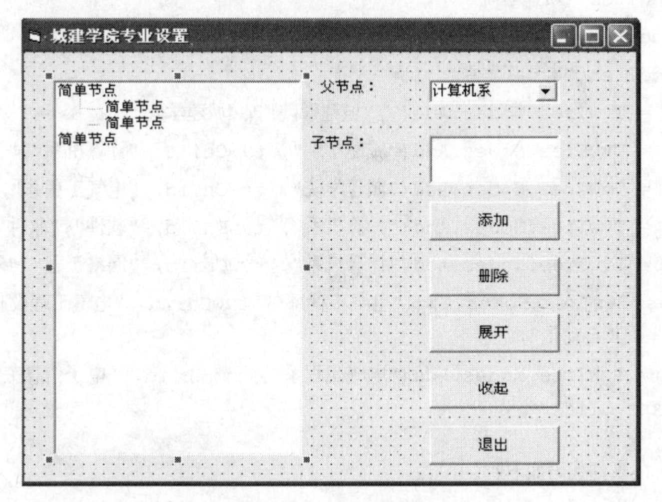

图 6-20 控件设计图

（2）在属性窗口，将窗体文件和控件属性设置为如图 6-21 所示。

图 6-21 树视图属性页设置图

（3）代码设计如下：

```
'定义窗体级变量如下：
Dim Nodex As Node
Dim I As Integer
'定义窗体级 Exist 函数代码如下：
Private Function Exist(Node As String)As Boolean
 '判断输入节点是否存在
   For I = 1 To TvwTree. Nodes. Count
     If TvwTree. SelectedItem. Children > 0 Then
         If Node = TvwTree. Nodes(I). Text Then Exist=True
```

```
        End If
      Next I
    End Function
    'Form_Load()事件代码如下:
    Private  Sub Form_Load()
       CboNote.AddItem "城建学院"
       CboNote.AddItem "计算机系"
       CboNote.AddItem "电气工程系"
       Set Nodex = TvwTree.Nodes.Add(,,"城建学院", "城建学院")
       Set Nodex = TvwTree.Nodes.Add("城建学院", tvwChild, "计算机系","计算机系")
       Set Nodex = TvwTree.Nodes.Add("城建学院", tvwChild, "电气工程系","电气工程系")
       Set Nodex = TvwTree.Nodes.Add("计算机系", tvwChild, "软件","软件")
       Set Nodex = TvwTree.Nodes.Add("计算机系", tvwChild, "网络工程","网络工程")
       Set Nodex = TvwTree.Nodes.Add("电气工程系", tvwChild, "电气工程及其自动化","电气工程及
                其自动化")
       Set Nodex = TvwTree.Nodes.Add("电气工程系", tvwChild, "电子信息工程","电子信息工程")
       Call CmdExtr_Click
    End Sub
    'CmdAdd_Click()事件代码如下:
    Private Sub CmdAdd_Click()
       Dim Child As String '存放子节点名
       Dim Father As String'存放父节点名
       If CboNote.Text = " " Then Exit Sub
       Father = CboNote.Text
       If Exist(Txtson.Text) = True Then
           MsgBox "您输入的专业已存在，请重新输入!! ", vbOkOnly , "提示"
       Else
           Child = TxtSon.text
           Set Nodex = TvwTree.Nodes.Add(Father, TvwChild, Child, Child)
       End If
       TxtSon.Text=" "
    End Sub
    'CmdExtr_Click()事件代码如下:
    Private Sub CmdExtr_Click()
       For I = 1 To TvwTree.Nodes.Count
          TvwTree.Nodes (I) .Expanded = True'将所有节点展开
       Next I
    End Sub
    'CmdPac_Click()事件代码如下:
    Private Sub CmdPac_Click()
       For I = 1 To TvwTree.Nodes.Count
          TvwTree.Nodes (I) .Expanded = False'将所有节点展开
       Next I
    End Sub
    'CmdRem_Click()事件代码如下:
    Private Sub CmdRem_Click()
       If TvwTree.SelectedItem,Index <> 1 Then
         TvwTree.Nodes.Remove TvwTree.SelectedItem.Index'删除选定的节点
       End If
    End Sub
```

```
'CmdQuit_Click()事件代码如下：
Private Sub CmdQuti_Click()
    Unload Me
End Sub
```

6.8　列表视图控件

列表视图控件（ListView）用来显示一列或多列项目列表。

ListView 控件比 List 控件要复杂得多，它是由 ColumnHeader 对象和 ListItem 对象所组成的，其中 ColumnHeader 决定了该控件的列数，ListItem 对象决定了该控件的行数。

ListView 控件不是基本内部控件，需要通过添加 Microsoft Windows Common Controls 6.0 把该控件添加到工具箱中，添加后图标为 。

1．常用属性

（1）Arrange 属性：用于设置 ListView 控件中图标或小图标视图的排列方式。具体设置值如表 6-16 所示。

表 6-16　Arrange 属性的设置值

常数	值	描　述
IvwNone	0	（默认）无
IvwAutoLeft	1	左对齐
IvwAutoTop	2	顶端对齐

（2）ColumnHeaders 属性：返回 ColumnHeader 对象集合的引用。用集合的方法操作 ColumnHeader 对象。可通过 ColumnHeader 的索引或通过 Key 属性中存储的唯一关键字访问集合中的每个 ColumnHeader。

（3）ListItem 对象的 SubItems 属性：子项目是字符串数组，代表显示在报表视图中的 ListItem 对象的数据。

（4）Sorted 属性：决定 ListView 控件中的 ListItem 对象是否安排排序的值。

（5）SortOrder 属性：决定 ListView 空间中的 ListItem 对象是升序还是降序排列。

（6）SortKey 属性：决定 ListView 控件中的 ListItem 对象的排序依据。

2．常用的方法

（1）Add 方法。

语法格式：

```
ListView1.ColumnHeader.Add (【index】,【key】,【text】,【width】,【alignment】)
```

功能：为 ListView 对象多个关联项目添加列标头。

语法格式：

```
ListItem1.Add (【index】,【key】,【text】,【icon】,【smallIcon】)
```

功能：添加 ListView 控件中子项目。

（2）Remove 方法。

语法格式：

```
Remove (Index)
```

功能：删除 ListView 控件中的子项目。

【例题 6-9】 将 ColumnHeaders 对象和若干带有子项目的 ListItem 对象添加到 ListView 控件中。要求向窗体中加入一个 ListView 控件和一个 ImageList 控件，并向 ImageList 控件中插入 4 个图标。

属性设置如图 6-22 所示。

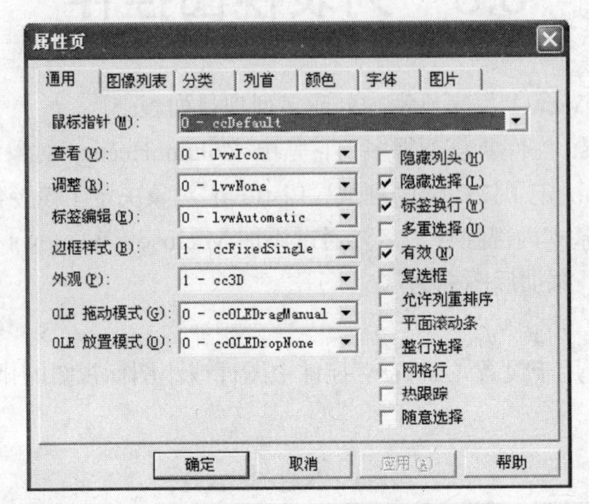

图 6-22　Listview 属性设置

程序代码如下：

```
Private Sub Form_Load()
   Dim clmX As ColumnHeader
   Dim itmX As ListItem
   Dim i As Integer
   For i = 1 To 3
      Set clmX = ListView1.ColumnHeaders.Add()
      clmX.Text = "Col" & i
   Next i
For i = 1To 4
Set itmX = ListView1.ListItems.Add()
itmX.Icon = i
itmX.Text = "ListItem" & i
itmX.SubItems(1) = "Subitem 1"
itmX.SubItems(2) = "Subitem2"
Next i
End Sub
```

6.9　选项卡控件

选项卡（TabStrip）控件，可以设计出像显示器属性对话框一样的对话框。该控件由 Tabs 集合中的一个或者多个 Tab 对象组成。在设计和运行时，都可以通过设置该控件的属性影响 Tab 对象的外观。

TabStrip 控件不是基本内部控件，需要通过添加 Microsoft Windows Common Controls 6.0 把该控件添加到工具箱中，添加后图标为▭。

1. 常用的属性

（1）Tabs 属性：是所有 Tab 对象的集合。每个 Tab 对象都具有与其当前状态和外观相关联的属性。若让 ImageList 控件与 TabStrip 控件相关联，则可在单个选项卡上使用图像。

（2）Style 属性：该属性返回或者用于设置 TabStrip 控件的外观是选项卡式还是按钮式。取值见表 6-17。

表 6-17　Style 属性的设置值

常　数	值	描　　述
tabTabs	0	标签。用笔记本样式出现，内部区域有三维边框
tabButtons	1	按钮。用一般的下压式按钮出现
tabFlatButtons	2	水平按钮。选定的选项卡作为背景出现。未被选定的选项卡作为水平状态出现

（3）MultiRow 属性：若该属性为 True，Tab 对象就能分多行显示，否则 tab 对象将显示在同一行中，并在最右端出现一对滚动按钮。

2. 选项卡的设置

TabStrip 控件的设置是通过对“属性页”的设置完成的。具体设置过程如图 6-23 和图 6-24 所示。

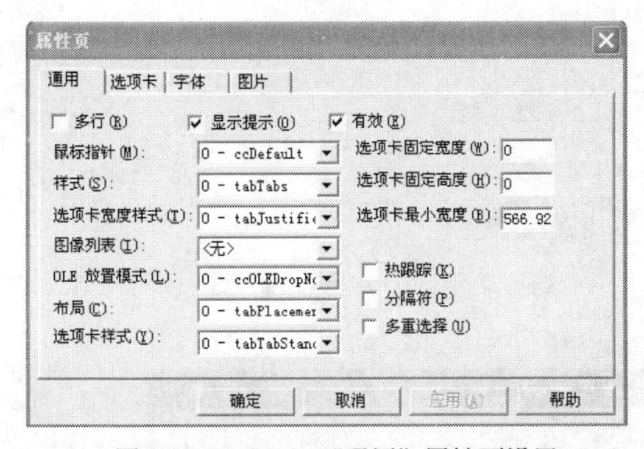

图 6-23　TabStrip“通用”属性页设置

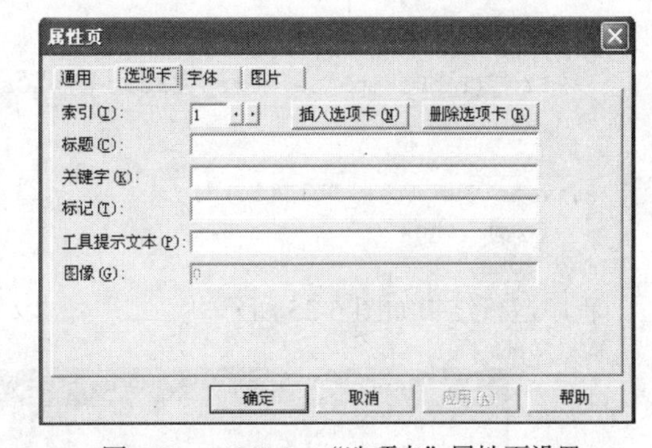

图 6-24　TabStrip “选项卡”属性页设置

【例题 6-10】 创建选项卡对话框。用来设置字体和缩进两种操作。

解题步骤如下所述。

（1）创建两个窗体。将 Form1 设置为启动窗体。

（2）在 Form1 中添加一个 TextBox 控件。

（3）在 Form2 中添加 TabStrip 控件，创建两个 Tab 对象，为他们分别起标题为“字体”和“缩进”。

（4）在 Rorm2 中创建一个框架数组，Frm(0)，Frm(1)。

（5）在 Frm(0) 中添加一个组合框控件。

（6）在 Frm(1) 中添加两个单选按钮控件。

（7）程序代码如下：

```
'将系统中可以使用的字体加入复合框：
Dim i
For i = 0 To Screen.FontCount - 1
```

```
combo1.AddItem Screen.Fonts(i)
Next i
combo1.ListIndex = 0

Private Sub combo1_Click()
 Form1.Text1.SelFontName = combo1.Text
End Sub

Private Sub Command1_Click()
    Form1.Text1.BulletIndent = 500
    Form1.Text1.SelBullet = True
End Sub

Private Sub Command2_Click()
    Form1.Text1.SelBullet = False
End Sub

For i = 0 To frm1.count - 1
With Frm1(i)
.Move TabScrip1.ClientLeft, TabScrip1.ClientTop,-
TabScrip1.ClientWidth, TabScrip1.ClientHeight
End With
Next i
TabScrip1(0)ZOrder 0

Private Sub TabScrip1_Click()
    Frm1(TabScrip1.Selected.Index-1).ZOrder 0
End Sub

Private Sub Form_DblClick()
    Form2.show
End Sbu
```

程序运行结果如图 6-25 所示。

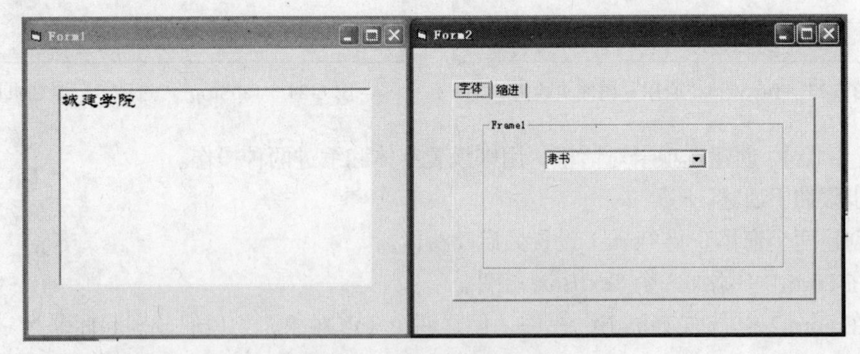

图 6-25　例 6-10 运行结果图

6.10　图像组合控件

图像组合（ImageCombo）控件是标准 Windows 组合框的允许绘图版本。控件列表部分中的每一项都可以有一副图片指定给它。此外，ImageCombo 还提供了一个对象和基于集合的列表控件。控件列表部分的每一项都是一个不同的 ComboItem 对象，而且列表中的所有项组合起来就构成了 ComboItems 集合。这就使它容易一项一项地指定标记文本、ToolTip 文本、关键字值以及缩进等属性。

ImageCombo 控件包括一个 ComboItem 对象的集合。一个 ComboItem 对象定义了出现在控件列表部分中的各种特性。

ImageCombo 控件类似于标准 Windows 组合框控件，但同时有一些重要的区别。最明显的区别就是在组合框列表部分可以为每一项加入图片。通过使用图像，用户可以更容易地在可能的选择中，标识并选中选项。

ImageCombo 控件用 ImageList 控件来管理图片。通过索引或引用存储在 ImageList 控件中图片的关键值，将图片分配给 ImageCombo 中的项。同时该控件还支持多级缩进。显示不同缩进层次可以突出列表的层次结构关系。

6.11 滑块控件

滑块（Slider）控件是包含滑块和可选择性刻度标记的窗口。可以通过拖曳滑块、鼠标单击任意位置或方向键控制滑块的移动。

在选择离散数值或某个范围内的一组连续数值时，该控件较有优势。

1. 常用属性

Slider 控件由刻度和“滑块”共同组成。其中刻度由 Min 和 Max 属性定义。“滑块”可由用户通过鼠标或方向键控制。

（1）Min 和 Max 属性。Min 和 Max 属性决定了 Slider 控件的上下界，在设计和运行时均可随时设置他们的值。设计阶段设计方法如图 6-26 所示。

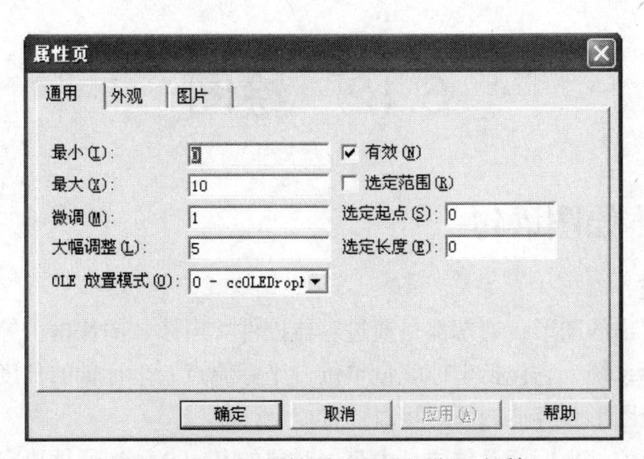

图 6-26 Slider 属性页“通用”设置对话框

（2）SmallChange 和 LargeChange 属性。SmallChange 和 LargeChange 属性决定了当用户移动滑块时，控件产生的变化速度。SmallChange 指定了按下方向键时滑块移动的刻度值。LargeChange 属性制定了用鼠标单击控件或按 PageUp 键或 PageDown 键时滑块移动的刻度值。

（3）Scroll 事件。每当滑块移动时都会触发一个 Scroll 事件。利用该事件可以处理当滑块变化时想要做的工作。

【例题 6-11】 利用 Slider 控件控制显示图片的大小。

代码如下：

```
Dim pHeight As Long
Dim pWidth As Long
Private Sub Form_Load()
    pHeight = Image1.Height/100
    pWidth = Image1.Width/100
    Slider.Max = 100
End Sub

Private Sub Timer1_Timer()
    Slider1.Value = (Slider.Value +1) Mod 100
    Image1.Height = pHeight * Slider1.Value
    Image1.Width = pWidth * Slider1.value
End Sub
```

运行结果如图 6-27 所示。程序运行时图片会根据时间的变化逐渐变化，同时滑块逐步后移。

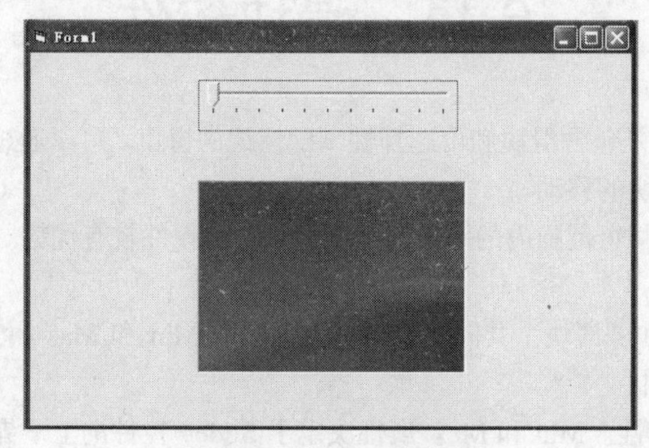

图 6-27 例 6-11 运行结果

6.12 绘图

6.12.1 基本绘图语句

1. Vb 坐标系统

绘图语句所绘制出的图形，通常都是通过容器控件（窗体、图片框）等输出的，而每一个容器控件都有一个坐标系统，它包括坐标度量单位、坐标原点、坐标轴的长度与方向等要素。通过这些要素就可以确定图形和容器之间的相对位置。

（1）坐标度量单位。坐标度量单位是由容器对象的 ScaleMode 属性决定的。其具体取值含义见表 6-18。

表 6-18 ScaleMode 属性值的含义

ScaleMode 属性值	含 义
0	用户自定义(user)
1	缇(twip)

续表

ScaleMode 属性值	含　义
2	点(point)
3	像素(pixel)
4	字符(character)
5	英寸(inch)
6	毫米(millimeter)
7	厘米(centimeter)

其中：1 英寸=1440 缇，1 英寸= 72 个点

（2）系统默认坐标。系统默认的坐标是由 ScaleLeft、ScaleTop、ScaleHeight、ScaleWidth 属性来确定的。前两项确定了所绘制图形在承载容器上左上角的坐标；默认情况下取值为 0。

（3）用户自定义坐标系统。在绘制图形时，若想要使坐标的原点在一个特定的位置，用户就需要自定义坐标系统。

方法一

利用给（ScaleLeft，ScaleTop）和（ScaleLeft+ScaleWidth，ScaleTop+ScaleHeight）赋值使坐标平移。坐标向右和向上平移为正，反之为负。

方法二

利用 Scale 方法定义坐标系统。

语法格式：

```
【对象.】 Scale 【(xLeft,yTop)-(xRight,yBottom)】
```

功能：自定义坐标系统。

2. 绘图常用属性

（1）CurrentX，CurrentY 属性。在容器内绘图时的当前横纵坐标，这两个属性只能通过程序设置和更改。

使用格式：

```
【对象.】 CurrentX 【=X】
【对象.】 CurrentY 【=Y】
```

功能：设置当前横纵坐标的值。

（2）DrawWidth 属性。DrawWidth 属性用于设置所画线的宽度或点的大小。

语法格式：

```
【对象.】 DrawWidth 【=<Size>】
```

功能：设置线的宽度。

其中：<Size>为数值表达式，取值范围为 1～32 767，单位为像素，默认值为 1。

（3）DrawStyle 属性。DrawStyle 用于设置所画线的形状。具体设置值如表 6-19 所示。

表 6-19　　DrawStyle 属性值的含义

DrawStyle 属性值	代表的含义
0	实线
1	虚线

续表

DrawStyle 属性值	代表的含义
2	点线
3	点画线
4	双点画线
5	透明线
6	内收实线

（4）AutoRedraw 属性。用于设置和返回对象或控件是否能自动重绘。值为 True 时，可接受重绘，否则不接受重绘事件。

6.12.2 常用的绘图方法

1. 画“点”

Pset 方法能够在编辑区域内画出一个点。

语法格式：

【对象名.】 Pset (x, y) 【,颜色】

其中（x,y）为画点的坐标。颜色为 long 型变量，用于指定点的 RGB 颜色。

【例题 6-12】 在窗体上画五彩碎纸。触发事件为单击窗体。

程序代码如下：

```
Sub Form_Click( )
   Dim CX, CY, Msg, XPos, YPos
   ScaleMode = 3
   DrawWidth = 5
   ForeColor = QBColor(4)                      '设置前景颜色为红色
   FontSize = 24                               '设置点的大小为 24 像素
   CX = ScaleWidth / 2
   CY = ScaleHeight / 2
   Msg = "Happy New Year!"
   CurrentX = CX - TextWidth(Msg) / 2
   CurrentY = CY - TextHeight(Msg)
   Print Msg
Do
    XPos = Rnd * ScaleWidth
    YPos = Rnd * ScaleHeight
    PSet (XPos, YPos) , QBColor (Rnd * 15)
    DoEvents
Loop
End Sub
```

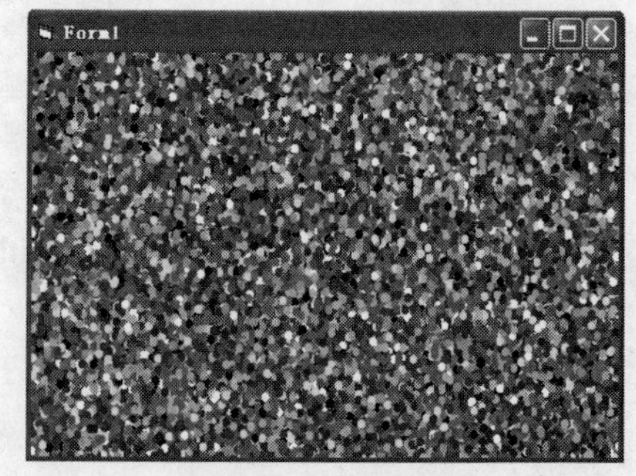

图 6-28 运行结果图

程序运行结果如图 6-28 所示。

2. 画“线”

Line 方法用于在对象上画直线和矩形。

语法格式：

【对象名.】 Line【【Step】 (X1, Y1) 】 - (X2,Y2)【,颜色】 【,B【F】】

功能：在指定的容器内，在坐标系中，以(X1,Y1)为起点，以(X2,Y2)为终点画一条线段或一个矩形。

参数说明见表 6-20。

表 6-20　　line 方法的参数

参数	描　述
Step	可选项。从当前坐标移动相应的距离后的点为画线的起点
（X1,Y1）	可选项。Single 类型，直线或矩形起点的坐标
（X2,Y2）	必选项。Single 类型，直线或矩形的终点坐标
颜色	可选项。Long 类型，线条的 RGB 颜色
B	可选项。B 表示画矩形，F 表示用画矩形的颜色来填充矩形内部。F 必须要在使用了 B 后才有效
F	

【例题 6-13】 请使用 Line 方法在窗体上画几个同心矩形。

程序代码设计如下：

```
Sub Form_Click( )
    Dim CX, CY, F, F1, F2, I
    ScaleMode = 3
    CX = Scale Width/2
    CY = Scale height/2
    DrawWidth = 8
    For I = 50 To 0 Step - 2
        F = I / 50
        FI = 1 - F: F:2 = 1 + F
        Forecolor = QBColor(I Mod 15)
        Line (CX * F1,CY * F1) - (CX * F2,CY * F2),,BF
    Next I
    DoWvenls
    IF CY > CX Then
       DrawWidth = ScaLeWidth / 25
    Else
       DrawWidth = ScaleHeight / 25
    End If
    For I = 0 To 50 Step 2
        F = 1 / 50
        Fl = 1 - F : F2 = 1 + F
        Line(CX * F1, CY ) - (CX, CY * F1)
        Line - (CX * F2 , CY)
        Line - (CX, CY * F2)
        Line - (CX*F1, CY)
        Forecolor = QBColor ( I Mod 15)
    Next I
    DoEvents
End Sub
```

图 6-29　例 6-13 运行结果

程序运行结果如图 6-29 所示。

3. 画“圆”

Circle 方法用于在对象上画圆、椭圆或弧。

语法格式：

对象.Circle 【Step】 (x , y) ,radius,【 color,start,end,aspect 】

Circle 方法的参数说明见表 6-21。

表 6-21　　　　　　　　　　　　Circle 方法参数说明

参数	描　述
Step	指定圆、椭圆或弧的中心，它们相对于当前 object 的 CurrentX 和 CurrentY 属性提供的坐标。即确定步长的单位
(x,y)	Single 类型，圆、椭圆或弧的中心坐标
Radius	Single 类型，圆、椭圆或弧的中心半径
Color	Long 类型，圆的轮廓的 RGB 颜色
start ，end	Single 类型，当画弧、部分圆或椭圆时，start 和 end 指定弧的起始角和终止角。默认值是 0 和 2 * pi
aspect	Single 类型，椭圆的长短轴比率。默认值为 1，画的是圆

(1)使用圆或椭圆所属对象的 FiLLColor 和 FillStye 属性。只有封闭的圆形才能填充。封闭图形包括圆、椭圆或扇形。

(2) 画部分圆或椭圆时，如果 start 为负，Circle 方法沿 start 角度画一半径，并将角度处理为正的；如果 end 为负，Circle 方法沿 end 角度画一半径，并将角度处理为正的。Circle 方法总是逆时针（正）方向绘图。

(3)画圆、椭圆或弧时线段的粗细取决于 DrawWidth 属性值。在背景上画圆的方法取决于 DrawMode 和 DrawStyle 属性值。

(4) 画角度为 0 的扇形时，要画出一条半径（向右画一水平线段），这时给 start 规定一很小的负值，不要给 0。

(5) 可以省略语法中间的某个参数，但不能省略分隔参数的逗号。指定的最后一个参数后面的逗号是可以省略的。

【例题 6-14】 用 Circle 方法在窗体中央画许多同心圆。在窗体中加入一个时钟控件设置其 Interval 属性的值为 100 程序运行时将产生旋涡效果。

程序代码如下：

```
Private Sub Form_Click()
   Dim CX, CY, Radius, Limit
   ScaleMode = 3
   CX = ScaleWidth / 2
   CY = ScaleHeight / 2
   If CX > CY Then Limit = CY Else Limit = CX
   For Radius = 0 To Limit
      Circle (CX, CY), Radius, RGB(Rnd * 255,
Rnd * 255, Rnd * 255)
   Next Radius
End Sub
```

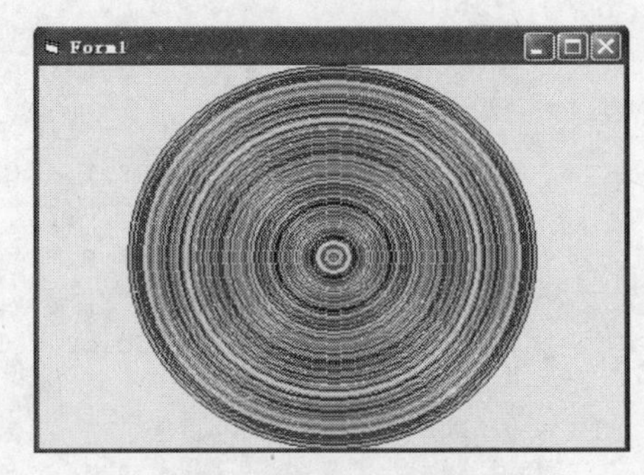

图 6-30　例 6-14 运行结果

运行结果如图 6-30 所示。

习　题

1. 公共对话框控件用何属性设置或返回要“打开”的文件名？用何属性设置文件过滤器？用

何属性设置或返回颜色对话框中的颜色？用何属性设置或返回字体信息？

2. 公共对话框用哪些方法打开“文件打开”、“文件保存”、“文件打印”、“字体”、“颜色”和“帮助”对话框？

3. 简述工具栏的设计步骤。

4. 如何将 Windows 公用控件工具栏、状态栏等控件添加到工具箱中去？

5. 状态栏由什么组成？在状态栏的程序设计中可使用什么表示第 i 个窗格的属性？该属性还有哪些属性？在哪设置子属性？

6. 用什么方法向 Tree View 控件添加新的节点和子节点？用什么方法删除 Tree View 控件的所有 Note 结点？用什么属性返回 Note 结点的内容？

7. 进程条控件 ProgressBar 用什么属性显示程序执行与运算的进程？

8. ImageList 控件有什么作用，试举例说明。

9. 用 TreeView 控件来实现 Windows 环境下的文件夹结构。

10. 怎样建立用户坐标系？

11. 窗体的 ScaleHeight、ScaleWidth 属性和 Height、Width 属性有什么区别？

12. 使用 Line 方法画线之后，CurrentX 与 CurrentY 在何处？

第7章 菜单设计

目前大型应用程序的用户界面基本是菜单界面。菜单栏中包含了各种操作命令。通过不同的菜单标题将命令进行分组，以便用户能够更直观、更容易地访问这些命令。

在 Visual Basic 中，菜单控件也是一个对象，具有定义它的外观与行为的属性。菜单控件只包含一个事件，即单击事件。

常用菜单主要有两种类型：下拉式菜单和弹出式菜单。本章主要介绍与菜单相关的概念及 Visual Basic 的下拉式菜单和弹出式菜单的设计技术以及多文档界面 MDI 程序设计技术。

7.1 菜单类型及组成

7.1.1 菜单类型

菜单是图形化界面一个必不可少的组成元素，通过菜单对各种命令按功能进行分组，使用户能够更加方便、直观地访问这些命令。Windows 环境下的应用程序一般为用户提供 3 种菜单：窗体控制菜单（见图 7-1）、下拉式菜单（见图 7-2）、弹出式菜单（见图 7-3）。

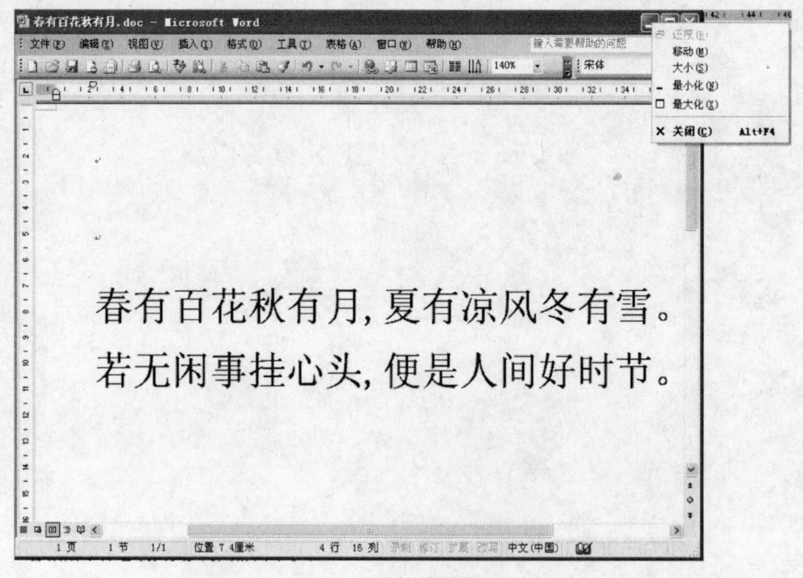

图 7-1 窗体控制菜单

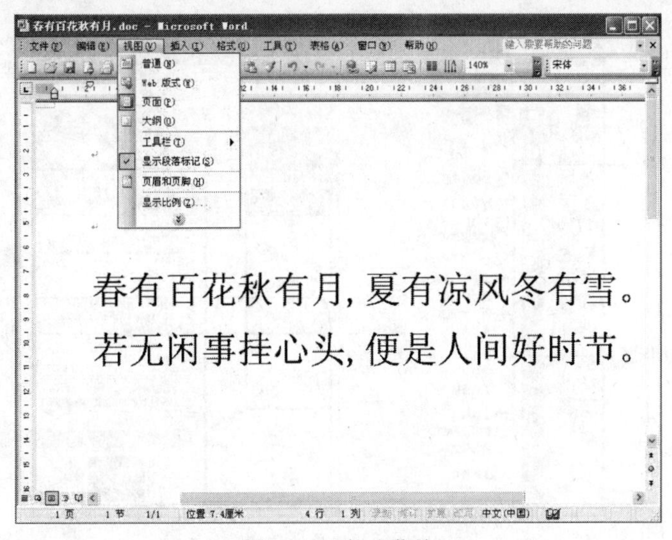

图 7-2　下拉式菜单

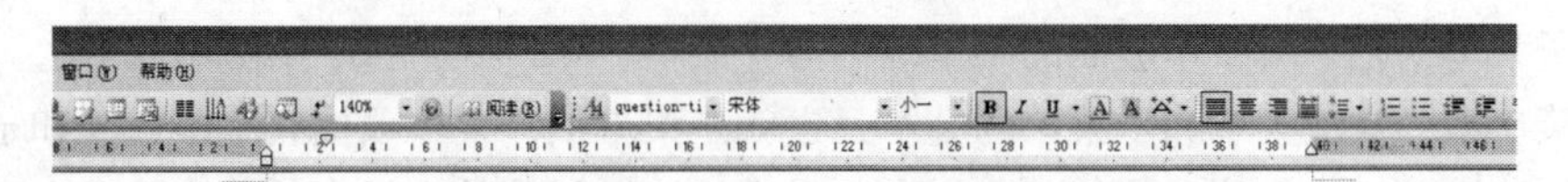

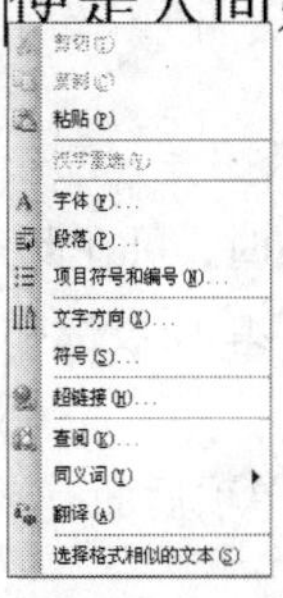

图 7-3　弹出式菜单

7.1.2　菜单的组成

菜单的基本作用有两种，一是将应用程序的各种操作清楚地显示到界面上，方便设计人员操作；二是管理应用程序，容易控制各种功能模块的操作。

下面介绍两种常用菜单：下拉式菜单和弹出式菜单。菜单的组成如图 7-4 所示。

下拉式菜单的基本结构包括菜单栏、主菜单、一级菜单和子菜单。菜单中包含的界面元素有菜单项快捷键、访问键、分隔条、选中提示、子菜单提示及对话框提示。

（1）菜单栏：在一般的情况下菜单栏都位于窗体标题栏的下面，由同一个或多个菜单标题构成。

（2）主菜单：主菜单中包含一个以上的菜单标题，每个标题下又都包含该菜单项目的列表——一级菜单。

（3）一级菜单：一级菜单由若干个菜单项和分隔条组成，每个菜单项还可有子菜单。这时的菜单项称为子菜单标题。

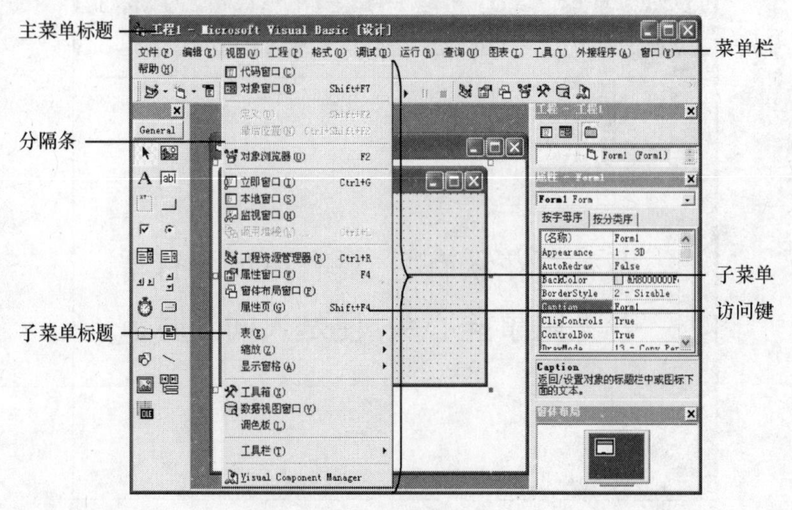

图 7-4　菜单的组成

（4）子菜单：把一级菜单里面的菜单统称为子菜单，VB 只有五级子菜单。

（5）菜单项：一级菜单和子菜单的基本元素就是菜单项，菜单项代表一条命令和子菜单。

（6）快捷键：可以快速地执行某个命令。带有快捷键的菜单项对应的命令可以在不使用操作菜单项的情况下，通过使用快捷键直接执行对应的命令，操作很方便。

（7）访问键：为一些菜单项指定一些字母键。在显示出有关菜单项之后，按该字母键可以直接执行对应的命令。

（8）分隔条：对菜单分组地显示。

（9）选中标记：选中一个菜单项时，可在此菜单项的右边打一个选中标记"√"，一般情况下选中标记与菜单项为开关关系，即菜单项被选中时，该菜单项获得选中的标记，再次选择该菜单项，则被取消。

（10）子菜单提示：如果一些菜单项后面有子菜单，则在此菜单项的右边出现一个向右指示的小三角——子菜单提示符。

弹出式菜单的结构与下拉式菜单基本相同，弹出式菜单又称浮动菜单，即此类菜单不是固定在窗体的上部，而需要使用鼠标的右键来触发，其定位是由鼠标所在的位置决定的。

在 Visual Basic 中，每个菜单项就是一个控件，与其他的控件相同，它具有定义外观和行为的属性。在设计或运行时可设置 Caption 属性、Enabled 属性、Checked 属性等。菜单控件只能识别一个事件，就是 Click 事件，当使用鼠标或键盘选中某一个菜单控件时，将触发该事件。

7.2 菜单编辑器

当创建应用程序时，需要向用户提供许多功能。在 Visual Basic 中，用户可以方便地使用菜单编辑器进行菜单的设计。创建菜单栏的第一步工作是确定将如何来组织用户的功能选项。在常用到的 Windows 应用程序中可以看到，在菜单中通常是将功能相似的选项分类组织在一个标题下。实际上，用户应该尽量把菜单分成用户所熟悉的组，以便用户可以凭着经验查找所需功能菜单选项。

7.2.1 菜单控件的属性

在 Visual Basic 6.0 的开发环境中选择【工具】|【菜单编辑器】命令，就能打开【菜单编辑器】对话框，开始编辑菜单，如图 7-5 所示。

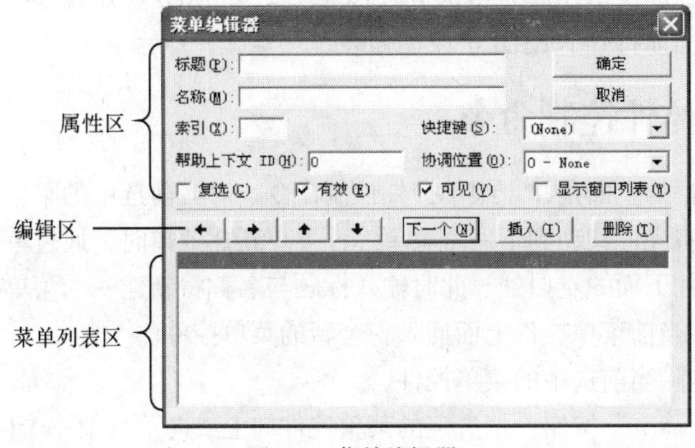

图 7-5　菜单编辑器

属性区用于输入或修改菜单项，设置菜单项的属性，具体属性功能如下所述。

【标题】：即菜单控件的 Caption 属性。用于输入要在菜单项中显示的文字。

【名称】：在【名称】文本框中输入的信息不会显示在用户界面上，但是它将是用户今后在使用编码实现其功能时所需要引用到的菜单名，用户应该注意区分它们。菜单的“标题”和“名称”属性就类似于命令按钮的属性，“标题”是用户可见的；而“名称”则是程序中访问菜单的方法。

【索引】：即菜单控件的 Index 属性。可以将多个菜单控件定义成一个控件数组。Index 属性用于确定相应菜单控件在数组中的位置，该值不影响菜单控件的显示位置。

【快捷键】：即菜单控件的 Shortcut 属性。用于为当前的菜单控件指定一个快捷键，快捷键从下拉列表框中选择。但是顶级菜单不能设置快捷键。

【帮助上下文 ID】：即菜单的 HelpContextID 属性。在 HelpFile 属性指定的帮助文件中用该数值查找适当的帮助主体。

【协调位置】：即菜单控件的 Negotiate Position 属性。该属性决定了是否及如何在窗体中显示菜单，该属性有如表 7-1 所示的 4 个选项。

表 7-1　【协调位置】的属性选项

属性	描述
0—None	默认值，当对象活动时，菜单栏上不显示顶级菜单
1—Left	当对象活动时，顶级菜单显示在菜单栏的左端
2—Middle	当对象活动时，顶级菜单显示在菜单栏的中间
3—Right	当对象活动时，顶级菜单显示在菜单栏的右端

【复选】：即菜单控件的 Checked 属性。有的菜单命令选项是通过触发方式来完成的，用户可以看到有的选项前有复选标记。在程序运行中用代码来控制菜单命令的选定状态就是通过访问 Checked 属性来完成的。

【有效】：即菜单控件的 Enabled 属性，该属性是用来控制命令项可用性的。如果将命令的 Enable

属性设置为 False，那么该命令在菜单条上将会变灰，鼠标无法选择。同样，用户可以在代码中访问这个属性来达到控制命令可用性的目的。

【可见】：即菜单控件的 Visuable 属性，可以取 True 或 False，默认值为 True，该属性用来决定菜单项是否显示。

【显示窗口列表】：即菜单控件的 WindowList 属性。在 MDI 应用程序中，该设置用于确定菜单控件是否包含一个当前打开的 MDI 子窗体列表。

7.2.2 菜单控件控制命令

在菜单控件列表框的上面是几个菜单控件控制命令，对当前选中的菜单控件执行下面操作。

"下一个"按钮：将光标移动到下一个菜单控件上。新建菜单时，通过单击"下一个"按钮，将光标移动到菜单控件下面的空白处，此时输入标题与名称将新建一个菜单控件。

"插入"按钮：在当前菜单控件上面插入一个新的菜单控件。

"删除"按钮：删除当前选中的菜单控件。

"上箭头"与"下箭头"按钮：把选定的菜单控件向上或向下移动一个位置。

"右箭头"与"左箭头"按钮：把选定的菜单控件向右或向左移动一个等级。

菜单编辑器的属性选项区域内列出了被选中菜单控件的各个属性，其中各属性的含义如下。

"标题"（Caption）属性：菜单控件的标题，这些标题显示在菜单栏或菜单列表中。标题属性中以&符号开头的字母表示该菜单控件的快速访问键。如果在菜单列表中加入分隔条，只需在菜单控件的标题属性中键入一个连字符（-）即可。

"名称"（Name）属性：菜单控件的名称。同一窗体内的控件名称不能重复。

"索引"（Index）属性：用来定义菜单控件数组，并指定该菜单控件在控件数组中的位置。对于非控件数组此项保留为空。

"快捷键"属性：设置菜单命令的快捷键。

"复选"（Checked）属性：在菜单项的左边设置复选标记。通常用它来表示切换选项的开关状态。

"有效"（Enabled）属性：决定菜单/菜单项是否为可用。对于不可用的菜单/菜单项窗体运行时将显示为灰色，并且不响应用户的单击操作。

"可见"（Visible）属性：决定菜单/菜单项是否显示。

7.3 下拉式菜单设计

在下拉式菜单中，一般有一个主菜单，称为菜单栏。每个菜单栏包括一个或多个选择项，称为菜单标题，如图 7-6 所示。

当单击一个菜单标题时，包含菜单项的列表（即菜单）被打开，在列表项目中，可以包含分隔条和子菜单标题等。

Visual Basic 的菜单系统最多可达 6 级，但在实际应用中，一般不超过 3 层，因为菜单层次过多，会影响操作的方便性。

在下拉式菜单中，一般只需要对下拉菜单的最低级菜单项编写单击事件代码，如果对一个有下级菜单的菜单项编写了单击事件，则在执行下一级菜单时，该菜单程序将先执行。

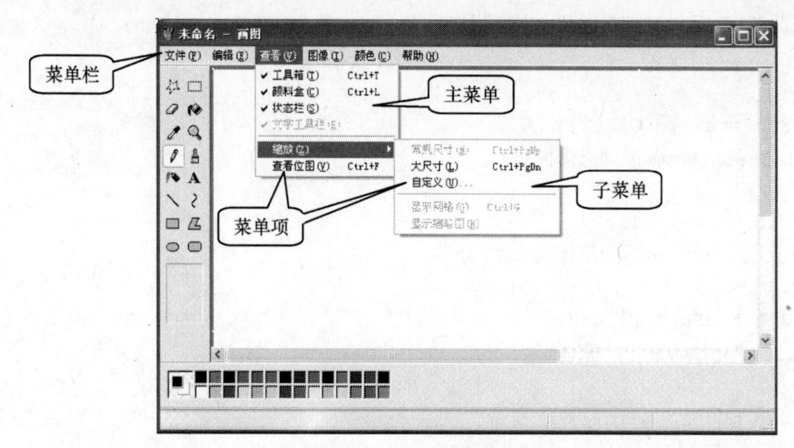

图 7-6　下拉式菜单

【例题 7-1】 设计一个下拉式菜单，通过选择菜单实现窗体中语句的字体修改（宋体、黑体、楷体）、字号修改（大号、中号、小号）和字体颜色修改（红色、黄色、绿色）。

设计步骤如下。

（1）建立窗体，打开 Visual Basic6.0 环境，创建工程。添加标签控件。并设置对象的属性。

（2）为窗体添加菜单。打开 Visual Basic6.0 菜单编辑器。在菜单编辑器内加入如表 7-2 所示的菜单控件。加入菜单控件后的菜单编辑器如图 7-7 所示。

表 7-2　下拉式菜单窗体的菜单控件

一级菜单设置		二级菜单设置	
标题（访问键）	名称	标题（访问键）	名称
字体（&F）	mnuFont	宋体（&S）	mnuSong
		黑体（&B）	mnuBold
		楷体（&K）	mnuKai
字号（&S）	mnuSize	大号（&B）	mnuBig
		中号（&M）	mnuMedium
		小号（&S）	mnuSmall
颜色（&C）	mnuColor	红色（&R）	mnuRed
		黄色（&Y）	mnuYellow
		绿色（&G）	mnuGreen

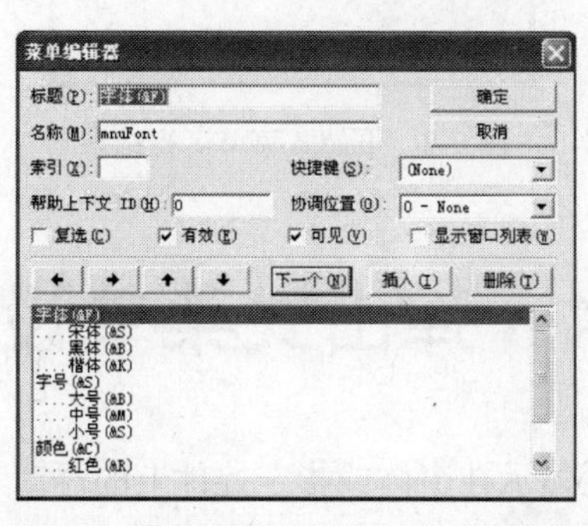

图 7-7　添加完菜单控件的菜单编辑器

（3）给菜单控件添加程序代码，代码如下。

```
Private Sub Form_Load()
End Sub
Private Sub mnuBold_Click()
  Lblhello.FontName = "黑体"
End Sub
Private Sub mnuKai_Click()
  Lblhello.FontName = "楷体_GB2312"
End Sub
Private Sub mnuSong_Click()
  Lblhello.FontName = "宋体"
End Sub
Private Sub mnuBig_Click()
  Lblhello.FontSize = 36
End Sub
Private Sub mnuMedium_Click()
  Lblhello.FontSize = 24
End Sub
Private Sub mnuSmall_Click()
  Lblhello.FontSize = 12
End Sub
Private Sub mnuRed_Click()
  Lblhello.ForeColor = vbRed
End Sub
Private Sub mnuGreen_Click()
  Lblhello.ForeColor = vbGreen
End Sub
Private Sub mnuYellow_Click()
  Lblhello.ForeColor = vbYellow
End Sub
Private Sub mnuBlack_Click()
  Lblhello.ForeColor = vbBlack
End Sub
```

运行程序，通过下拉式菜单可以对字体、字号、颜色进行修改。运行结果如图 7-8 所示。

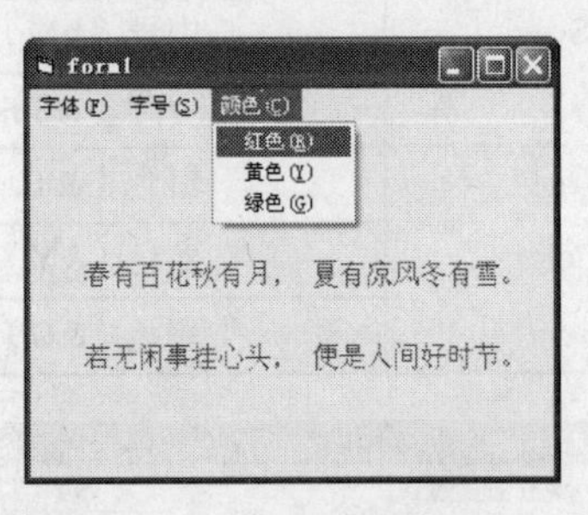

图 7-8　下拉式菜单运行结果

7.4　弹出式菜单设计

弹出式菜单是独立于菜单栏显示在窗体或指定控件上的浮动菜单，菜单的显示位置与鼠标当前位置有关，实现步骤如下。

（1）在菜单编辑器中建立该菜单。

（2）设置其顶层菜单项（主菜单项）的 Visible 属性为 False（不可见）。

（3）在窗体或控件的 MouseUp 或 MouseDown 事件中调用 PopupMenu 方法显示该菜单。

PopupMenu 的使用方法为：

PopupMenu <菜单名>【,flags【,x【,y【,Boldcommand】 】 】 】

其中：

（1）关键字“PopupMenu”可以前置窗体名称，但不可前置其他控件名称。

（2）<菜单名>是指通过菜单编辑器设计的、至少有一个子菜单项的菜单名称（Name）。

（3） Flags 参数为常数，用来定义显示位置与行为，其取值见表 7-3。

表 7-3　　Flags 参数的取值及含义

值	符号常量	描　述
表示弹出式菜单的位置		
0	vbPopupMenuLeftAlign	默认值，弹出式菜单左边定位于指定坐标 x
4	vbPopupMenuCenterAlign	弹出式菜单以指定的坐标 x 位置为中心
8	vbPopupMenuRightAlign	弹出式菜单右边定位于指定坐标 x
表示弹出式菜单内菜单项响应鼠标哪个键的操作		
0	vbPopupMenuLeftButton	默认值，显示弹出式菜单
2	vbPopupMenuRightButton	单击操作鼠标左键或右键显示弹出式菜单

前面 3 个为位置常数，后 2 个是行为常数。这两组常数可以相加或用 or 连接。

例如：

vbPopupMenuCenterAlign or vbPopupMenuRightButton 或 6（即 2+4）

（4）Boldcommand 参数指定需要加粗显示的菜单项，注意只能有一个菜单项加粗显示。

【例题 7-2】 本例为例 7-1 中的窗体添加菜单 mnuFormBackground，当在窗体上单击鼠标右键时创建弹出式菜单，用来为窗体设置背景颜色。

设计步骤如下：

（1）建立窗体，打开 Visual Basic6.0 环境，创建工程。添加标签控件。并设置对象的属性。

（2）为窗体添加菜单。在菜单编辑器内加入如表 7-2 所示的菜单控件同时添加一个标题为窗体背景的弹出菜单 mnuFormBackground 。加入菜单控件后的菜单编辑器如图 7-9 所示。

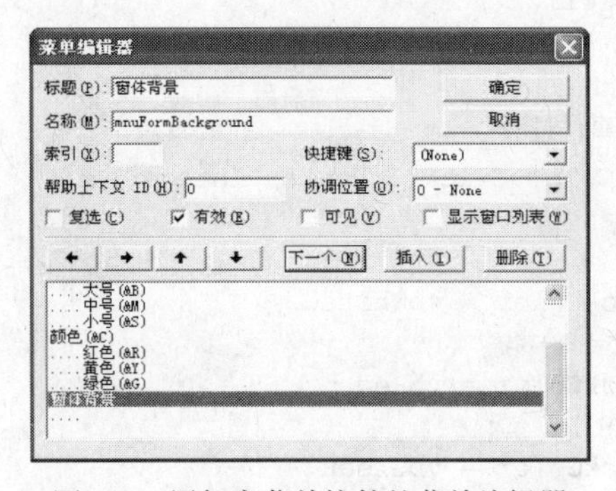

图 7-9　添加完菜单控件的菜单编辑器

（3）给菜单控件添加程序代码，代码如下。

```
Option Explicit
Private Sub Form_Load()
Dim i%
mnuFormBKColor(0).Caption = "白色"
For i = 1 To 2
    Load mnuFormBKColor(i)
    Select Case i
      Case 1:
          mnuFormBKColor(i).Caption = "红色"
      Case 2:
          mnuFormBKColor(i).Caption = "绿色"
    End Select
Next i
 End Sub
'标签字体、字号、颜色菜单控件事件过程。
Private Sub mnuBold_Click()
   lblHello.FontName = "黑体"
End Sub
Private Sub mnuKai_Click()
   lblHello.FontName = "楷体_GB2312"
End Sub
Private Sub mnuSong_Click()
   lblHello.FontName = "宋体"
End Sub
Private Sub mnuBig_Click()
   lblHello.FontSize = 36
End Sub
Private Sub mnuMedium_Click()
   lblHello.FontSize = 24
End Sub
Private Sub mnuSmall_Click()
   lblHello.FontSize = 12
End Sub
Private Sub mnuRed_Click()
   lblHello.ForeColor = vbRed
End Sub
Private Sub mnuGreen_Click()
   lblHello.ForeColor = vbGreen
End Sub
Private Sub mnuYellow_Click()
   lblHello.ForeColor = vbYellow
End Sub
'窗体背景颜色相关菜单控件事件过程。
Private Sub mnuformBKColor_Click(Index As Integer)
   Select Case Index
      Case 0:
          frmMenu.BackColor = vbWhite
      Case 1:
          frmMenu.BackColor = vbRed
      Case 2:
          frmMenu.BackColor = vbGreen
   End Select
End Sub
```

```
' 标签与窗体响应鼠标右键的事件过程。只有按下并抬起鼠标右键，过程才有所响应，
因此过程中采用 If 结构，仅在 Button 值为 2 时执行弹出菜单语句。
Private Sub Form_MouseUp(Button As Integer, Shift As Integer, X As Single, Y As Single)
    If Button = 2 Then
        Me.PopupMenu mnuFormBackground
    End If
End Sub
```

运行程序，通过下拉式菜单可以对字体、字号、颜色进行修改，同时单击鼠标右键可以对窗体背景颜色进行修改。运行结果如图 7-10 所示。

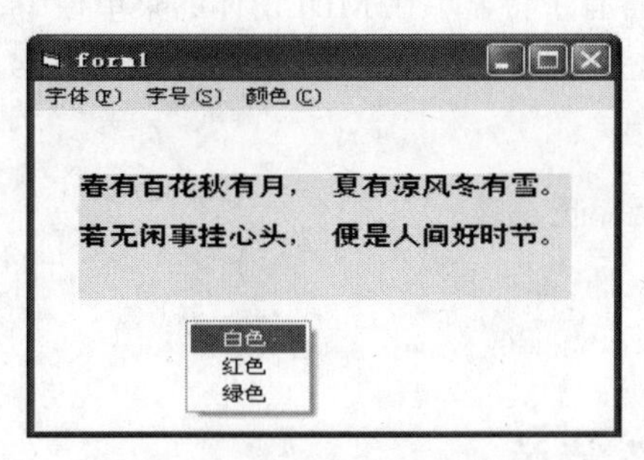

图 7-10 弹出式菜单运行结果

7.5 多文档界面 MDI 程序设计

用户界面是应用程序非常重要的部分。用户界面样式主要有两种：单文档界面（SDI）和多文档界面（MDI）。

例如：Microsoft Windows 中的记事本应用程序，就是 SDI 程序。即只能打开一个文档，想要打开另外一个必须先关闭当前文档。

但 Microsoft Windows 的大型应用程序一般都是多文档界面程序。如 Microsoft Word、Microsoft Excel 等都是 MDI 程序。即可以同时打开多个文档进行操作，打开的每个文档都叫做父窗口的子窗口，在 Visual Basic 中，父窗口就是 MDI 窗体，子窗口是指 MDChild 属性为 True 的普通窗体。

MDI 应用程序至少应有两个窗体，父窗体和一个子窗体。每个窗体都有相应的属性。父窗体只有一个，而其中包含的子窗体则可以有多个。

生成 MDI 应用程序，操作步骤如下：

（1）创建 MDI 窗体。

（2）创建应用程序的子窗体。

（3）用命令打开多个子窗体。

7.5.1 创建多文档界面应用程序

1. 创建 MDI 窗体

用户要建立一个 MDI 窗体，可以选择“工程”菜单中的“添加 MDI 窗体”命令，会弹出“添加 MDI 窗体”对话框，选择“新建 MDI 窗体”或“现存”的 MDI 窗体，再选择“打开”按钮。

一个应用程序只能有一个 MDI 窗体，可以有多个 MDI 子窗体。MDI 窗体类似于具有一个限制条件的普通窗体，除非控件具有 Align 属性（如 PictureBox 控件）或者具有不可见界面（如

CommonDialog 控件、Timer 控件），不能将控件直接放置在 MDI 窗体上。

2．创建和设计 MDI 子窗体

（1）创建 MDI 子窗体的方法。工程中创建一个新的普通窗体，将 MDIChild 属性设为 True。

（2）MDI 窗体运行时的特性为所有子窗体都显示在 MDI 窗体的工作空间内。

① 当最小化一个子窗体时，它的图标将显示在 MDI 窗体上而不是任务栏中。

② 当最大化一个子窗体时，它的标题会与 MDI 窗体的标题组合在一起并显示于 MDI 标题栏上。

③ 通过设定 AutoShowChildren 属性，子窗体可以在窗体加载时自动显示或自动隐藏。

④ 活动子窗体的菜单（若有）将显示在 MDI 窗体的菜单栏中，而不是显示在子窗体。

MDI 子窗体是一个 MDIChild 属性为 True 的普通窗体。要创建多个子窗体，通过窗体类来实现：

```
Public Sub FileNewProc()
    Static No As Integer
    Dim NewDoc As New frmMDIChild
    No = No + 1
    NewDoc.Caption = "no" & No
    NewDoc.Show
End Sub
```

7.5.2 MDI 窗体及菜单

显示任何窗体的方法为 show，还有有关规则：

（1）加载子窗体时，其父窗体会自动加载并显示；反之则无。

（2）MDI 窗体有 AutoShowChildren 属性，决定是否自动显示子窗体。

在 MDI 应用程序中，MDI 窗体和子窗体上都可以建立菜单。每一个子窗体的菜单都显示在 MDI 窗体上，而不是在子窗体本身。当子窗体有焦点时，该子窗体的菜单（如果有的话）就代替菜单栏上的 MDI 窗体的菜单。如果没有可见的子窗体，或者如果带有焦点的子窗体没有菜单，则显示 MDI 窗体的菜单。

1．创建 MDI 应用程序的菜单

通过给 MDI 窗体和子窗体添加菜单控件，可以为 VB 应用程序创建菜单。

2．创建"窗口"（Window）菜单

大多数 MDI 应用程序都结合了"窗口"菜单。

（1）显示打开的多个文档窗口。要在某个菜单上显示所有打开的子窗体标题，只需利用菜单编辑器将该菜单的 WindowList 属性设置为 True。

（2）排列窗口。利用 Arrange 方法进行层叠、平铺和排列图标。

形式：MDI 窗体对象.Arrange 排列方式

其取值如表 7-4 所示。

表 7-4　Arrange 排列方式的实参取值与对应排列方式

常数	值	描　述
vbCascade	0	层叠所有非最小化 MDI 子窗体
vbTileHorizontal	1	水平平铺所有非最小化 MDI 子窗体
vbTileVertical	2	垂直平铺所有非最小化 MDI 子窗体
vbArrangeIcons	3	重排最小化 MDI 子窗体的图标

例如，在 MDI 窗体中实现子窗体层叠的 Arrange 方法调用格式为：

`MDIForm. Arrange(0)`或`MDIForm. Arrange(vbCascade)`

【例题 7-3】 建立一个学生成绩管理系统应用程序，程序中有一个 MDI 窗体，通过 MDI 窗体的“学生信息维护”、“课程信息维护”菜单中的“添加学生信息”、“添加课程信息”菜单项，可建立多个文档窗口作为 MDI 窗体的子窗体，同时可以在子窗体中进行编辑。

设计步骤如下：

（1）创建工程及窗体。从“工程”菜单中选择“添加 MDI 窗体”菜单命令创建一个父窗体。然后再创建新窗体。并将窗体的 MDIChild 属性为 True，使该窗体成为一个子窗体。在子窗体出添加控件，属性设置如表 7-5 所示。

表 7-5　　学生成绩管理系统的窗体控件属性设置

对象	属性	值	说明
父窗体	Name（MDIMain）	Caption（学生成绩管理系统）	多文档父窗体
子窗体 1	Name（frmInsert）	Caption（添加学生基本信息）	子窗体 1
文本框 1	Name（Text1）		学生姓名
文本框 2	Name（Text2）		学生性别
文本框 3	Name（Text3）		用户密码
子窗体 2	Name（frmCourse）	Caption（添加课程信息）	子窗体 2
文本框 1	Name（Text1）		课程号
文本框 2	Name（Text2）		课程名
文本框 3	Name（Text3）		学时
文本框 4	Name（Text4）		学分

（2）为窗体添加菜单。打开 Visual Basic6.0 菜单编辑器。在菜单编辑器内加入如表 7-6 所示的菜单控件。加入菜单控件后的菜单编辑器如图 7-11 所示。

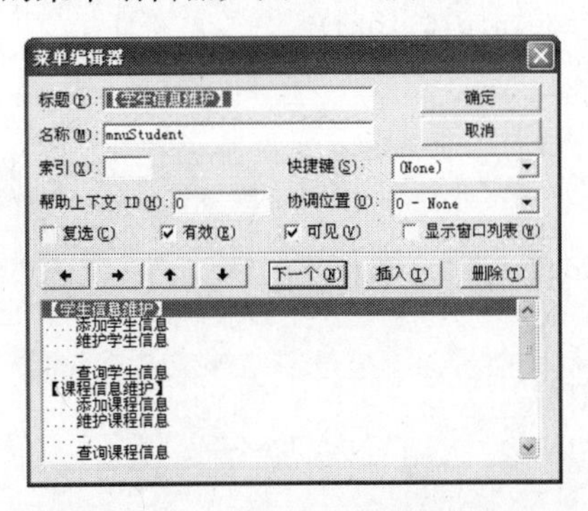

图 7-11　添加完菜单控件的菜单编辑器

表 7-6　　学生成绩管理系统编辑器的菜单控件

一级菜单设置		二级菜单设置	
标题	名称	标题	名称
学生信息维护	mnuStudent	添加学生信息	mnuInsert
		维护学生信息	mnuModify
		查询学生信息	mnuQuery
课程信息维护	mnuCourse	添加课程信息	mnuCourseInfo
		维护课程信息	mnuModifyCourseInfo
		查询课程信息	munQueryCourseInfo

续表

一级菜单设置		二级菜单设置	
标题	名称	标题	名称
系统维护	mnuSystem	设置密码	mnuPassword
		退出系统	mnuQuit

（3）给菜单控件添加程序代码，代码如下。

```
Private Sub MDIForm_QueryUnload(Cancel As Integer, UnloadMode As Integer)
If UnloadMode >= 0 Then
   If vbYes = MsgBox("你真的要退出系统吗?", vbQuestion + vbYesNo) Then
        Set Cmd = Nothing
        Set Con = Nothing
        Set Rs = Nothing
        Cancel = False
  Else
    Cancel = True
  End If
End If
End Sub
Private Sub mnuCourseInfo_Click()
frmCourse.Show
End Sub
Private Sub mnuGradeInfo_Click()
  frmInsertScore.Show
End Sub
Private Sub mnuInsert_Click()
  frmInsert.Show
End Sub
Private Sub mnuModifyGradeInfo_Click()
 frmModifyScore.Show
 End Sub
 Private Sub mnuQuit_Click()
  Unload Me
End Sub
Private Sub munQueryGradeInfo_Click()
  frmQueryScore.Show
End Sub
' 子窗体1 （添加学生基本信息）
Private Sub cmdOK_Click()
End Sub
Private Sub cmdQuit_Click()
   Unload Me
End Sub
' 子窗体2 （添加课程信息）
Private Sub cmdOK_Click()
End Sub
Private Sub cmdQuit_Click()
   Unload Me
End Sub
Private Sub Frame1_DragDrop(Source As Control, X As Single, Y As Single)
End Sub
```

运行程序，通过学生成绩管理系统主菜单下的二级菜单可打开多个文档窗口，对文档相应内容进行编辑、关闭文档等操作。运行结果如图 7-12 所示。

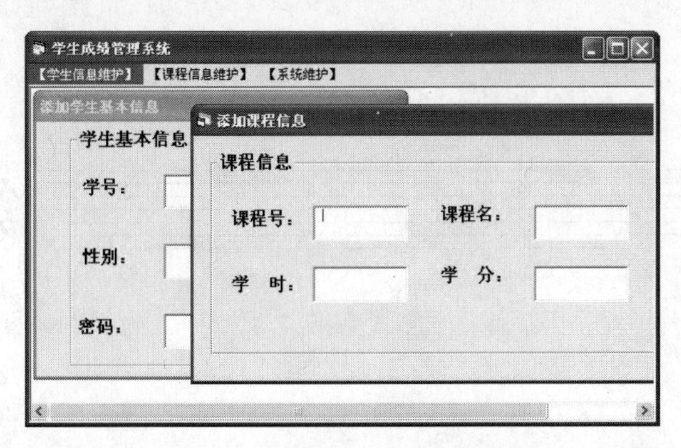

图 7-12　多文档 MDI 程序运行结果

本章小结

菜单是应用程序和用户之间的交互方式，菜单分为两种：下拉式菜单和弹出式菜单。下拉式菜单使用 Visual Basic 的菜单编辑器设计，弹出式菜单使用窗体或控件的 PopupMenu 方法设计。在 Windows 环境中，几乎所有的应用软件都提供菜单，并通过菜单来实现各种操作。

菜单设计有如下的原则。

（1）按照系统的功能来组织菜单。

（2）要选用广而浅的菜单树，而不是窄而深的菜单树。

（3）根据菜单选项的含义进行分组，并且按一定的规章排序。菜单选项的标题要力求简短、含义明确，并且最好以关键词开始。

（4）常用选项最好设置快捷键。

习　题

一. 填空题

1. 弹出式菜单、下拉式菜单的设计是在________窗口中进行的。
2. 菜单分为________菜单和________菜单，菜单总是与窗体相关联。
3. 在菜单设计过程中，不可以给________级菜单设置快捷键。
4. 弹出式菜单在________中设计，且一定要使________级菜单不可见。
5. 菜单编辑器窗口分成 3 个部分：________、________、________。

二. 问答题

1. 菜单有哪几种类型？应用程序中菜单的用途是什么？
2. 叙述用什么工具设计菜单，下拉式菜单的组成？
3. 用什么方法显示弹出式菜单？
4. 什么是多文档界面？与单文档界面相比较，多文档界面有什么特点？

第 8 章 文件

在前面章节中编写的应用程序，输入或者输出的数据结果都没有长期的保存，但如果要再次查看结果，需要重新运行程序和输入数据。如果数据量大，每次都要重新输入，工作效率低。因此，为了长期保存数据，方便修改以及被其他程序调用。就必须将其以文件的形式保存在外部存储设备中。

Visual Basic 具有强大的文件处理能力，为用户提供了开发文件系统的控件及有关的函数，极大地方便了用户对文件的读写。

本章介绍 Visual Basic 的文件系统控件，文件的打开，读写与关闭及文件中常用的操作语句。最后，通过实用案例让读者掌握在应用程序中不同类型文件的打开、关闭和读写操作。

8.1 文件的基本概念

计算机处理的大量数据都是以文件形式存放，操作系统也以文件为单位进行管理。文件是存储在外存储器上数据的集合。数据的存储采用按名存取的机制。

8.1.1 Visual Basic 文件的组成

Visual Basic 文件由记录组成，记录由字段组成，字段由字符组成。

字符：构成文件的最基本单位。字符可以是数字、字母或汉字。

字段：有若干个字符组成，用来表示一个数据项。例如，姓名“鲁畅”是一个字段，它由 2 个汉字组成。

记录：由一组逻辑上相关的字段组成。例如：在某班级学生信息文件中，每个人的学号、姓名、性别、家庭住址、电话号码等构成一个记录。

文件：文件由记录构成，一个文件含有一个以上记录。

【例题 8-1】 班级学生信息文件的记录及字段。

学 号	姓 名	性 别	所在省份	电话号码
1201	时小帆	男	吉 林	13101234567
1202	鲁 畅	女	吉 林	13587654321

每行对应一个同学的信息，构成一条记录，多条记录组成文件。

8.1.2 文件的分类

计算机的数据文件按数据的存放方式分为 3 类。

（1）顺序文件。顺序文件（Sequential File）是普通的文本文件。顺序文件中的记录按顺序一个接一个地排列。读写文件存取记录时，都必须按记录顺序逐个进行。一行一条记录（一项数据），记录可长可短，以"换行"字符为分隔符号。例如要读取文件中的第 1000 条记录，就必须先读取前 999 条记录，写入记录也是按照此方法。

（2）随机文件。随机文件（Random Access File）是可以按任意次序读写的文件，其中每个记录的长度必须相同。在这种文件结构中，每个记录都有其唯一的一个记录号，所以在读取数据时，只要知道记录号，便可以直接读取记录。

（3）二进制文件。二进制文件（Binaryfile）是字节的集合、它直接把二进制码存放在文件中。除了没有数据类型或者记录长度的含义以外，它与随机访问很相似。二进制访问模式是以字节数来定位数据，在程序中可以按任何方式组织和访问数据，对文件中各字节数据直接进行存取。

8.2　顺序文件的存取

在 Visual Basic 中，数据文件的操作步骤按下述步骤进行：

（1）打开或建立文件。一个文件必须先打开或建立后才能使用。如果一个文件已经存在，则打开该文件，如果不存在，则建立该文件。一般用 open 语句。

（2）进行文件的读、写操作。在打开或建立的文件上执行所要求的输入输出操作。在文件处理中，把内存中的数据传输到相关联的外部设备并作为文件存放的操作叫写数据，而把外部设备数据文件中的数据传输到内存程序中的操作叫读数据。一般来说，在主存与外部存储设备的数据传输中，由主存到外部存储设备叫输出或写，而由外部存储设备到主存叫输入或读。

（3）关闭文件。文件结束各种读写操作后，必须将文件关闭，否则会造成数据丢失。关闭文件的命令是 Close 语句。

8.2.1　顺序文件的打开与关闭

1. 打开文件

要对文件进行操作，必须首先打开文件。对顺序文件的打开，需要使用 Open 语句。一般格式：

Open 文件名【For 模式】 As 【#】文件号 【Len=记录长度】

功能：按指定的方式打开文件，并指定一文件号。

（1）文件名：文件名可以是字符串常量也可以是字符串变量。

（2）模式：

Input——以只读方式打开。当文件不存在时出错。

Output——以写方式打开。如果文件不存在，则创建一个新文件。如果文件已经存在则删除原数据。

Append——以添加方式打开文件。如果文件不存在，就创建一个新的文件。如果文件已经存在，写数据时从文件尾添加。

（3）文件号：文件号是一个介于 1～511 的整数，打开一个文件时需要指定一个文件号，这个文件号就代表该文件，直到文件关闭后这个号才可以被其他文件所使用，同时被打开的每个文件的文件号不能同。

（4）记录长度：小于或等于 32 767 的整数，它指定数据缓冲区的大小。

例如：在 D 盘 Data 文件夹下建立一个名为 Student.dat 的文件，文件号指定为 2。

```
Open "D:\Data\Student.dat" For Output As #2
```

打开当前盘当前文件夹下的 Score.dat 文件，以便从中读取数据，文件号指定为 4。

```
Open "Score.dat" For Input As #4
```

打开 D 盘 Data 文件夹下名为 Student.dat 的文件，以便在文件末尾添加数据,文件号指定为 3。

```
Open "D:\Data\ Student.dat" For Append As #3
```

2. 关闭文件

结束各种读写操作后，必须将文件关闭，否则会造成数据丢失。关闭文件的命令是 Close 语句。

一般格式：

Close【 【#】文件号】【,【#】文件号】

功能：关闭文件。

（1）文件号是指利用 Open 语句打开文件时指定的文件号。

（2）此语句可以同时关闭多个已打开的文件，用逗号分隔文件号。

（3）若省略文件号，表示关闭所有已经打开的文件。

例如：关闭文件号分别为 1、2、3 的文件。

```
Close  #1, #2, #3
```

8.2.2 顺序文件的写入操作

顺序文件的写入操作是将信息写入到指定的文件中。对文本文件写入数据，需要先用 OutPut 或 Append 模式打开的文件进行写操作，对顺序文件能够进行写操作的语句有 Print #语句或 Write #语句，用来向已经打开的顺序文件写入数据，最后关闭文件。

1. Print #语句

一般格式：

Print #文件号,【 【Spc(n)|Tab(n) 】【表达式表]【;|, 】 】

功能：用来将一个或多个格式化的数据写入顺序文件。

（1）输出列表项可以是常量、变量或表达式，输出列表项多于一个时，各项之间可以用逗号或分号分隔，其含义与 Print 语句的紧凑格式和标准格式相同。

（2）在输出列表项中也可使用 Spc(n)函数向文件中写 n 个空格，或使用 Tab(n)函数指定其后的输出项从第 n 列输出。

例如：

```
Print #1, "hello", "world"             ' 输出结果为：hello  world
Print #1, "hello"; "world"             ' 输出结果为：helloworld
Print #1, "hello"; Spc(3);  "world"    ' 输出结果为：hello_ _ _world
Print #1, "hello"; Tab(10); "world"    ' 输出结果为：hello_ _ _ _world
```

【例题 8-2】 编写程序，利用 Print #语句向文件中写入数据，建立学生信息文件。

程序代码如下：

```
Private Sub Form_Click()
Dim Number As String, Name As String, Sex As String, Province As String, Phone As String
Open "E:\Student.txt" For Output As #1          ' 以写方式打开文件
Number = InputBox("请输入学号")
Do While Number <> "0"
```

```
    Name = InputBox("请输入姓名")
    Sex = InputBox("请输入性别")
    Province = InputBox("请输入省份")
Phone = InputBox("请输入电话号码")
'将学号、姓名、性别、省份、电话写入文件
Print #1, Number, Name, Sex,Province , Phone
Number = InputBox("请输入学号")
Loop
Close #1                          '关闭文件
End Sub
```

运行文件夹 8-2 下程序，在窗体中单击时，程序在 E:\8-2\Student.txt 的文本文件，文件号为 1，然后循环输入相应内容。直到学号输入为零时候，退出循环。程序运行结束。打开 E:\8-2\Student.txt 文件，可见文件内容如图 8-1 所示。

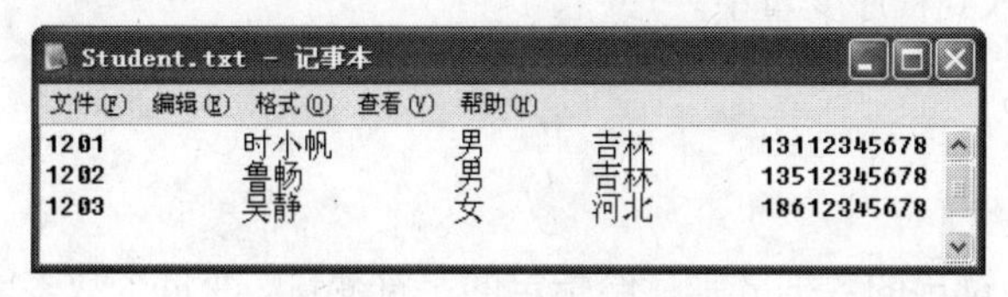

图 8-1 Print #语句运行结果

2. Write #语句

一般格式：

Write #文件号, 表达式表

功能：Write #语句的功能和 Print #语句的功能基本相同，都是将输出项写入指定文件中。

（1）表达式表中各项之间要用逗号分开，每一项可以是常量、变量或表达式。

（2）表达式表写到文件中的各数据间自动插入逗号，字符串自动加上双引号。

（3）所有数据写完后，在最后加入一个回车换行符，没有表达式表时，将在文件中写入一空行。

例如：Write #1, "hello", "world"　　'输出结果为："hello", "world"

【例题 8-3】 用 Print #语句和 Write #语句把数据写入文件中，比较两种方式的不同。

程序代码如下：

```
Private Sub Form_Click()
Open "E:\8-3\Score.txt" For Output As #1      '以写方式打开文件
Print #1, "学生成绩表"                         '写入字符串
Print #1,                                      '写入空行
Print #1, "1201"; "时小帆"; "98"; "65"
Print #1, "1202"; "鲁畅"; "100"; "100"
Print #1, "1203", "吴静", "99", "99"
Write #1, "1201"; "时小帆"; "98"; "65"
Write #1, "1202"; "鲁畅"; "100"; "100"
Write #1, "1203", "吴静", "99", "99"
Close #1                                       '关闭文件
End Sub
```

运行文件夹 8-3 下程序，在窗体中单击时，将内容填写在 E:\8-3\Score.txt 的文本文件中，文件的写操作采取了不同的格式输出，注意 Print#和 Write#语句的不同。文件内容如图 8-2 所示。

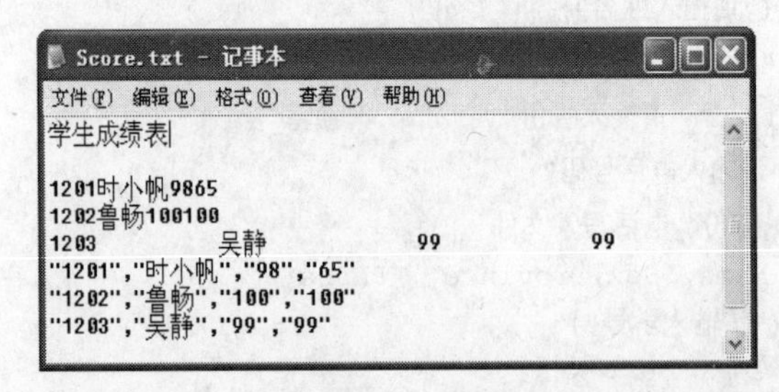

图 8-2 Print #语句和 Write #语句比较运行结果

8.2.3 顺序文件的读操作

从现存文件中读入数据，应以顺序 Input 方式打开该文件。然后使用 Input# 语句、Line Input# 语句和 Input( )函数读入到程序变量中。

1. Input #语句

一般格式：

Input #文件号,变量表

功能：将从文件中读出的数据分别赋给指定的字符变量。变量个数多于一个时，用逗号分隔。常用于读取用 Write 语句生成的文件数据。按顺序读，每读完一条记录，记录指针向后移动一条记录。

例如：Input #2, number，name，sex，tel，address

从文件中读中 5 个数据，并将数据分别赋给 number，name，sex，tel，address 5 个变量。

【例题 8-4】 在文件中存放下列一组数据，数据文件名称为：Array.txt

9

21 12 22 31 96 25 37 55 88

将 9 个数从数据文件中读出，放入二维数组 Switch 中，在窗体中用 3 行 3 列的矩阵打印出来，然后将第一列和第三列数据进行交换。将交换后矩阵打印在窗体上。程序代码如下：

```
Private Sub Form_Click()
    Dim m%, n%
    Dim Switch()
    Dim i, j, t
Open "E:\8-4\Array.txt" For Input As #1          ' 以读的方式打开文件
    Input #1, m         ' 读取文件中的第一个数据，就是数组的总数。并存放到变量 m 中。
    n = Sqr(m)
    ReDim Switch(n, n)                          ' 确定矩阵为 n 行 n 列
    For i = 1 To n
        For j = 1 To n
            Input #1, Switch(i, j)                   ' 读取每个数据，将数据放入数组中
        Next j
    Next i
    Close #1
     Print
     Print "初始矩阵为："
     Print
     For i = 1 To n
         For j = 1 To n
```

```
            Print Tab(5 * j); Switch(i, j);            ' 显示初始矩阵
        Next j
        Print
    Next i
    For i = 1 To n
        t = Switch(i, 1)
        Switch(i, 1) = Switch(i, 3)
        Switch(i, 3) = t
    Next i
    Print
    Print "交换第一列和第三列后的矩阵为："
    Print
    For i = 1 To n
        For j = 1 To n
            Print Tab(5 * j); Switch(i, j);
        Next j
        Print
Next i
End Sub
```

运行程序，可见矩阵第 1 列和第 3 列交换位置。运行结果如图 8-3 所示。

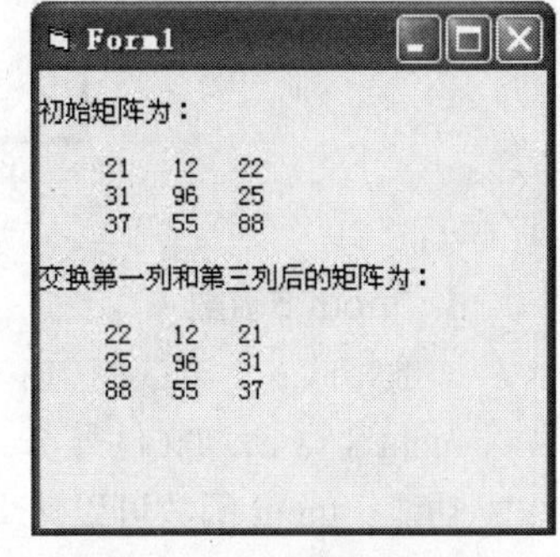

图 8-3　Input #语句运行结果

2. Line Input #语句

一般格式：

Line Input #文件号，字符串变量

功能：该语句以行来读取数据，并存放在变量中，它不把逗号当作数据项的分界符。变量必须是字符串型或变体型。在窗体上打印文件号为 1 的文件 Test.txt 中的前 10 个字符。

3. 与读文件操作有关的几个函数

（1）LOF()函数。LOF()函数将返回文件的字节数。例如：LOF(1)返回 #1 文件的长度，如果返回 0，则表示该文件是一个空文件。

（2）EOF()数。EOF()函数将返回一个表示文件指针是否达到文件末尾的值。当到文件末尾时，EOF()函数返回 True，否则返回 False。对于顺序文件用 EOF()函数可以测试是否到文件末尾。对于随机文件和二进制文件，当最近一个执行的 Get 语句无法读到一个完整记录时返回 True，否则返回到 False。

（3）LOC()函数。LOC()函数将返回在一个打开文件中读写的记录号；对于二进制文件，它将返回最近读写的一个字节的位置。

【例题 8-5】 将 Student.txt 文件中的内容逐行读出，显示在窗体上。程序代码如下：

```
Private Sub Form_Click()
    Dim buffer
    Print
    Print , "学生信息"
    Print
    Print "学号", "姓名", "性别", "省份", "联系电话"
    Open "E:\8-5\Student.txt" For Input As #1
    Do While Not EOF(1)
        Line Input #1, buffer
        Print
        Print buffer
    Loop
```

```
    Close #1
End Sub
```

运行结果如图 8-4 所示

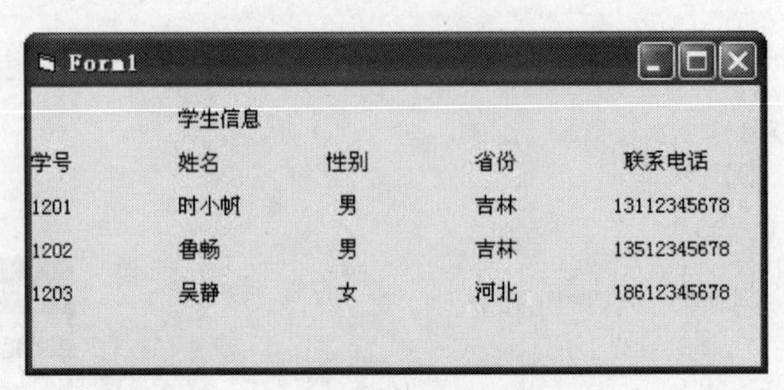

图 8-4 Line Input #语句运行结果

4. Input $函数

一般格式：

Input $ （n，#文件号）

功能：Input 函数可以从文件中读取指定个数的字符，其中字符中包括空格、逗号、双引号和回车符等。参数 n 用来指定要读取的字符个数。

例如：Open "E:\Test.txt" For Input As #1

Print Input$ (10,#1)

Close #1

8.3 随机文件的存取

随机文件的数据能够随意存取，而不依数据的先后顺序写入或读出，随机文件的一条数据称为记录，每条记录的长度是固定的，并且都有记录号。只要给出记录号 n，就可以通过[(n-1)*记录长度]计算出该记录与文件首记录的相对地址。

文件中每条记录划分为若干个字段，每个字段的长度等于相应的变量的长度。各变量要按一定格式置入相应的字段。

8.3.1 随机文件的打开和关闭

1. 打开文件

随机文件的打开，所使用的语句还是用 Open 语句。

一般格式：

Open 文件名 For Random As # 文件号 【Len=记录长度】

（1）文件名可以是字符串常量，也可以是字符串变量。文件以随机访问模式打开后，可以同时进行读或写的操作。

（2）在 Open 语句中要指明记录的长度，记录长度的默认值是 128 个字节

例如，用随机方式打开 D 盘根目录下 Student 文件夹中的 StuData.txt 文件，记录长度为 100 个字节。

Open "D:\ Student\StuData.txt " For Random As #1 Len=100

2. 关闭文件

随机文件的关闭与顺序文件关闭方式相同，不再赘述。

8.3.2　随机文件的写操作

随机文件的写操作分为以下 4 步。

（1）定义数据类型。随机文件由固定长度的记录组成，每个记录含有若干个字段。记录中的各个字段可以放在一个记录类型中，记录类型用 Type...End Type 语句定义。Type...End Type 语句通常在标准模块中使用，如果放在窗体模块中，则应加上关键字 Private。

（2）打开随机文件。与顺序文件不同，打开一个随机文件后，既可用于写操作，也可用于读操作。

（3）将内存中的数据写入磁盘。随机文件的写操作通过 Put 语句来实现，其格式为：

```
Put#文件号,[记录号], 变量
```

其中，“变量”是除对象变量和数组变量外的任何变量（包括含有单个数组元素的下标变量）。Put 语句把“变量”的内容写入由“文件号”所指定的磁盘文件中。“文件号”就是以随机存取方式打开的文件所对应的文件号。“记录号”的取值范围为 1～2^{31}-1,即 1～2147483647。对于用 Random 方式打开的文件，“记录号”是需要写入的编号。如果省略“记录号”，则写到下一个记录位置，省略“记录号”后，逗号不能省略。

例如：Put#10 ,,　Filebuff

（4）关闭文件。

8.3.3　随机文件的读操作

从随机文件中读取数据的数据操作与写文件操作步骤类似，只是把第三步中的 Put 语句用 Get 语句来代替。其格式为

```
Get#文件号,[记录号], 变量
```

Get 语句把由“文件号”所指定的磁盘文件中的数据读到“变量”中。“记录号”的取值范围同前，它是要读的记录的编号。如果省略“记录号”，则读取下一个记录，即最近执行 Get 或 Put 语句后的记录。省略“记录号”后，逗号不能省略。

例如：Get#10 , , FileBuff

其属性设置如表 8-1 所示。

【例题 8-6】 建立一个随机存取的学生信息文件（格式如例 8-1），任意读取其中的信息，并且将文件内容显示在窗体界面上。设计步骤如下所述。

表 8-1　读写随机文件控件属性设置

对象	属性	属性值	说明
命令按钮 1	Name（Command1）	Caption（随机写文件）	用于写入文件
命令按钮 2	Name（Command2）	Caption（随机读文件）	用于读取文件

（1）在窗体 Form1 中窗体模块的声明段中定义一个学生信息数据类型 Students，程序代码如下。

```
Private Type Students
    Number As String * 10
    Name As String * 20
    Sex As String * 10
```

```
    Province As String * 20
    Phone As String * 20
End Type
    Dim Student As Students
    Dim iRec as integer              ' 记录号
```

（2）编写在命令按钮 1 中的单击事件过程，程序如下。

```
Private Sub Command1_Click()
  Open "E:\8-6\Person.txt" For Random As #1 Len = Len(Student)
    Do
        Student.Number = InputBox("请输入学号")
        Student.Name = InputBox("请输入姓名")
        Student.Sex = InputBox("请输入性别")
        Student.Province = InputBox("请输入省份")
        Student.Phone = InputBox("请输入联系电话")
        iRec = iRec + 1
        Put #1, iRec, Student
        temp = InputBox("你想输入更多学生信息吗? y/n")
    Loop While temp <> "n"
  Close #1
End Sub
```

（3）编写在命令按钮 2 中的单击事件过程，程序代码如下。

```
Private Sub Command2_Click()
   Open "E:\8-6\Person.txt" For Random As #1 Len = Len(Student)
   iRec = LOF(1) / Len(Student)
   Print "学号", "姓名", "性别", "省份", "联系电话"
      For i = 1 To iRec
         Get #1, i, Student
    Print Student.Number;Student.Name;Student.Sex;Student.Province;Student.Phone
      Next i
  Close #1
End Sub
```

运行结果如图 8-5 所示。

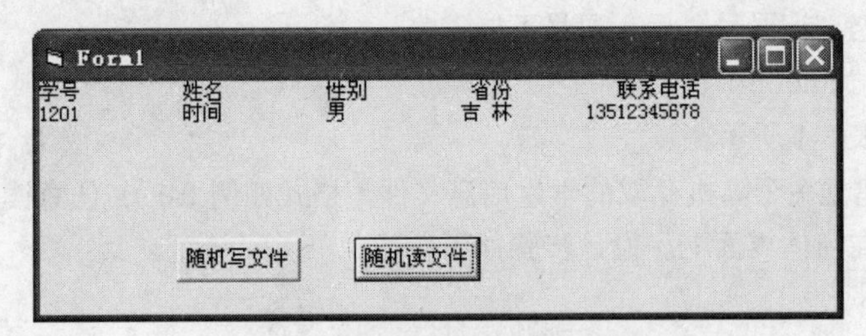

图 8-5　随机文件读操作运行结果

8.4　二进制文件的存取

二进制文件的访问与随机文件的访问很类似，不同的是随机文件是以记录为单位进行读写操作的，二进制文件则是以字节为单位进行读写操作的。

8.4.1　二进制文件的打开和关闭

1．打开文件

一般格式：

```
Open 文件名 For Binary As # 文件号
```

可以看到，以二进制方式打开文件和以随机存取方式打开文件不同的是，前者使用 For Binary ，后者使用 For Random；前者不指定 Len=reclength。如果在二进制访问的 Open 语句中包括了记录长度，则被忽略。

2．关闭文件

二进制文件的关闭与顺序文件关闭方式相同，不再赘述。

8.4.2　二进制文件的读写操作

1．写操作

一般格式：

```
Put #<文件号>,【<位置>】,<变量名>
```

功能：Put 命令从<位置>指定的字节数后开始，一次写入长度等于变量长度的数据，如果忽略<位置>，则表示从文件指针所指的当前位置开始写入。

2．读操作

一般格式：

```
Get #<文件号>,【<位置>】,<变量名>
```

功能：Get 命令从指定位置开始读取长度等于变量长度的数据，并存放到变量中，如果省略位置，则从文件指针所指的位置开始读取，数据读出后移动变量长度的位置。

无论用顺序方式还是随机方式建立的一个文件，都可以用二进制方式打开，关键是要知道文件的结构且做正确的解释。用二进制建立的文件可以用随机方式打开。但不能用顺序方式打开，因为二进制文件和随机文件都是代码文件。由于按二进制格式打开的文件在读写时照搬每个字节的内容，所以非常适合复制文件。

【例题 8-7】 编写一个文件复制程序，在文本框中分别输入源文件和目标文件的路径和名称。单击复制按钮完成文件的复制功能。

设计步骤如下所述。

（1）新建工程和窗体，在窗体中添加表 8-2 中所有控件。

表 8-2　　复制文件控件属性设置

对象	属性	属性值	说明
标签 1	Name（Label1）	Caption（源文件名）	提示说明
标签 2	Name（Label2）	Caption（目标文件名）	提示说明
文本框 1	Name（Text1）		显示路径
文本框 2	Name（Text2）		显示路径
命令按钮 1	Name（Command1）	Caption（浏览）	源文件绝对路径
命令按钮 2	Name（Command2）	Caption（浏览）	目标文件位置

续表

对象	属性	属性值	说明
命令按钮 3	Name（Command3）	Caption（复制）	用于复制文件
对话框	Nam（CommonDialog1）	.	打开和保存文件

（2）编写在命令按钮 1 中的单击事件过程，程序如下。

```
Private Sub Command1_Click()
CommonDialog1.ShowOpen              '获得源文件路径及其路径
Text1.Text = CommonDialog1.FileName
End Sub
```

（3）编写在命令按钮 2 中的单击事件过程，程序如下。

```
Private Sub Command2_Click()
CommonDialog1.ShowSave             '获得目标文件名及其路径
Text2.Text = CommonDialog1.FileName
End Sub
```

（4）编写在命令按钮 3 中的单击事件过程，程序如下。

```
Private Sub Command3_Click()
   Dim B As Byte                         '按位将源文件的数据复制到目标文件中
   Dim num1 As Integer, num2 As Integer, msg As Integer
   On Error GoTo openError
   num1 = FreeFile
   Open Text1.Text For Binary As #num1
   num2 = FreeFile
   Open Text2.Text For Binary As #num2
   Do While Not EOF(num1)
      Get #num1, , B
      Put #num2, , B
   Loop
   Close
  msg = MsgBox("删除原文件?", vbYesNo + vbQuestion + vbDefaultButton2, "复制完成")
If msg = vbYes Then Kill Text1.Text '删除原文件
   Exit Sub
   openError:
   MsgBox "请键入文件名", vbExclamation, "错误"
  Close
End Sub
```

运行程序后，浏览原文件，选择要被复制文件及目标文件名和存储位置。复制程序每次从源文件读出 1 个字节，把数据复制到目标文件中。运行结果如图 8-6 所示。

图 8-6　二进制文件复制运行结果

8.5　文件系统文件

文件系统控件是为了管理计算机中的文件，显示关于驱动器、目录和文件的信息。文件系统控件有 DriveListBox（驱动器列表框）、DirListBox（目录列表框）和 FileListBox（文件列表框）。

8.5.1　驱动器列表框（DriveListBox）

驱动器列表框（DriveListBox）控件，通常只显示当前驱动器名称，单击向下箭头，就会下拉出计算机拥有的所有磁盘驱动器，供用户选择，如图 8-7 所示。

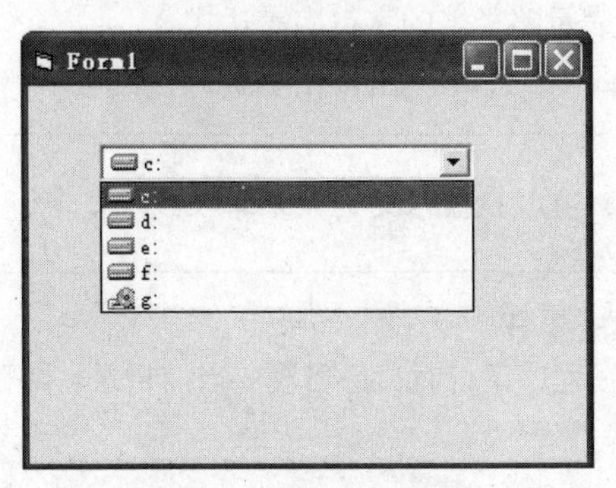

图 8-7　驱动器列表框

1．重要属性

Drive 属性是驱动器列表框控件最重要和常用的属性，该属性在设计时不可用。

使用格式：

```
object.Drive 【= <字符串表达式>】
```

例如：

```
Drive1.drive="D:"
```

2．重要事件——Change 事件

在程序运行时，当选择一个新的驱动器或通过代码改变 Drive 属性的设置时都会触发驱动器列表框的 change 事件发生。

8.5.2　目录列表框（DirListBox）

目录列表框（DirListBox）控件用来打开当前驱动器目录结构及当前目录下的所有子文件夹（子目录），供用户选择其中一个目录为当前目录，如图 8-8 所示。

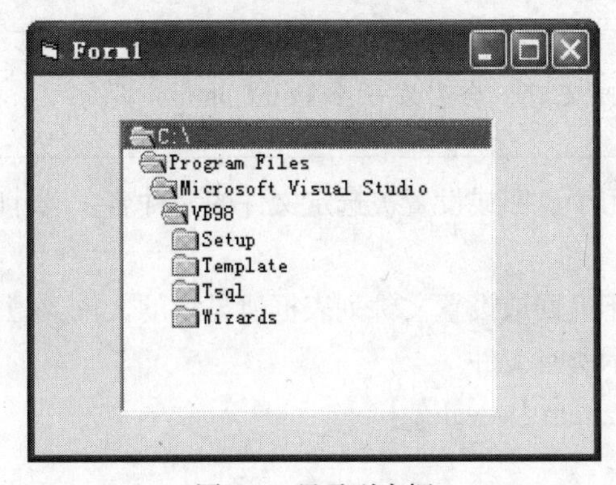

图 8-8　目录列表框

1．常用属性

Path 属性是目录列表框控件的最常用的属性，用于返回或设置当前路径。该属性在设计时是不可用的。

使用格式：

`Object.Path 【= <字符串表达式>】`

其中，

Object：对象表达式，其值是目录列表框的对象名。

<字符串表达式>：用来表示路径名的字符串表达式。

例如：`Dir1.Path=" C:\Mydir"`。缺省值是当前路径。

Path 属性也可以直接设置限定的网络路径

2．重要事件——Change 事件

与驱动器列表框一样，在程序运行时，每当改变当前目录，即目录列表框的 Path 属性发生变化时，都要触发其 Change 事件发生。

8.5.3　文件列表框（FilelistBox）

文件列表框（FileListBox）控件用来显示 Path 属性指定的目录中的文件定位并列举出来。该控件用来显示所选择文件类型的文件列表，如图 8-9 所示。

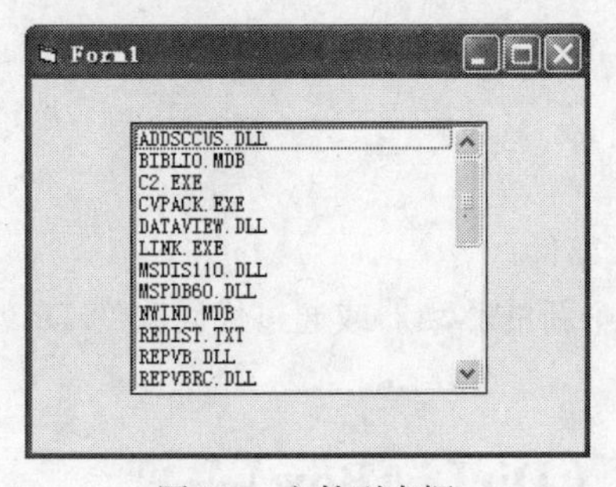

图 8-9　文件列表框

1．常用属性

（1）Path 属性。用于返回和设置文件列表框当前目录，设计时不可用。

当 Path 值的改变时，会引发一个 PathChange 事件

（2）Filename 属性。用于返回或设置被选定文件的文件名，设计时不可用。Filename 属性不包括路径名。

（3）Pattern 属性。用于返回或设置文件列表框所显示的文件类型。可在设计状态设置或在程序运行时设置。缺省时表示所有文件。

设置形式为：Object.Pattern【= value】

（4）文件属性。

Archive：True，只显示文档文件；

Normal：True，只显示正常标准文件；

Hidden：True，只显示隐含文件；

System：True，只显示系统文件。

ReadOnly：True，只显示只读文件。

（5）MultiSelect 属性。文件列表框 MultiSelect 属性与 ListBox 控件中 MultiSelect 属性使用完全相同。默认情况是 0，即不允许选取多项。

（6）List、ListCount 和 ListIndex 属性。文件列表框中的 List、ListCount 和 ListIndex 属性与列表框（ListBox）控件的 List、ListCount 和 ListIndex 属性的含义和使用方法相同，在程序中对文件列表框中的所有文件进行操作，就有用到这些属性。

2. 主要事件

（1）PathChange 事件。当路径被代码中 FileName 或 Path 属性的设置所改变时，此事件发生。

可使用 PathChange 事件过程来响应 FileListBox 控件中路径的改变。当将包含新路径的字符串给 FileName 属性赋值时，FileListBox 控件就调用 PathChange 事件过程。

（2）PatternChange 事件。当文件的列表样式，如："*.*"，被代码中对 FileName 或 Path 属性的设置所改变时，此事件发生。

可使用 PatternChange 事件过程来响应在 FileListBox 控件中样式的改变。

8.6 文件基本操作

Visual Basic 提供了许多与文件操作的语句和函数，因而用户可以方便地对文件和目录进行复制、删除等维护工作。

8.6.1 文件操作语句

1. 改变当前驱动器（ChDrive 语句）

格式：ChDrive　drive

功能：改变当前驱动器。

如果 drive 为“”，则当前驱动器将不会改变；如果 drive 中有多个字 符，则 ChDrive 只会使用首字母。

例如：ChDrive "D" 及 ChDrive "D:\" 和 ChDrive "Dasd" 都是将当前驱动器设为 D 盘。

2. 改变当前目录（ChDir 语句）

格式：ChDir　path

功能：改变当前目录。

例如：ChDir "D:\TMP"

ChDir 语句改变缺省目录位置，但不会改变缺省驱动器位置。例如，如果缺省的驱动器是 C，则上面的语句将会改变驱动器 D 上的缺省目录，但是 C 仍然是缺省的驱动器。

3. 删除文件（Kill 语句）

格式：Kill pathname

功能：删除文件。

pathname 中可以使用统配符"*"和"?"。

例如：Kill "*.TXT "

```
Kill "C:\Mydir\Abc.dat"
```

4. 建立（MkDir 语句）和删除（RmDir 语句）目录

建立目录格式：MkDir path

功能：创建一个新的目录。

例如：MkDir "D:\Mydir\ABC"

删除目录格式：RmDir path

功能：删除一个存在的目录。只能删除空目录。

例如：RmDir " D:\Mydir\ABC "

RmDir 只能删除空子目录，如果想要使用 RmDir 来删除一个含有文件的目录或文件夹，则会发生错误。

5. 拷贝文件 ——FileCopy 语句

格式：FileCopy source , destination

功能：复制一个文件。FileCopy 语句不能复制一个已打开的文件。

例如：FileCopy "D:\Mydir\Test.doc" "A:\MyTest.doc"

6. 文件的更名 —— Name 语句

格式：Name oldpathname As newpathname

功能：重新命名一个文件或目录。

例如：Name "D:\Mydir\Test.doc" As "A:\MyTest.doc"

（1）Name 具有移动文件的功能。

（2）不能使用通配符 "*" 和 "?"，不能对一个已打开的文件上使用 Name 语句。

8.6.2 文件操作函数

1. CurDir 函数

功能：获得当前目录。返回一个 Variant（String），用来表示当前路径。

调用格式：CurDir（文件名）

2. GetAttr 函数

功能：获得文件属性。

调用格式：GetAttr（文件名）

3. FileDateTime 函数

功能：获得文件的日期和时间。返回一个文件最初创建或最后修改的日期和时间。

调用格式：FileDateTime（文件名）

4. FileLen 函数

功能：获得文件的长度，单位是字节。

调用格式：FileLen（文件名）

返回一个 Long，文件打开时调用 FileLen 函数，则返回的值是文件打开之前的长度。

5. Shell 函数和 Shell 过程

功能：运行应用程序。

调用格式：

（1）返回程序 ID：ID= Shell（文件名【，窗口类型】）

（2）过程调用形式：Shell 文件名【，窗口类型】

返回一个 Variant（Double）。如果成功，返回这个程序 ID，不成功，返回 0。

例如：调用执行 Windows 下的记事本可以用：

```
i= Shell("C:\WINDOWS\NOTEPAD.EXE")
```

也可以按过程形式调用：　Shell "C:\WINDOWS\NOTEPAD.EXE"

【例题 8-8】 编写一个程序，实现文件夹新建、删除、修改的操作。运行程序如图 8-10 所示。设计步骤如下。

（1）新建工程和窗体，在窗体中添加表 8-3 中所有控件。

表 8-3　　复制文件控件属性设置

对象	属性	属性值	说明
框架	Name（Frame1）	Caption（文件夹）	框架布局
驱动器列表框	Name（Drive1）		选择驱动器盘符
目录列表框	Name（Dir1）		文件路径
命令按钮 1	Name（Command1）	Caption（新建文件夹）	新建一个文件夹
命令按钮 2	Name（Command2）	Caption（删除文件夹）	删除建立的文件夹
命令按钮 3	Name（Command3）	Caption（修改文件夹）	修改当前文件夹
命令按钮 4	Nam（Command4）	Caption（退出）	退出应用程序

（2）窗体代码如下。

```
Private Sub Drive1_Change( )              ' 设置当 Drive1 更改目录时，dir1 与之同步
   Dir1.Path = Drive1.Drive
   ChDir (Dir1.Path)
End Sub
Private Sub Form_Load( )              ' 设置初始化时 Dri1 与 Drive 处于同一个文件夹
   Dir1.Path = Drive1.Drive
   ChDir (Dir1.Path)
End Sub
```

```
Private Sub Command1_Click( )            ' "新建文件夹"按钮
  strMsg = "请输入新创建的文件夹名:" & vbCrLf
  strMsg = strMsg & "当前文件夹名" & Dir1.Path '&dir1.Name
 strFolderName = InputBox(strMsg, "创建新文件夹", "新文件夹")
  If Len(Trim(strFolderName)) <> 0 Then
  MkDir (Dir1.Path & "\" & strFolderName)
End If
Dir1.Refresh
End Sub
Private Sub Command2_Click()                ' "删除文件夹"按钮
  If Dir1.ListIndex = -1 Then
  MsgBox "不能删除正在打开的文件夹", vbInformation + vbOKCancel, "删除"
Else
  strMsg = "真要删除以下文件夹吗?" & vbCrLf & Dir1.List(Dir1.ListIndex)
  i = MsgBox(strMsg, vbOKCancel + vbQuestion + vbDefaultButton2, "删除文件夹")
 If i = 1 Then RmDir (Dir1.List(Dir1.ListIndex))
End If
Dir1.Refresh
End Sub
Private Sub Command3_Click()          '"修改文件夹"按钮
  strMsg = "请输入新文件名:" & vbCrLf & "原文件名"
  oldFolderName = Dir1.List(Dir1.ListIndex)
  NewFolderName = InputBox(strMsg, "文件改名", oldFolderName)
  If Len(Trim(NewFolderName)) <> 0 Then
     Name oldFolderName As NewFolderName
  End If
  Dir1.Refresh
End Sub
Private Sub Command4_Click()          '"退出"按钮
  Unload Me
End Sub
```

运行程序，通过操作窗体按钮，完成对文件夹的新建、删除、修改等操作。运行结果如图 8-10 所示。

图 8-10　文件夹操作运行结果

本章小结

本章主要介绍了有关文件的概念和文件的分类。文件按数据的存放方式分为三类：顺序文件、随机文件、二进制文件。重点介绍了顺序文件和随机文件的打开、关闭、读写操作。

本章还介绍了文件系统文件：驱动器列表框、目录列表框和文件列表框。最后介绍了文件的基本操作。

习　题

一、选择题

1. ________是构成文件的最基本单位。

A. 汉字　　B. 记录　　C. 字符　　D. 字段

2. 使用 Open 语句打开文件时，如果省略“For 方式”，则打开的文件的存取方式是________。

A. 二进制方式　　B. 随机存取方式　　C. 顺序存取方式　　D. 会提示错误

3. 如果准备读文件，打开顺序文件“text.dat”的正确语句是________。

A. Open "text.dat" For Input As #1

B. Open "text.dat" For Write As #1

C. Open "text.dat" For Binary As #1

D. Open "text.dat" For Random As #1

4. 按文件中数据的编码方式文件可以分为________。

A. 程序文件和数据文件　　B. ASCII 码文件和二进制文件

C. 顺序文件和随机文件　　D. 以上都不对

5. 以下四个控件中可以列出计算机中所有驱动器的是________。

A. 文件列表框　　B. 目录列表框　　C. 驱动器列表框　　D. 列表框

6. 下面对语句 Open "Text.dat" For Output As #FreeFile 的功能说明中错误的是________。

A. 如果文件 Text.dat 已存在，则打开该文件，新写入的数据将覆盖原有的数据

B. 如果文件 Text.dat 已存在，则打开该文件，新写入的数据将增加到该文件中

C. 如果文件 Text.dat 不存在，则建立一个新文件

D. 以顺序输出模式打开文件 Text.dat

7. 要对顺序文件进行写操作，下列打开文件语句中正确的是________。

A. Open "file1.txt" For Output As #1

B. Open "file1.txt" For Input As #1

C. Open "file1.txt" For Random As #1

D. Open "file1.txt" For Binary As #1

8. 将一个记录型变量的内容写入文件中指定的位置，所使用的语句格式为________。

A. Put 文件号，记录号，变量名　　B. Put 文件号，变量名，记录号

C. Get 文件号，变量名，记录号　　D. Get 文件号，记录号，变量名

9. 在下面向文件中写入数据的命令语句中，不正确的是________。

A. Print # 文件号，输出项列表

B. Print # 文件号，Using: 输出项列表

C. Write # 文件号，输出项列表

D. Write # 文件号，Using: 输出项列表

10. 在窗体上画一个名称为 Drive1 的驱动器列表框，一个名称为 Dir1 的目录列表框。当改变当前驱动器时，目录列表框应该与之同步改变。设置两个控件同步的命令放在一个事件过程中，这个事件过程是________。

A. Drive1_Change　　B. Drive1_Click　　C. Dir1_Click　　D. Dir1_Change

二、填空题

1. 打开文件所使用的语句为________，其中可设置的输入输出方式包括________，________，________，________，________，如果省略，则为________方式。

2. 顺序文件通过________和________语句将缓冲区中的数据写入磁盘。

3. 随机文件的读写操作语句为________和________。

4. 打开文件前，可通过________函数获得可利用的文件号。

5. 根据数据的编码方式，文件分为________和________。

三、程序填空题

1. 以下程序的功能是：把当前目录下的顺序文件 smtext1.txt 的内容读入内存，并在文本框 Text1 中显示出来。请填空。

```
Option Explicit
Private Type Student
name As String * 10
age As Integer
End Type
Private Sub Command1_Click()
Dim inData As String
Text1.Text = ""
Open ".\smtext1.txt" ________ As #1
Do While __________
Intput #1, inData
Text1.Text = Text1.Text & inData
Loop
Close #1
End Sub
```

2. 下面程序将数据 1，2，3，…，10 十个数字写入文件 fi（fi 在 D 盘），同时将这十个数读出来，并在窗体上显示。

```
Dim i As Integer
Dim a(1 To 10) As Integer
Open ________ As #1
For i = 1 To 10
________
Next i
________Open "d:\f1" For Output As #2
For i = 1 To 10
________
  A(i)= x
________
Next i
Close #2
```

第9章 数据库应用程序设计

Visual Basic 6.0 具有强大的数据库功能，利用 VB 提供的管理数据的工具，用户可以很方便地开发各种数据库应用系统。本章将介绍如何使用 VB 提供的 Data 控件、ADODC 控件和 ADO 对象来开发数据库应用程序及图片在数据库中的存储和读取。

9.1 数据库的相关知识

9.1.1 数据库的基本概念

1. 数据库（DataBase）

数据库是按照一定的组织方式、长期存储于计算机外存储器内、可共享的大量数据的集合。

2. 数据库管理系统（DBMS）

数据库管理系统位于操作系统与用户之间，是一个基础软件，用于对数据库进行管理。通过 DBMS 用户可以完成数据库的建立与维护；实现对数据库中数据的增加、修改、删除和查询等操作；为数据库中的数据提供完整性和安全性保障机制等。

3. 数据库应用程序

数据库应用程序是指根据用户实际需求，使用某种高级程序设计语言，基于某个数据库管理系统开发出来的应用程序。生活中的数据库应用程序非常多，比如火车飞机订票系统、企事业单位办公自动化系统、商品进销存系统等。

4. 数据库系统（Database System，DBS）

数据库系统是一个计算机应用系统，可以认为它是由计算机系统、数据库、数据库管理系统、应用程序开发工具、数据库应用程序和有关人员组成的具有高度组织性的总体。图 9-1 给出了一个数据库系统的构成。

图 9-1 数据库系统构成

目前我们所使用的数据库多数都是基于关系数据模型的数据库，即关系数据库。

5. 表（Table）

在一个基于关系数据模型的数据库中，我们可以建立若干张表来描述现实世界中的数据。关系数据模型中的表和我们日常生活中使用的二维表非常相似，它是由行和列组成的数据集合。其中表中的行称为元组或记录，表中的列称为属性或字段。

数据库中的表与现实生活中的表最大的区别就是不可以表中套表，即一个大表中又套一个小表。

现在以一个简易的学生成绩管理系统为例建立一个数据库，在该数据库中可以建立三张表，表 9-1 所示是“学生信息表”、表 9-2 所示是“课程信息表”、表 9-3 所示是“成绩信息表”。该数据库表中的每一个列都是不可以再分的原子项。

表 9-1 学生信息表

学号	姓名	性别	出生日期	系	密码
S01	沫沫	男	2006-3-1	计算机	123
S02	暄暄	女	2005-12-1	外语	123
S03	彤彤	女	2006-12-1	外语	123
S04	睿睿	男	2006-8-1	管理	123
……					

表 9-2 课程信息表

课程号	课程名	学时	学分
C01	VB	60	3
C02	数据库	60	3
C03	操作系统	60	3
C04	C 语言	60	3
……			

表 9-3 成绩表

学号	课程号	成绩
S01	C01	90
S01	C02	80
S02	C01	80
S03	C03	90
……		

6. 联系

现实世界的事物不是孤立的，相互之间是存在联系的，因此把这些有联系的事物抽象的表示为数据库中的表时，不仅需要描述事物本身，还要描述事物之间的联系。

例如：现实生活中，一个学校只有一名正校长，一个校长只属于一个学校，所以学校和校长之间存在一对一的联系；

一个学生属于一个系，一个系可以有多名学生，所以系和学生之间存在一对多的联系；

一个学生可以选修多门课程，一门课程可以有多名学生选修，所以学生和课程之间是多对多的联系。

上述的三种联系可以用数据库技术中的 E – R 图表示出来，如图 9-2 所示。

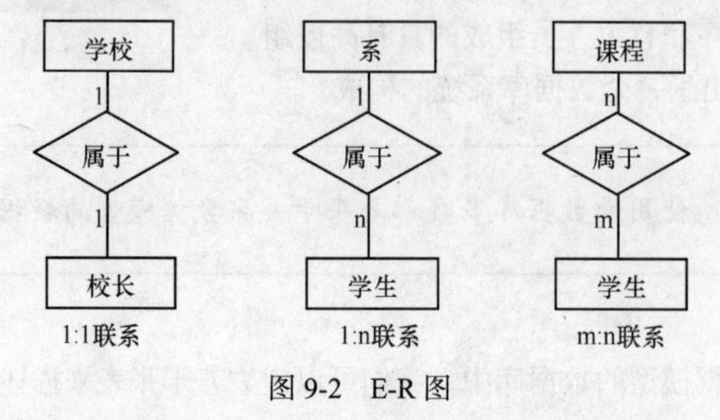

图 9-2 E-R 图

7. 主键

主键也可称为主码，是一个表中可以唯一地标识每一个元组的属性或属性的组合。

例如：学生表中的主键是学号，课程表的主键是课程号，成绩表的主键是（学号，课程号）的组合。

8. 外键

外键也可称为外码，如果一个表的某个属性是这个表的外键，则说明这个属性的取值需要参照另外一个表主键的取值。

例如：成绩表中的外键有两个分别是：学号和课程号，它们的取值要分别参照学生表的学号和课程表的课程号。

9. 索引

索引是对数据库中的表按照一个或多个字段值进行排序而创建的一种存储结构，建立索引的目的是为了加快查找速度。

9.1.2　SQL 语言

SQL 是英文 Structured Query Language 的缩写，意思为结构化查询语言。SQL 语言的主要功能就是同各种数据库建立联系，进行沟通。SQL 语句可以用来执行各种各样的操作，例如，建立数据库、修改数据库、对数据库中的数据进行添加、修改、删除、查询等。

目前，绝大多数流行的关系型数据库管理系统，如 Oracle，Sybase，Microsoft SQL Server，Access 等都是基于 SQL 语言标准，并且对标准 SQL 语言进行了一定的扩展。

SQL 结构化查询语言主要包含 4 个部分：

（1）数据定义语言（DDL）：用于创建数据库中的对象，如创建数据库、表、索引、存储过程等。主要动词有 CREATE。

（2）数据操作语言（DML）：也称为动作查询语言，用于添加、修改和删除表中的数据。主要动词有 INSERT，UPDATE 和 DELETE。

（3）数据查询语言（DQL）：也称为数据检索语言，用于从表中获得数据，主要动词有 SELECT。

（4）数据控制语言（DCL）：用于数据库中的权限管理，主要动词有 GRANT、REVOKE。

SQL 语言的语法要求不是很严格，一条语句中可以既有大写字母也有小写字母，并且一条语句可以写在一行也可以分成几部分写在多行。

下面以简易的“学生成绩管理系统”为例，简要介绍如何使用 SQL 语言完成数据库的建立，表的建立和修改，表中数据的增加、修改、删除和查询操作。

1. 创建“学生成绩管理系统”所用的数据库“studentdb”

创建数据库的语法格式：Create database 数据库名称

打开数据库的语法格式：use 数据库名称

具体代码如下：

```
create database studentdb
go
use studentdb
go
```

2. 创建数据库“studentdb”中的三张表

其表结构的定义如表 9-4，表 9-5，表 9-6 所示。为了简单起见，“学生”表中只定义 5 个列。

表 9-4　　　　　　　　　　“学生”表结构定义

列　名	Access 中的数据类型	SQL Server 中的数据类型	长度	主键	外键
学号	Text（文本）	char（字符）	3	Y	N
姓名	Text（文本）	varchar（可变字符）	10	N	N
性别	Text（文本）	char（字符）	2	N	N
出生日期	Date（日期）	datetime（日期）		N	N
密码	Text（文本）	char（字符）	6	N	N

表 9-5　　　　　　　　　　“课程”表结构定义

列　名	Access 中的数据类型	SQL Server 中的数据类型	长度	主键	外键
课程号	Text（文本）	Char（字符）	3	Y	N
课程名	Text（文本）	varchar（可变字符）	20	N	N
学时	Integer（整数）	int（整数）		N	N
学分	Integer（整数）	int（整数）		N	N

表 9-6　　　　　　　　　　“成绩”表结构定义

<table>
<tr><th>列　名</th><th>Access 中的数据类型</th><th>SQL Server 中的数据类型</th><th>长度</th><th>主键</th><th>外键</th></tr>
<tr><td>学号</td><td>Text（文本）</td><td>char（字符）</td><td>3</td><td rowspan="2">Y</td><td>Y</td></tr>
<tr><td>课程号</td><td>Text（文本）</td><td>char（字符）</td><td>3</td><td>Y</td></tr>
<tr><td>成绩</td><td>Integer（整数）</td><td>int （整数）</td><td></td><td>N</td><td>N</td></tr>
</table>

创建表的语法：

```
CREATE TABLE 数据库名.表的所有者.<表名>
(<列名> <数据类型>[ <列级完整性约束条件> ]
…
[, <表级完整性约束条件> ] )
```

修改表的语法：

```
ALTER TABLE <表名>
  [ ADD {<新列名> <数据类型> [ 完整性约束 ] } [,…n] ]
  |[ DROP <完整性约束名> ]
  |[ DROP {COLUMN 列名} [,…n] ]
  |[ ALTER COLUMN<列名> <数据类型> ]
```

具体代码如下：

```
--创建“学生”表
create table 学生
(    学号 char (3) primary key,
     姓名 varchar (10) NOT NULL,
     性别 char (2) NOT NULL,
     出生日期 datetime ,
```

```
    密码 char(6) not null
)
go
--创建“课程”表
create table 课程
(   课程号 char(3) primary key,
    课程名 varchar (20) NOT NULL,
    学分 int,
    学时 int
)
go
--创建“成绩”表
create table 成绩
(   学号 char (3) ,
    课程号 char (3),
    成绩 int ,
    primary key (学号,课程号),
    foreign key(学号) references 学生(学号),
    foreign key(课程号) references 课程(课程号)
)
go
```

“--”是SQL语言中的注释符号；
“go”代表一个批处理结束，写在前面的批处理要先于后面的批处理执行；
“primary”代表定义主键；
“foreign key(属性名) references 表名（属性名）”代表定义外键；
“学生”表和“课程”表一定要先于“成绩”表被创建出来。

3. 向三张表中添加数据

添加数据的语法格式：

```
INSERT INTO <表名> [(<属性列1>[, <属性列2 >…)]
          VALUES (<常量1> [, <常量2>]    …    )
```

具体代码如下：

```
insert into 学生 values('s01','沫沫','男','2006-3-1','123')
insert into 学生 values('s02','暄暄','女','2005-12-1','123')
insert into 学生 values('s03','彤彤','女','2006-12-1','123')
insert into 学生 values('s04','睿睿','男','2006-8-1','123')
go
insert into 课程 values('c01','VB',60,3)
insert into 课程 values('c02','C语言',60,3)
insert into 课程 values('c03','数据库',60,3)
go
insert into 成绩 values('s01','c01',90)
insert into 成绩 values('s01','c02',80)
```

```
insert into 成绩 values('s02','c01',80)
insert into 成绩 values('s03','c03',90)
go
```

说明　“学生”表和“课程”表的数据要先于“成绩”表添加。

4. 修改数据

语法格式：

```
UPDATE <表名>
 SET  <列名> =<表达式> [, <列名>=<表达式>]…
 [WHERE <条件>]
```

【例题 9-1】修改“学生”表中彤彤同学的密码为“798”。

```
UPDATE 学生 SET 密码='789' WHERE 姓名='彤彤'
```

5. 删除数据

语法格式：

```
DELETE FROM <表名>
[WHERE <条件>]
```

【例题 9-2】删除“成绩”表中 S01 号同学的选课记录。

```
DELETE FROM 成绩 WHERE 学号='S01'
```

6. 查询数据

语法格式：

```
SELECT [ALL|DISTINCT] <目标列表达式>[, <目标列表达式>] …
FROM <表名或视图名>[,  <表名或视图名> ] …
[ WHERE <条件表达式> ]
[ GROUP BY <列名 1> [ HAVING <条件表达式> ] ] //分组查询
[ ORDER BY <列名 2> [ ASC|DESC ] ]  //对查询结果排序
```

【例题 9-3】查询“学生”表中暄暄同学的姓名和出生日期。

```
SELECT 姓名,出生日期 FROM 学生 WHERE 姓名='暄暄'
```

【例题 9-4】查询“课程”表中课程名为 VB 的课程所有信息。

```
SELECT * FROM 课程 WHERE 课程名='VB'
```

【例题 9-5】查询“成绩”表中选修了“C01”号课程，并且成绩大于 90 的学生的学号。

```
SELECT 学号 FROM 成绩 WHERE 课程号='C01' and 成绩>90
```

【例题 9-6】查询“成绩”表中选修了“C01”号课程学生的相关信息，显示出学号，姓名，课程号，课程名，成绩，并且按成绩由高到低排序。

```
SELECT 学生.学号, 姓名, 课程.课程号, 课程名, 成绩
FROM 学生, 课程, 成绩
WHERE 学生.学号=成绩.学号 and 课程.课程号=成绩.课程号 and 成绩.课程号='C01'
Order By 成绩
```

9.2　数据库的创建和管理

在 Visual Basic 6.0 中可以访问下列数据库：

（1）JET 数据库，即 Microsoft Access。

（2）ISAM 数据库，如：dBase，FoxPro 等。

（3）ODBC 数据库，凡是遵循 ODBC 标准的客户/服务器数据库。如 Microsoft SQL Server、Oracle。

我们继续以“学生成绩管理系统”为例，为大家介绍如何使用 Visual Basic 6.0 开发数据库应用程序的过程。

本系统中涉及的数据库的名称、表的个数、表的结构及名称见 9.1.2 小节。

9.2.1　建立 Access 数据库

建立 Access 数据库有两种方法，一种是通过 Microsoft Access 2003 环境建立，另一种是使用 VB 下的可视化数据管理器建立数据库。这里我们主要介绍第二种方法：使用可视化数据管理器建立数据库。

可视化数据管理器是一个非常有用的应用程序，使用它不需要编程就可创建数据库。它是 VB 企业版和专业版所附带的。

【例题 9-7】 在 VB 环境下建立 Access 数据库。

具体操作步骤如下所述。

STEP1：新建一个工程，单击【外接程序】->【可视化数据管理器】命令，如图 9-3 所示，打开“可视化数据管理器”窗口，如图 9-4 所示。

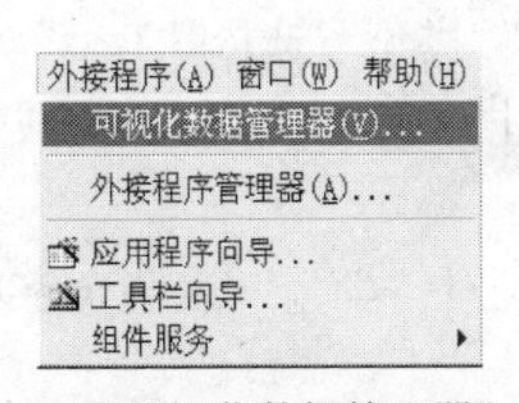

图 9-3　“可视化数据管理器”命令

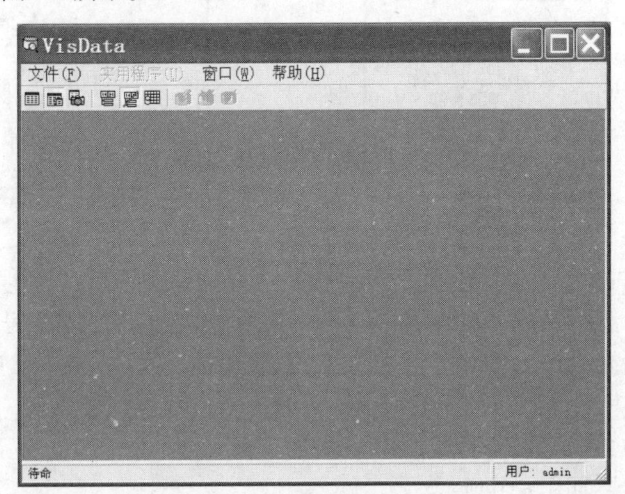

图 9-4　“可视化数据管理器”窗口

STEP2：在“可视化数据管理器”窗口，单击【文件】->【新建】->【Microsoft Access】->【version7.0】命令，打开“选择要创建的 Microsoft Access 数据库”对话框，在“文件名”后的下拉列表中输入要建立的数据库的名字“studentdb”，如图 9-5 所示。

STEP3：在“选择要创建的 Microsoft Access 数据库”对话框中，单击“保存”按钮，打开“数据库”窗口，如图 9-6 所示。

图 9-5　输入要建立的数据库的名称

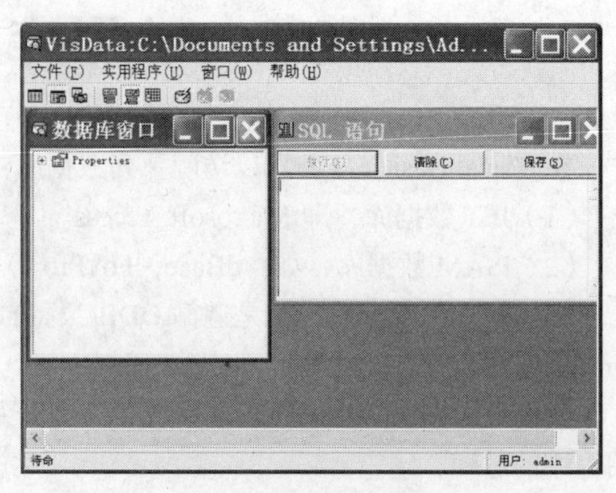

图 9-6　“数据库”窗口

STEP4：在“数据库”窗口的“Property”上，单击鼠标右键，或者直接在数据库窗口空白的地方，单击鼠标右键，均可以打开如图 9-7 所示的快捷菜单。

STEP5：在上一步打开的快捷菜单中，单击“新建表”命令，打开“表结构”设计窗口，如图 9-8 所示。

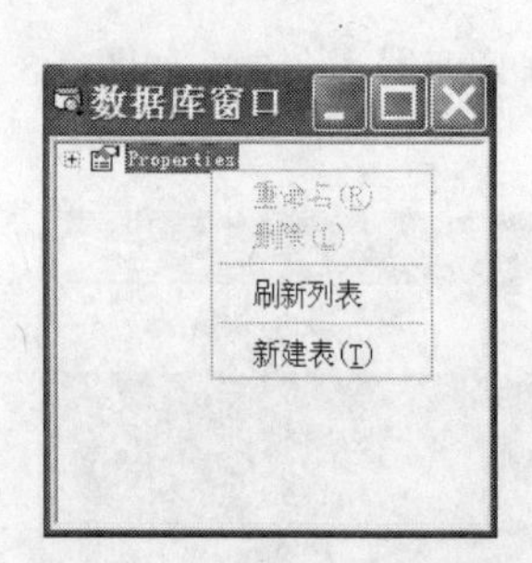

图 9-7　“新建表”快捷菜单

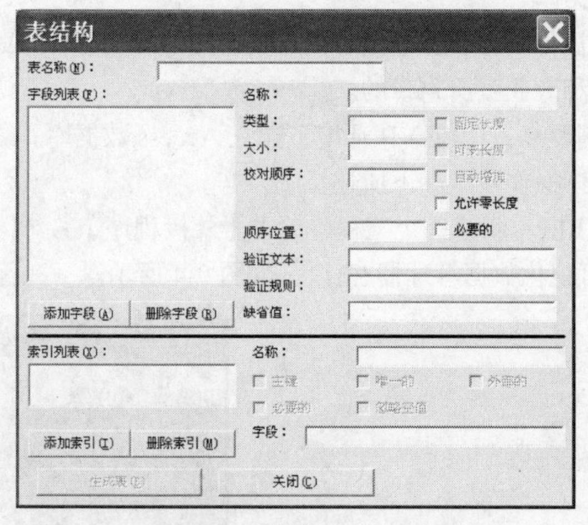

图 9-8　“表结构”设计窗口

STEP6：在“表结构”设计窗口中，输入表的名称“学生”，然后单击“添加字段”按钮，打开“添加字段”窗口，在“名称”后的文本框内输入“学号”，“类型”选择“Text”，“大小”输入“3”，选中“可变字段”以及“必要的”选项，然后单击“确定”按钮，完成对“学号”字段的添加，如图 9-9 所示。

STEP7：采用同样的方法，按照上面表结构的定义，分别完成对“学生”表剩余字段的添加，效果如图 9-10 所示。

STEP8：完成“学生”表各字段的添加后，单击“添加索引”按钮，打开“添加索引 到学生”窗口，如图 9-11 所示，在“名称”文本框中输入要建立的索引的名称“SID”，在“可用的字段”区域，单击“学号”字段名，此时被选中的字段名自动添加到“索引的字段”文本框中，选中“主要的”和“唯一的”选项，然后单击“确定”按钮、“关闭”按钮，完成索引的添加，效果如图 9-12 所示。

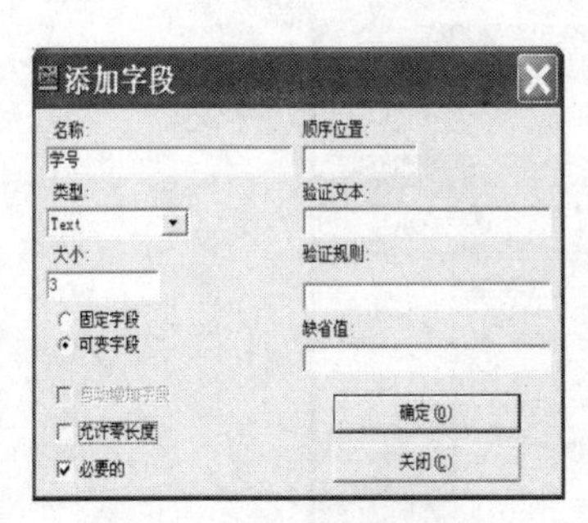

图 9-9　添加“学号”字段

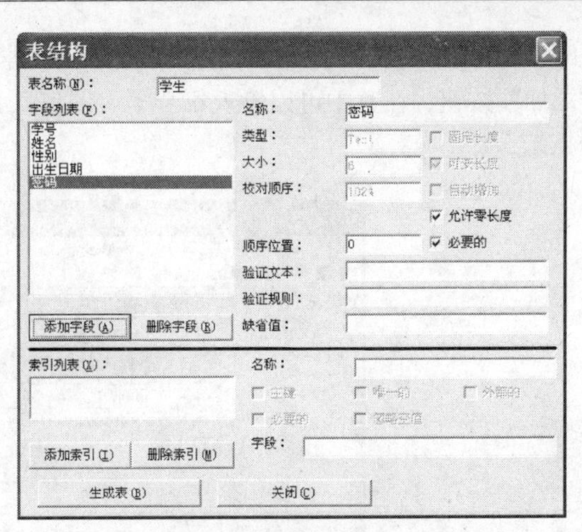

图 9-10　“学生”表结构

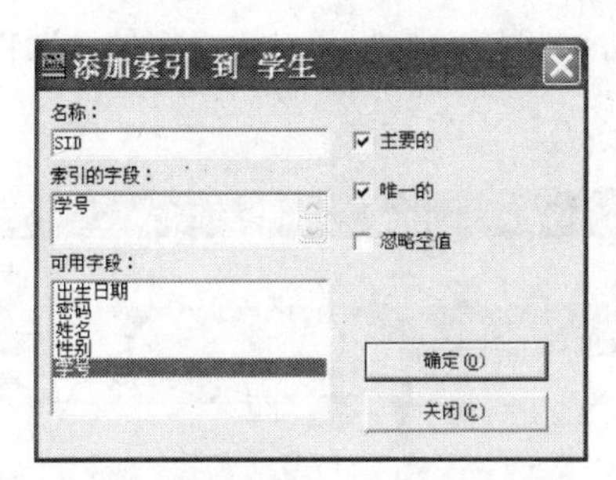

图 9-11　“添加索引　到　学生”窗口

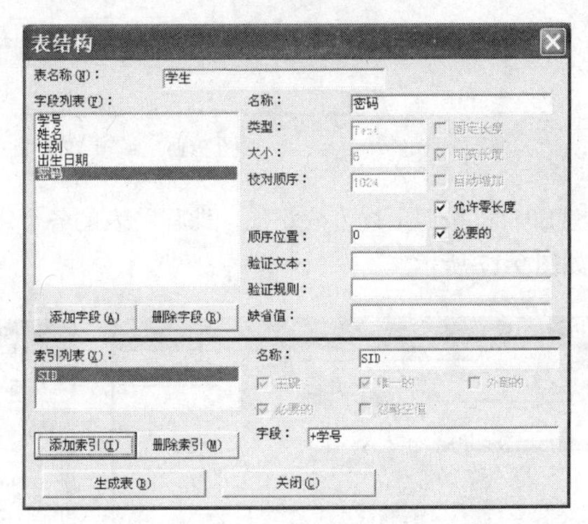

图 9-12　添加了索引的“学生”表

STEP9：完成字段以及索引的添加后，单击“表结构”窗口的“生成表”按钮，完成“学生”表的创建，此时，在“数据库”窗口中，显示出新添加的表“学生”，如图 9-13 所示。单击表名“学生”左侧的“+”号，可以看到“学生”表的构成，如图 9-14 所示。

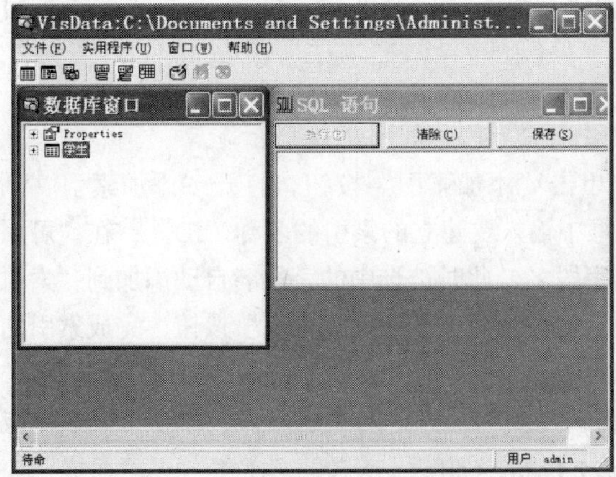

图 9-13　完成“学生”表的创建

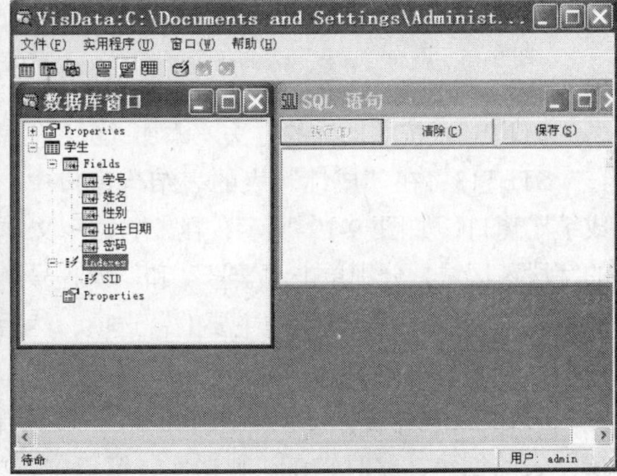

图 9-14　“学生”表的构成

STEP10：在“数据库”窗口中，双击表名“学生”，打开表编辑“Table：学生”窗口，单击“添加”按钮，在其中可以输入每个学生的信息，从而完成对数据库以及学生表的创建，如图9-15所示。

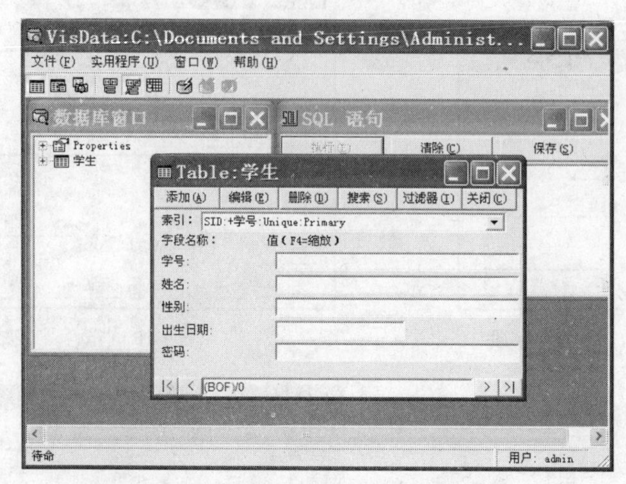

图 9-15 编辑“Table：学生”窗口

STEP11：按照上述方法添加“课程”表的各个字段，如图 9-16 所示，建立好的“课程”表结构如图 9-17 所示。

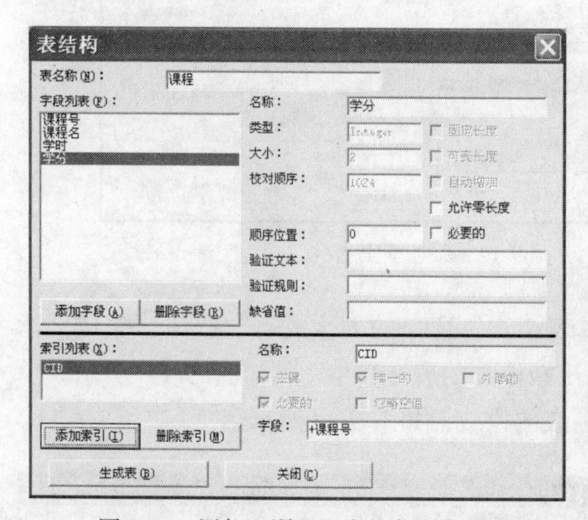

图 9-16 添加“课程”表的各个字段

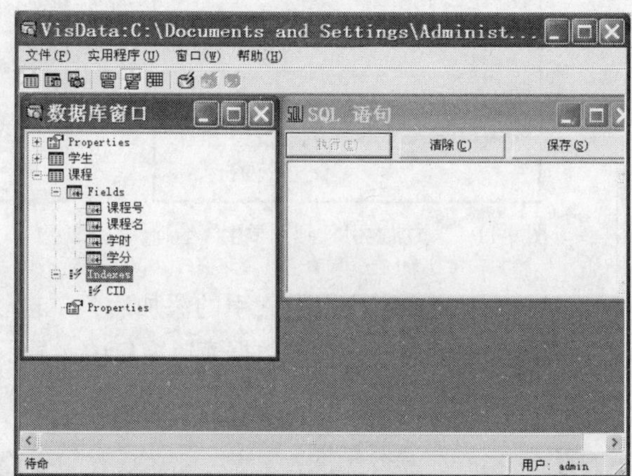

图 9-17 “课程”表的构成

STEP12：按照同样的方法，添加“成绩”表中各个字段，如图 9-18 所示。

STET13：在“成绩”表的表结构窗口中，单击“添加索引”按钮，打开“添加索引 到成绩”窗口，如图 9-19 所示，在“名称”文本框中输入要建立的索引的名称“ID”，在“可用的字段”区域，分别单击“学号”和“课程号”字段名，此时被选中的字段名自动添加到“索引的字段”文本框中，选中“主要的”选项，然后单击“确定”按钮、“关闭”按钮，完成索引的添加，效果如图 9-20 所示。

STEP14：完成字段以及索引的添加后，单击“表结构”窗口的“生成表”命令，完成“成绩”表的创建，此时，在“数据库”窗口中，显示出新添加的三张表：“学生”、“课程”、“成绩”，如图 9-21 所示。

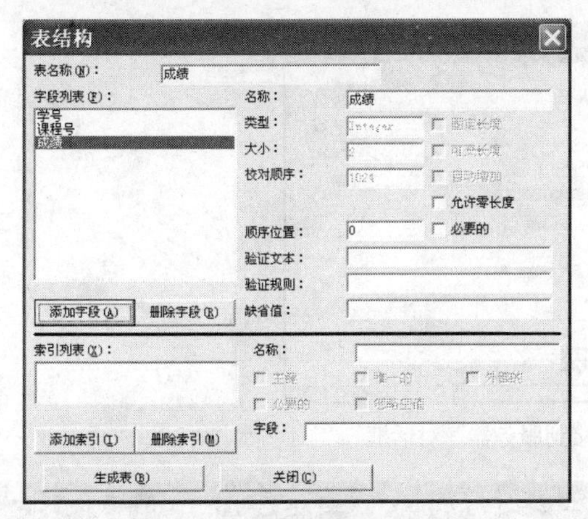

图 9-18　添加“成绩”表字段

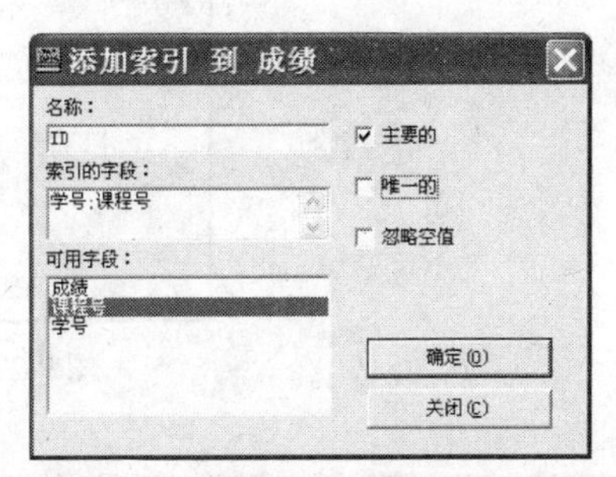

图 9-19　“添加索引　到　成绩”窗口

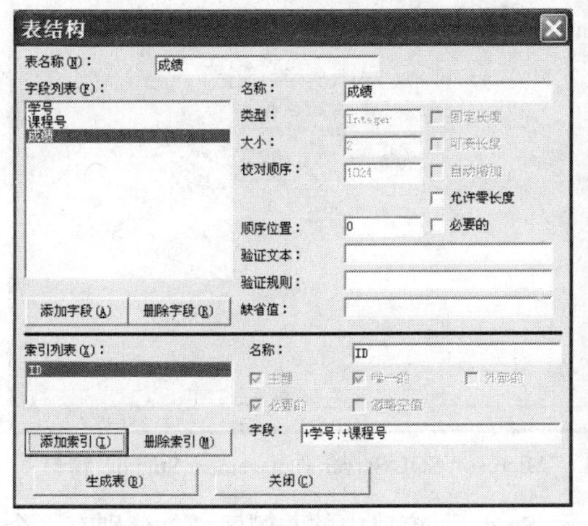

图 9-20　建立“成绩”表的索引

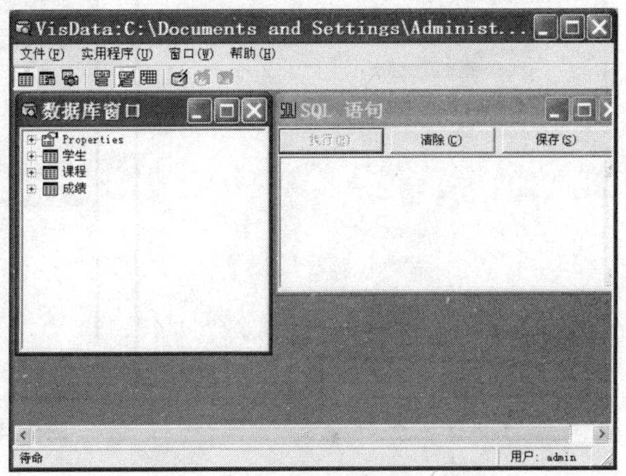

图 9-21　建立好的数据库

STEP15：分别在“课程”表和“成绩”表上双击鼠标，打开相应的数据输入窗口，可完数据的输入。

9.2.2　建立 SQL Server 数据库

我们以 Microsoft SQL Server 2005 作为后台服务器来建立“学生成绩管理系统”的数据库。

【例题 9-8】在 Microsoft SQL Server 2005 下建立数据库“studentdb”以及“学生”表、“课程”表和“成绩”表。

具体步骤如下。

STEP1：单击“开始”菜单 –＞“程序”，选择“Microsoft SQL Server 2005”下的“Microsoft SQL Server Management Studio”，打开“Microsoft SQL Server Management Studio”窗口，此时系统会首先打开“连接到服务器”对话框，如图 9-22 所示。

STEP2：在“服务器名”下拉列表中，单击“浏览更多”，打开“查找服务器”窗口，如图 9-23 所示，单击“本地服务器”选项卡，单击“数据库引擎”左侧的“+”号，将其展开，选中其中的一个可用的服务器，然后单击“确定”按钮，此时回到图 9-22 所示的窗口。

STEP3：单击“取消”按钮，打开“Microsoft SQL Server Management Studio”窗口，如图 9-24 所示。

图 9-22 “连接到服务器”对话框

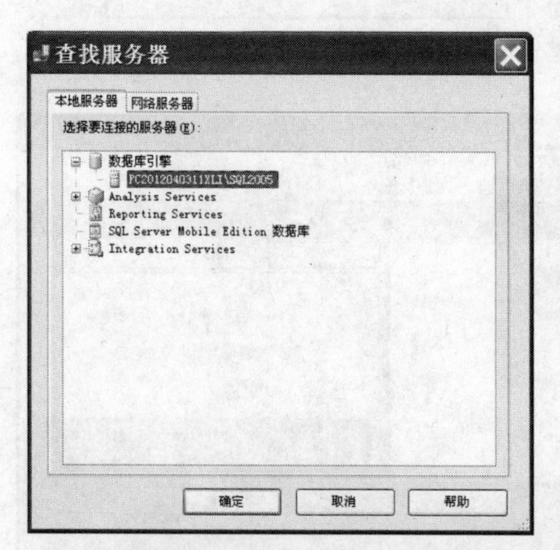

图 9-23 “查找服务器”窗口

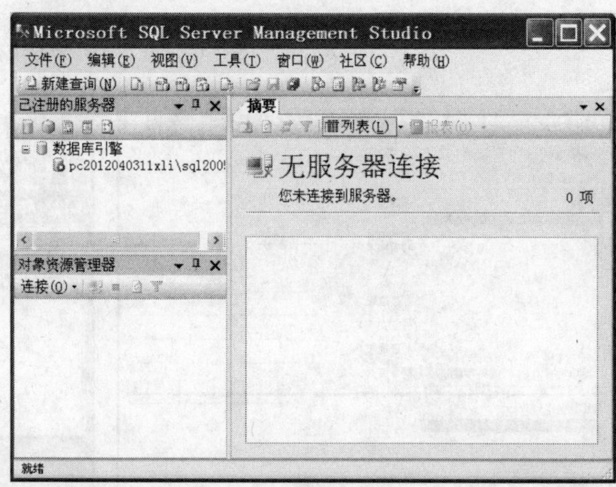

图 9-24 “Microsoft SQL Server Management Studio”窗口

STET4：在“Microsoft SQL Server Management Studio”窗口中的左侧区域，分别有一个“已注册的服务器”视图和“对象资源管理器”视图，如果这两个视图没有显示，则单击“视图”菜单，在弹出的子菜单中选中这两个菜单，如图 9-25 所示。

STET5：通过查看“已注册的服务器”视图中“数据库引擎”下“服务器”的状态，确定所需的服务是否已经启动，如果没有启动，则在服务器名上，单击鼠标右键，在弹出的子菜单中选择“启动”命令，从而启动服务，如图 9-26 所示。

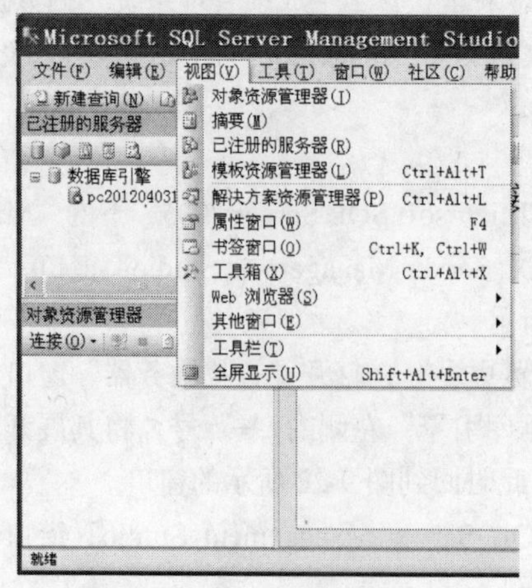

图 9-25 “视图”菜单

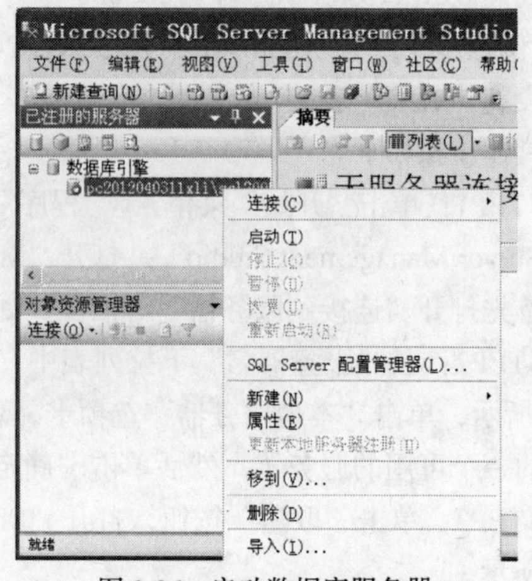

图 9-26 启动数据库服务器

STEP6：服务启动后，单击常用工具栏的“新建查询”命令，打开一个新的SQL语言编辑窗口，如图 9-27 所示。

STEP 7：在新建好的 SQL 语言编辑窗口中，输入 9.1.2 节 1，2，3 给出的代码，然后单击“！执行”按钮，完成数据库“studentdb”和三张表的创建以及向三张表中添加基础数据，如图 9-28 所示。

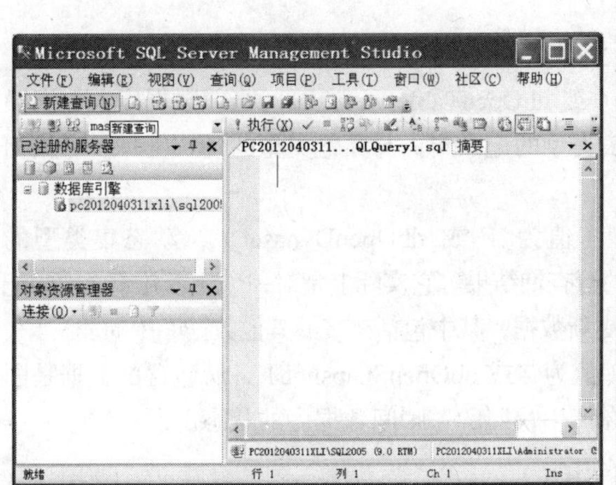

图 9-27　“新建查询”窗口

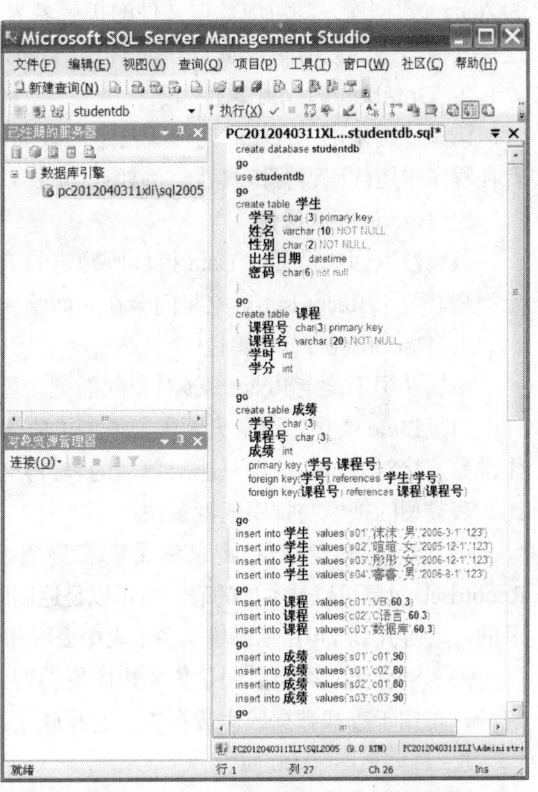

图 9-28　在 SQL 语言编辑窗口中输入代码

本例题完成后，在数据库的安装路径下会自动成生“studentdb”数据库的数据文件和日志文件。另外，本书提供了上述 SQL 语言的源代码。关于“studentdb”数据库的相关文件以及 SQL 源代码文件均存放在“example9–8”文件夹内。

9.3　通过 Data 控件访问数据库

Data 控件（数据控件）是 VB 中用于数据操作的控件，它提供了一种访问数据库中数据的方法。通过设置 Data 控件的属性，可以将它与数据库中的表联系起来，从而访问表中的数据。

Data 控件本身无法显示数据库中的数据，它的主要作用是负责在工程和数据库之间进行数据交换，如果要在工程中显示数据，必须使用 VB 中的绑定控件。通过将 Data 控件与绑定控件结合在一起来完成访问数据库的任务，并且要求绑定控件与 Data 控件必须放在同一个窗体中。

Data 控件最大的优点是用户不必编写任何程序代码，就可以完成对数据库的大部分的操作。

9.3.1 Data 控件的属性

Data 控件有很多属性，下面我们介绍常用的几种属性。

1. Connect 属性

该属性用于设置 Data 控件将要连接哪种数据库类型，它的值是一个字符串，默认的数据库为 Access 数据库，其对应数据文件的扩展名为“.MDB”，除了 Aceess 数据库，Data 控件也可以连接其他类型的数据库，如 DBF、XLS、ODBC。

2. DatabaseName 属性

该属性用来确定 Data 控件所指定的数据库文件的完整的路径及其名称。可以在属性窗口或者在程序中用代码设置该属性，例如：Data1.DatabaseName=“D:\studentdb.mdb”

3. Recordset 属性

该属性返回或设置由 Data 控件所确定的 Recordset 对象（记录集对象），它实际上是一个对象类型。关于 Recordset 对象我们会在后面给大家进行详细的介绍。

4. RecordsetType 属性

该属性用于确定 Recordset 对象的类型，可分为三种。

（1）Table 类型：记录集为表集类型（值为 0 或 dbOpenTable），是指对当前数据库的数据操作都是直接对表进行的。只能对单个的表打开表类型的记录集。与其他类型的 Recordset 对象相比，表类型的搜索与排序速度最快。

（2）Dynaset 类型：记录集为动态集类型（值为 1 或 dbOpenDynaset），动态集类型的 Recordset 对象可以是本地的表，也可以是返回的行查询结果。它实际上是对一个或者几个表中的记录的一系列引用。可用动态集从多个表中提取和更新数据，其中包括链接的其他数据库中的表。

（3）Snapshot 类型：记录集为快照集类型（值为 2 或 dbOpenSnapshot），所包含的数据是固定的，可用于查找数据或生成报告。它反映了在产生快照的一瞬间数据库的状态。

5. RecordSource 属性

该属性用于设置数据源，数据源可以是表名、SQL 语句或 SELECT 语句。可以在属性窗口或在程序中用代码设置该属性，例如，Data1.RecordSource=“学生”。

6. Exclusive 属性

该属性返回或设置一个值，Exclusive 属性值设置为 True（独占方式）时，代表当通过关闭数据库撤销这个设置前，其他任何人不能对数据库访问。该属性的默认值是 False（共享方式）。

7. ReadOnly 属性

该属性返回或设置一个值，通过将 ReadOnly 属性设置为 True，让用户只查看数据库里的内容，而不能进行修改操作。

9.3.2 Data 控件的方法

1. Refresh 方法

该方法用于刷新记录集中的数据，让用户及时看到数据库中的内容。

2. UpdateControls 方法

该方法将被绑定控件的内容恢复为其初始值。

3. UpdateRecord 方法

该方法将被绑定控件的当前的内容保存到数据库中，但不触发 Validate 事件。

9.3.3　Data 控件的事件

Data 控件的事件有很多，我们只介绍常用的两个事件。

1. Reposition 事件

当一条记录成为当前记录之后触发这个事件。

2. Validate 事件

当一条记录成为当前记录之前或在进行某一操作之前触发这个事件。

9.3.4　数据绑定控件

在 VB6.0 中 Data 控件须与绑定控件结合在一起使用，能够和 Data 控件绑定的控件包括两大类

（1）基本控件：TextBox（文本框）、Label（标签）、CheckBox（复选框）、ListBox（列表框）、ComboBox（组合框）、PictureBox（图片框）、Image（图像框）和 OLE 容器等控件。

（2）其他控件：DataList（数据列表）、DataGrid（数据表格）和 MSHFlexGrid（数据网格）等控件。

要使用数据绑定控件可以显示出数据库中的数据，必须先设置以下的属性。

（1）DataSource 属性。该属性返回或设置一个数据源，即与该控件绑定的 Data 控件的名称。

（2）DataField 属性。该属性用于设置在该控件上显示的数据库中某个表的字段名称。

DataGrid 等表格控件可以显示记录集中的所有字段，所以没有 DataField 属性。

9.3.5　Data 控件的应用举例

【例题 9-9】使用 Data 控件和数据网格控件 MSFlexGrid 来访问“studentdb”数据库中的“成绩”表。

具体步骤如下所述。

STEP1：新建一个工程，将工程名和窗体名均存为“example9-9”，单击【工程】->【部件】命令，打开“部件”对话框，如图 9-29 所示。

STEP2：在“部件”对话框中选中“Microsoft FlexGrid Control 6.0”，单击“确定”按钮，即可将 MSFlexGrid 控件添加到工具箱中，如图 9-29、图 9-30 所示。

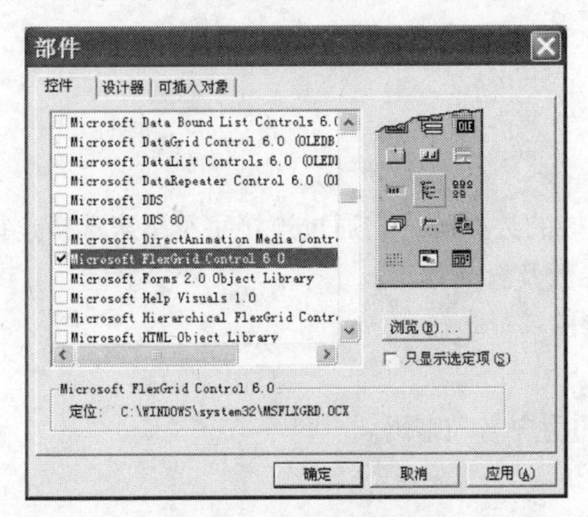

图 9-29　“部件”对话框

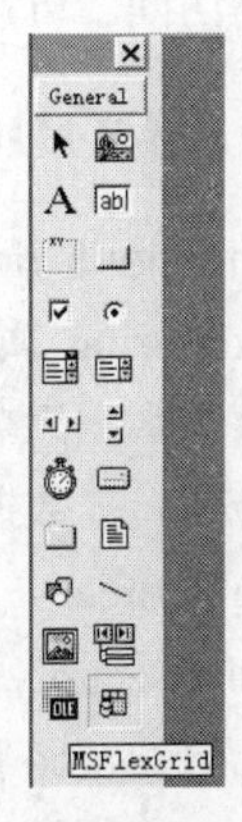

图 9-30　“MSFlexGrid”控件

STEP3：在窗体中添加 1 个“Data”控件和 1 个“MSFlexGrid”控件，如图 9-31 所示，并在其属性窗口中设置窗体及各个控件的属性，如表 9-7 所示，效果如图 9-32 所示。

表 9-7　　Data 控件和 MSFlexGrid 控件属性

对　象	名　称	属性名	属性值
窗体	Form1	Caption	MSFlexGrid 与 Data 应用
Data 控件	Data1	Caption	学生基本信息
		Connect	Access
		DatabaseName	D:\vb\Access 数据库\studentdb.mdb
		RecordSource	学生
数据网格控件	MSFlexGrid1	DataSource	Data1

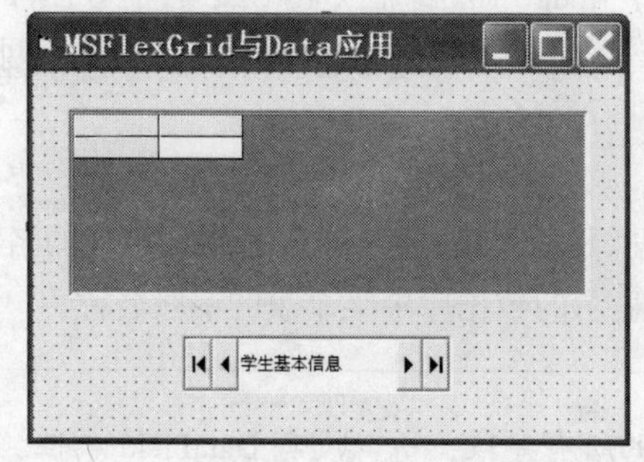

图 9-31　添加“Data”控件和“MSFlexGrid”控件

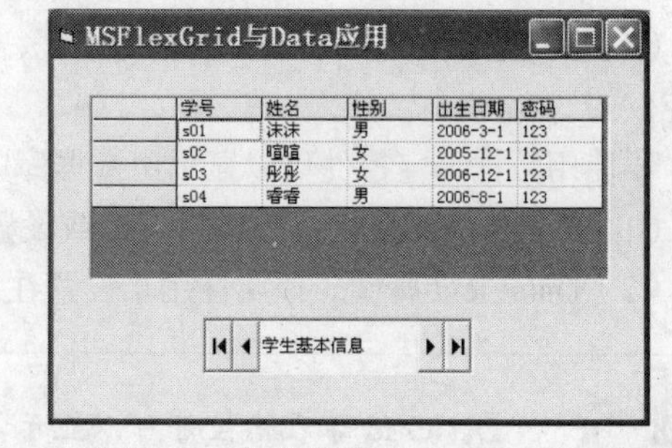

图 9-32　使用“Data”控件和“MSFlexGrid”控件效果

9.4　通过 ADODC 控件访问数据库

Microsoft 数据访问技术 ADO（ActiveX Data Objects），即 ActiveX 数据对象。ADO 访问数据是通过 OLE DB 来实现的，它是连接应用程序和 OLE DB 的栋梁。

ADO 技术包括 ADODC 控件（ADO 控件）和 ADO 对象，是目前业界最流行的数据库访问技术。本节介绍如何通过 ADODC 控件访问数据库，下一节介绍如何通过 ADO 对象访问数据库。

ADODC 控件是封装了 ADO 的数据控件，通过设置 ADODC 控件的相关属性可以实现对数据库中数据的访问，可以减少代码的编写量。

9.4.1　ADODC 控件的属性

1. ConnectionString 属性

ConnectionString 属性用于确定要连接的数据源，它通过连接字符串来选择连接数据库的类型、驱动程序与数据库名称。连接信息参数及含义如下：

（1）Provider ：数据库类型与驱动程序。

（2）Data Source ：数据库名称。

（3）Persist Security Info：设置登录的用户名和密码。

2. RecordSource 属性

RecordSource 属性用于确定要访问的记录源，即想要访问的数据库中的表名、存储过程名、

SQL 语句等。

3. CommandType 属性

CommandType 属性用于指定 RecordSource 属性所要访问的数据源类型。共有 4 种可选类型：

（1）1-adCmdText：文本命令类型。可以用 SQL 语句对基本表数据进行增、删、改、查等操作。

（2）2-adCmdTable：表或查询（视图）名称，这是常用的类型。

（3）4-adCmdStoreProc：存储过程名。

（4）8-adCmdUnknown（默认）：未知命令类型。

4. UserName 属性和 Password 属性

在登录到数据库时需要用到“用户名”和“密码”这两个属性。

9.4.2 ADODC 控件的方法

ADODC 控件的方法是指 Recordset 对象所提供的方法，具体使用方法参见 9.5.3 节的描述。

9.4.3 ADODC 控件的事件

1. WillMove 和 MoveComplete 事件

在当前记录的位置发生变化时触发 WillMove 事件。

在当前记录的位置发生变化完成时触发 MoveComplete 事件。

2. WillChangeField 和 FieldChangeComplete 事件

当前记录的字段值发生变化时触发 WillChangeField 事件；

当前记录的字段值发生变化后触发 FieldChangeComplete 事件。

3. WillChangeRecord 和 RecordChangeComplete 事件

当记录发生变化前触发 WillChangeRecord 事件；

当记录已经完成后触发 RecordChangeComplete 事件。

9.4.4 数据绑定控件

在 VB 6.0 中 ADODC 控件本身并不具有显示数据的功能，必须与绑定控件结合在一起使用，有哪些绑定控件可参见 9.3.4。

要使数据绑定控件显示出数据库中的数据，必须先设置以下的属性。

（1）DataSource 属性。该属性返回或设置一个数据源，即与该控件绑定的 ADODC 控件的名称。

（2）DataField 属性。该属性用于设置在该控件上显示的数据库中某个表的字段名称。

9.4.5 ADODC 控件的应用举例

【例题 9-10】 使用 ADODC 控件和 DataGrid 控件来访问 studentdb 数据库中的“课程”表。

具体步骤如下所述。

STEP1：新建一个工程，将工程名和窗体名均存为“example9-10”，单击【工程】->【部件】命令，打开“部件”对话框，如图 9-33 所示。

STEP2：在“部件”对话框中选中“Microsoft ADO Data Control 6.0（sp6）”和“Microsoft DataGrid Control 6.0（sp6）”，单击“确定”按钮，即可将 ADODC 控件和 DataGrid 控件添加到工具箱中，如图 9-34 所示。

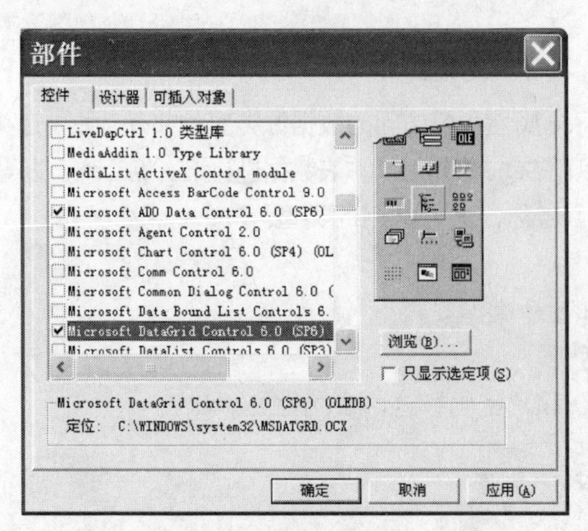

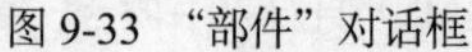

图 9-33 “部件”对话框　　　　图 9-34 ADODC 控件和 DataGrid 控件

STEP3：将“ADODC”控件添加到当前窗体上，在“ADODC”控件上单击鼠标右键，选择“ADODC 属性”命令，如图 9-35 所示。

STEP4：在打开的“属性页”窗口中，选择“通用”选项卡，如图 9-36 所示。

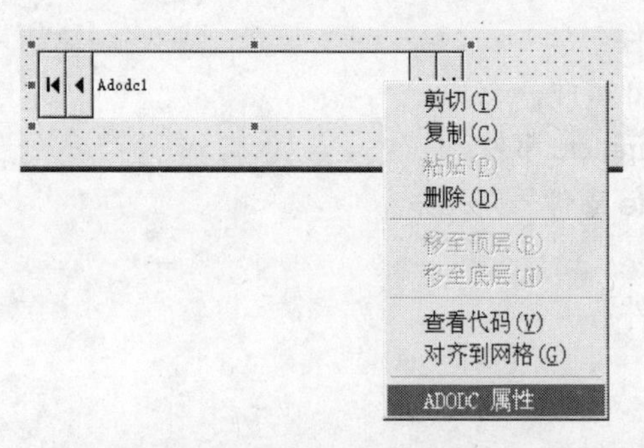

图 9-35 “ADODC 属性”命令

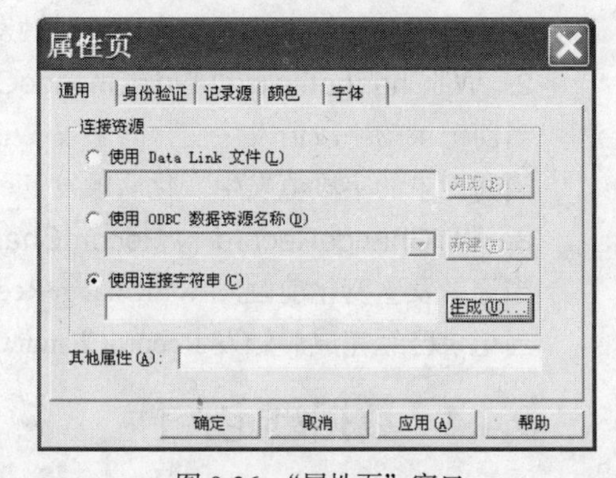

图 9-36 “属性页”窗口

STEP5：在“通用卡”选项卡上，选中“使用连接字符串（C）”，单击“生成”按钮，打开“数据链接属性”窗口，如图 9-37 所示。

说明

在“提供程序”选项卡中，可根据要连接到的数据库类型，选择不同的选项。Access 2003 数据库对应 Microsoft Jet 4.0 OLE DB Provider 选项；SQL Server 数据库对应 Microsoft OLE DB Provider for SQL Server 选项；Oracle 数据库对应 Microsoft OLE DB Provider for Oracle 选项。

STEP6：在“数据链接属性”窗口的“提供程序”选项卡中，选中“Microsoft OLE DB Provider for SQL Server”，以连接到 SQL Server 数据库上，单击“下一步”按钮，打开“连接”选项卡，在“1.选择或输入服务器名称”下拉列表中输入要连接到的数据库服务器的名称，如“.\sql2005”，在“2.输入登录服务器的信息”区域，选择“使用 Windows NT 集成安全设置（W）”，在“3.在服务器上选择数据库（D）”下拉列表中，选择“studentdb”数据库，如图 9-38 所示。

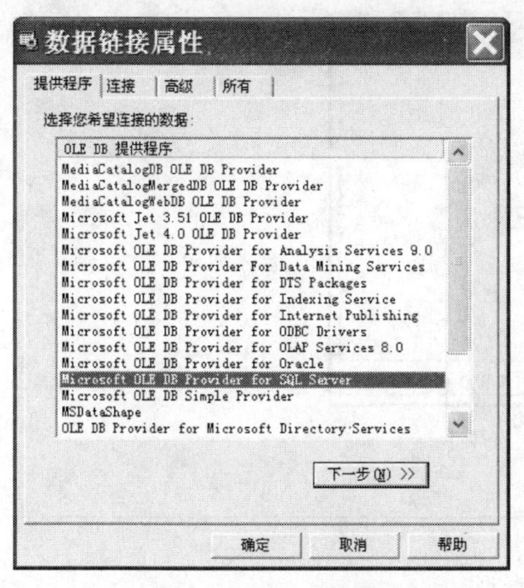

图 9-37　“数据链接属性”窗口

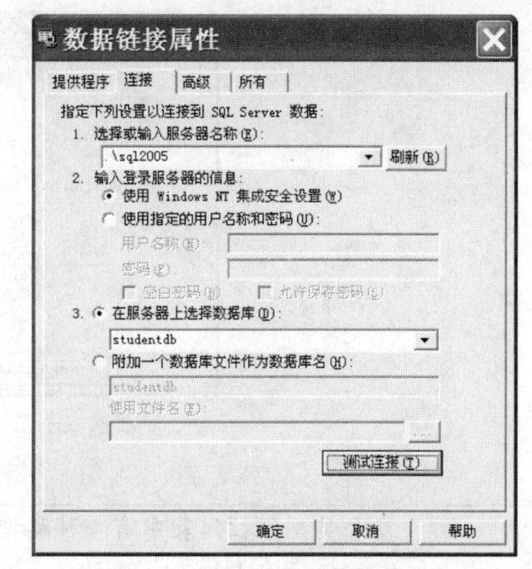

图 9-38　在“数据链接属性”窗口设置连接属性

服务器名需要根据自己的计算机名以及实例名输入有效的名称。

STEP7：单击“测试连接”按钮，如果上述设置正确，并且相应的数据库服务已经启动，则弹出“测试连接成功”对话框，如图 9-39 所示。

STEP8：单击“确定”按钮，回到“数据库链接属性”窗口，再次单击“确定”按钮，回到“属性页”窗口，如图 9-40 所示。此时在“使用连接字符串”下面的文本框中，自动生成一个连接到数据库的字符串：

```
Provider=SQLOLEDB.1;Integrated Security=SSPI;Persist Security Info=False;
        Initial Catalog=studentdb;Data Source=.\sql2005
```

图 9-39　“测试连接成功”对话框

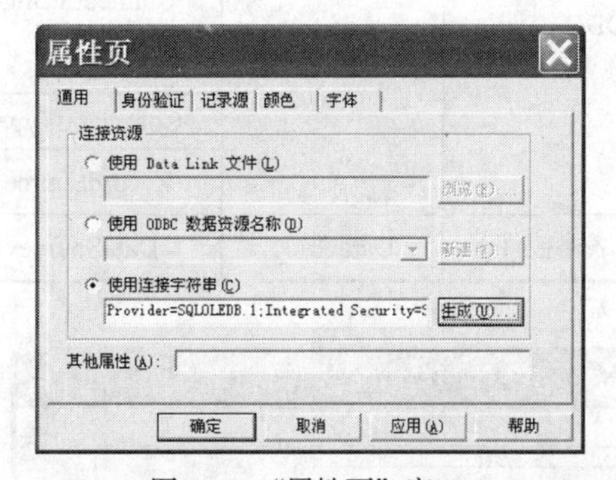

图 9-40　“属性页”窗口

STEP9：单击“属性页”窗口中的“记录源”选项卡，在“命令类型”下拉列表中选择“2-adCmdTable”命令，在“表或存储过程名称”下拉列表中选择“课程”表，最后单击“确定”按钮。此时，ADODC 控件的相关属性设置完成，可以作为数据源使用，如图 9-41 所示。

STEP10：在窗体中再添加一个 DataGrid 控件，如图 9-42 所示，在属性窗口中设置窗体以及各个控件的属性，如表 9-8 所示，运行效果如图 9-43 所示。

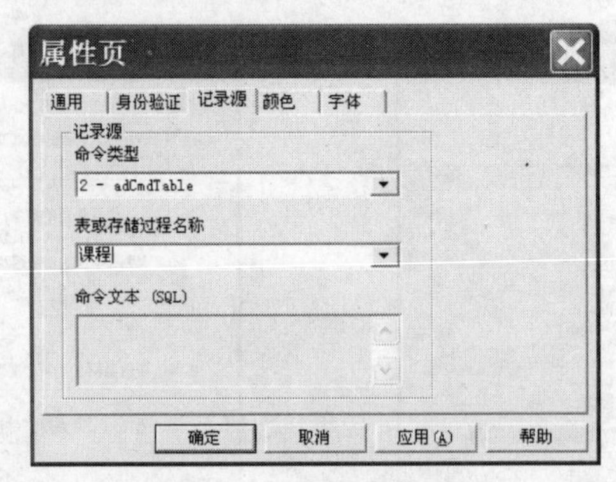

图 9-41 “记录源”选项卡

命令类型下拉列表中有 4 种类型。

8-adCmdUnknown（默认）：未知命令类型。

1-adCmdText：文本命令类型。可以输入 SQL 语句，用 SQL 语句选择基本表或进行插入、修改与删除操作。

2-adCmdTable：表示该命令是一个表或查询（视图）名称。

4-adCmdStoreProc：表示该命令是一个存储过程名。

表 9-8 窗体及控件属性

对　象	名　称	属性名	属性值
窗体	Form1	Caption	DataGrid 控件与 ADODC 控件应用
ADODC 控件	Adodc1	Caption	课程基本信息
		ConnectString	Provider=SQLOLEDB.1;Integrated Security=SSPI; Persist Security Info=False; Initial Catalog=studentdb; Data Source=.\sql2005
		CommandType	2-adCmdTable
		RecordSource	课程
数据表格控件	DataGrid1	DataSource	Adodc1

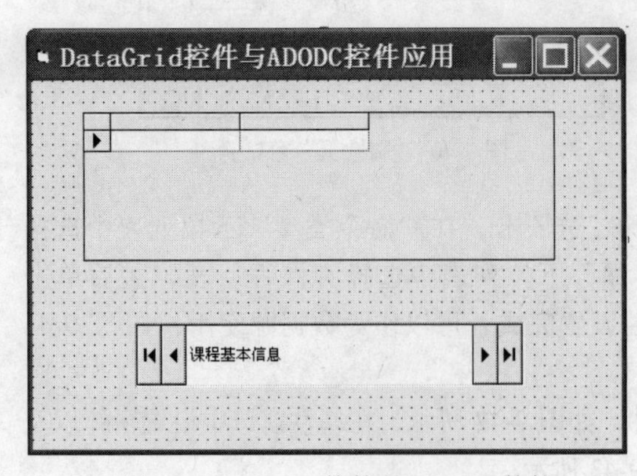

图 9-42 DataGrid 控件和 ADODC 控件

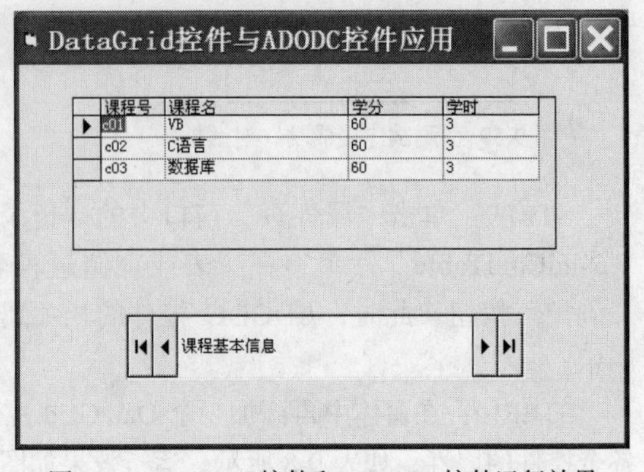

图 9-43 DataGrid 控件和 ADODC 控件运行效果

9.5　通过 ADO 对象访问数据库

ADO 对象主要是通过编写代码来完成与数据库的连接，与 ADODC 控件相比 ADO 对象使用起来比较灵活，比较适合于大型复杂的系统。

ADO 对象模型中包含了一系列的对象和集合，如图 9-44 所示。在 ADO 对象模型中，Connection 对象是 ADO 最上层的对象，其他的对象和集合都在 Connection 对象之下。

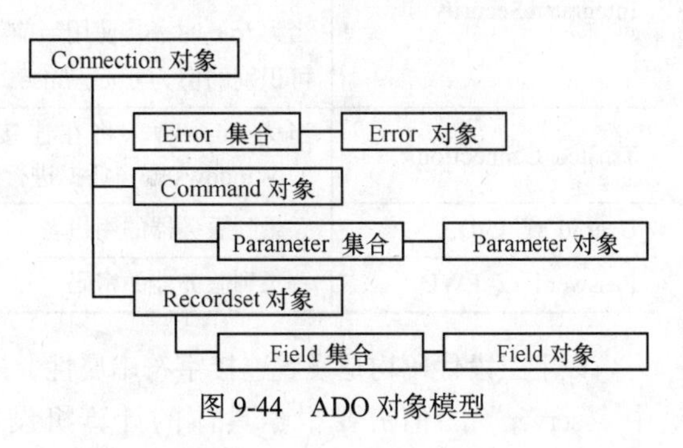

图 9-44　ADO 对象模型

9.5.1　Connection 对象

Connection 对象也称连接对象，用于连接数据源。只有在与数据库建立了连接后，才能对数据库进行访问。

1. 定义 Connection 对象的变量

在使用 Connection 对象之前，需要先定义一个新 Connection 对象类型的变量，然后使用 New 进行实例化。

例如：

```
Public Con As ADODB.Connection
Set Con = New ADODB.Connection
```

因为 ADO 对象在使用前需要加载 ADO 类型库，而我们还没有加载，因此在实例化时使用“ADODB”来限定对象。

2. Connection 对象的常用属性

（1）ConnectionString 属性。该属性是连接字符串属性，包含了用于建立一个数据库连接的信息，只有正确地设置了该属性才能打开数据库。该字符串由一系列由分号分割的参数构成，具体含义见表 9-9。

表 9-9　连接字符串属性参数

参数名	说明		
provider	所连接数据源供应者名称	sqloledb	Microsoft SQL Server 数据库
		Microsoft.jet.oledb.4.0	Microsoft Access2000 及以上版本的数据库
		msdasql	Odbc 数据源
		msdaora	Oralce 数据库
Server 或 data source	要访问的数据库服务器的名称，“.”代表本机		
Database 或 Initial Catalog	要访问的数据库的名称		
Persist Security Info	确定是否要指定用户名和密码，True：需要，False：不需要		

续表

参数名	说明
Integrated Security	登录到服务器的身份验证方式， 当为 false 时，将在连接中指定用户 ID 和密码。 当为 true 时，将使用当前的 Windows 账户凭据进行身份验证。 可识别的值为 true、false、yes、no 以及与 true 等效的 sspi。
Trusted_Connection	当为 false 时，将在连接中指定用户 ID 和密码。当为 true 时，将使用当前的 Windows 账户凭据进行身份验证。
User id 或 UID	登录到服务器的用户名
Password 或 PWD	登录到服务器的密码

以下三段代码均是设置连接字符串属性，采用不同的方法连接到数据库“studentdb”上，其中“server”的值需要根据具体的计算机设置成相应的数据库服务器的名称，“UID”和“PWD”的值也要根据具体的服务器而设置。

```
• Con.ConnectionString="provider=sqloledb;
                        server=.;
                        trusted_connection=yes;
                        database=studentdb"
• Con.ConnectionString="Provider=SQLOLEDB.1;
                        Persist Security Info=False;
                        User ID=sa;
                        PWD=123;
                        Initial Catalog=studentdb;
                        Data Source=.\sql2005"
• Con.ConnectionString="Provider=SQLOLEDB.1;
                        Integrated Security=SSPI;
                        Persist Security Info=False;
                        Initial Catalog=studentdb;
                        Data Source=.\sql2005"
```

（2）Provider 属性。该属性用来指明要连接到哪类数据库上，不同的数据库名称是不一样的，具体见表 9-9。

（3）ConnectionTimeout 属性。该属性用于设置连接的最长等待时间，默认为 15 秒，如果在建立连接时等待时间超过了设定时间，那么系统会中止连接并给出错误信息。

3. Connection 对象的常用方法

（1）Open 方法。该方法用于打开数据库。当定义好连接字符串后，需要打开相应的数据库才能进行下一步的操作。例如：

```
'定义连接对象
Public Con As ADODB.Connection
'实例化一个连接对象
Set Con = New ADODB.Connection
'设置连接字符串
Con.ConnectionString=
    "provider=sqloledb;server=.;trusted_connection=yes;database=studentdb"
'打开接连
Con.Open
```

（2）Close 方法。该方法用于关闭一个数据库连接以释放相关的系统资源。

（3）Execute 方法。该方法用于执行指定命令，如：对数据库中对象的增、删、改、查等或返回记录集，具体处理方法如下所示：

- 该方法如果按行返回查询，则将返回一个打开的 Recordset 对象。

例如：

```
'定义一个记录集对象
Public Rs As ADODB.Recordset
'查询学生表，将查询结果返回给记录集对象 Rs
Set Rs = Con.Execute("select * from 学生")
```

- 该方法完成对数据的增、删、改操作。

例如：

```
'定义一个把用户通过前台界面的绑定控件输入的信息插入学生表的字符串
Dim strIn As String
strIn = "insert into 学生(学号,姓名,性别,出生日期,密码) "
strIn = strIn & "values('" & txtCode.Text & "',"
strIn = strIn & "'" & txtName.Text & "','" & cobSex.Text & "',"
strIn = strIn & "'" & txtBirthday.Text & "','" & txtPwd.Text & "')"
 '使用连接对象 Con 的 execute 方法，执行上面的插入操作
Con.Execute strIn
```

9.5.2 Command 对象

Command 对象也称命令对象，用于对数据源执行相应的命令。如它可以执行带参数的存储过程和 SQL 命令，通过执行 SQL 命令从而实现对数据库的操作。

1. 定义 Command 对象的变量

Command 对象在使用时也需要进行定义，并进行实例化。

例如：

```
'定义一个全局的命令对象
Public Cmd As ADODB.Command
'实例化一个命令对象
Set Cmd = New ADODB.Command
```

2. Command 对象的常用属性

（1）ActiveConnection 属性。该属性指明命令执行对应的连接，即指明命令对象当前属于哪个 Connection 对象。

（2）CommandText 属性。该属性用来设置想要执行命令的字符串，与数据源提供者相关，可以是 SQL 命令、表名或存储过程。

（3）CommandType 属性。该属性表示命令对象的类型。它的值可以是以下 4 种。

- adCmdUnknown（默认）：未知命令类型；
- adCmdText：文本命令类型。可以用 SQL 语句对基本表数据进行增、删、改、查等操作。
- adCmdTable：表或查询（视图）名称。
- adCmdStoreProc：存储过程名。

3. Command 对象的常用方法

（1）CreateParameter 方法。该方法用于向命令对象的参数集中添加一个参数。

（2）Execute 方法。该方法执行命令对象，用法与 Connection 对象的 execute 方法相似。

例如：利用 ADO 的 Command 对象实现，将前台界面的绑定控件中输入的学生信息添加到

"学生"表中。

```
        Dim strSQL As String
        strSQL = "insert into 成绩(学号,课程号,成绩)
                values('" & cobCode.Text & "','" & cobCourseID.Text & "',"
                        & txtScore.Text & ")"
        Set Cmd = New ADODB.Command
        Cmd.ActiveConnection = Con
        Cmd.CommandType = adCmdText
        Cmd.CommandText = strSQL
        Set Rs = Cmd.Execute
        MsgBox "恭喜,恭喜,你已经成功输入学生[" & txtName.Text & "],[" & txtCourseName.Text &
"]课程成绩!", vbInformation
        Call cmdReWrite_Click
```

在访问数据库时，可以使用 ADO 三大对象中的任何一个，这里只是对 Commmand 对象使用作简单示例。

9.5.3 Recordset 对象

Recordset 对象用于接受某个查询操作返回的记录集。

1. 定义 Recordset 对象变量

Recordset 对象变量也要遵循先定义后使用的原则。可以先定义 Recordset 对象的变量，然后使用 NEW 关键字实例化。

例如：

```
'定义一个全局记录集对象
Public Rs As ADODB.Recordset
'实例化一个 RecordSet 对象
Set Rs = New ADODB.Recordset
```

2. Recordset 对象的常用属性

（1）ActiveConnection 属性。该属性用于指明 Recordset 对象所属的数据源，即属于哪个 Connection 对象。

（2）AbsolutePosition 属性。该属性用于指定 Recordset 对象当前记录号。

（3）RecordCount 属性。该属性用于返回记录集中的记录总数。

（4）BOF 属性和 EOF 属性。根据记录指针位置返回 True 或 False。如果记录指针位于第一条记录之前，则 BOF 的值为 True，否则为 False。如果记录指针位于最后一条记录之后，则 EOF 的值为 True，否则为 False。如果 BOF 和 EOF 的属性值同时为 True，则记录集为空。

（5）Fields 属性。该属性是一个集合，集合中包含了 Recordset 对象的所有字段。

使用方法：Fields（序号）或 Fields（字段名）。

例如，要访问"学生"表中的当前记录的第 1 个字段，可以这样写：

```
Data1.Recordset.Fields(0)或 Data1.Recordset.Fields("学号")
```

（6）Bookmark 属性。该属性返回当前记录的书签，该书签可以唯一的标识记录集中的记录。

（7）Filter 属性。该属性用于返回或设置 Recordset 对象的数据筛选条件。

（8）Sort 属性。该属性用于完成某一字段的排序，如在"学生"表中，按"学号"字段排序。

（9）NoMatch 属性。该属性用来表明，当使用 Seek 方法或 Find 方法进行查询后，是否可以找到符合条件的记录，如果该属性值为 True，表明没有找到符合条件的记录，反之则找到符合条件的记录。

（10）RecordCount 属性。该属性用来返回 Recordset 对象中的记录总数。对于刚打开的 Recordset 对象，该属性的返回值不正确，如果想要得到正确的结果，需要再使用 MoveLast 方法才可以。

（11）CursorType 属性。该属性用来指明使用的游标类型。游标类型决定了访问记录集的方式。

- adOpenForwardOnly：值为 0，仅向前游标（默认值）。
- adOpenKeyset：值为 1，键集游标。
- adOpenDynamic：值为 2，动态游标。
- adOpenStatic：值为 3，静态游标。

（12）LockType 属性。该属性用于指明编辑记录时使用的锁类型。

- adLockReadOnly：值为 0，只读锁（默认值）。
- adLockPessimistic：值为 1，保守锁，更新记录时立即锁定记录源。
- adLockOptimistic：值为 2，开放锁，修改记录时不加锁，执行 Update 时加锁。
- adLockBatchOptimistic：值为 3，开放批量更新锁。

（13）Source 属性。该属性用于指明 Recordset 对象中数据的来源，可以是 Command 对象、SQL 语句、表的名称或存储过程。

3. Recordset 对象的常用方法

（1）AddNew 方法。该方法在记录集中增加一条新记录。使用完该方法后需要再调用 Update 方法真正完成记录的添加。

（2）Update 方法。该方法将修改后的内容保存到数据库中。

（3）CancelUpdate 方法。该方法用于取消对记录的更新操作，将记录恢复到修改前的状态。

（4）Edit 方法。该方法用于编辑当前记录。使用完该方法后需要再调用 Update 方法完成编辑操作。

（5）Delete 方法。该方法用于删除记录集中的当前记录。

（6）Find 方法组。使用该方法组用于在 Dynaset 或 Snapshot 类型的记录集中查找符合条件的记录，并使找到的记录成为当前记录。包含如下方法。

- FindFirst 方法：从第一个记录开始向下查询；
- FindLast 方法：从最后一个记录开始向上查询；
- FindNext 方法：从当前记录开始向下查询；
- FindPrevious 方法：从当前记录开始向上查询。

（7）Move 方法组。该方法组用于移动记录指针。包含如下方法。

- MoveFirst 方法：将当前记录指针移到第一条记录；
- MoveLast 方法：将当前记录指针移到最后一条记录；
- MoveNext 方法：将当前记录指针移到下一条记录；
- MovePrevious 方法：将当前记录指针移到上一条记录；
- Move [±n]方法：将当前记录指针向下（正号）或向上（负号）移过 n 条记录。n 为自然数。

（8）Open 方法。该方法用于打开记录集对象，记录集对象在使用时必须打开。

（9）Cancel 方法。该方法用于撤销对 Execute 方法或 Open 方法的使用。

（10）Close 方法。该方法用于关闭记录集。

Recordset 对象有 3 种打开方法：
Connection 对象的 Execute 方法；
Command 对象的 Execute 方法；
Recordset 对象的 Open 方法打开。

例如：利用记录集对象获取学生表中学生姓名并添加到文本框中。

```
'实例化一个 RecordSet 对象
    Set Rs = New ADODB.Recordset
'记录集对象 Rs 所使用的活动连接为:Con
    Rs.ActiveConnection = Con
'下面例子中的 Rs 选用只向前游标,因为下例的 RS 是为了取所有存在的学号并
'填充到学号组合框中
    Rs.CursorType = adOpenForwardOnly
'记录集需要修改或删除,所以可以采用乐观锁
    Rs.LockType = adLockOptimistic
    Rs.Open "select * from 学生 where 学号 like '" & cobCode.Text & "'"
'将打开的记录集的每个列的值对应地填充到窗体的各个控件中
    txtName.Text = Rs("姓名")
Rs.Close
```

9.5.4 ADO 对象的应用举例

【例题 9-11】 使用 ADO 对象和绑定控件实现对 studentdb 数据库中的“课程”表中数据的添加功能。程序设计界面如图 9-45 所示。

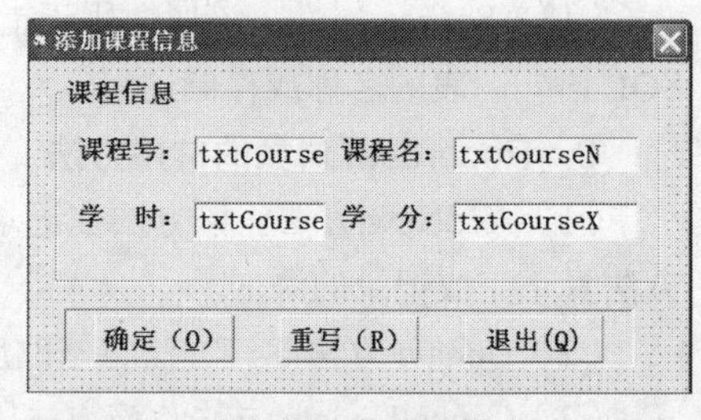

图 9-45 “添加课程信息窗体”设计界面

1. 建立工程并添加 ADO 对象

STEP1：新建一个工程，将工程名存为“example9-11”，窗体名按照表 9-10 所示内容保存，单击【工程】->【引用】命令，如图 9-46 所示，打开“引用”对话框，选中“Microsoft ActiveX Data Objects 2.8 Library”，如图 9-47 所示。单击“确定”按钮后，ADODB 类库被加载到当前的工程中，程序员通过编写代码已经可以使用 ADODB 类库中的对象了，但是 ADODB 类库并不显示在工具箱中。

每次在使用 ADO 对象时，必须先在工程中加载 ADODB 类库。

图 9-46 “引用”命令

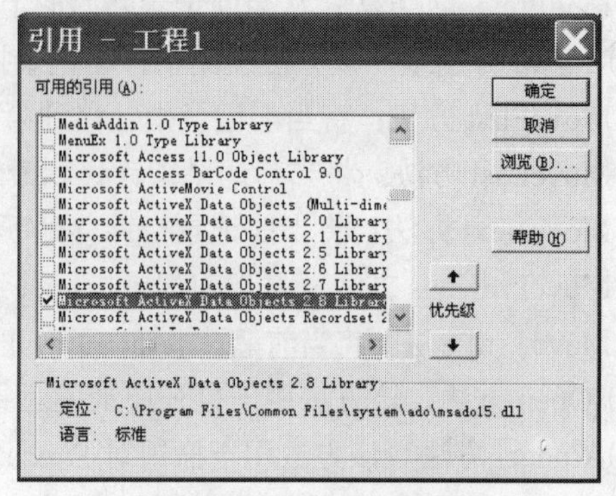

图 9-47 “引用”对话框

STEP2：在“工程 1”属性窗口中，输入新的工程名称“学生成绩管理”。

2. 在属性窗口设置窗体及各个控件的属性

表 9-10 只列出相关控件的名称及主要的属性值。

表 9-10　　　　窗体及控件主要属性

对象或控件	代码中使用的名称	属性名	属性值或对控件的说明
窗体	frmInsertCourse	Caption	添加课程信息
Frame	Frame1	Caption	课程信息
Label	Label1	Caption	课程号：
	Label2	Caption	课程名：
	Label3	Caption	学时：
	Label4	Caption	学分：
Text	txtCourseID		输入课程号
	txtCourseName		输入课程名
	txtCourseXS		输入学时
	txtCourseXF		输入学分
PictureBox	Picture1		将 CommandButton 放入其中
CommandButton	cmdOK	Caption	确定(&O)
	cmdReWrite	Caption	重写（&R）
	cmdQuit	Caption	退出(&Q)

3. “添加课程信息窗体”代码

（1）在通用段定义 ADO 对象。

```
'定义一个连接对象
Public Con As ADODB.Connection
'定义一个记录集对象
Public Rs As ADODB.Recordset
'定义一个命令对象
Public Cmd As ADODB.Command
Public Sub ConnectDB()
 '实例化一个连接对象
  Set Con = New ADODB.Connection
 '设置连接字符串
  Con.ConnectionString = "provider=sqloledb;server=.\sql2005;
                              trusted_connection=yes;database=studentdb"
  Con.Open
End Sub
```

（2）在窗体加载事件中加入如下代码。

```
Private Sub Form_Load()
'在窗体加载到内存的过程中初始化当前窗体,调用重写按钮
Call cmdReWrite_Click
Call ConnectDB
End Sub
```

（3）在确定、重写、退出按钮的单击事件中加入如下代码。

```
Private Sub cmdOK_Click()
'在数据输入时采用窗体级的验证方式
'验证课程号,要求不能为空,如果课程号为空则输入课程号;
If txtCourseID.Text = "" Then
    MsgBox "对不起,课程号不能为空!"
txtCourseID.SetFocus
Exit Sub
Else
Set Rs = Con.Execute("select * from 课程
                    where 课程号='" & txtCourseID.Text & "'")
'如果 Rs.EOF 值为 False 表示当前课程号已经存在, 则需重新输入
 If Rs.EOF = False Then
      MsgBox "当前课程号已经存在,请重新输入! ", vbInformation
      txtCourseID.SelStart = 0
      txtCourseID.SelLength = Len(txtCourseID.Text)
      txtCourseID.SetFocus
      Exit Sub
   End If
End If
'以下为判断课程名
If txtCourseName.Text = "" Then
    MsgBox "对不起,课程名不能为空!", vbInformation
    txtCourseName.SetFocus
    Exit Sub
End If
'以下为判断学时
If txtCourseXS.Text = "" Then
    MsgBox "对不起,学时不能为空!", vbInformation
    txtCourseXS.SetFocus
    Exit Sub
End If
'以下为判断学分
If txtCourseXF.Text = "" Then
    MsgBox "对不起,学分不能为空!", vbInformation
    txtCourseXF.SetFocus
    Exit Sub
End If
'如果通过所有的数据验证, 则进行数据库的添加
'把输入数据的表达式赋给一个字符串变量 strIn 然后用连接对象 Con.Execute 执行
Dim strIn As String
strIn = "insert into 课程 "
strIn = strIn & "values('" & txtCourseID.Text & "',"
strIn = strIn & "'" & txtCourseName.Text & "','" & txtCourseXS.Text & "',"
strIn = strIn & "'" & txtCourseXF.Text & "')"
'MsgBox strIn
Con.Execute strIn
MsgBox "恭喜,恭喜,你已经成功输入一门课程信息!", vbInformation
'输入结束后应该初始化窗体控件
Call cmdReWrite_Click
End Sub
```

```
Private Sub cmdQuit_Click()
    Unload Me
End Sub

Private Sub cmdReWrite_Click()
'初始化窗体上的输入控件
'这里是引用集合知识，把当前窗体上所有文本框清空
'下面的 Ctl 是一个对象型的变量，在循环中的每次循环中
'它相应的为集合中的一个对象
Dim Ctl As Object
For Each Ctl In Me
   If TypeOf Ctl Is TextBox Then
      Ctl.Text = ""
   End If
Next
End Sub
```

【例题 9-12】 使用 ADO 对象和绑定控件实现对 studentdb 数据库中的“课程”表中数据的修改和删除功能。程序设计界面如图 9-48 所示。

图 9-48　“维护课程信息窗体”设计界面

1．建立工程并添加 ADO 对象

STEP1：新建一个工程，将工程名存为“example 9-12”，窗体名按照表 9-11 内容保存。

STET2：在当前工程中添加 ADODB 类库。

2．在属性窗口设置窗体及各个控件的属性

表 9-11 只列出相关控件的名称及主要的属性值。

表 9-11　窗体及控件主要属性

对象或控件	代码中使用的名称	属性名	属性值或对控件的说明
窗体	frmModifyCourse	Caption	维护课程信息
Frame	Frame1	Caption	课程信息
Label	Label1	Caption	课程号：
	Label2	Caption	课程名：
	Label3	Caption	学时：
	Label4	Caption	学分：
ComboBox	cobCourseID		显示课程号
Text	txtCourseName		输入课程名
	txtCourseXS		输入学时
	txtCourseXF		输入学分
PictureBox	Picture1		将 CommandButton 放入其中
CommandButton	cmdModify	Caption	修改(&U)
	cmdDelete	Caption	删除(&D)
	cmdQuit	Caption	退出(&Q)

3．“维护课程信息窗体”代码

（1）在通用段定义 ADO 对象。

```
'定义一个连接对象
Con As ADODB.Connection
'定义一个记录集对象
Rs As ADODB.Recordset
'定义一个命令对象
 Cmd As ADODB.Command
 Sub ConnectDB()
 '实例化一个连接对象
 Set Con = New ADODB.Connection
 '设置连接字符串
 Con.ConnectionString = "provider=sqloledb;server=.\sql2005;
                         trusted_connection=yes;database=studentdb"
 Con.Open
 End Sub
```

（2）在窗体加载事件中加入如下代码。

```
Private Sub Form_Load()
'查询课程表中的所有数据,并将课程号添到窗体的 cobCourseID 控件中
'这个例子中我们使用了一个新的对象:RecordSet 建立连接, 从课程表中获
'课程信息, 放入 Rs
Call ConnectDB
Set Rs = Con.Execute("select * from 课程")
'如果课程信息表中没有数据,提示用户并退出当前窗体
If Rs.EOF Then
    MsgBox "对不起,课程信息表中没有数据,无法进行数据维护!"
    Exit Sub
End If
cobCourseID.Clear
Do While Not Rs.EOF
With cobCourseID
    .AddItem Rs!课程号
    Rs.MoveNext
End With
Loop
'初始化其他控件
txtCourseName.Text = ""
txtCourseXS.Text = ""
txtCourseXF.Text = ""End Sub
```

（3）在删除、修改、退出按钮的单击事件中加入如下代码。

```
Private Sub cmdDelete_Click()
'说明:删除当前课程记录
'根据当前课程号到数据库中的对应表中删除相应数据
If cobCourseID.Text = "" Then
    MsgBox "没有要删除的数据, 请确认! ", vbInformation
    Exit Sub
End If
If vbYes = MsgBox("你真的要删除当前数据吗!", vbQuestion + vbYesNo + vbDefaultButton2) Then
    Con.Execute ("delete from 课程 where 课程号='" & cobCourseID.Text & "'")
' 删除该课程后,把窗体的各个控件初始化
' 要注意:一定要重新添加 cobCourseID 控件,
```

```
' 因为删除后的课程的课程号如果存在
' 则再次选中该课程号时会出错
txtCourseName.Text = ""
txtCourseXF.Text = ""
txtCourseXS.Text = ""
Set Rs = Con.Execute("select * from 课程")
cobCourseID.Clear
Do While Not Rs.EOF
With cobCourseID
.AddItem Rs!课程号
Rs.MoveNext
End With
Loop
End If
End Sub

Private Sub cmdModify_Click()
'课程号不能被修改
'课程名和学时、学分的修改要进行有效性验证,且都不能为空
If cobCourseID.Text = "" Then
   MsgBox "你没有选择要修改的课程信息，请确认！", vbInformation
   Exit Sub
End If
If txtCourseName.Text = "" Then
   MsgBox "对不起,课程名不能为空!", vbInformation
   txtCourseName.SetFocus
   Exit Sub
End If
Dim strIn As String
strIn = "update 课程 set 课程名='" & txtCourseName.Text & "',"
strIn = strIn & "学时='" & txtCourseXS.Text & "',"
strIn = strIn & "学分='" & txtCourseXF.Text & "' "
strIn = strIn & "where 课程号='" & cobCourseID.Text & "'"
Con.Execute strIn
MsgBox "恭喜,恭喜,你已经成功修改了一门课程信息!", vbInformation
End Sub
Private Sub cmdQuit_Click()
Unload Me
End Sub
Private Sub cobCourseID_Click()
If cobCourseID.Text = "" Then
   MsgBox "对不起,请选择要修改或删除的课程号!"
   Exit Sub
End If
' 实例化一个 RecordSet 对象
   Set Rs = New ADODB.Recordset
' 记录集对象 Rs 所使用的活动连接为:Con
   Rs.ActiveConnection = Con
' 下面例子中的 Rs 选用只向前游标,因为下例的 RS 是为了取所有
```

```
' 存在的课程号并填充到课程号组合框中
    Rs.CursorType = adOpenForwardOnly
' 记录集需要修改或删除,所以可以采用乐观锁
    Rs.LockType = adLockOptimistic
    Rs.Open "select * from 课程 where 课程号 like '" & cobCourseID.Text & "'"
' 将打开的结果集的每个列的值对应地填充到窗体的各个控件
    txtCourseName.Text = Rs("课程名")
    txtCourseXS.Text = Rs!学时
    txtCourseXF.Text = Rs!学分
End Sub
```

【例题 9-13】使用 ADO 对象和绑定控件实现对 studentdb 数据库中的“课程”表中数据的查询功能。

程序设计界面如图 9-49 所示。

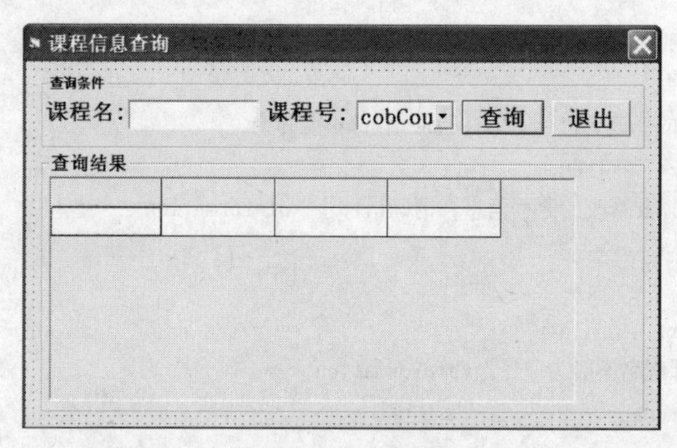

图 9-49 “课程信息查询窗体”设计界面

1. 建立工程并添加 MSHFlexGrid 控件

STEP1：新建一个工程，将工程名存为“example9-13”，窗体名按照表 9-12 内容保存。

STEP2：在当前工程中添加 ADODB 类库。

STEP3：单击【工程】->【部件】命令，打开“部件”对话框，如图 9-50 所示。在“部件”对话框中选中“Microsoft Hierarchical FlexGrid Control 6.0（sp4）（OLEDB）”，单击“确定”按钮，即可将 MSHFlexGrid 控件添加到工具箱中，如图 9-51 所示。

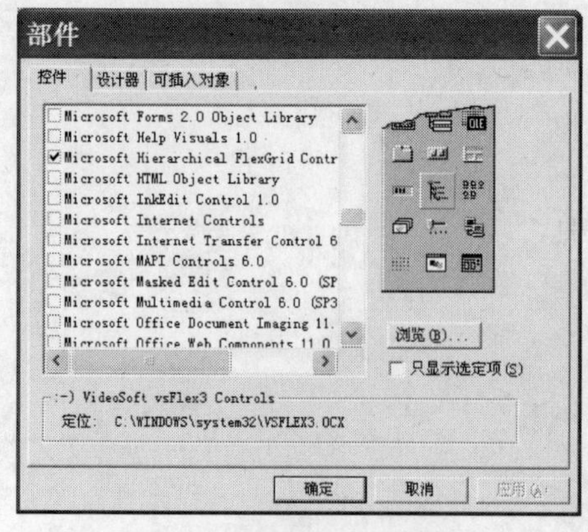

图 9-50 “部件”对话框

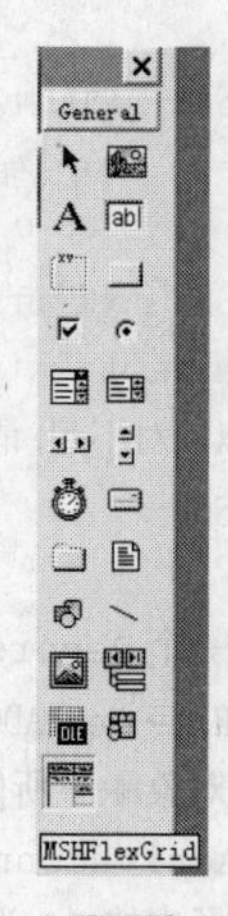

图 9-51 MSHFlex Grid 控件

2. 在属性窗口设置窗体及各个控件的属性

表 9-12 只列出相关控件的名称及主要的属性值。

表 9-12　　窗体及控件主要属性

对象或控件	代码中使用的名称	属性名	属性值或对控件的说明
窗体	frmQueryCourse	Caption	课程信息查询
Frame	Frame1	Caption	查询条件
Label	Label1	Caption	课程名
	Label2	Caption	课程号
ComboBox	cobCourseID		显示课程号
Text	txtCourseName		输入课程名
Frame	Frame2	Caption	查询结果
MSHFlexGrid	Grid		显示查询结果
CommandButton	cmdQuery	Caption	查询
	cmdQuit	Caption	退出

3. “课程信息查询窗体”代码

（1）在通用段定义 ADO 对象。

```
'定义一个连接对象
Public Con As ADODB.Connection
'定义一个记录集对象
Public Rs As ADODB.Recordset
'定义一个命令对象
Public Cmd As ADODB.Command
Public Sub ConnectDB()
 '实例化一个连接对象
  Set Con = New ADODB.Connection
 '设置连接字符串
  Con.ConnectionString =
 "provider=sqloledb;server=.\sql2005;trusted_connection=yes;database=studentdb"
   Con.Open

End Sub
```

（2）在窗体加载事件中加入如下代码。

```
Private Sub Form_Load()
Call ConnectDB
'实例化一个 RecordSet 对象
    Set Rs = New ADODB.Recordset
'记录集对象 Rs 所使用的活动连接为:Con
    Rs.ActiveConnection = Con
'下面例子中的 Rs 选用只向前游标,因为下例的 RS 是为了取所有
'存在的课程号并填充到课程号组合框中
    Rs.CursorType = adOpenForwardOnly
'记录集需要修改或删除,所以可以采用乐观锁
    Rs.LockType = adLockOptimistic
    Rs.Open "select * from 课程"
```

```
    cobCourseID.AddItem ""
  Do While Not Rs.EOF
      With cobCourseID
           .AddItem Rs!课程号
           Rs.MoveNext
      End With
   Loop
End Sub
```

（3）在查询、退出按钮的单击事件中加入如下代码。

```
Private Sub cmdQuery_Click()
Dim strSQL, strCourseName, strCourseID As String
' 以下 SQL 语句是实现对课程名和课程号两个条件的任意组合查询
' 难点是对象 select 语句 where 条件子句的理解，这里采用 Like
' 运算符及"%"通配符，可以实现模糊查询
' strName 表达式是课程名是匹配，strSex 是查看课程号是否匹配.
' 如果课程号为空表示所有课程，所以要用到 Like '%'
strCourseName = "课程名 like '%" & Trim(txtCourseName.Text) & "%'"
strCourseID = "and 课程号 like'%" & cobCourseID.Text & "'"
strSQL = "select 课程号,课程名,"
strSQL = strSQL & "学时,学分 "
strSQL = strSQL & "from 课程 where "
strSQL = strSQL & strCourseName & strCourseID
'MsgBox strSql
'利用 ADO 的 Command 对象实现对数据的查询工作，实现一个目的可以
'用 ADO 三大对象中的任何一个都可以实现，这里只是对 Commmand 的
'简单使用作为示例
Set Cmd = New ADODB.Command
Cmd.ActiveConnection = Con
Cmd.CommandType = adCmdText
Cmd.CommandText = strSQL
Set Rs = Cmd.Execute
'绑定结果集到 Grid 控件
Set Grid.DataSource = Rs
'MsgBox strSql
End Sub
Private Sub cmdQuit_Click()
    Unload Me
End Sub
```

9.6 数据库中图片的存取

在数据库应用程序设计中，经常需要对图片进行处理。图片在数据库中应该如何进行存储，又如何读取，怎样存取效率最高，这是本节要探讨的问题。

通常，图片在数据库中的存储方式有两种。

（1）直接把图片存储在数据库中。

（2）只把图片的地址（图片所在路径）保存在数据库中。

同样，从数据库读取图片也有相应的两种方式，下面分别介绍这两种方式。

9.6.1　直接存取图片

在数据库应用系统中，直接存储图片是指直接把图片本身的数据存储到数据库中。这种存储方式主要采用的是数据流技术，即使用 ADO 对象模型中的流对象 ADODB.Stream。当然，对这种方式存储的图片进行读取时，也同样是使用流对象 ADODB.Stream 来进行的。

因为要用到 ADO 对象，所以需要引用 Microsoft ActiveX Data Objects 2.5 Library 或以上版本。2.5 版本以下不支持 Stream 对象。

直接把图片存储在数据库中，其优缺点如下：

优点：可移植性好，不受系统前台程序代码的约束，可直接在任意地点使用而不需要附带任何图片文件。

缺点：由于图片容量较大，所以造成了数据库的负荷过重，在数据量大的情况下，会导致数据存取，备份等操作速度下降。所以这种方式只适合少量图片存取的情况。

下面举例说明直接在数据库中存取图片的方法。

在 Access 数据库“studentdb.mdb”的基本表“学生”中增加一个字段：字段名称为照片、字段类型为 OLE 对象（如果在可视化数据管理器中，字段类型为 Binary）。

【例题 9-14】 用 ADO 对象编写代码实现在数据库中直接存储图片。程序运行结果如图 9-52 所示。

功能要求：

单击“浏览”按钮时，将弹出“打开”公共对话框，选择一个“.jpg”格式的照片文件。单击打按钮后，该文件及其所在路径便出现在文本框 text1 中。如果照片格式正确，则在图像框 image1 中显示该照片，照片格式不正确，则弹出提示对话框。单击“保存”按钮时，首先定义并建立流对象 myStream，将其 Type 属性设置为二进制模式，并打开该流对象，将上面浏览的照片转换后装到该流对象中。然后，按照在组合框中选择的学号定位记录，打开记录集。并将对象 myStream 中照片数据存入到“照片”字段中。用户单击“关闭”按钮时，将结束本系统的运行。

图 9-52　运行界面

操作步骤：

1. 修改数据库

STEP1：新建一个工程，单击【外接程序】—>【可视化数据管理器】菜单项，打开可视化数据管理器，如图 9-53 所示。

STEP2：在“可视化数据管理器”窗口，单击【文件】—>【打开数据库】菜单后，执行【Microsoft Access】命令，在打开的对话框中选择以前建好的数据库 studentdb.mdb，后单击确定，界面如图 9-54 所示。

STEP3：在数据库窗口中用鼠标右键单击“学生”表，选择【设计】菜单项，如图 9-55 所示。

STEP4：在“表结构”窗体中，点击“添加字段”按钮，如图 9-56 所示。

STEP5：在“添加字段”窗体中，“名称”文本框值为“照片”，类型中选择 Binary，如图 9-57 所示。

STEP6：点击“确定”按钮后，完成“照片”字段的增加，如图 9-58 所示。

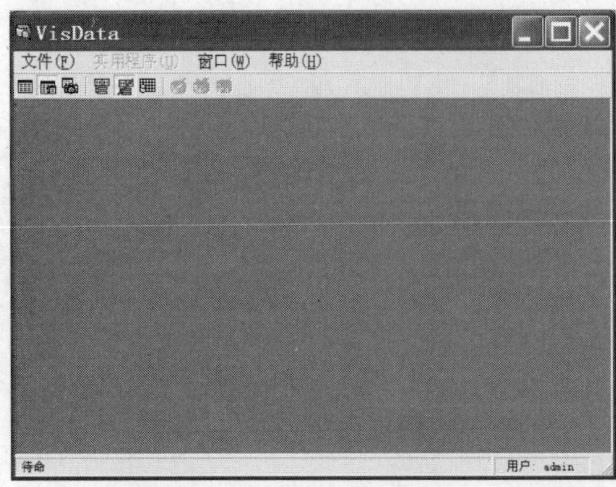

图 9-53　可视化数据管理器

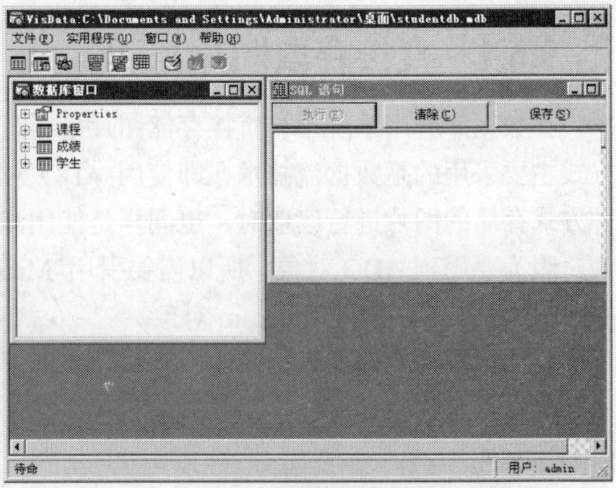

图 9-54　打开数据库

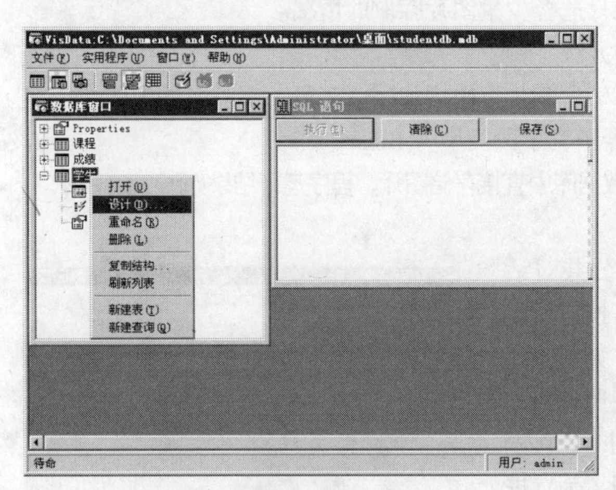

图 9-55　设计学生表视图

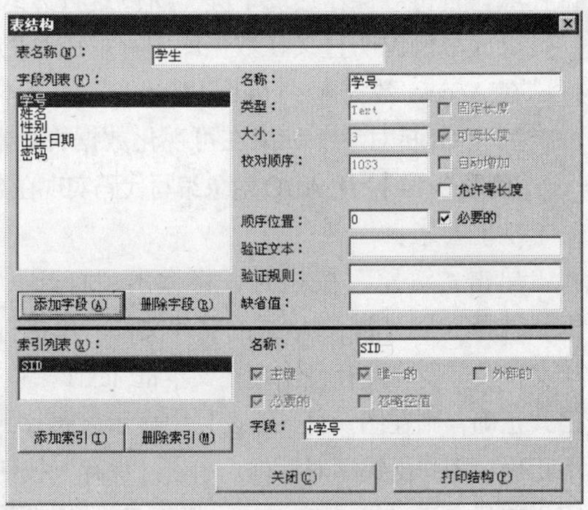

图 9-56　“表结构”窗体

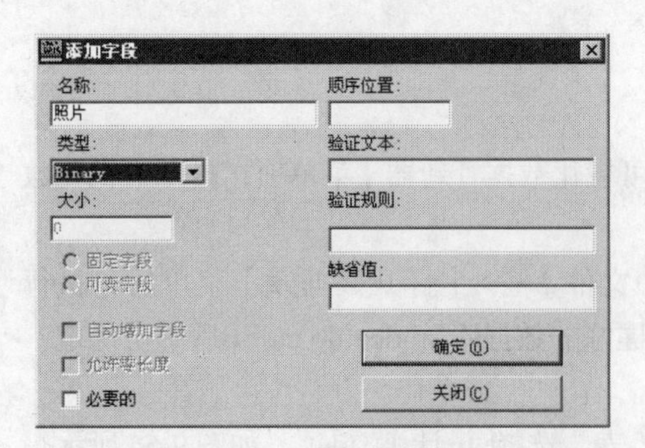

图 9-57　表结构窗体

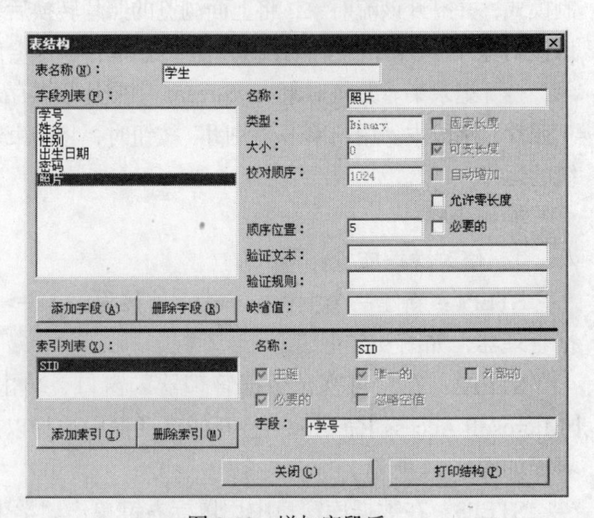

图 9-58　增加字段后

STEP7：在“表结构”窗体中，点击“关闭”按钮后，修改后的“学生”表结构如图 9-59 所示。

STEP8：在“数据库窗口”窗体中，用鼠标右键单击“学生”表，选择“打开”项打开如图 9-60 所示“学生”表记录窗体。

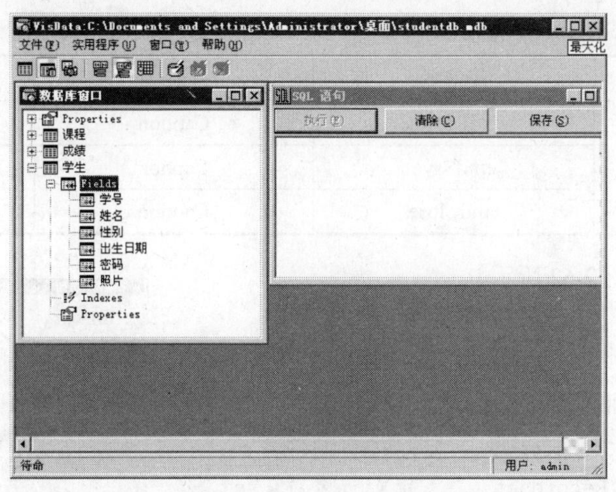

图 9-59　新“学生”表结构

STEP9：单击“添加”按钮，在如图 9-61 所示的窗体中输入学生记录信息后，单击“更新”后完成一条记录的输入。注意“照片”字段的值空着。

图 9-60　“学生”表记录

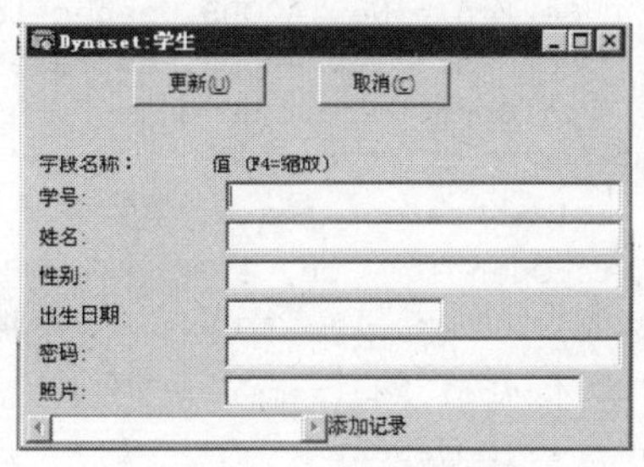

图 9-61　添加新记录

STEP10：反复执行 STEP9 可以实现多条记录的录入，单击图 9-60 中的“关闭”按钮，完成数据的录入。

2. 设计界面并设置控件属性

在窗体上添加 1 个 ComboBox 控件、1 个 TextBox 控件、1 个 CommonDialog 控件、1 个 Image 图像框控件和 3 个按钮控件 CommandButton。在属性窗口设置窗体及各主要控件的属性，如表 9-13 所示。

在窗体上无需任何数据控件。

表 9-13　窗体及控件属性

	控件名	属性名	属性值
窗体	Form1	Caption	存储图片本身
组合框控件	Combo1	名称	Combo1
文本框控件	Text1	MaxLenth	200
公共对话框	CommonDialog1	名称	CommonDialog1
图像框控件	Image1	名称	Image1

续表

	控件名	属性名	属性值
命令按钮	cmdBrowse	Caption	浏览
	cmdSave	Caption	保存
	cmdClose	Caption	关闭

设计好的界面如图 9-62 所示。

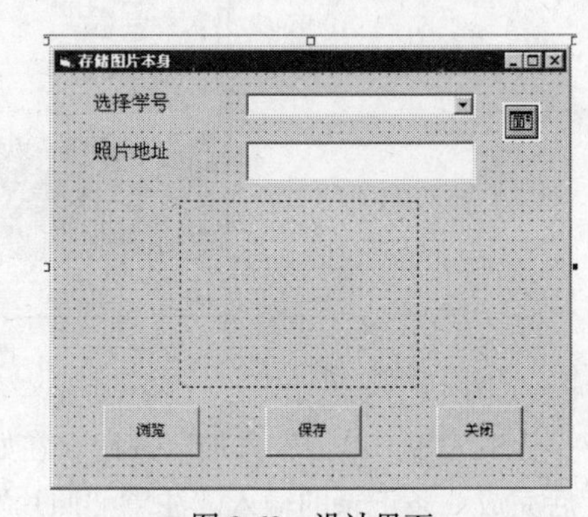

图 9-62　设计界面

3. 编写程序代码

STEP1：初始化

通用段设置了后面需要的几个变量，代码如下：

```
Dim cn As ADODB.Connection   ' 定义数据库连接对象 cn
Dim rs As ADODB.Recordset    ' 定义记录集对象 rs
Dim str As String
Dim sql As String
```

窗体装载事件代码如下：

```
Private Sub Form_Load()
   Set cn = New ADODB.Connection
   Set rs = New ADODB.Recordset
   cn.Open "Provider=Microsoft.Jet.OLEDB.4.0 ; Data Source=C:\ studentdb.mdb ;
Persist Security Info=False"
  sql = "select * from 学生"
  rs.Open sql, cn, 3, 2
  Do While Not rs.EOF()     ' 将所有学生的学号添加到组合框中，以便用户选择
    Combo1.AddItem rs("学号")
    rs.MoveNext
  Loop
  rs.Close
End Sub
```

STEP2：双击“浏览”按钮，编写代码如下：

```
Private Sub cmdBrowse_Click()
   Dim temp As String
   Me.CommonDialog1.ShowOpen                    ' 打开“打开”对话框
   str = Me.CommonDialog1.FileName              ' 获取文件名及路径名
   Text1.Text = str                             ' 显示路径及文件名
   temp = Right(str, 3)                         ' 判断文件类型，只支持 JPG 格式
   If temp <> "jpg" Then
      MsgBox "请选择正确的图片格式" , , "提示"
   Else
     Image1.Stretch = True
     Image1.Picture = LoadPicture(str) ' 显示预览图片
   End If
End Sub
```

STEP3：双击“保存”按钮，编写代码如下：

```
Private Sub cmdSave_Click()
   Set myStream = New ADODB.Stream  定义并新建流对象
   With myStream
     .Type = adTypeBinary  ' 二进制模式
```

```
        .Open
        .LoadFromFile (str)
    End With
    sql = "select * from 学生 where 学号='" & Combo1.Text & "'"   ' 定位记录
    rs.Open sql , cn , 3 , 2
    rs("照片") = myStream.Read      ' 从myStream对象中读取数据存入字段
    rs.Update
    myStream.Close
    rs.Close
    MsgBox "保存成功", 16 + vbInformation, "提示"
End Sub
```

STEP4：双击“退出”按钮，编写代码如下：

```
Private Sub cmdClose _Click()
    Unload Me
End Sub
```

通过上述例子，介绍了使用 ADO 对象编写代码在数据库中直接存储图片的方法。下面通过实例介绍直接读取图片的方法。

图 9-63　运行界面

【例题 9-15】 用 ADO 对象编写代码实现在数据库中直接读取图片。程序运行界面如图 9-63 所示。

功能要求：

自定义过程 showrecord()用来显示当前记录中各个字段的值，包括在 Image1 图像框控件中显示的照片字段值。4 个浏览用的按钮用于遍历整个记录集中的所有记录，用户单击“关闭”按钮时，将结束本系统的运行。

操作步骤：

1. 设计程序界面并设置控件属性

在窗体上添加 6 个 Label 控件、1 个 TextBox 控件、1 个 Image 图像框控件和 5 个按钮控件 CommandButton。在属性窗口设置窗体及各主要控件的属性，如表 9-14 所示。

表 9-14　窗体及控件属性

	控件名	属性名	属性值
窗体	Form1	Caption	直接读取图片
文本框控件数组	Text1(1)	Locked	true
	Text1(2)	Locked	true
	Text1(3)	Locked	true
	Text1(4)	Locked	true
	Text1(5)	Locked	true
图像框控件	Image1	名称	Image1
命令按钮	cmdClose	caption	关闭
	cmdFirst	caption	第一条
	cmdPrevious	caption	上一条
	cmdNext	caption	下一条
	cmdLast	caption	最后一条

2. 程序代码

STEP1：通用段设置后面需要的几个变量，代码如下 ：

```
Dim cn As ADODB.Connection   ' 定义数据库连接对象 cn
Dim rs As ADODB.Recordset     ' 定义记录集对象 rs
```

窗体装载事件代码如下：

```
Private Sub Form_Load()
    Set cn = New ADODB.Connection
    Set rs = New ADODB.Recordset
    cn.Open "Provider=Microsoft.Jet.OLEDB.4.0;Data Source=C:\ studentdb.mdb;Persist
Security Info=False"
    sql = "select * from 学生 "
    rs.Open sql, cn, 1, 1
    If rs.EOF And rs.BOF Then
        MsgBox "数据为空！"
        cmdFirst.Enabled = False
        cmdPrevious.Enabled = False
        cmdNext.Enabled = False
        cmdLast.Enabled = False
    Else
        Call showrecord    ' 调用过程 showrecord()显示当前记录的各字段值，包括照片
        cmdFirst.Enabled = False
        cmdPrevious.Enabled = False
    End If
End Sub
```

STEP2：自定义过程 showrecord()

该过程主要用来显示当前记录中各个字段的值，包括在 Image1 图像框控件中显示该同学的照片。

首先定义并新建 ADO 对象模型的流对象 myStream，将其设置为二进制模式。然后打开该流对象，并将当前记录的“照片”字段的数据写到该流对象中，将该对象中的照片数据写入到临时文件 temp.jpg 中。最后将临时文件 temp.jpg 在图像框控件 image1 中显示出来。代码如下：

```
Public Sub showrecord()
    Dim str As String
    Dim i As Integer
    Set myStream = New ADODB.Stream
    If Not IsNull(rs("照片")) Then       ' 判断图片字段是否为空
      With myStream
        .Type = adTypeBinary              ' 二进制模式
        .Open
        .Write rs("照片")                ' 将“照片”数据存到流对象 myStream 中
        .SaveToFile App.Path & "\temp.jpg", adSaveCreateOverWrite
                                         ' 将 myStream 中数据写入临时文件中
        .Close
      End With
      str = App.Path & "\temp.jpg"
    Else
      str = ""
    End If
    For i = 1 To 5              ' 将前 5 个字段值显示在文本框数组的 5 个文本框中
        If IsNull(rs.Fields(i - 1)) Then Text1(i).Text = "" Else Text1(i).Text =
```

```
rs.Fields(i - 1)
    Next i
    Image1.Stretch = True
    Image1.Picture = LoadPicture(str) ' 在图像框中显示已经存入到临时文件中的照片
End Sub
```

STEP3：浏览按钮，4 个浏览用的按钮用于遍历整个记录集中的所有记录。代码如下：

浏览第一条记录

```
Private Sub cmdFirst_Click()
    rs.MoveFirst
    cmdFirst.Enabled = False
    cmdPrevious.Enabled = False
    cmdNext.Enabled = True
    cmdLast.Enabled = True
    Call showrecord  ' 调用过程 showrecord()显示当前记录的各字段值，包括照片
End Sub
```

浏览上一条记录

```
Private Sub cmdPrevious_Click()
    rs.MovePrevious
    cmdNext.Enabled = True
    cmdLast.Enabled = True
    If rs.AbsolutePosition = 1 Then
        cmdFirst.Enabled = False
        cmdPrevious.Enabled = False
    End If
    Call showrecord  ' 调用过程 showrecord()显示当前记录的各字段值，包括照片
End Sub
```

浏览下一条记录

```
Private Sub cmdNext_Click()
    rs.MoveNext
    cmdFirst.Enabled = True
    cmdPrevious.Enabled = True
    If rs.EOF Then
        cmdNext.Enabled = False
        cmdLast.Enabled = False
    Else
        Call showrecord  ' 调用过程 showrecord()显示当前记录的各字段值，包括照片
    End If
End Sub
```

浏览最后一条记录

```
Private Sub cmdLast_Click()
    rs.MoveLast
    cmdFirst.Enabled = True
    cmdPrevious.Enabled = True
    cmdNext.Enabled = False
    cmdLast.Enabled = False
    Call showrecord  ' 调用过程 showrecord()显示当前记录的各字段值，包括照片
End Sub
```

STEP4：退出系统用户单击“关闭”按钮时，将结束本系统的运行。代码如下：

```
Private Sub cmdClose _Click()
    Unload Me
End Sub
```

通过上述例子，介绍了使用 ADO 对象编写代码在数据库中直接读取图片的方法。该示例需与上例配合使用。

9.6.2 存取图片地址

在数据库中存储图片地址是指在数据库中只存储图片的存放地址（路径），而不存储图片文件本身。这种存储方式对数据库的操作比较简单。无需使用特殊对象或技术，只需把图片地址作为字符串进行存取即可。

只将图片地址存储在数据库中，其优缺点如下。

优点：由于存储的图片地址是字符型数据，容量较小，这样大大减轻了数据库负荷。可加快数据库中数据存取，备份等操作。

缺点：系统可移植性较差。系统安装在不同的计算机上，所选的安装路径各不相同。所以，图片所在路径也会有所不同。这样，就需要将图片文件夹也随之相应移植。

数据库中，如果只存图片的地址，则相应的字段的字段类型为文本型即可。

下面举例说明在数据库中按地址存取图片的方法。

图 9-64 运行界面

【例题 9-16】 用 ADO 对象编写代码实现在数据库中存储图片地址。程序设计界面和运行结果如图 9-64 所示。

功能需求：

窗体启动时将所有学生的学号添加到组合框中，以便用户选择，单击“浏览”按钮时，将弹出“打开”公共对话框，选择一个“.jpg”格式的照片文件。单击打开按钮后。该文件及其所在路径便出现在文本框 text1 中.如果照片格式正确，则在图像框 image1 中显示该照片，格式不正确时，弹出提示对话框。单击“保存”按钮时，将带路径的文件名存入“照片”字段中，用户单击“关闭”按钮时，将结束本系统的运行。

设计步骤如下。

1. 修改数据库

STEP1：将 studentdb.mdb 数据库重命名为 studentdb1.mdb。单击【外接程序】->【可视化数据管理器】选项打开数据库 studentdb1，如图 9-65 所示

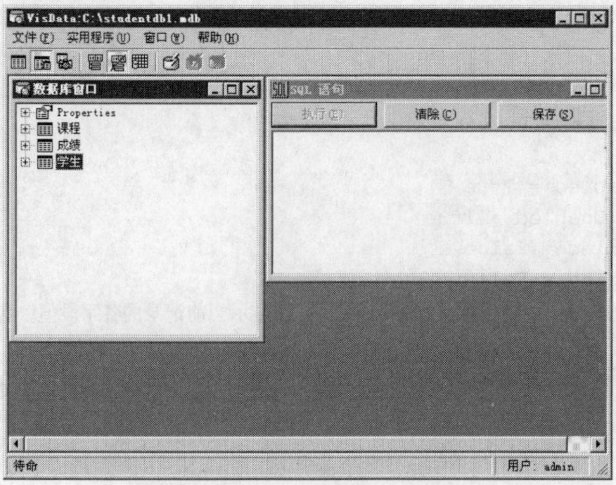

图 9-65 打开 studentdb1 数据库

STEP2：在数据库窗口中用鼠标右键单击“学生”表，选择【设计】。打开如图 9-66 所示“表结构”窗体。

STEP3：选择“照片”字段，单击“删除字段”按钮。

STEP4：单击“添加字段”按钮。按图 9-67 所示重新设计“照片”字段为文本格式。

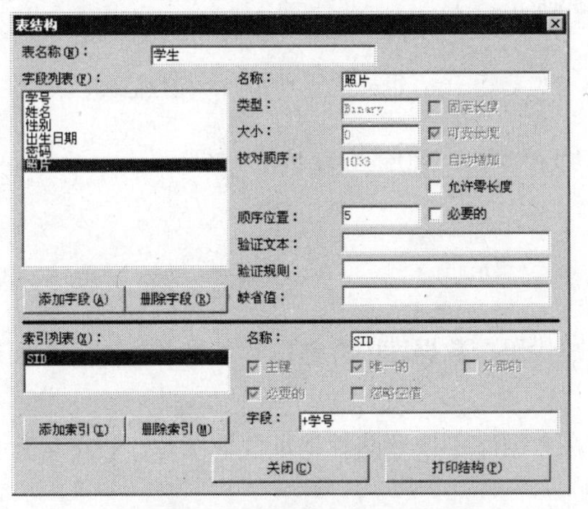

图 9-66　删除原有“照片”字段

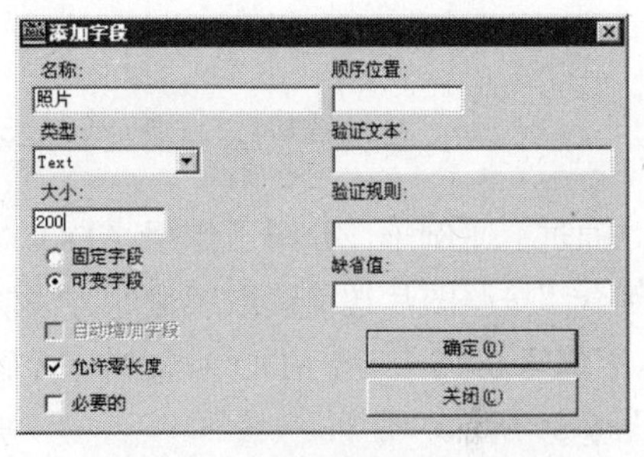

图 9-67　添加新“照片”字段

STEP5：单击图“表结构”中的“关闭”按钮，完成数据字段的设计。

2. 设计程序界面并设置控件属性

程序设计界面如图 9-68 所示。

在窗体上添加 2 个 Label 控件、1 个 ComboBox 控件、1 个 TextBox 控件、1 个 CommonDialog 控件、1 个 Image 图像框控件和 3 个按钮控件 CommandButton。在属性窗口设置窗体及各主要控件的属性，如表 9-15 所示。

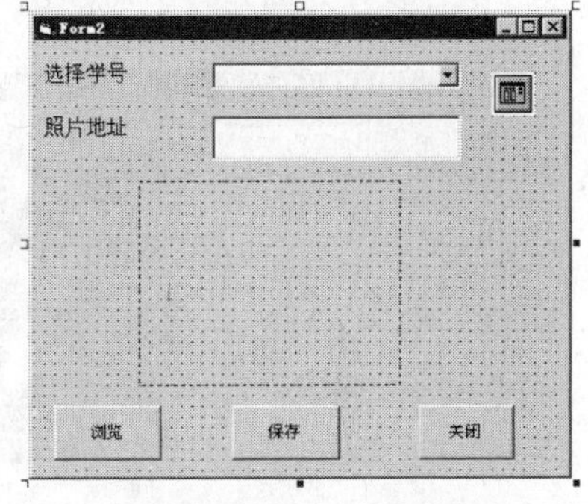

图 9-68　程序设计界面

表 9-15　窗体及控件属性

	控件名	属性名	属性值
窗体	Form1	Caption	存储图片地址
组合框控件	Combo1	名称	Combo1
文本框控件	Text1	MaxLenth	200
公共对话框	CommonDialog1	名称	CommonDialog1
图像框控件	Image1	名称	Image1
命令按钮	cmdBrowse	Caption	浏览
	cmdSave	Caption	保存
	cmdClose	Caption	关闭

在窗体上无需任何数据控件。

3. 编写事件代码

除“保存”按钮的事件过程代码不同外，其他代码与例 9-12 相同。

“保存”按钮

用户单击“保存”按钮时，首先按照用户选定的学号定位记录，打开记录集。然后把带路径的文件存入到当前记录的“照片”字段中。代码如下：

```
Private Sub cmdSave_Click()
  sql = "select * from 学生 where 学号='" & Combo1.Text & "'"    ' 定位记录
  rs.Open sql, cn, 3, 2
  rs("照片") = Trim(str)    ' 将带路径的文件名存入“照片”字段中
  rs.Update
  rs.Close
  MsgBox "保存成功", 16 + vbInformation, "提示"
End Sub
```

通过上述例子，介绍了使用 ADO 对象编写代码在数据库中存储图片地址的方法。下面通过实例介绍按照图片地址读取图片的方法。

【例题 9-15】 用 ADO 对象编写代码实现在数据库中按照图片地址读取图片。程序运行界面如图 9-69 所示。

1. 设计程序界面并设置控件属性

程序设计界面如图 9-70 所示

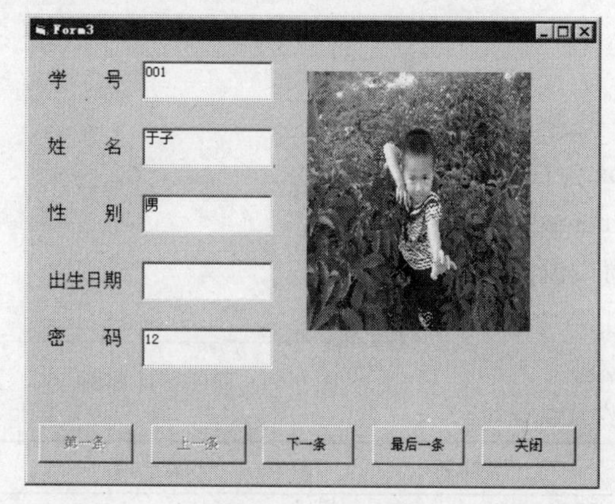

图 9-69 运行界面

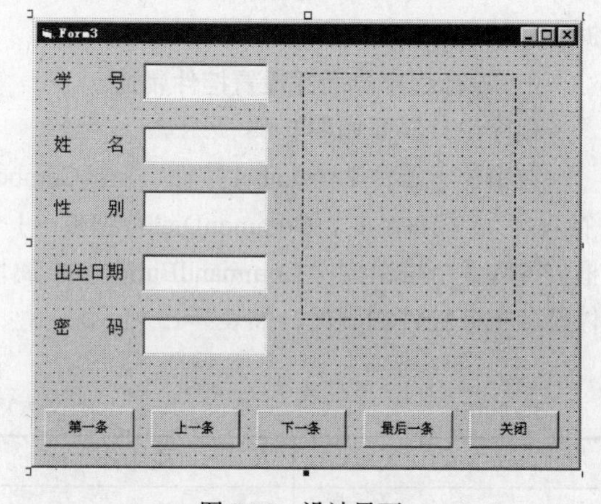

图 9-70 设计界面

在窗体上添加 6 个 Lable 控件，1 个 textbox 控件数组、1 个 Image 图像框控件和 5 个按钮控件 CommandButton。在属性窗口设置窗体及各主要控件的属性，如表 9-16 所示。

表 9-16 窗体及控件属性

	控件名	属性名	属性值
窗体	Form1	Caption	直接读取图片
文本框控件数组	Text1(1)	Locked	true
	Text1(2)	Locked	true
	Text1(3)	Locked	true
	Text1(4)	Locked	true
	Text1(5)	Locked	true
图像框控件	Image1	名称	Image1

续表

	控件名	属性名	属性值
命令按钮	cmdClose	caption	关闭
	cmdFirst	caption	第一条
	cmdPrevious	caption	上一条
	cmdNext	caption	下一条
	cmdLast	caption	最后一条

2. 程序代码 showrecord()

除自定义过程 showrecord()外，其他代码与例 9-13 相同。还需要改数据库为 studentdb1.

自定义过程 showrecord()主要用来显示当前记录各个字段的值，包括在 image1 图像框控件中显示该同学的照片。

首先通过循环将除了“照片”字段外的其他 5 个字段值显示在文本框控件数组的 5 个文本框中，然后从“照片”字段中取出该照片的地址（路径+文件名），存在变量 str 中，最后通过 LoadPicture(str)方法将照片显示在图像框 Image1 中。代码如下：

```
Public Sub showrecord()
    Dim str As String
    Dim i As Integer
    For i = 1 To 5
     If IsNull(rs.Fields(i - 1)) Then Text1(i).Text = "" Else Text1(i).Text = rs.Fields(i
- 1)
     Next i
     If IsNull(rs("照片")) Then
     str = ""
     Else
     str = rs("照片")
     End If
    Image1.Stretch = True
    Image1.Picture = LoadPicture(str)  ' 在图像框中显示已经存入到临时文件中的照片
End Sub
```

通过上述例子，介绍了使用 ADO 对象编写代码在数据库中按地址读取图片的方法。该示例需与上例配合使用。

本章小结

本章主要介绍了 Visual Basic 6.0 中的数据库编程。首先简要介绍了数据库的基本概念，接下来以“学生成绩管理系统”为实例，详细介绍了 Visual Basic 6.0 连接数据库的 3 种方法：Data 控件、ADODC 控件和 ADO 对象以及如何在数据库中添加图片。

通过本章的学习，读者应该能够掌握以下内容：

（1）使用 Visual Basic 6.0 的【可视化数据管理器】创建 ACCESS 数据库。

（2）使用 Miscrosoft SQL Server 2005 创建 SQL Server 数据库。

（3）使用 Data 控件、ADODC 控件以及数据表格控件访问数据库。

（4）使用 ADO 对象以及绑定控件访问数据库。

（5）掌握图片数据的两种存储和读取方式。

习　题

1. 什么是数据库？
2. 什么是数据库管理系统？
3. 数据库中对象间的联系有哪 3 种？
4. 什么是主键和外键？
5. Data 控件的作用？
6. 可以作为绑定控件的控件有哪些？
7. Data 控件的 Connect 属性有什么作用？
8. ADODC 控件的 ConnectionString 属性的作用及构成？
9. ADO 对象模型中包含了哪些的对象和集合？

第 10 章 多媒体应用程序设计

Visual Basic 是微软公司开发的 32 位 Windows 开发工具软件，提供了各种多媒体播放控件如 Multimedia MCI 控件和 Animation 控件等。这些控件可以播放常见的音频、视频等多媒体文件，但这些多媒体控件都属于 ActiveX 控件，所以每次创建工程后，要将其添加到工具箱中。除了可以利用多媒体控制部件以外，还可以采用其他手段，如通过调用 API 函数等。

10.1 多媒体控件 Multimedia MCI

Multimedia MCI 控件用于管理媒体控制接口（MCI）设备上多媒体文件的记录与播放。所谓 MCI（Media Control Interface）是媒体控制接口的简称。它用向声卡、MIDI 序列发生器、CD-ROM 驱动器、视频 CD 播放器、视频磁带记录器及播放器等设备发出 MCI 命令，它可以对这些设备进行常规的启动、播放、前进、后退、停止等管理操作。同时 Multimedia MCI 控件还支持.avi 视频文件的播放。

在调用 Multimedia MCI 控件之前，需要执行“工程—部件”菜单命令，打开“部件”窗口，如图 10-1 所示，将 Microsoft Multimedia Controls 6.0 前的方框选中，单击确定后在工具箱中便会出现 Multimedia MCI 控件图标。添加 Multimedia MCI 控件后的工具箱如图 10-2 所示，右下角的就是 MCI 控件。

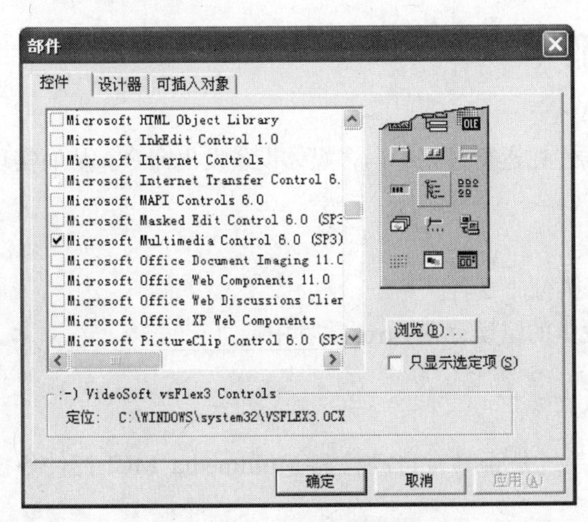

图 10-1 “部件”窗体

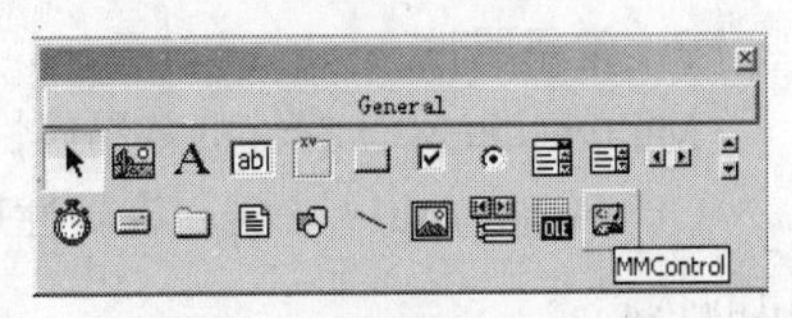

图 10-2 加载后的“工具箱”

在“控件”选项卡中，有很多可选的控件，需要哪些控件，就在其旁边的复选框中选中即可。这些控件是 VB 提供的 ActiveX 控件，常用的控件如下所述。

（1）Animation：用于显示无声动画。

（2）CommonDialog：制作标准对话框。

（3）Multimedia MCI：用于显示有声动画。

图 10-3　Multimedia MCI 控件

在设计时，把 Multimedia MCI 控件添加到窗体上，它在窗体中的外观如图 10-3 所示。

该控件内含 9 个小按钮，非常类似录音机的按钮。这些按钮被分别定义为：Prev、Next、Play、Pause、Back、Step、Stop、Record 和 Eject。你可以为某一个按钮编写程序，从而为其增加特殊功能，但一般情况，缺省的按钮功能就能很好地播放音乐和视频。

多媒体控件一般通过其属性页来完成外观属性的设置。用户在多媒体控件上单击右键，选择快捷菜单中的“属性”项，在“属性页”对话框的“通用”选项卡，如图 10-4 所示。用户可以在“方向”中选择“0－水平”或“1－垂直”两种控件显示方式；而且也可以根据需要修改“边框样式”。

通过选择“控件”选项卡，用户还可以设置各个命令按钮的可视（Visible）属性和有效（Enabled）属性，如图 10-5 所示。

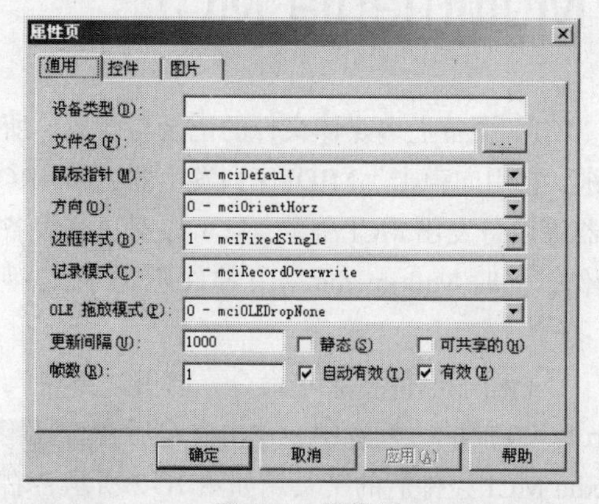

图 10-4　属性页

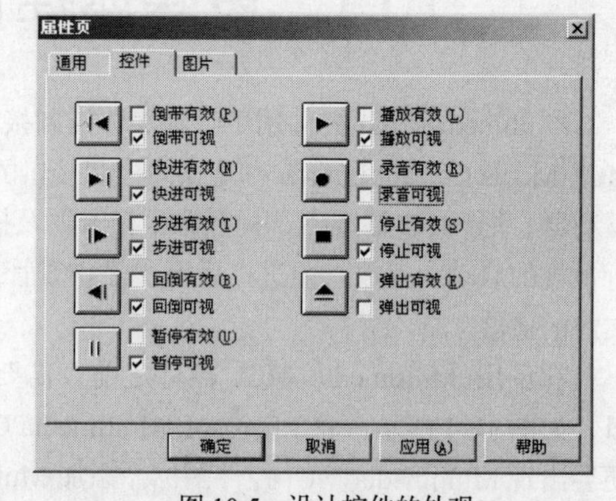

图 10-5　设计控件的外观

10.1.1　常用命令、属性和事件

1．常用命令

用户可以通过多媒体控件的 Command 属性在运行过程中向多媒体设备发出命令。从而实现对 MCI 设备的管理，命令格式为：

```
Form.Mmcontrol.Command = cmdstring$
```

其中，cmdstring$变量是如表 10-1 所示可执行命令名。

一旦给其命令设置，它就立刻执行，所发生的错误存在 Error 属性中。

2．常用属性

Multimedia MCI 控件的常用属性包括：

（1）AutoEnable 属性。该属性用于决定系统是否具有自动检测 Multimedia MCI 控件各按钮的状态。

表 10-1　　多媒体控件能发出的命令

命　令	功　能
Open	打开 MCI 设备
Close	关闭 MCI 设备
Play	用 MCI 设备进行播放
Pause	暂停播放或者录制
Stop	停止 MCI 设备
Back	向后步进可用的曲目
Step	向前步进可用的曲目
Prev	跳到当前曲目的起始位置
Next	跳到下一曲目的起始位置
Seek	向前或向后查找曲目
Record	录制 MCI 设备的输入
Sound	播放声音
Eject	从光驱中弹出光盘
Save	保存打开的文件

（2）PlayEnabled 属性。该属性用于决定 Multimedia MCI 控件的各按钮是否处于有效状态。比如要使用 Play 按钮、Pause 按钮时，可以在空间所在窗体的 Load 事件中添加如下代码：

```
Private Sub Form_Load()
    MMControl1.AutoEnable=False
    MMControl1.PlayEnable=True
    MMControl1.PauseEnable=True
End Sub
```

（3）PlayVisible 属性。该属性用于决定 MMControl 控件各按钮是否可视。当 PlayVisible 属性值为 True 时（缺省值），按钮可视；当 PlayVisible 属性值为 False 时，按钮不可视。

（4）Command 属性。在 Multimedia 控件中非常有用的一个属性是 Command，它在运行过程中向多媒体设备发出命令。格式是：MMControl.Command = cmdstringS，其中 cmdstringS 变量与每一个按钮的定义名称一致。

（5）DeviceType 属性。用于指定多媒体设备的类型。在引用控件时，须要指定控件的 Device Type 属性，也可以缺省，对于复杂的 MCI 设备和播放 CD 音乐你必须要说明。Device Type 属性值如表 10-2 所示。格式是 MMControl1.Device Type=Devname。

（6）FileName 属性。该属性指定 Open 命令将要打开的或者 Save 命令将要保存的文件名。

（7）From 属性。该属性指定下一条 Play 或 Record 命令的起始点。在设计时，该属性不可用。

（8）Notify 属性。决定 MMControl 控件的下一条命令执行后，是否产生或回调事件(CallbackEvent)。为 True 则产生。

（9）Length 属性。该属性返回所使用的 MCI 设备的长度。

（10）Position 属性。该属性返回打开的 MCI 设备的当前位置。

（11）Start 属性。该属性返回当前媒体的起始位置。

（12）TimeFormat 属性。该属性设置用来报告位置信息的时间格式。

表 10-2　　DeviceType 属性表

设备类型	DeviceType 值	文件名	说　明
AVI	AVIVideo	*.avi	视频文件
CD Audio	CDAudio		音频 CD 播放器
Digital Audio Type	Dat		数字音频磁带播放器
Digital Video	DigitalVideo		数字视频
Scanner	Scanner		图像扫描仪
Sequencer	Sequencer	*.mid	MIDI 序列发生器
VCR	VCR		视频磁带录放器
Videodisc	Videodisc		视盘播放器
revious	Waveaudio	*.wav	数字波形音频文件播放器
其他设备	Other		未定义的 MCI 设备

3. 常用事件

（1）ButtonClick 事件。鼠标单击 MCI 控件上的某个按钮后放开则触发该事件。每一个 ButtonClick 事件都是在执行一个 MCI 指令，如果 ButtonClick 事件被触发，VB 会先执行事件过程中的程序步骤，再执行预定的MCI指令。至于参数Cancel，如果我们在事件过程中，将Cancel设为 True，则当 ButtonClick 事件被触发时，就不会执行预定的 MCI 指令，而是照着我们自定的程序去执行。

（2）ButtonCompleted 事件。当 Multimedia MCI 控件激活的 MCI 命令结束时触发该事件。要注意的是，如果在 ButtonClick 事件发生时，其参数 Cancel 设为 True，则 ButtonCompleted 事件将不会被触发。

（3）Done 事件。当 Notify 属性设置为 True 后所遇到的第一个 MCI 命令结束时触发该事件。

（4）StatusUpdate 事件。按 UpdateInteval 属性所给的时间间隔自动发生。这一事件主要用于应用程序的更新显示，以通知用户当前 MCI 设备的状态。VB 应用程序可以从多媒体控件的 Position、Track、Length 和 Mode 等属性中获得状态信息。

4. 利用多媒体控件编程的一般步骤如下

（1）用 Multimedia MCI 控件的 DeviceType 属性指定多媒体设备的类别。

（2）涉及媒体文件时，用 Filename 属性指定文件。

（3）用 Command 属性的 Open 值打开媒体设备。

（4）用 Command 属性其他值控制媒体设备。

（5）对特殊键（如 Pause 键）进行编程。

（6）用 Command 属性的 Close 值关闭媒体设备。

10.1.2 制作多媒体播放器

【例题 10-1】 Multimedia MCI 控件可以用来播放音频和视频，也就是音乐和电影。本例中将制作一个多媒体播放器，可以用来播放 Wav 格式和 Mp3 格式的音频文件和有声的 Avi 格式的视频文件。

1. 设计用户界面

新建一个工程，按表 10-3 所示的内容创建多媒体播放器窗体。当完成创建窗体的操作后，窗体界面如图 10-6 所示。

表 10-3　　　　　　　　　　多媒体播放器窗体各控件属性

对　　象	属　　性	属性值
窗体	Name	Form1
	Caption	音乐播放器
标签	Name	Lable1
	Caption	我的播放器
多媒体 Multimedia 控件	Name	MMControl1
	UpdateInterval	1000
单选按钮	Name	Option1
	Caption	Wav
单选按钮	Name	Option2
	Caption	Mp3
单选按钮	Name	Option3
	Caption	Avi
命令按钮	Name	Command1
	Caption	退出

2. 加载控件

执行“工程—部件”菜单命令，将 Microsoft Multimedia Controls 6.0 前的方框选中，单击确定后在工具箱中便会出现 Multimedia MCI 控件图标。

图 10-6　设计界面

3. 编写事件代码

首先在 D 盘根目录下新建一个文件夹，名字改为 music，里面拷入三个音乐文件，一个 Wav 文件重命名为 one，另一个 Mp3 文件，重命名为 two，另一个 Avi 文件，重命名为 thr。这三个音乐文件作为多媒体播放器准备播放的文件，如果需要，可以修改文件名和保存路径，同时应在代码中的相应位置进行修改。

下面为播放器添加代码，以播放一个指定的文件，双击窗体，添加代码到 Form_Load()过程中初始化播放器：

```
Private Sub Form_Load()
    MMControl1.Notify = False        '不返回播放信息
    MMControl1.Wait = True          '播放时其他人等待
End Sub
```

在代码窗口的顶部左边的列表中选择“Option1”，右边自动选择 Click，在弹出的 Option_Click()过程中添加播放 Wav 的代码：

```
Private Sub Option1_Click()
MMControl1.Command = "close" '先关闭播放器
MMControl1.DeviceType = "Waveaudio" 'Wav 音频格式
MMControl1.FileName = "d:\music\one.wav" '文件夹中的 one.wav 文件
MMControl1.Command = "open" '打开设备
```

```
MMControl1.Command = "play" '播放文件
End Sub
```

同样找到 Option2 的 Click()过程，添加播放 MP3 的代码：

```
Private Sub Option2_Click()
MMControl1.Command = "close" '先关闭播放器
MMControl1.DeviceType = "" '其他类型
MMControl1.FileName = "d:\music\two.mp3" '文件夹中的 two.mp3 文件
MMControl1.Command = "open" '打开设备
MMControl1.Command = "play" '也可以点击播放按钮
End Sub
```

这里的 Mp3 格式是压缩格式属于其他类型，别的跟 Wav 文件相同，都是声音文件，没有图像只有音乐。Option3 有些不同，它是 Avi 视频格式，也就是既有声音还有图像，它的 Click()代码为：

```
Private Sub Option3_Click()
MMControl1.Command = "close" '先关闭播放器
MMControl1.DeviceType = "AviVideo" 'Avi 视频格式
MMControl1.hWndDisplay = Form1.hWnd '用背景窗体当屏幕
MMControl1.FileName = "d:\music\thr.avi" '文件夹中的 thr.avi 文件
MMControl1.Command = "open" '打开设备
MMControl1.Command = "play" '也可以点击播放按钮
End Sub
```

4. 保存程序

将窗体文件以 example10-1.frm 文件名，工程文件以 example10-1.vbp 文件名存盘。

5. 运行程序

运行、调试程序，直到满意为止。

【例题 10-2】 利用 Multimedia MCI 控件的多媒体功能制作一个简单的视频播放器。当单击“打开”按钮后，从“打开文件”对话框中选择要播放的文件，然后利用 Multimedia MCI 控件进行播放。

操作步骤：

1. 新建标准 EXE 工程

2. 加载控件

单击工程—>部件 在控件页中勾选以下三个选项

“Microsoft Common Control-2 6.0”　　加载 Slider、Toolbar 控件

“Microsoft Multimedia Controls 6.0”　　加载 Multimedia MCI 控件

“Microsoft Common Dialog Control 6.0”　加载 CommonDialog 控件

3. 设计界面

在 Form1 窗体上添加 1 个 Multimedia MCI 控件 MMControl1，1 个 Slider 控件 Slider1，1 个 Toolbar 控件 Toolbar1，1 个 CommonDialog 控件 CommonDialog1 和 1 个 Picture 控件 Picture1，并按表 10-4 所示设置各控件属性，程序运行结果如图 10-7 所示。

4. 设计菜单条

在窗体添加一个“Toolbar1”控件，鼠标右键点击该控件，打开属性页，如图 10-8 所示。

表 10-4 多媒体播放器窗体各控件属性

对 象	属 性	属性值
窗体	Name	Form1
	Caption	多媒体应用
Toolbar 控件	Name	Toolbar1
Multimedia 控件	Name	MMControl1
	UpdateInterval	1000
Slider 控件	Name	Slider1
CommonDialog 控件	Name	CommonDialog1
Picture 控件	Name	Picture1

图 10-7 运行界面

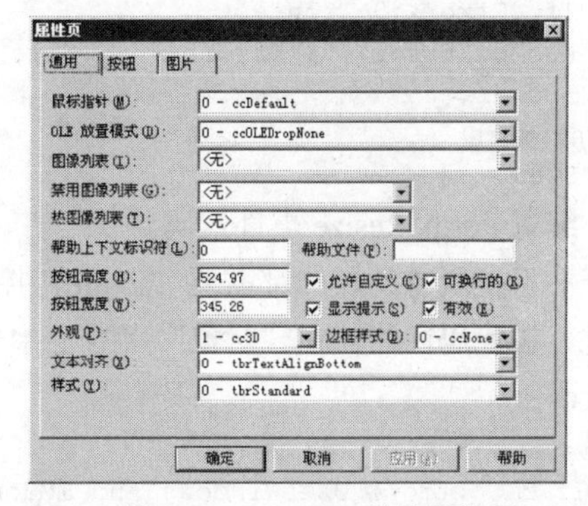

图 10-8 Toolbar1 控件属性页

（1）点击“按钮”页，点击“插入按钮”标题，打开关键字：功能 1；点击“插入按钮”标题，关闭关键字：功能 2。

（2）点击“确定”退出属性设置。

设计好的页面如图 10-9 所示

5. 编写事件代码

（1）双击窗体编写 Form_Load 事件代码：

```
Private Sub Form_Load()
    MMControL1.hWndDisplay=Picture1.hWnd
    '将 Picture1 设置为视频回放的界面，如果没有这一行，将自动开启一个窗口播放。
    MMControL1.Notify=True
  '将 Notify 属性设置为 True,以便在 Done 事件中处理错误信息
    MMControL1.Wait=False
    '将 Wait 属性设置为 False,采用非阻塞方式传递 MCI 命令
End Sub
```

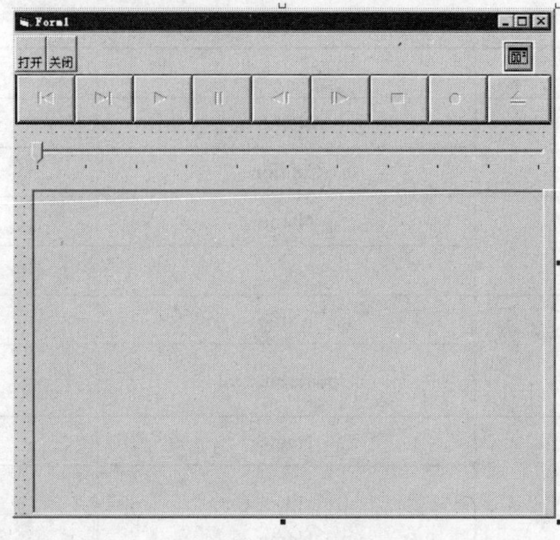

图 10-9　界面设计

（2）双击 MMControl1 控件，编写 MMControl1_ Done 事件代码

在 MMControl1_ Done 事件中显示错误信息，必要时也可以加入其他代码。

```
Private Sub MMControl1_Done(NotifyCode As Integer)
   With MMControl1
     If .Error<>0 Then
     MsgBox"Error #"& Error &""& .ErrorMessage
     End If
   End With
End Sub
```

（3）编写 Form_Resize 事件代码。

由于并不是所有的媒体都需要 Picture1 控件来显示，故在适当的时候应将 Picture1 控件隐藏，为此，在代码窗体，在"对象"下拉框中选择 Form，在"过程"下拉框中选择 Resize，编写如下代码：

```
Private Sub Form_Resize()
    If MMControl1.UsesWindows And MMControl1.DeviceID <> 0 Then
    ' 根据 UsesWindows 属性判断是否需要视频回放窗体
    Form1.Height=Form1.Height-Form1.ScaleHeight+Picture1.Top+Picture1.Height+1000
    ' 显示 Picture1 控件
    Else
         Form1.Height=Form1.Height-Form1.ScaleHeight+Picture1.Top
         ' 不显示 Picture1 控件
    End If
End Sub
```

（4）双击 Toolbar1 控件，编写 Toolbar1_ButtonClick 事件代码：

```
Private Sub Toolbar1_ButtonClick(ByVal Button As MSComctlLib.Button)
     On Error Resume Next
     Select Case Button. Index
     Case 1                                  ' 单击"打开"按钮
           CommonDialog1.ShowOpen              ' 显示文件对话框
                If CommonDialog1.FileName<>""Then
                     MMControl1.FileName=CommonDialog1.FileName
```

```
                MMControl1.Command="Open"
            Slider1.Max=MMControl1.Length
            Slider1.SmallChange=1
            Slider1.LargeChange=Slider1.Max/5
         End If
            Form_Resize
         End With
    Case 2                                        ' 单击"关闭"按钮
         If MMControl1.Mode=mciModeNotOpen Then  '当设备没有打开时
            MMControl1.Command="stop"
            MMControl1.Command="close"
            Form_Resize
       End If
   End Select
End Sub
```

（5）编写 MMControl1_StatusUpdate 事件代码。

在 MMControl1_StatusUpdate 事件过程中，设置 Slider1 控件的滑块位置。

```
Private Sub MMControl1_StatusUpdate()
    With MMControl1
       If .DeviceID<>0 Then
            If Slider1.Value<>.Position Then Slider1.Value=.Position
       End If
    End With
End Sub
```

（6）编写 Form_Unload 代码。

在关闭 MCI 设备前，必须显式地使用 stop 停止 MCI 设备。

```
Private Sub Form_Unload(Cancel As Integer)
    Form1.MMControl1.Command="stop"
    Form1.MMControl1.Command="close"
End Sub
```

6. 保存程序

将窗体文件以 example10-2.frm 文件名，工程文件以 example10-2.vbp 文件名存盘。

7. 运行程序

运行、调试程序，直到满意为止。

10.2　动画控件 Animation

在 Windows95 系统中清空回收站时，可以看到这样的一个例子：一张揉成一团的纸从回收站中被抛出后消失，这其实是一个无声的 avi 文件。avi 动画类似于电影，由若干帧位图组成。Animation 控件被称为动画控件，可以播放无声的视频动画 avi 文件。虽然 avi 动画可以有声音，但这样的动画不能在 Animation 控件中使用，如果试图装载这样的文件将会产生错误，在该控件中只能使用无声的 avi 动画。要播放有声的 avi 文件，可使用 Multimedia MCI 控件。

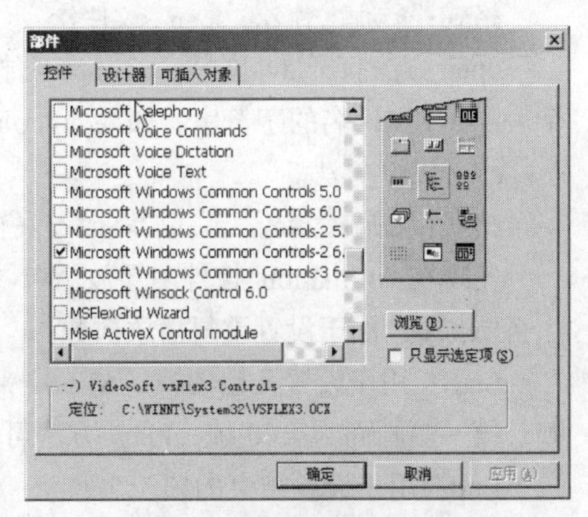

图 10-10　加载 animation 控件

Animation 控件不是 VisualBasic 的标准部件，所以必须在使用前将其导入。选择“工程”、

“部件”命令，打开如图 10-10 所示“部件”窗体，然后在“部件”窗体中选择“microsoft windows common control–2 6.0”选项，并单击“确定”按钮，可将它添加到工具箱中，其图标为▣。在运行时，Animation 控件是不可见的，在播放时，Animation 控件使用了一个独立的进程。因此，应用程序不会中断，会继续在自己的进程中运行。

说明

在 Visual Basic CD-ROM 的\Graphics\AVI 目录中可以找到许多无声的.avi 文件。

10.2.1 常用属性、事件和方法

1. 常用属性

（1）Center 属性。该属性用于设置动画播放的位置。如将 Center 属性设为 true，该控件不会改变自己的大小，而是将动画显示在由该控件定义的区域的正中央。如将 Center 属性设为 false，那么在运行时该控件会自动根据视频动画的大小调整自身的大。

（2）AutoPlay 属性。该属性用于设置已打开动画文件是否自动播放。设置为 True 时，一旦将 AVI 文件加载到 Animation 控件中，则 AVI 文件将连续循环的自动播放。设置为 False 时，虽加载了 AVI 文件，但不使用 Play 方法就不会播放 AVI 文件。

```
Animation1.AutoPlay=True
Animation1.Open <文件名>
```

（3）backstyle 属性。backstyle 属性指定动画背景是否透明，可以取两个值：

0-cc2backstyletranparent 表示背景透明；

1-cc2backstyleopaque 表示背景不透明。

2. 事件

Animation 控件常用的事件是 Click 事件。

3. 常用方法

Animationn 控件的使用非常简单，它只有几个常用的方法：open、p1ay、stop 和 close 方法。

（1）Open 方法。

格式：<动画控件名>.Open <文件名>

open 方法打开 avi 文件，animation 控件必须先打开 avi 文件然后播放。open 方法的参数是一个表示 avi 文件名的字符串。如果 autoplay 属性值为 true，则打开文件后自动播放该动画。

（2）Play 方法。

格式：<动画控件名>.Play [= Repeat][, Start][,End]

实现在 Animation 控件中播放 AVI 文件。三个可选参数的意义：

Repeat：用于设置重复播放次数。

Start：用于设置开始的帧。AVI 文件由若干幅可以连续播放的画面组成，每一幅画面称为 1 帧，第一幅画面为第 0 帧，Play 方法可以设置从指定的帧开始播放。

End：用于设置结束的帧。

例如，使用名为 Animation1 的动画控件把已打开文件的第 5 幅画面到第 10 幅画面重复 6 遍，可以使用以下语句：Animation1.Play 6,5,10。

（3）Stop 方法。

格式：<动画控件名>.Stop

用于终止用 Play 方法播放 AVI 文件，但不会关闭文件，可以使用 play 重新播放。但不能终止使用 Autoplay 属性播放的动画。

（4）Close 方法。

格式：<动画控件名>.Close

用于关闭当前打开的 AVI 文件，释放该控件占用的系统资源。如果没有加载任何文件，则 Close 不执行任何操作，也不会产生任何错误。

10.2.2　播放无声 AVI 动画

下面通过具体的实例来讲解如何播放无声 AVI 动画。

【例题 10-3】 设计一个简单的无声动画的播放程序。

1. 设计界面

新建一个工程，在 Form1 窗体上添加 1 个 Multimedia MCI 控件 MMControl1，4 个 CommandButton 控件，1 个 CommonDialog 控件 CommonDialog1 和 1 个 Picture 控件 Picture1，并按表 10-5 所示设置各控件属性，设计界面如图 10-11 所示，运行界面如图 10-12 所示。

表 10-5　　CD 播放器窗体各控件属性

对　象	属　性	属性值
窗体	Name	Form1
	Caption	动画播放
命令按钮	Name	Cmdopen
	Caption	打开
命令按钮	Name	Cmdplay
	Caption	播放
命令按钮	Name	Cmdstop
	Caption	停止
命令按钮	Name	Cmdclose
	Caption	关闭
Animation 控件	Name	Animation1
公共对话框	Name	CommonDialog1

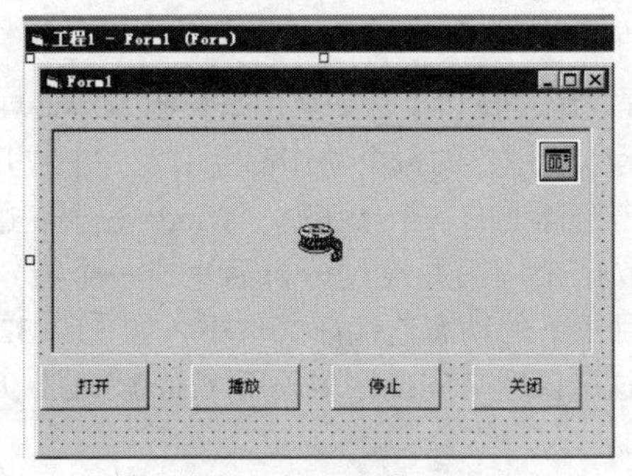

图 10-11　播放动画设计界面

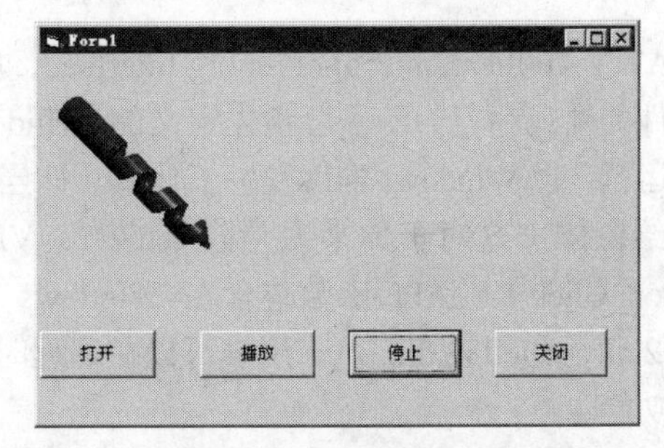

图 10-12　播放动画运行界面

2. 编写事件代码

（1）“打开”按钮。在单击“打开”按钮时弹出打开文件对话框，选择要播放的 AVI 文件，编写事件过程如下：

```
Public bopen As Boolean
Private Sub Cmdopen_Click()
    On Error GoTo a0:
    CommonDialog1.Filter = "AVI 文件(*.avi)|*.avi"
    CommonDialog1.ShowOpen
    Animation1.Open CommonDialog1.FileName
    bopen = True
    Exit Sub
a0:
    bopen = False
End Sub
```

（2）“播放”按钮。打开文件后，单击“播放”按钮时播放动画，编写事件过程代码如下：

```
Private Sub Cmdplay_Click()
    If bopen Then
    Animation1.Play
End Sub
```

（3）“停止”按钮。单击“停止”按钮，停止动画播放，编写事件过程代码如下：

```
Private Sub Cmdstop_Click()
    Animation1.Stop
End Sub
```

（4）“关闭”按钮。点击“关闭”按钮，关闭动画同时结束应用程序，编写事件过程代码如下：

```
Private Sub Cmdclose_Click()
    Animation1.Close
    Unload Me
End Sub
```

3. 保存程序

将窗体文件以 example10-3.frm 文件名，工程文件以 example10-3.vbp 文件名存盘。

4. 运行程序

运行、调试程序，直到满意为止。

10.3 调用多媒体 API 函数开发多媒体应用程序

10.3.1 API 函数简介

API（Application Programming Interface，应用程序编程接口）是一套用来控制 Windows 的各个部件的外观和行为的一套预先定义的 Windows 函数。用户的每个动作都会引发一个或几个函数的运行，以 Windows 告诉发生了什么。如当你点击窗体上的一个按钮时，Windows 会发送一个消息给窗体（这对于你来说是隐藏的），VB 获取这个调用并经过分析后生成一个特定事件（Button_Click）。API 函数包含在 Windows 系统目录下的动态连接库文件中（如 User32.dll，GDI32.dll，Shell32.dll...），用户可以在编程时调用这些函数来实现许多采用 Visual Basic 无法实现的功能。

1. API 函数的声明

对 Visual Basic 应用程序来说，API 函数是外部过程，API 函数包含在 Windows 系统目录下的动态连接库文件中（如 User32.dll，GDI32.dll，Shell32.dll...），所以在调用 API 函数之前必须加以声明。在 VB 中声明 API 函数有两种方法：一种是使用说明语句，另一种是使用 API Text

Viewer 浏览 Win32api.txt 中的说明文本复制到代码窗口中。

（1）说明语句。如果我们只在某个窗体中使用 API 函数，我们可以在窗体代码的 General 部分声明它，声明的语法是：

```
Private Declare Function ...
Private Declare Sub.....
```

这里必须采用 Private 声明，因为这个 API 函数只能被一个窗体内的程序所调用。

如果我们的程序有多个窗体构成，而且我们需要在多个窗体中使用同一个 API 函数，就需要在模块中声明了。

先添加一个模块，在“工程”窗体中击右键，选择“添加”，如图 10-13 所示。

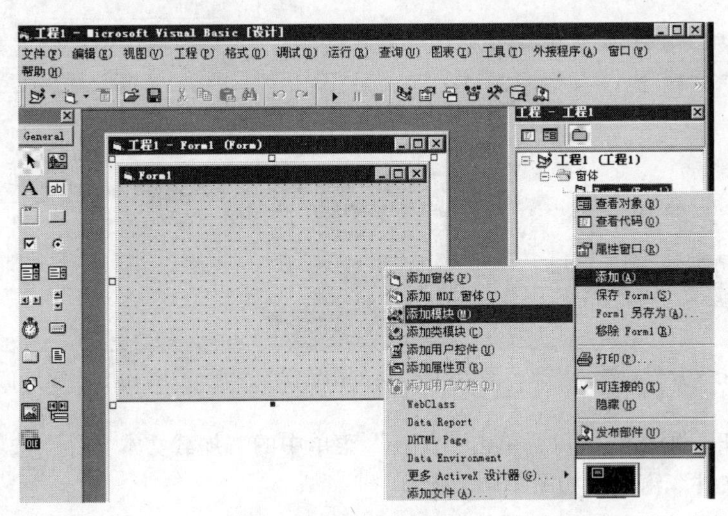

图 10-13　添加模块

然后采用如下语法声明：

```
Public Declare Function....
Public Declare Sub....
```

Public 声明的含义是把 API 函数作为一个公共函数或过程，在一个工程中的任何位置（包括所有的窗体和模块）都能直接调用它。声明完毕我们就能在程序中使用此 API 函数了。

例如 Visual Basic 要调用 Sleep 函数就必须在标准模块中作如下声明，如图 10-14 所示。添加完模块的工程窗体如图 10-15 所示。

```
Declare Sub Sleep Lib “kernel32” Alias "Sleep"(ByVal dwMilliseconds As Long)
```

图 10-14　添加模块的代码段

图 10-15　添加模块后的程视图

（2）使用 API Text Viewer。Visual Basic 自己带的 API Text Viewer 可以让你寻找 Windows API 函数，你还可以拷贝所需常数、函数声明语句或结构定义。在开始菜单的 Visual Basic 6.0 组里有 API Text Viewer 的菜单项，你可以选择它来打开 API Text Viewer。使用 API

Text Viewer 请遵循以下步骤：

（1）单击菜单“外接程序”选择“外接程序管理”选项，打开“外接程序管理器”窗口，如图 10-16 所示。

（2）在“外接程序管理器”窗口，选择“VB 6 API Viewer”选项，然后在“加载行为”多个复选框中选择“加载/卸载”，最后单击“确定”按钮，关闭窗口。

（3）如图 10-17 所示，单击菜单“外接程序”中的“API 阅览器”菜单选项，打开“API 阅览器”窗体，如图 10-18 所示。

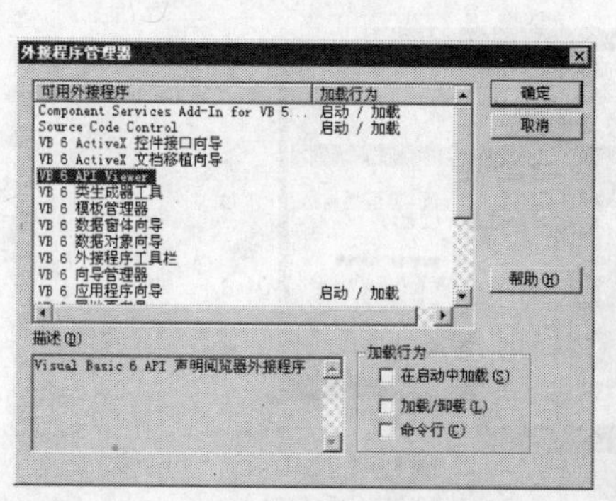

图 10-16 “外接程序管理器”窗口

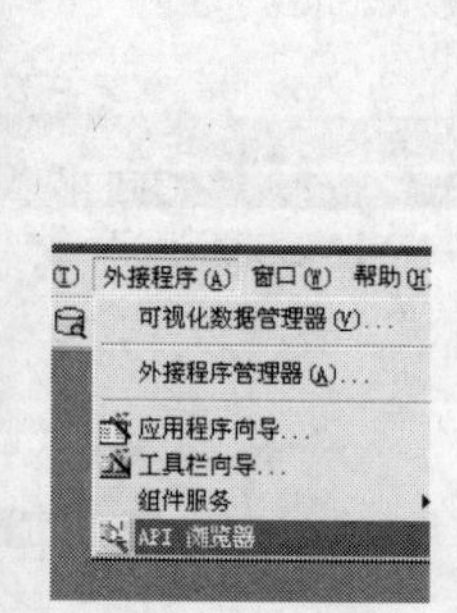

图 10-17 “API 浏览器”选项

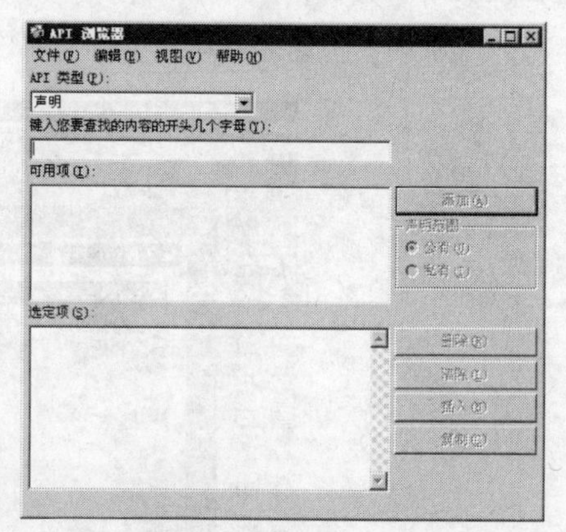

图 10-18 “API 阅览器”窗口

（4）在“API 阅览器”窗口，单击“文件”菜单中的“加载文本文件”选项，打开“选择一个文本 API 文件”窗口，如图 10-19 所示。

（5）选择“WIN32API.TXT”后单击“打开”按钮，返回“API 阅览器”窗口，如图 10-20 所示。

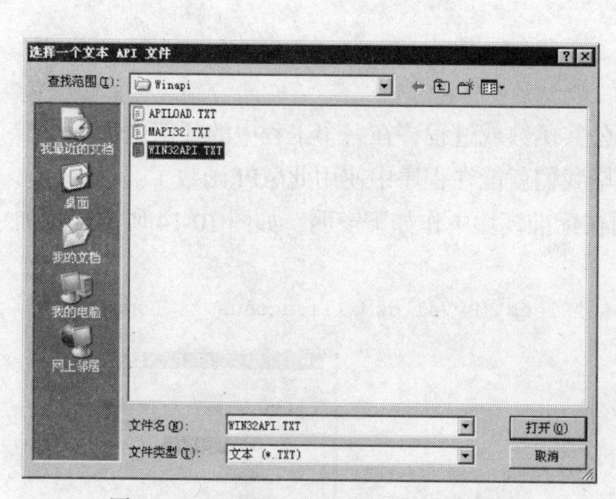

图 10-19 “选择一个文本 API 文件”窗口

图 10-20 “API 阅览器”窗口

（6）输入函数名或者函数的前几个字母，在列表中将出现相关的 API 函数，单击“添加”按钮，指定的 API 函数的声明即出现在“选定项”列表中，如图 10-21 所示。

（7）单击“复制”按钮，切换回 Visual Basic，将复制的内容粘贴到代码窗口的声明区，一般是标准模块或代码的通用说明部分，API 函数的声明就完成了，最后退出 API Text Viewer。

当然你可以不必使用 API Text Viewer，但是 API Text Viewer 可以确保你没有拼写错误。

2. API 函数的调用

可采用以下几种方式使用 API 函数，以 SetWindowPos 函数为例说明。

（1）忽略函数返回值的调用。

```
SetWindowPos Form1.hWnd, -2 ,0 ,0 ,0, 0, 3
```

注意此时函数的参数是不加括号的。

（2）Call 方法调用。

```
Call SetWindowPos(Form1.hWnd, -2, 0, 0, 0, 3)
```

注意这里需要加上括号，但我们不取回函数的返回值。

图 10-21　查找 API 函数

（3）取得函数返回值的调用。

```
MyLng = SetWindowPos(Form1.hWnd, -2, 0, 0, 0, 3)
```

此时需要加上括号，而且我们必须事先定义一个变量（变量的类型与函数返回值类型相同）来存储 API 函数的返回值。

10.3.2　API 函数制作多媒体应用程序举例

与多媒体有关的 API 函数有很多，使用 Windows 的 API 函数 mciExecute()函数可以播放 WAV、MID、DAT 等多种格式的多媒体文件。

在模块中 mciExecute 函数的声明语句为：

```
Public Declare Function mciExecute Lib "winmm.dll"
          (ByVal lpstrCommand As String) As Long
```

mciEexecute()函数只有一个字符类型的形参，用于给 MCI 发送指令字符串，使用非常方便，mciEexecute()函数的常用控制命令如下：

```
mciEexecute "Open Cdudio Alias cd"  '打开媒体设备
mciEexecute  "Play cd"              '播放别名为 cd 设备上的音乐
mciEexecute  "Stop cd"              '停止播放
mciEexecute  "Seek cd To end"       '移动到结束位置
mciEexecute  "Set cd Audio Left on" '打开左声道
mciEexecute  "Set cd Door open"     ' 弹出光碟
mciEexecute  "Close cd"             '关闭媒体设备
```

其中“cd”是为多媒体设备定义的别名，所有小写的单词可以进行适当的改变以完成不同的命令。

mciSendString()函数的功能与 mciExecute()函数相似，也是传送一个命令字符串给 MCI,但是 mciSendString()函数在传送字符串的同时还可接受反馈的信息，它的声明格式如下所示：

```
Public Declare Function mciSendString Lib "winmm.dll" Alias "mciSendStringA"
          (ByVal lpstrCommand As String,
         ByVal lpstrReturnString As String,
         ByVal uReturnLength As Long,
         ByVal hwndCallback As Long
         ) As Long
```

mciSendString()函数返回值 long 型，如果反回值为 0，表示调用失败，如果返回值不为 0，表示调用成功。

mciSendString()函数的参数：

lpstrCommand：传送给 MCI 的命令字符串；

lpstrReturnString：指向一个预备接收信息的文本缓冲区；

uReturnLength：文本缓冲区大小；

hwndCallback：用于接收确认信息的 CallBack 函数的指标，一般设置为 0；

mciSendString()函数主要的参数是 lpstrCommand，代表传送给 MCI 的命令字符串，下面分别介绍 lpstrCommand 参数传递的命令。

open

功能：打开一个 AVI 动画播放设备

语法：open 设备名称 参数

open 命令的参数及说明如下所示

```
Alias:设备的别名
Parent:播放动画窗口的父窗口;
style_type:显示动画的窗口的类型;
style child:播放动画的为子窗口;
style overlapped: 播放动画的为重叠窗口;
style popup: 播放动画的为突出显示窗口;
style device _type_AVI:播放的设备。
```

Cue

功能：准备实例供播放使用

语法：cue 设备名称 参数

play 命令的参数及说明如下所示

```
output:准备一个实例供播放使用。
to position: 跳到指定的位置，并且处于暂停状态
```

Play

功能：播放动画文件

语法：play 设备名称 参数

cue 命令的参数及说明如下所示

```
From position1 to position2:从指定的开始位置播放到指定的结束位置。
Fullscreen: 以全屏的方式播放动画文件
Window:在默认的窗口中播放动画文件。
```

【例题 10-4】 制作一 CD 播放器，程序的运行界面如图 10-22 所示

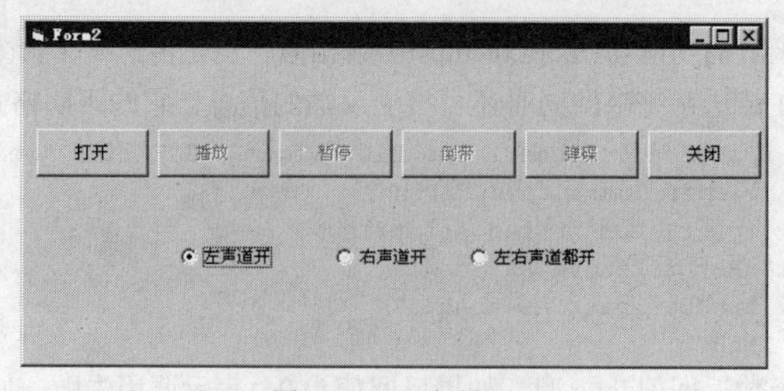

图 10-22 运行界面

1. 设计界面

新建一个标准的 EXE 工程，按表 10-6 所示内容在窗体上添加以下控件，并设置相应的属性。

表 10-6　　CD 播放器窗体各控件属性

对　　象	属性名称	属性值
Command1	Caption 属性	打开
Command2	Caption 属性	播放
Command3	Caption 属性	暂停
Command4	Caption 属性	倒带
Command5	Caption 属性	弹碟
Command6	Caption 属性	关闭
Option1	Caption 属性	左声道开
Option1	Caption 属性	右声道开
Option1	Caption 属性	左右声道都开

添加控件后的窗体如图 10-23 所示。

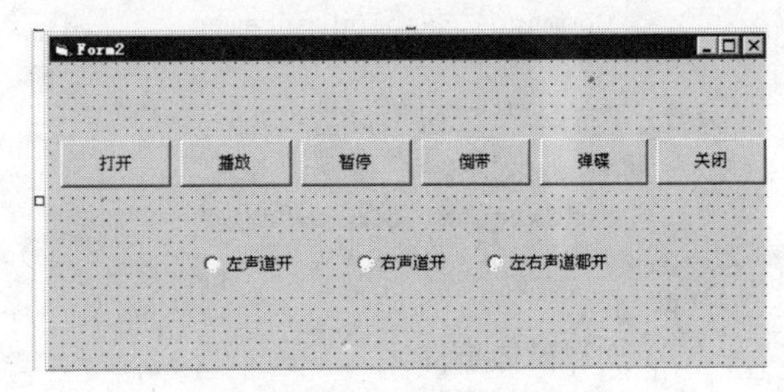

图 10-23　设计界面

2. 编写事件代码

在通用区域声明函数

```
Private Declare Function mciExecute Lib "winmm.dll" (ByVal lpstrCommand As String) As Long
```

（1）“打开”按钮事件。

```
Private Sub Command1_Click()
    mciExecute "open cdaudio alias cd"
    Command1.Enabled = False
    Command2.Enabled = True
    Command3.Enabled = False
    Command4.Enabled = False
    Command5.Enabled = False
End Sub
```

（2）“播放”按钮事件。

```
Private Sub Command2_Click()
    mciExecute "play cd"
    Command2.Enabled = False
    Command3.Enabled = True
    Command4.Enabled = False
    Command5.Enabled = False
End Sub
```

（3）“停止”按钮事件。

```
Private Sub Command3_Click()
    mciExecute "stop cd"
    Command2.Enabled = True
    Command3.Enabled = False
    Command4.Enabled = True
    Command5.Enabled = True
End Sub
```

（4）“倒带”按钮事件。

```
Private Sub Command4_Click()
```

```
        mciExecute "seek cd to start"
        Command1.Enabled = False
        Command2.Enabled = True
        Command3.Enabled = False
        Command4.Enabled = False
        Command5.Enabled = True
End Sub
```

（5）“弹碟”按钮事件。

```
Private Sub Command5_Click()
    If Command5.Caption = "弹碟" Then
        mciExecute "seek cd door open"
        Command5.Caption = "回位"
      Else
        mciExecute "seek cd to close"
        Command5.Caption = "弹碟"
      End If
      Command1.Enabled = False
      Command2.Enabled = True
      Command3.Enabled = False
      Command4.Enabled = False
End Sub
```

（6）“关闭”按钮事件。

```
Private Sub Command6_Click()
      mciExecute "close cd"
      End
End Sub
```

（7）加载窗体事件。

```
Private Sub Form_Load()
      Command1.Enabled = True
      Command2.Enabled = False
      Command3.Enabled = False
      Command4.Enabled = False
      Command5.Enabled = False
      Command6.Enabled = True
End Sub
```

（8）“声道”按钮。

```
Private Sub Option1_Click(Index As Integer)
      mciExecute "set cd audio all off"
      Select Case Index
      Case 0
        mciExecute "set cd audio lift on"
      Case 1
        mciExecute "set cd audio right on"
      Case 2
        mciExecute "set cd audio all on"
        mciExecute "set cd audio lift on"
        mciExecute "set cd audio right on"
      End Select
End Sub
```

3. 保存程序

将窗体文件以 example10-4.frm 文件名，工程文件以 example10-4.vbp 文件名存盘。

4. 运行程序

运行、调试程序，直到满意为止。

【例题 10-5】 用 API 函数，制作一个简单的 AVI 播放器。

通常在 VB 中播放 AVI 动画文件需要借助 Animation 控件来实现。该控件不是 VB 的内部控件，使用时要从“部件”中向控件工具箱添加，程序发布时需要打包 Mci32.ocx（该控件包含于 Mci32.ocx 中）。另外如果应用程序需要同时播放多个不同的动画文件就得使用多个 Animation 控件，大大增加了对系统资源的消耗。其实我们完全可以用 Windows 的 API 函数来完成 AVI 动画的播放，这个 API 函数就是 mciSendString。

1. 设计界面

新建一个标准工程，创建一个新窗体，默认名为 Form1。在 Form1 窗体中放置三个 CommandBox 控件，一个 Picture 控件，控件的 id 属性采用默认值。设计界面如图 10-24 所示。在当前目录下添加一个 AVI 文件，命名为"1.AVI"。

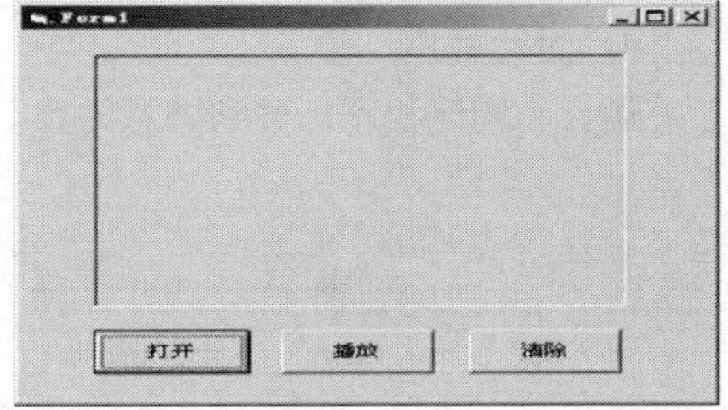

图 10-24　一个简单的 AVI 播放器设计界面

2. 编写事件代码

（1）首先需要在通用代码段处对需要调用的 API 函数 mciSendString 进行声明。

```
Option Explicit
Private Declare Function mciSendString Lib "winmm.dll" Alias "mciSendStringA" _
   (ByVal lpstrCommand As String, _
    ByVal lpstrReturnString As String, _
    ByVal uReturnLength As Long, _
    ByVal hwndCallback As Long) As Long '打开一个 avi 文件
```

（2）单击“打开”按钮时，需要打开当前路径下的指定 AVI 文件,并将在 Picture 控件作为视频的显示窗口。

```
Private Sub Command1_Click()
    Dim AVI_Name As String, AVI As String
    AVI_Name = App.Path & "\1.avi"       '关闭先前可能打开的 avi 文件
    mciSendString "close MyAVI", "", 0, 0
    AVI = "open " & AVI_Name & " alias MyAVI parent " & Picture1.hWnd & " style
     child"                                     '在目标容器中打开文件
      mciSendString AVI, "", 0, 0              '设置图片框坐标系单位为 pix
    Picture1.ScaleMode = 3
    AVI = "put MyAVI window at 0 0 " & Picture1.ScaleWidth & " " &
    Picture1.ScaleHeight                       '输出动画第一帧到目标容器
    mciSendString AVI, "", 0, 0
    Command2.Enabled = True
End Sub
```

（3）“播放/暂停”按钮，则根据点击的次数，交替执行播放与暂停功能。

```
Private Sub Command2_Click()
      I = I + 1
      If I / 2 <> Int(I / 2) Then
           Command2.Caption = "暂停"
           mciSendString "play MyAVI", "", 0, 0
      Else
            Command2.Caption = "播放"
            mciSendString "pause MyAVI", "", 0, 0
```

```
    End If
End Sub
```

（4）“清除”按钮需要实现关闭动画文件

```
Private Sub Command3_Click()
    mciSendString "close MyAVI", "", 0, 0
    Command2.Enabled = False
End Sub
```

3. 保存程序

将窗体文件以 example10-5.frm 文件名，工程文件以 example10-5.vbp 文件名存盘。

4. 运行程序

运行、调试程序，直到满意为止。

本章小结

多媒体应用程序是现今世界软件发展的主要趋势，很多应用程序或多或少地都具有一些多媒体功能。附加多媒体功能的目的在于满足用户的视听要求，从而提高软件的使用效率，同时降低使用软件给用户带来的疲劳。

通过本章的学习，读者应该掌握 Multimedia MCI 控件、Animation 控件和 API 函数的使用方法，并能开发简单的多媒体应用程序。

习　　题

一、简答题

1. 什么是 MCI?
2. 常见的多媒体设备有哪些?
3. 多媒体控件有哪些常用事件?
4. Animation 控件的主要功能是什么？对播放的文件有什么要求。

二、选择题

1. 下面的描述错误的是________。

   A. MMControl 控件包含 9 个按钮，按钮数量不可以改变。

   B. 使用 MMControl 控件可以播放 AVI 文件。

   C. StatusUpdate 事件的时间间隔单位为毫秒。

   D. 在一个窗体中可以添加多个 MMControl 控件。

2. 语句 MMControl1.Command= "Open"的含义是：________。

   A. 开始播放多媒体文件。　　B. 弹出 CD-ROM 驱动器。

   C. 打开一个 MCI 设备。　　D. 不合乎语法要求。

3. 关于 Animation 控件的说法错误的是________。

   A. Animation 控件只能播放不带声音的 AVI 文件。

B. Animation 控件的背景可以通过 BackStyle 属性设置为透明。

C. 当 AutoPlay 属性为真时，Stop 方法无效。

D. Animation1.Play 10,1,20 表示从第 1 帧到第 20 帧连续播放 10 次。

三、填空题

1. 语句 MMControl1.PlayVisible=False 的作用是____________________。
2. 实现让 MMControl1 在图片框控件（Picture1）上播放动画的语句为：
   ____________________________________。
3. 添写代码使得 Windows MediaPlayer 以屏幕 1/6 大小显示图像。
   MediaPlayer1.DisplaySize=__________________。
4. 利用 mciExecute()API 函数播放通过通用对话框（CommonDialog1）打开的文件的代码为：
   k = mciExecute(____________________________)

四、编程题

1. 使用 ShockwaveFlash 控件制作一 Flash 播放器。窗体如下图所示。

第11章 网络应用程序

之前章节我们详细介绍了 Visual Basic 程序设计的基本语法、常用控件及相应的属性、事件和方法。本章将结合网络聊天程序中如何使用 WinSock 控件，全面介绍 Visual Basic 环境下网络编程如何实现。通过本章的学习，读者能够对 Visual Basic 环境下的网络编程有一个较为细致和全面的了解。

11.1 计算机网络基础

计算机网络（Computer Network）是利用通信线路和通信设备，把分布在不同地理位置的具有独立功能的多台计算机、终端及其附属设备互相连接，按照网络协议进行数据通信，利用功能完善的网络软件实现资源共享的计算机系统的集合。计算机网络是计算机技术与通信技术结合的产物。

11.1.1 计算机网络的基本概念

“网络”主要包含连接对象（即元件）、连接介质、连接控制机制（如约定、协议、软件）和连接方式与结构 4 个方面。

计算机网络连接的对象是各种类型的计算机（如大型计算机、工作站、微型计算机等）或其他数据终端设备（如各种计算机外部设备、终端服务器等）。计算机网络的连接介质是通信线路（如光纤、同轴电缆、双绞线、地面微波、卫星等）和通信设备（网关、网桥、路由器、调制解调器等），其控制机制是各层的网络协议和各类网络软件。所以，计算机网络是利用通信线路和通信设备，把地理上分散的、并具有独立功能的多个计算机系统互相连接起来，按照网络协议进行数据通信，利用功能完善的网络软件实现资源共享的计算机系统的集合。它是以实现远程通信和资源共享为目的，大量分散但又互联的计算机的集合，这里互联的含义是指，两台计算机能够互相通信。

两台计算机通过通信线路（包括有线和无线通信线路）连接起来就组成了一个最简单的计算机网络。全世界成千上万台计算机相互间通过双绞线、电缆、光纤和无线电等连接起来构成了世界上最大的 Internet 网络。网络中的计算机可以是在一间办公室内，也可能分布在地球的不同区域，这些计算机相互独立，即所谓自治的计算机系统，脱离了网络它们也能作为单机正常工作。

在网络中，需要有相应的软件或网络协议对自治的计算机系统进行管理。组成计算机网络的目的是资源共享和互相通信。

11.1.2　计算机网络的基本组成

计算机网络是一个极其复杂的系统。其组成根据应用范围、目的、规模和结构以及采用的技术不同而不尽相同，但计算机网络都必须包括硬件和软件两大部分。网络硬件提供的是数据处理、数据传输和建立通信通道的物质基础；网络软件是用来真正控制数据通信的。软件的各种网络功能需依赖硬件去完成，二者缺一不可。计算机网络的基本组成主要包括如下四部分，常称为计算机网络的四大要素。

1. 计算机系统

建立两台以上具有独立功能的计算机系统是计算机网络的第一个要素。计算机系统是计算机网络的重要组成部分，是计算机网络不可缺少的硬件元素。计算机网络连接的计算机可以是巨型机、大型机、中型机、小型机、工作站或微型机，以及笔记本电脑或其他数据终端设备（如终端服务器）。

计算机系统是网络的基本模块，是被连接的对象。它的主要作用是负责数据信息的收集、处理、存储、传播和提供共享资源。在网络上可共享的资源包括硬件资源（如巨型计算机、高性能外围设备、大容量磁盘等）、软件资源（如各种软件系统、应用程序、数据库系统等）和信息资源。

2. 通信线路和通信设备

计算机网络的硬件部分除了计算机本身以外，还要有用于连接这些计算机的通信线路和通信设备，即数据通信系统。通信线路分有线通信线路和无线通信线路。有线通信线路指的是传输介质及其介质连接部件，包括光纤、同轴电缆、双绞线等；无线通信线路是指以无线电、微波、红外线和激光等作为通信线路。通信设备指网络连接设备、网络互联设备，包括网卡、集线器（Hub）、中继器（Repeater）、交换机（Switch）、网桥（Bridge）和路由器（Router）以及调制解调器（Modem）等其他的通信设备。使用通信线路和通信设备将计算机互联起来，在计算机之间建立一条物理通道，以传输数据。通信线路和通信设备负责控制数据的发出、传送、接收或转发，包括信号转换、路径选择、编码与解码、差错校验、通信控制管理等，以完成信息交换。通信线路和通信设备是连接计算机系统的桥梁，是数据传输的通道。

3. 网络协议

协议是指通信双方必须共同遵守的约定和通信规则，如 TCP/IP、NetBEUI、IPX/SPX。它是通信双方关于通信如何进行所达成的协议。比如，用什么样的格式表达、组织和传输数据，如何校验和纠正信息传输中的错误，以及传输信息的时序组织与控制机制等。现代网络都是层次结构，协议规定了分层原则、层次间的关系、执行信息传递过程的方向、分解与重组等约定。在网络上通信的双方必须遵守相同的协议，才能正确地交流信息，就像人们谈话要用同一种语言一样，如果谈话时使用不同的语言，就会造成相互间谁都听不懂谁在说什么的问题，那么将无法进行交流。因此，协议在计算机网络中是至关重要的。

一般说来，协议的实现是由软件和硬件分别或配合完成的，有的部分由联网设备来承担。

4. 网络软件

网络软件是一种在网络环境下使用和运行，或者控制和管理网络工作的计算机软件。根据软件的功能，计算机网络软件可分为网络系统软件和网络应用软件两大类。

（1）网络系统软件是控制和管理网络运行、提供网络通信、分配和管理共享资源的网络软件，它包括网络操作系统、网络协议软件、通信控制软件和管理软件等。

网络操作系统（Network Operating System，NOS）是指能够对局域网范围内的资源进行统一调度和管理的程序。它是计算机网络软件的核心程序，是网络软件系统的基础。

网络协议软件（如 TCP/IP 软件）是实现各种网络协议的软件。它是网络软件中最重要的核心部分，任何网络软件都要通过协议软件才能发生作用。

（2）网络应用软件是指为某一个应用目的而开发的网络软件（如远程教学软件、电子图书馆软件、Internet 信息服务软件等）。网络应用软件为用户提供访问网络的手段、网络服务、资源共享和信息的传输。

11.1.3 OSI 网络参考模型

国际标准化组织创建 OSI（Open System Interconnection，开放系统互连）模型，这一模型可以让产品在网络上协调工作。

OSI 开放系统互连参考模型将整个网络的通信功能划分成七个层次，每个层次完成不同的功能。这七层由低层至高层分别是：物理层、数据链路层、网络层、传输层、会话层、表示层和应用层，网络层次结构、OSI 环境中的数据传输过程及 OSI 环境中的数据流，如图 11-1、图 11-2、图 11-3 所示。

将模型分解为层，网络中计算机的互通性和互相操作的能力变得可以管理，因为每层是完备的，而并不依赖于操作系统或其他因素。

封装（Encapsulation）是在数据上加入报头或加在数据包里面的过程，在 OSI 参考模型中的每一层都要涉及封装。

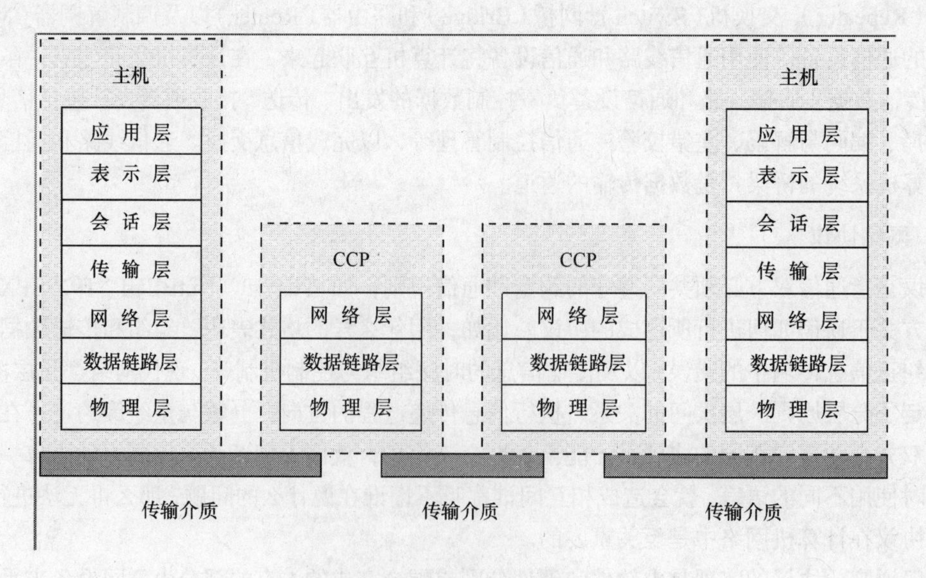

图 11-1 OSI 参考模型

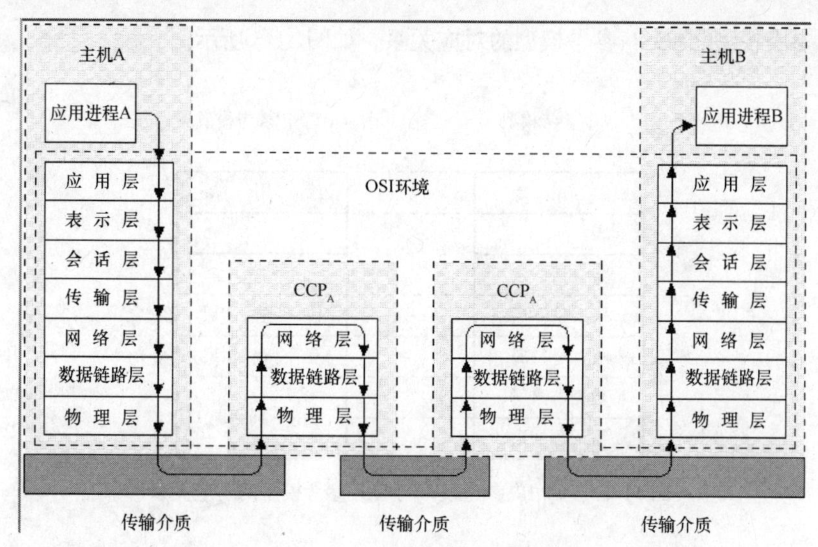

图 11-2　OSI 环境中的数据传输过程

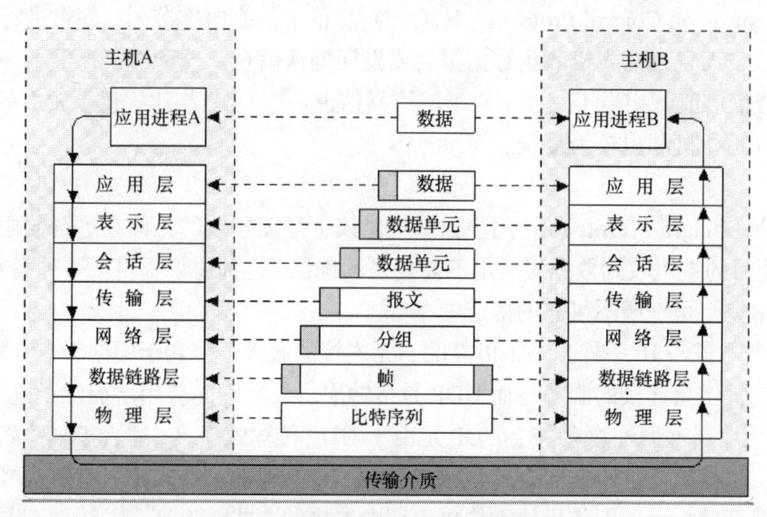

图 11-3　OSI 环境中的数据流

11.1.4　TCP/IP 参考模型

TCP/IP 体系共分成四个层次。它们分别是：主机—网络层、互联层、传输层和应用层，如图 11-4 所示。

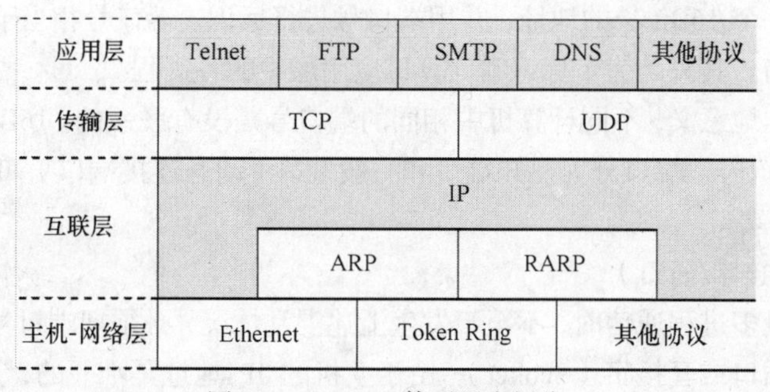

图 11-4　TCP/IP 体系层次划分

TCP/IP 参考模型与 OSI 参考模型的对应关系，如图 11-5 所示。

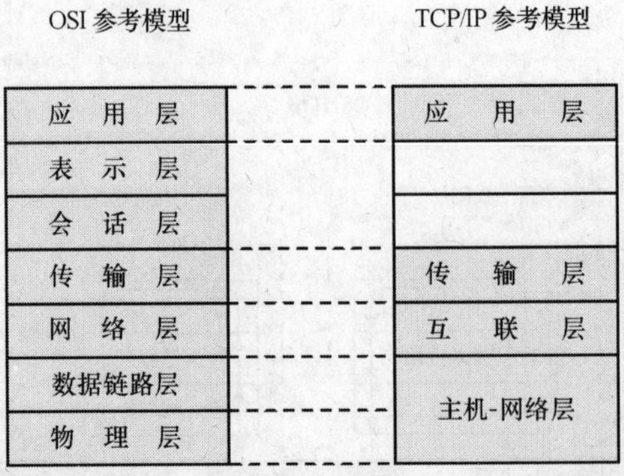

OSI 参考模型	TCP/IP 参考模型
应 用 层	应 用 层
表 示 层	
会 话 层	
传 输 层	传 输 层
网 络 层	互 联 层
数据链路层	主机-网络层
物 理 层	

图 11-5 TCP/IP 参考模型与 OSI 参考模型的对应关系

1. TCP

TCP（Transmission Control Protocol，传输控制协议）是面向连接的，即在进行数据传输之前需要先建立连接，而且目的主机收到数据报后要发回确认信息。这种协议提供了一种可靠的传输服务，其逻辑通信信道就相当于一条全双工的可靠信道。与 UDP 相比提供了较多的功能，但是相对的报文格式和运行机制也较为复杂。

2. UDP

UDP（User Datagram Protocol，用户数据报协议）是无连接的，即在进行数据传输之前不需要建立连接，而目的主机收到数据报后也不需要发回确认。这种协议提供了一种高效的传输服务，但其逻辑通信信道则是一条不可靠的信道。

UDP 提供的服务与 IP 一样，是不可靠的、无连接的服务。但它于不同于 IP，因为 IP 是网络层协议向运输层提供无连接的服务，而 UDP 是传输层协议，它向应用层提供无连接的服务。

TCP/IP 在传输层上另外建立一个 UDP 是由于 UDP 传输效率高，适合于某些简单的交互应用场合，如应用层的简单文件传送 TFTP，便是建立在 UDP 上的。对来回只有一次或有限几次的交互建立一个连接开销太大，即使出错重传也比面向连接的方式效率高。

3. 端口

TCP、UDP 都使用了与应用层接口处的协议端口（Protocol Port，简称端口）来同上层的应用进程进行通信。当传输层接收到 IP 层交上来的数据（TCP 报文段或 UDP 用户数据报）时，就根据其中首部的端口号来决定通过哪一个端口上交给应当接收此数据的应用进程。如果没有端口，传输层就无法知道数据应当交付给应用层的哪一个进程?

端口实际上是一个 16Bit 长的地址，并用端口号进行标识。端口号相当于一个抽象的定位符，有时也可以称为邮箱。其只是为了标识本计算机应用层中的各进程。

端口号只具有本地意义，不同计算机中相同的端口号是没有联系的。16Bit 长的端口号可以允许有 0～65535 个端口号。端口分为熟知端口和一般端口（动态连接端口），0～1023 为熟知端口，1024～65535 为一般端口。

4. Socket（套接字/插口）

为了使得多主机多进程通信时，不至于发生上述混乱情况，必须把端口号和主机的 IP 地址结合起来使用，称为插口或套接字（Scoket）。由于主机的 IP 地址是唯一的，这样目的主机就可以区分收到的数据报的源端机了。

插口包括 IP 地址（32 位）和端口号 16 位，共 48 位。在整个 Internet 中，在传输层上进行通信的一对插口都必须是唯一的。

11.1.5　有线传输与无线传输

计算机网络的硬件部分除了计算机本身以外，还要有用于连接这些计算机的通信线路和通信设备，即数据通信系统。其中，通信线路是指数据通信系统中发送器和接收器之间的物理路径，它是传输数据的物理基础。

通信线路分为有线和无线两大类，对应于有线传输与无线传输。有线通信线路由有线传输介质及其介质连接部件组成。有线传输介质有双绞线、同轴电缆和光纤。无线通信线路是指利用地球空间和外层空间作为传播电磁波的通路。由于信号频谱和传输技术的不同，无线传输的主要方式包括无线电传输、地面微波通信、卫星通信、红外线通信和激光通信等。现在比较流行的使用方式为：局域网由双绞线连接到桌面，光纤作为通信干线，卫星通信用于跨国界传输。

11.2　WinSock 控件

11.2.1　WinSock 控件简介

Visual Basic 中的 Winsock 控件，主要用于将 Winsock 接口简化成易于使用的 Visual Basic 内部接口。在这种控件问世之前，要想通过 Visual Basic 进行网络编程，唯一的办法就是将所有 Winsock 函数都从 dll 中导入，然后重新定义必要的结构。但是这样操作，会使结构的数量增多，工作量也会变大，并且极易出错。Winsock 控件问世之后，用 Visual Basic 进行网络编程就变得非常方便。

Winsock 控件对用户来说是不可见的，它提供了访问 TCP 和 UDP 网络服务的方便途径。为编写客户或服务器应用程序，不必了解 TCP 的细节或调用低级的 Winsock APIs。通过设置控件的属性并调用其方法就可轻易连接到一台远程机器上去，并且还可双向交换数据。

Winsock 控件是一个 ActiveX 控件，使用 TCP（Transfer Control Protocol）或 UDP（User Datagram Protocol）连接到远程计算机上并与之交换数据。和定时器控件一样，Winsock 控件在运行时是不可见的。

Winsock 控件的工作原理是：客户端向服务器端发出连接请求，服务器端则不停地监听客户端的请求，当两者的协议沟通时，客户端和服务器端之间就建立了连接，这时客户端和服务器端就可以实现双向数据传输。实际编程中，必须分别建立一个服务器端应用程序和一个客户端应用程序，两个应用程序中分别有自己的 Winsock 控件。

11.2.2　WinSock 控件的主要属性

Winsock 控件的常用属性，如表 11-1 所示。

表 11-1　　　　Winsock 控件的常用属性

编　号	属　性	说　明
1	ByteReceived	返回接收到数据的数量
2	LocalHostName	返回本地计算机名称
3	LocalIP	返回本地计算机的 IP 地址，xxx.xxx.xxx.xxx
4	LocalPort	返回或设置所用到的本地计算机端口
5	Protocol	返回或设置 Winsock 控件使用的协议
6	RemoteHost	返回或设置远程计算机的名称和地址
7	RemoteHostIP	返回远程计算机的 IP 地址
8	RemotePort	返回或设置远程计算机的端口号
9	SockerHandle	返回一个与套接字句柄对应的值
10	State	返回空间的状态，用枚举类型

其中，2、3、6、7 为 String，Port 为 Long，Protocol 值为 0-sckTCPProtocol ，1-sckUDPProtocol，State 值用枚举类型表达，如表 11-2 所示。

表 11-2　　　　State 属性表

属　性	值	描　述
sckClosed	0	缺省值、关闭
SckOpen	1	打开
SckListening	2	侦听
sckConnectionPending	3	连接挂起
sckResolvingHost	4	识别主机
sckHostResolved	5	已识别主机
sckConnecting	6	正在连接
sckConnected	7	已连接
sckClosing	8	同级人员正在关闭连接
sckError	9	错误

11.2.3　WinSock 控件的主要方法

1.　Accept 方法

Accept 方法仅适用于 TCP 服务器应用程序，在处理 ConnectionRequest 事件时，用这个方法接收新连接。

语法：object.Accept requested

object 所在处代表对象表达式，其值是“应用于”列表中的对象。

数据类型为 Long，返回值为 Void。

在 ConnectionRequest 事件中使用 Accept 方法，ConnectionRequest 事件有一个对应的参数，即 RequestID 参数，该参数应该传给 Accept 方法。

2. Bind 方法

Bind 方法指定用于 TCP 连接的 LocalPort 和 LocalIP，如果有多协议适配卡，就用这个方法。

语法：object.Bind LocalPort,LocalIP

在调用 Listen 方法之前必须调用 Bind 方法。

3. Close 方法

对客户机和服务器应用程序关闭 TCP 连接或侦听套接字。

4. GetData 方法

获取当前的数据块并将其存储在变体类型的变量中。

返回值为 Void。

语法：object.GetData data, [type,] [maxLen]

type 的设置值，如表 11-3 所示。

表 11-3　type 设置值

描　述	常　数
Byte	vbByte
Integer	vbInteger
Long	vbLong
Single	vbSingle
Double	vbDouble
Currency	vbCurrency
Date	vbDate
Boolean	vbBoolean
SCODE	vbError
String	vbString
Byte Array	vbArray + vbByte

5. Listen 方法

创建套接字并将其设置为侦听模式。该方法仅适用于 TCP 连接。

语法：object.Listen

当有新连接时就会出现 ConnectionRequest 事件。处理 ConnectionRequest 事件时，应用程序应该（在一个新的控件示例上）使用 Accept 方法接收连接。

6. SendData 方法

将数据发送给远程计算机。

返回值 Void。

语法：object.SendData data

11.2.4 WinSock 控件的常用事件

1. Close 事件

当远程计算机关闭连接时出现，应用程序应正确使用 Close 方法关闭 TCP 连接。

语法：object_Close( )

关闭通信时发生的事件。

2. Connect 事件

当一个 Connect 操作完成时发生。

语法：object.Connect()

object 所在处代表一个对象表达式，其值是一个 Winsock 控件。

使用 Connect 事件确认已经成功建立了一个连接。

3. ConnectionRequest 事件

当远程计算机请求连接时出现，仅适用于 TCP 服务器应用程序。在请求一个新连接时激活该事件，激活事件之后，RemoteHostIP 和 RemotePort 属性存储有关客户的信息。

语法：object_ConnectionRequest (requestID As Long)

服务器可决定是否接收连接，如果不接收新连接，则同级人员将得到 Close 事件，用 Accept 方法接收新连接。

4. DataArrival 事件

当新数据到达时出现 Data Arrival 事件。

语法：object_DataArrival (bytesTotal As Long)

如果没有获取一个 GetData 调用中的全部数据，则事件不会出现。只有存在新数据时才激活事件。可随时用 BytesReceived 属性检查可用的数据量。

5. Error 事件

无论何时，只要后台处理中出现错误（例如，连接失败或者在后台收发数据失败）事件就会出现。

语法：object_Error (number As Integer, Description As String, Scode As Long, Source As String, HelpFile as String, HelpContext As Long, CancelDisplay As Boolean)

Error 事件的语法包含部分，如表 11-4 所示。

表 11-4　　Error 事件语法包含部分

部　分	描　述
object	对象表达式，其值是“应用于”列表中的对象
number	定义错误代码的整数。请参阅下述有关常数的“设置值”
description	包含错误信息的字符串

续表

部　分	描　述
Scode	长 Scode
Source	描述错误来源的字符串
HelpFile	包含帮助文件名的字符串
HelpContext	Help 文件上下文
CancelDisplay	指示是否取消显示。缺省值为 False，以此显示缺省的错误信息框。如果不想使用缺省的信息框，则将 CancelDisplay 设置成 True

11.2.5 Winsock 控件的导入

在打开 Visual Basic 软件时，在工具箱中并没有 Winsock 控件；要使用它，首先要将这个控件导入进来，操作步骤如图 11-6 (a)、(b)、(c)所示。

单击“工程”—>“部件”，弹出对话框，选择 Microsoft Winsock Control 6.0。

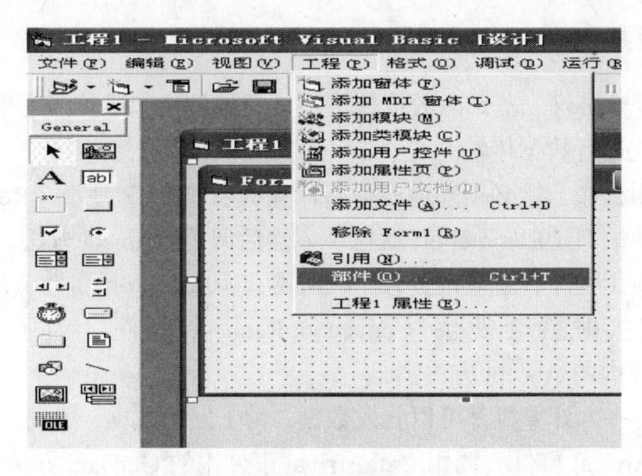

图 11-6 （a）

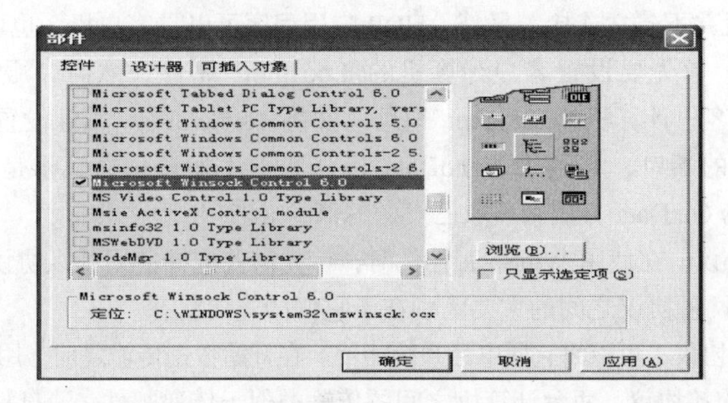

图 11-6 （b）

选择完成后，在 Visual Basic 的编辑画面工具箱中就会多一个控件，这便是 Winsock 控件，可以使用它来进行编程。

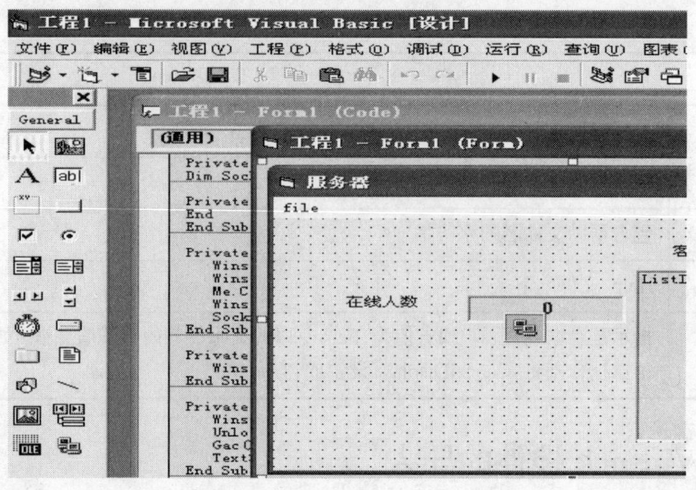

图 11-6 （c）

11.2.6 网络聊天程序设计

1．网络通信协议基础和协议的选择

（1）TCP（数据传输协议）基础。数据传输协议允许创建和维护与远程计算机的连接。连接两台计算机就可以彼此进行数据传输。

如果创建客户应用程序，就必须知道服务器计算机名或者 IP 地址（RemoteHost 属性），还要知道进行“侦听”的端口（RemotePort 属性），然后调用 Connect 方法。

如果创建服务器应用程序，就应设置一个收听端口（LocalPort 属性）并调用 Listen 方法。当客户计算机需要连接时就会发生 ConnectionRequest 事件。为了完成连接，可调用 ConnectionRequest 事件内的 Accept 方法。

建立连接后，任何一方计算机都可以收发数据。为了发送数据，可调用 SendData 方法。当接收数据时会发生 DataArrival 事件。调用 DataArrival 事件内的 GetData 方法就可获取数据。

（2）UDP（用户数据文报协议）基础。用户数据文报协议（UDP）是一个无连接协议。与 TCP 的操作不同，计算机并不建立连接，另外，UDP 应用程序可以是客户机，也可以是服务器。

为了传输数据，首先要设置客户计算机的 LocalPort 属性，然后，服务器计算机只需将 RemoteHost 设置为客户计算机的 Internet 地址，并将 RemotePort 属性设置为跟客户计算机的 LocalPort 属性相同的端口，并调用 SendData 方法来着手发送信息，于是，客户计算机使用 DataArrival 事件内的 GetData 方法来获取已发送的信息。

（3）选择通信协议。在使用 WinSock 控件时，首先需要选择使用什么协议。可以使用的协议包括 TCP 和 UDP。两种协议之间的重要区别在于它们的连接状态。

TCP 是有连接的协议，可以将它同电话系统相比。在开始数据传输之前，用户必须先建立连接。

UDP 是一种无连接协议，两台计算机之间的传输类似于传递邮件：消息从一台计算机发送到另一台计算机，但是两者之间没有明确的连接。另外，单次传输的最大数据量取决于具体的网络。通信协议的选择是通过设置 WinSock 的 Protocol 属性来实现的。

下面，我们选择使用 TCP 通信协议编写网络聊天程序。

我们通过以下代码：

Winsock1(0).Protocol = sckTCPProtocol，确定选择 TCP。

以上选择也可以通过属性窗口操作加以选择，如图 11-7 所示。

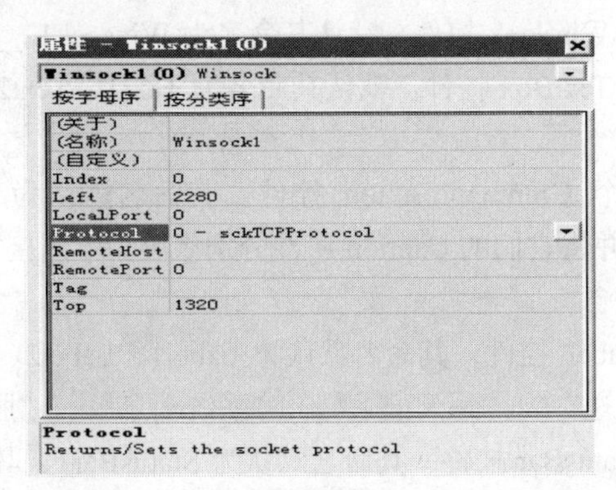

图 11-7　属性窗口选择 TCP 协议

2. 客户端与服务器的实现过程

（1）客户端

a. 设置远程服务器主机端口。

```
Winsock1.RemotePort = 1600
```

b. 设置远程服务器主机 IP 地址 。

```
Winsock1.RemoteHost = Trim(Text4.Text)
```

在文本框中输入服务器的 IP 地址。

c. 与服务器主机连接，发生错误则关闭。

```
Winsock1.Connect
```

d. 发送与接收数据在事件 Winsock1_DataArrival 中编写如下代码：

```
Winsock1.SendData Text1.Text
Winsock1.GetData c, vbString  '接收数据，将接收到的数据存放在变量 c 中
```

e. 关闭连接。

```
Winsock1.Close
```

（2）服务器端

a. 设置服务器本地端口。

```
Winsock1(0).LocalPort = 1600
```

b. 监听客户端的连接请求。

```
Winsock1(0).Listen
```

c. 当有连接到达时，接收请求在事件 Winsock1_ConnectionRequest 中编写如下代码：

```
Winsock1(Socknumber).Accept requested
```

d. 发送与接收数据在事件 Winsock1_DataArrival 中编写如下代码：

```
Winsock1(Index).GetData c, vbString  '获取数据
Winsock1(i).SendData c               '发送数据
```

e. 关闭连接。

```
Winsock1.Close
```

3. 程序的编写

（1）客户端的程序编写

a. 在客户端创建 1 个新的工程将其命名为“客户”。

b. 将缺省窗体命名为“客户”。

c. 将窗体的标题改为客户端。

d. 在窗体中添加 1 个 WinSock 控件，默认其命名为 Winsock1。

e. 在窗体中添加 4 个 TextBox 控件。默认其命名为 Text1、Text2、Text3、Text4，并将其内容清空。

f. 在窗体中添加 4 个 CommandButton 控件。其命名默认为 Command1、Command2、Command3、Command4，并将它们的 Caption 属性分别修改为“连接”、“发送”、“断开”、“清空聊天记录”。

g. 在窗体上放四个 Label 控件，其命名默认为 Label1、Label2、Label3、Label4，并将它们的 Caption 属性修改为“发送”、“聊天记录”、“系统消息”、“服务器 IP”。

h. 在窗体上放一个 StatusBar 控件，其命名默认为 StatusBar1，其属性设置如图 11-8（a）、（b）所示。

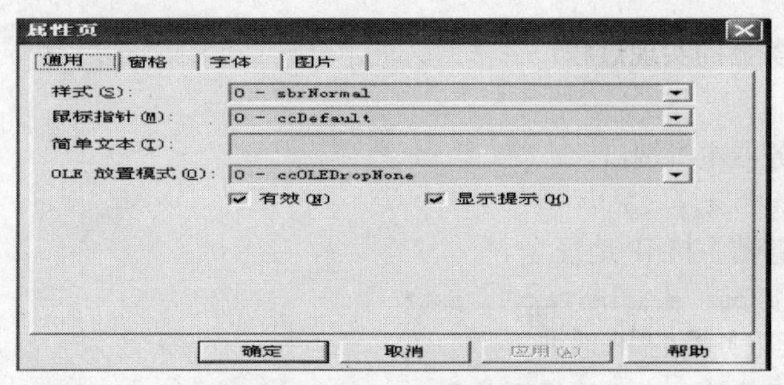

图 11-8（a） 属性设置

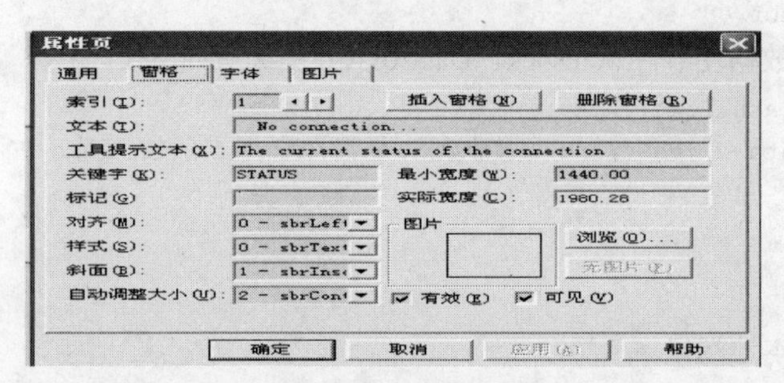

图 11-8（b） 属性设置

i. 打开菜单编辑器，为窗体添加菜单，设置如图 11-9 所示。

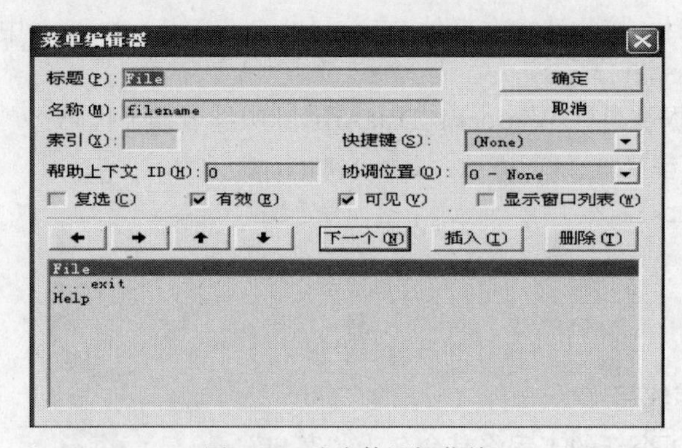

图 11-9 为窗体添加菜单

在窗体中添加如下的代码：

```
Option Explicit
Private Sub Command1_Click()   '连接服务器程序段
    Winsock1.RemoteHost = Trim(Text4.Text)
    Winsock1.Connect
    Command1.Enabled = False
      Do
      DoEvents
      Loop Until Winsock1.State = sckConnected Or Winsock1.State = sckError
    If Winsock1.State = sckError Then
       Command1.Enabled = True
       Winsock1.Close
       Text3.Text = Text3.Text + "与服务器连接失败" + Chr$(13) + Chr$(10)
    Else
       Text3.Text = Text3.Text + "与服务器连接成功" + Chr$(13) + Chr$(10)
       Command2.Enabled = True
       Command3.Enabled = True
       Text4.Enabled = False
       Text1.SetFocus
       StatusBar1.Panels(1).Text = "  Connected to " & Winsock1.RemoteHost & "  "
    End If
End Sub
Private Sub Command2_Click()    '发送消息程序段
If Text1.Text = "" Then
MsgBox "不能发送空消息"
Else
       Winsock1.SendData Text1.Text
       Text2.Text = Text2.Text + "我说的话: " + Text1.Text + Chr$(13) + Chr$(10)
       Text1.Text = ""
End If
Text1.SetFocus
End Sub
Private Sub Command3_Click()   '断开与服务器连接程序段
    Winsock1.Close
    Command1.Enabled = True
    Command2.Enabled = False
    Command3.Enabled = False
    Text3.Text = "已与服务器断开" + Chr$(13) + Chr$(10) + Text3.Text
    Text4.Enabled = True
    StatusBar1.Panels(1).Text = " No connection...  "
End Sub
Private Sub Command4_Click()   '清空聊天记录程序段
Text2.Text = " "
Text1.SetFocus
End Sub

Private Sub exitbutton_Click()  '单击 File-exit，退出聊天
End
End Sub
Private Sub Form_Load()     '运行时最初显示的属性以及提示
   ' Winsock1.RemoteHost = "218.192.165.192"
   Show
```

```
    MsgBox "Visual Basic Winsock  Chat" & vbCrLf & "by chendf" & vbCrLf & vbCrLf & "Press
Button'确定' , then Press Menu 'Help' for help.", vbInformation
        Winsock1.RemotePort = 1600
        Command1.Enabled = True
        Command2.Enabled = False
        Command3.Enabled = False
    End Sub
    Private Sub helpbutton_Click()  '单击 Help，弹出帮助文本
    ChDir App.Path
    Shell "notepad.exe 使用必读.txt", vbNormalFocus   '调用外部程序 notepad.exe 来打开帮助文本
文件
    End Sub
    Private Sub Winsock1_Close()  '关闭 Winsock
        Command1.Enabled = True
        Command2.Enabled = False
        Command3.Enabled = False
        Winsock1.Close
        Text3.Text = "已与服务器断开" + Chr$(13) + Chr$(10) + Text3.Text
    End Sub
    Private Sub Winsock1_DataArrival(ByVal bytesTotal As Long)   '数据到达
        Dim c As String
        Winsock1.GetData c, vbString
        Text2.Text = Text2.Text + "对方说的话: " + c + Chr$(13) + Chr$(10)
    End Sub
```

（2）服务器端的程序编写

a. 在服务器端创建一个新的工程将其命名为“服务器”。

b. 将缺省窗体命名为“服务器”。

c. 在窗体中添加 1 个 ListBox 控件，将其命名为“ListBox”。

d. 在窗体中添加 1 个 WinSock 控件，其名默认为 Winsock1，并将其“Index”属性设置为0。设置完以后，Winsock1 会变成 Winsock1(0)。

e. 在窗体上添加 1 个 TextBox 控件，其名默认为 Text3，将其初值设置为 0。

f. 在窗体上添加两个 Label 控件，其名默认为 Label1、Label2，并将它们的 Caption 属性改为“在线人数”、“客户端 IP 列表”。

g. 打开菜单编辑器，为窗体添加菜单 file。

在窗体中添加如下代码：

```
    Private Gac() As Boolean
    Dim Socknumber As Integer  '定义变量
    Private Sub exitbutton_Click()  '单击 file-exit，退出系统
    End
    End Sub
    Private Sub Form_Load()   '开始运行时显示窗口的属性以及执行的操作
        Winsock1(0).LocalPort = 1600
        Winsock1(0).Protocol = sckTCPProtocol
        Me.Caption = "服务器" & "-" & Winsock1(0).LocalIP & ":" & Winsock1(0).LocalPort
        Winsock1(0).Listen
        Socknumber = 0
    End Sub
    Private Sub Form_Unload(Cancel As Integer)  'unload 时关闭 Winsock
```

```
    Winsock1(0).Close
End Sub
Private Sub Winsock1_Close(Index As Integer)  '关闭 Winsock
    Winsock1(Index).Close
    Unload Winsock1(Index)
    Gac(Index) = False
    Text3.Text = Int(Text3.Text) - 1
End Sub
Private Sub Winsock1_ConnectionRequest(Index As Integer, ByVal requestID As Long)
    Dim ip As String
    Socknumber = Socknumber + 1                          '连接请求
    Load Winsock1(Socknumber)
    Winsock1(Socknumber).Accept requestID
    ReDim Preserve Gac(Socknumber)
    Gac(Socknumber) = True
    Text3.Text = Int(Text3.Text) + 1
    ip = Winsock1(Index).RemoteHostIP
    ListIp.AddItem ip
End Sub
Private Sub Winsock1_DataArrival(Index As Integer, ByVal bytesTotal As Long)
    Dim c As String                                              '数据到达
    Winsock1(Index).GetData c, vbString
    Dim i As Integer
    For i = 1 To UBound(Gac)
      If Not i = Index Then
       If Gac(i) Then
          Winsock1(i).SendData c
        DoEvents
       End If
      End If
    Next i
End Sub
```

4. 可执行文件的生成

单击“文件”—>“生成服务器.exe”即可生成服务器端的可执行文件，如图 11-10 所示（客户.exe 的生成方法相同）。

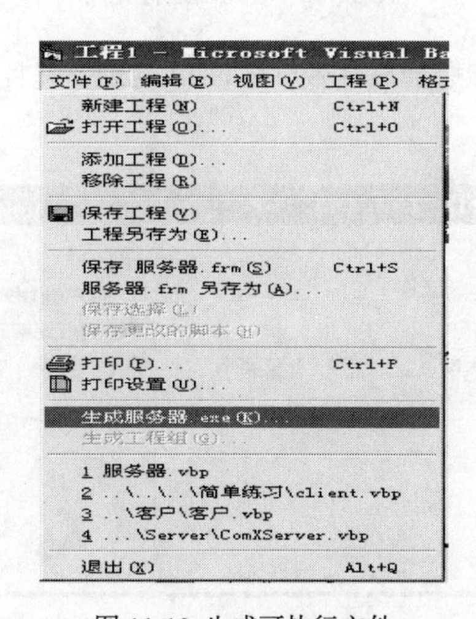

图 11-10 生成可执行文件

5. 简单测试

双击“服务器.exe”，运行服务器，如图 11-11 所示。

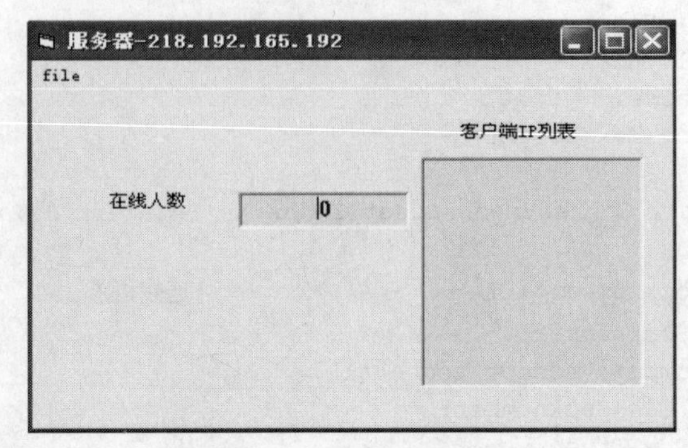

图 11-11 运行服务器

双击“客户.exe”，运行客户端，在服务器 IP 中输入服务器 IP 地址 218.192.165.192，连接，在系统消息文本框中会显示出是否连接成功，如图 11-12 所示。

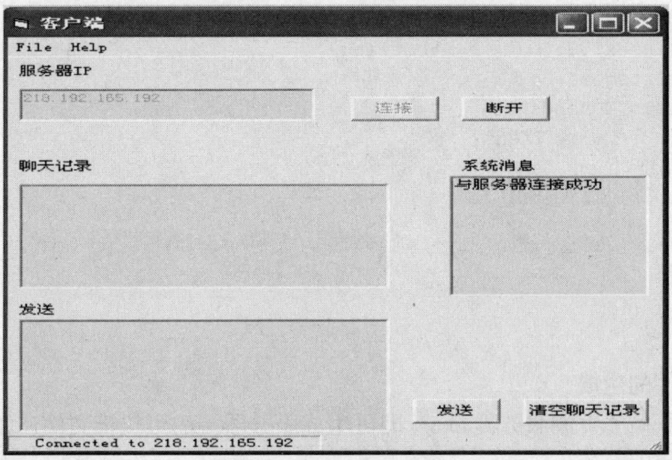

图 11-12 客户端运行界面

如果连接成功，则在服务器中会显示客户端的 IP 地址，并且在线人数增加 1，如图 11-13、图 11-14 所示。

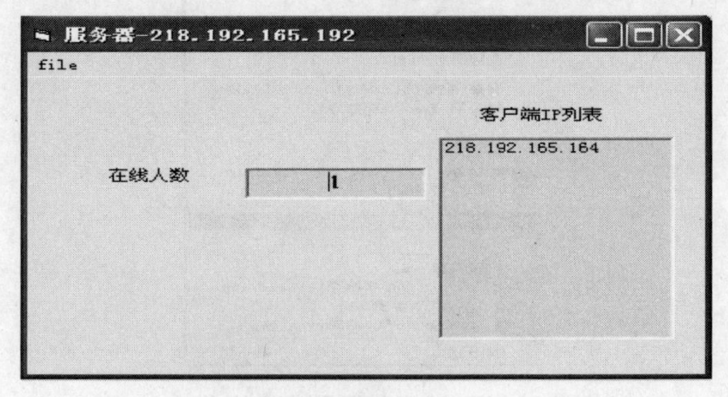

图 11-13

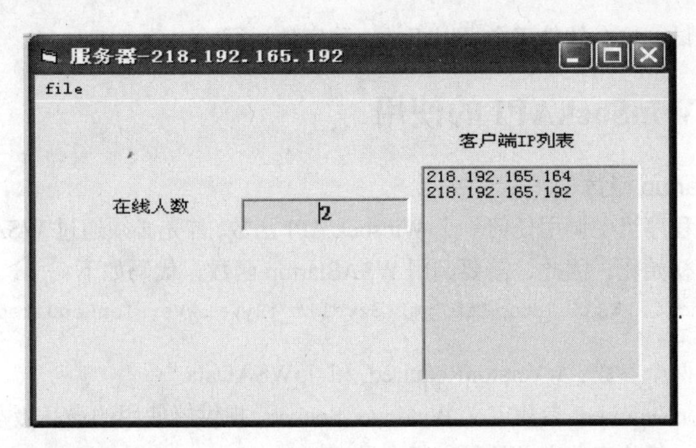

图 11-14

成功后，可以开始聊天，在客户端发送文本框中输入需要发送的消息，并单击发送按钮，将消息发送出去，如图 11-15、图 11-16 所示。

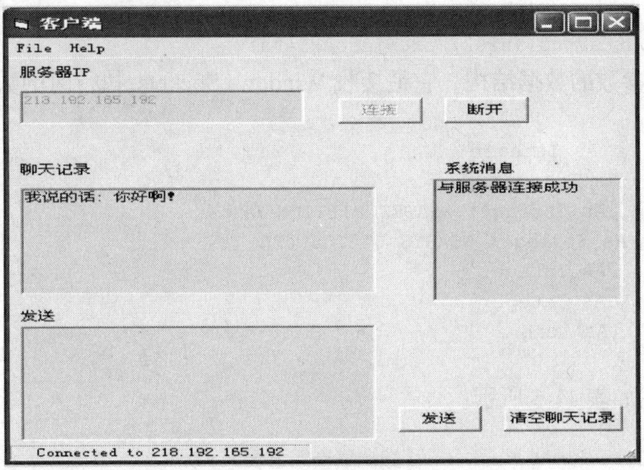

图 11-15

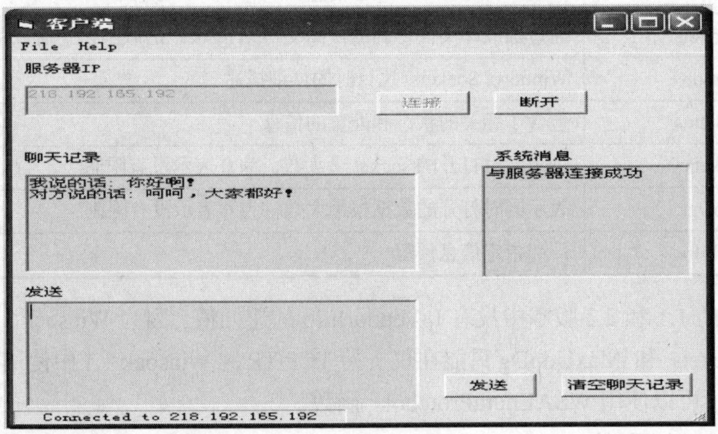

图 11-16

经过多次测试，这个软件完全可以正常、稳定地运行。

11.2.7 WinSockAPI 的使用

1. WSAStartup 函数

为了在应用程序当中调用任何一个 Winsock API 函数，首先必须通过 WSAStartup 函数完成对 Winsock 服务的初始化；因此，需要调用 WSAStartup 函数，代码如下：

```
Declare Function WSAStartup Lib "ws2_32.dll"_(ByVal wVersionRequired As Long, lpWSAData
As WSAData) As Long
```

这个函数有两个参数：wVersionRequired 和 IpWSAData。

（1）wVersionRequired 参数定义 Windows Sockets 提供能使用的最高版本，它的高位字节定义的是次版本号，低位字节定义的是主版本号。

下面为 2 个 Winsock 版本在 Visual Basic 中使用的例子。

初始化 1.1 版本：

```
lngRetVal = WSAStartup(&H101, udtWinsockData)
```

初始化 2.2 版本：

```
lngRetVal = WSAStartup(&H202, udtWinsockData)
```

（2）WSAData 参数的数据结构，它是接收 Windows Sockets 执行时的数据。

```
Type WSAData
wVersion          As Integer
wHighVersion    As Integer
szDescription    As String * WSADESCRIPTION_LEN
szSystemStatus As String * WSASYS_STATUS_LEN
iMaxSockets      As Integer
iMaxUdpDg        As Integer
lpVendorInfo     As Long
End Type
```

数据成员的描述如表 11-5 所示。

表 11-5　数据成员描述表

属　性	描　述
wVersion	Windows Sockets 版本信息
wHighVersion	通过加载库文件得到的最高支持 Winsock 的版本，它通常和 wVersion 值相同
szDescription	Windows Sockets 执行时的详细描述
szSystemStatus	包含了相关的状态和配置的信息
iMaxSockets	表示同时打开的 socket 最大数，为 0 表示没有限制
iMaxUdpDg	表示同时打开的数据报最大数，为 0 表示没有限制
IpVendorInfo	厂商指定信息预留

在 Winsock 的 1.1 和 2.2 版本中没有 IpVendorInfo 的返回值，因为 Winsock 2 支持多个传输协议，所以 iMaxSockets 和 iMaxUdpDg 只能在仅支持 TCP/TP 的 Winsock 1.1 中使用。为了在 Winsock 2 中获得这些值，可以使用 WSAEnumProtocols 函数。

2. WSACleanup 函数

每次调用 WSAStartup 函数，都需要调用 WSACleanup 函数，通知系统来卸载库文件及清除已分配的资源，这个函数比较简单，没有任何参数，如下：

```
Declare Function WSACleanup Lib "ws2_32.dll" () As Long
```

3. 建立 Socket 函数

```
Declare Function socket Lib "ws2_32.dll" (ByVal af As Long, _
                                          ByVal s_type As Long,
                                          ByVal Protocol As Long) As Long
```

函数有 3 个参数，定义建立何种 socket，参数如表 11-6 所示。

表 11-6 参数表

Argument	Description	Enum Type
af	Address family specification.	AddressFamily
s_type	Type specification for the new socket.	SocketType
Protocol	Protocol to be used with the socket. that is specific to the indicated address family.	SocketProtocol

```
AddressFamily:
  AF_UNSPEC = 0              '/* unspecified */
  AF_UNIX = 1               '/* local to host (pipes, portals) */
  AF_INET = 2               '/* internetwork: UDP, TCP, etc. */
  AF_IMPLINK = 3              '/* arpanet imp addresses */
  AF_PUP = 4               '/* pup protocols: e.g. BSP */
  AF_CHAOS = 5              '/* mit CHAOS protocols */
  AF_NS = 6                '/* XEROX NS protocols */
  AF_IPX = AF_NS             '/* IPX protocols: IPX, SPX, etc. */
  AF_ISO = 7               '/* ISO protocols */
  AF_OSI = AF_ISO            '/* OSI is ISO */
  AF_ECMA = 8               '/* european computer manufacturers */
  AF_DATAKIT = 9             '/* datakit protocols */
  AF_CCITT = 10              '/* CCITT protocols, X.25 etc */
  AF_SNA = 11               '/* IBM SNA */
  AF_DECnet = 12              '/* DECnet */
  AF_DLI = 13               '/* Direct data link interface */
  AF_LAT = 14               '/* LAT */
  AF_HYLINK = 15             '/* NSC Hyperchannel */
  AF_APPLETALK = 16          '/* AppleTalk */
  AF_NETBIOS = 17            '/* NetBios-style addresses */
  AF_VOICEVIEW = 18          '/* VoiceView */
  AF_FIREFOX = 19            '/* Protocols from Firefox */
  AF_UNKNOWN1 = 20          '/* Somebody is using this! */
  AF_BAN = 21              '/* Banyan */
  AF_ATM = 22              '/* Native ATM Services */
  AF_INET6 = 23            '/* Internetwork Version 6 */
  AF_CLUSTER = 24           '/* Microsoft Wolfpack */
  AF_12844 = 25              '/* IEEE 1284.4 WG AF */
  AF_MAX = 26
Socket types:
  SOCK_STREAM = 1             ' /* stream socket */
  SOCK_DGRAM = 2              ' /* datagram socket */
  SOCK_RAW = 3              ' /* raw-protocol interface */
  SOCK_RDM = 4              ' /* reliably-delivered message */
  SOCK_SEQPACKET = 5  ' /* sequenced packet stream */
Protocols:
  IPPROTO_IP = 0              '/* dummy for IP */
  IPPROTO_ICMP = 1            '/* control message protocol */
```

```
IPPROTO_IGMP = 2              '/* internet group management protocol */
IPPROTO_GGP = 3               '/* gateway^2 (deprecated) */
IPPROTO_TCP = 6               '/* tcp */
IPPROTO_PUP = 12              '/* pup */
IPPROTO_UDP = 17              '/* user datagram protocol */
IPPROTO_IDP = 22              '/* xns idp */
IPPROTO_ND = 77               '/* UNOFFICIAL net disk proto */
IPPROTO_RAW = 255             '/* raw IP packet */
IPPROTO_MAX = 256
```

该函数可以建立使用特定协议的网络套接字，例如对于 UDP 可以这样写：

```
s=socket(AF_INET, SOCK_DGRAM, IPPROTO_UDP)
s=socket(AF_INET, SOCK_STREAM, IPPROTO_TCP)
```

4. 关闭 Socket 函数

Declare Function closesocket Lib "ws2_32.dll" (ByVal s As Long) As Long

函数有一个参数为建立 socket 时的 Handle。

5. 连接函数

Declare Function connect Lib "ws2_32.dll" (ByVal s As Long, ByRef name As sockaddr_in, _ByVal namelen As Long) As Long

参数 s 连接 socket 句柄，name 建立连接的地址，namelen 连接地址的长度。

返回值成功时返回 0，否则返回 SOCKET_ERROR，以及一个对应的错误号 Err.LastDllError。

显然在调用这个函数时需要知道 socket 句柄，及要连接的计算机的端口号和主机名称（或主机 IP 地址）。

Winsock 控件的 Connect 方法依靠两个变量：RemoteHost 和 RemotePort。此方法不需要 socket 句柄，因其已经被封装在 COM 对象中。connect 函数的主机地址和端口号的传送是依靠 sockaddr_in 结构。

```
Public Type sockaddr_in
    sin_family       As Integer
    sin_port         As Integer
    sin_addr         As Long
    sin_zero(1 To 8) As Byte
End Type
```

6. 套接字绑定函数

```
Declare Function bind Lib "ws2_32.dll" (ByVal s As Long, _ ByRef name As sockaddr_in, _
                                        ByRef namelen As Long) As Long
```

s 是使用 Socket 函数创建好的套接字，name 为指向描述通信对象的结构体的指针，namelen 是该结构的长度。

该结构体中的分量包括：

IP 地址：对应 name.sin_addr.s_addr

端口号：对应 name.sin_port

端口号用于表示同一台计算机上不同的进程（即应用程序），其分配方法有两种：

第一种分配方法是，进程让系统为套接字自动分配一端口号，这只要在调用 bind 前将端口号指定为 0 即可。由系统自动分配的端口号位于 1024～5000，而 1～1023 的任一 TCP 或 UDP 端口都是保留的，系统不允许任一进程使用保留端口，除非其有效用户 ID 是零（即超级用户）。

第二种分配方法是，进程为套接字指定一特定端口。这对于需要给套接字分配一众所周知的端口的服务器是很有用的。指定范围在 1024～65536。

地址类型：对应 name.sin_family，一般都赋成 AF_INET，表示是 internet 地址（即 IP 地址）。IP 地址通常使用点分表示法表示,但它事实上一个 32 位的长整数,这两者之间可通过 inet_addr()函数转换。

7. 套接字监听函数

```
Declare Function listen Lib "ws2_32.dll" (ByVal s As Long, ByVal backlog As Long) As Long
```

isten 函数用来设定 Socket 为监听状态，这种状态表明 Socket 准备被连接了。注意，此函数一般在服务程序上使用，其中，s 是使用 Socket 函数创建好的套接字，backlog 参数用于设定等待连接的客户端数。

8. 受连接请求

```
Declare Function accept Lib "ws2_32.dll" (ByVal s As Long, _ ByRef addr As sockaddr_in, _
                    ByRef addrlen As Long) As Long
```

服务器端应用程序调用此函数来接收客户端 Socket 连接请求,accept()函数的返回值为一新的 Socket，新 Socket 可以用来完成服务器端和客户端之间的信息传递与接收，而原来 Socket 仍可以接收其他客户端的连接请求。

9. 接收信息

```
Declare Function recv Lib "ws2_32.dll" (ByVal s As Long, _ ByRef buf As Any, _ ByVal
buflen As Long, _ ByVal flags As Long) As Long
s              一个已连接的 socket 的识别符
buf            接收到的数据的缓冲区
buflen         缓冲区长度
flags          指定从哪调用的标识
```

第一个参数是 socket 的句柄,为 socket 函数返回值。即我们需要告诉 recv 函数,哪一个 socket 正在访问函数。

第二个参数是函数执行后，能装载一些数据的缓冲区，但它不是必须要有足够的长度接收 Winsock 缓冲区的所有数据，缓冲区的大小限制为 8192 字节（8 Kbytes），因此如果 Winsock 缓冲区的数据的大小大于 recv 函数的缓冲区，则必需多次调用此函数，直到获取所有的数据为止。如果应用程序定义缓冲区的长度，则 recv 函数必须知道缓冲区可以存放多少字节。

最后一个参数是可选的，该参数有两个选择标志：MSG_PEEK 和 MSG_OOB，用于改变函数的行为。

MSG_PEEK 用于从输入数据中取数。数据拷入缓冲区，但不从输入队列中移走。函数返回当前准备接收的字节数。

MSG_OOB 处理 OOB（Out-of-band 带外）数据。在网络上有两种类型的数据包，正常包和带外包，带外包可以通过检验一个 TCP/IP 包头的一个特定标志来决定。

10. 发送信息

```
Declare Function send Lib "ws2_32.dll" (ByVal s As Long, ByRef buf As Any, buflen As
Long,  ByVal flags As Long) As Long
```

11.2.8 WinSock 控件和 WinSockAPI 的比较

1. WinSock 控件

优点：使用简单，工作量小。

缺点：功能少仅支持 TCP、UDP，需要 WinSock 控件（系统默认安装不带 MSWINSCK.OCX 文件），适合于初学者。

2. WinSockAPI

优点：功能强大，支持多种协议，使用灵活，WinSockAPI 调用的 wsock32.dll（28K）或 ws2_32.dll（69K）为 Windows 系统自带函数库，不必担心缺少文件。

缺点：使用复杂，编程量大，需要一定基础，适合于要求较高的网络程序。

本章小结

通过学习本章，读者应该能够掌握基本的网络知识，熟悉使用 TCP、UDP，并能熟练利用 WinSock 控件和 WinSockAPI 进行网络编程。

本章关键点在于，读者要对整个 TCP/IP 通信过程有深入了解，要熟悉 Microsoft Visual Basic 中 Winsock 控件及其编程，熟悉基于消息的异步套接字，熟悉 Visual Basic 各个控件的操作，包括相关的属性、常用的事件及方法等。

本章列举的例题，包括了整个 TCP/IP 的通信流程，通过完成它，对网络通信和编程都会有很大的提高，加深对 TCP/IP 的理解，定会使读者受益匪浅。

习　题

1. OSI（开放系统互连）参考模型将整个网络的通信功能划分成哪些层次？每个层次完成的功能有哪些？
2. 请简述 TCP、UDP 的特点。
3. Winsock 控件的属性有哪些？
4. Winsock 控件的主要方法有哪些？
5. Winsock 控件的常用事件有哪些？
6. 利用 Winsock 控件，实现简单网络聊天功能。